航天动力学与控制系列丛书

丛书主编　王　巍

航天器电磁编队动力学与控制

周庆瑞　刁靖东　宋莹莹　孟　斌　等著

化学工业出版社
北京航空航天大学出版社
·北京·

内容简介

航天器电磁编队飞行是一种无推进剂消耗的编队飞行方式，它的工作原理是为每个航天器安装电磁线圈，通过不同航天器上电磁线圈之间相互作用产生的电磁力和电磁力矩控制航天器的相对运动。航天器电磁编队的控制过程无须消耗推进剂，且具有无羽流污染、控制力连续的优点，但电磁场的强非线性和位姿耦合也给编队动力学建模和控制带来挑战。

本书结合作者团队近年来的研究进展，系统介绍了在姿轨耦合和强非线性情况下的航天器编队动力学建模与磁矩优化分配，航天器电磁编队的姿轨耦合控制，航天器电磁编队的欠驱动控制，基于端口哈密顿动力学的航天器电磁编队动力学建模与控制等方面的最新研究成果，以及地面实验系统的设计方案。

本书可供从事航天工程、深空探测、控制理论与控制工程相关研究领域的技术人员和高等院校相关专业师生参考使用。

图书在版编目(CIP)数据

航天器电磁编队动力学与控制/周庆瑞等著．—北京：化学工业出版社，2024.3

(航天动力学与控制系列丛书)

ISBN 978-7-122-44979-5

Ⅰ.①航… Ⅱ.①周… Ⅲ.①航天器-编队飞行-动力学分析-姿态飞行控制 Ⅳ.①V448.22

中国国家版本馆 CIP 数据核字(2024)第 030216 号

责任编辑：张海丽　　装帧设计：尹琳琳

责任校对：杜杏然

出版发行：化学工业出版社(北京市东城区青年湖南街 13 号　邮政编码 100011)

印　　装：中煤(北京)印务有限公司

710mm×1000mm　1/16　印张 16¼　字数 277 千字　2025 年 1 月北京第 1 版第 1 次印刷

购书咨询：010-64518888　　售后服务：010-64518899

网　　址：http://www.cip.com.cn

凡购买本书，如有缺损质量问题，本社销售中心负责调换。

定　　价：156.00 元

航天动力学与控制系列丛书
策划编辑工作组

总 策 划 赵延永 张兴辉

副总策划 蔡 喆 张海丽

策划编辑(按姓氏笔画排序)

王 硕 冯 颖 冯维娜 李 慧

李丽嘉 李晓琳 张 宇 张 琳

陈守平 金林茹 周世婷 郑云海

袁 宁 龚 雪 董 瑞 温潇潇

丛书序

作为航天领域学科体系里的核心学科之一，航天动力学与控制学科的进步与发展，对于促进航天科技创新、推动航天事业发展、加快建设航天强国具有重要意义。

航天动力学与控制学科以空间运动体为对象，主要研究其在飞行过程中所受的力以及在力作用下的运动特性，并以此为基础开展运动规划和运动控制研究，内容涉及轨道动力学与控制、轨道设计与优化、姿态动力学与控制、机构与结构动力学与控制、刚柔液耦合动力学与控制、空间内外环境扰动分析等诸多分支。

航天动力学与控制学科以航天工程需求为牵引，具有清晰的应用背景，在融合交叉其他学科理论和方法的基础上，发展了特有的动力学建模、分析、实验和控制的理论方法与技术，并应用于评估航天器动力学特性优劣和控制系统设计有效性，为航天器总体方案设计与优化、构型选择、控制系统设计、地面测试与试验、在轨飞行故障诊断与处理等提供依据。航天动力学与控制学科在航天工程各环节均发挥着重要作用，是航天任务顺利执行的基础和支撑。

进入21世纪，伴随着载人航天、深空探测、空间基础设施以及先进导弹武器等一系列重大航天工程的实施，对航天动力学与控制学科的新的重大需求不断涌现，为学科发展提供了源源不断的动力；另一方面，实验观测手段的丰富和计算仿真能力的提升也为学科发展提供了有力的保障。同时，以人工智能、数字孪生、先进材料、先进测试技术等为代表的新兴学科与航天动力学与控制学科催生出新的学科交叉点，前沿创新研究不断涌现。人工智能技术基于存储、记忆、预训练的应用模式为航天动力学与控制学科传统难题的解决提供了新途径：机器学习算法可以显著提升航天任务设计优化的效率；深度学习算法用于构造智能动力学模型、求解动力学反问题、提升动力学建模效率；强化学习则提升了航天器控制的自主性和智能化水平，为实现自主智能飞行打下基础。在学科交叉创新的推动下，航天动力学与控制学科历久弥新，不断焕发出勃勃生机。

2016年4月24日，习近平总书记在首个“中国航天日”作出了“探索浩瀚宇宙，发展航天事业，建设航天强国，是我们不懈追求的航天梦”的重要指示。党的十九大报告和二十大报告进一步强调了建设航天强国的重要性，对加快建设航天强国作出重要战略部署，为我国航天科技实现高水平自立自强指明了前进方向。

为全面提升进出空间、探索空间、利用空间的能力，我国航天重大战略任务正在有序推进，重型运载火箭研制、新一代空间基础设施建设、空间站建设、探月工程和载人登月、行星探测和太空资源开发将逐步实施，这些重大航天任务都对航天动力学与控制学科提出了更多的新问题和新挑战。

《航天动力学与控制系列丛书》面向航天强国建设的战略需求，集中梳理和总结我国航天动力学与控制领域的优秀专家学者在理论方法和重大工程的研究和实践成果，旨在为我国航天动力学与控制学科的发展和国家重大航天工程研制提供理论和技术的支持与参考。丛书基本涵盖所涉及的航天动力学与控制领域的焦点问题，聚焦于轨道动力学、轨道优化与任务设计、姿态动力学与控制、编队与集群动力学等方向，着力阐述动力学原理、演化规律和控制方法，强调理论研究与工程应用及实践相结合。纳入新材料、柔性体、弹性体等前沿技术，依托高校的创新科研成果，充分反映当前国际学术研究前沿，以“新”为特色，厘清理论方法的发展脉络，为未来技术创新提供学科新方向。同时，依托科研院所参与国家重大航天工程的一手认识和体会，系统阐述航天工程中航天动力学与控制理论方法的应用和实践案例，为未来学科发展提供技术新牵引。

当前，我国正处于全面建设航天强国的关键时期，对航天动力学与控制学科的创新发展提出了更高的要求。本丛书的出版，是对新时代航天动力学与控制领域理论发展和实践成果的一次重要梳理，也为该学科未来的理论研究和技术突破启示了可能的空间。相信本丛书可以对我国航天科技领域学术繁荣和创新发展起到良好的促进作用。

王巍

2023年5月

前言

航天器编队飞行具有显著的技术特色和广阔的应用前景，概念一经提出就得到国际航天领域的广泛关注，各航天大国制定了一系列研究和工程计划，在21世纪的前两个十年，针对航天器编队动力学、导航与控制等问题开展了大量研究，取得了丰硕成果。但是高精度的航天器编队始终面临着频繁控制导致燃料消耗、影响任务寿命的难题，制约了工程实施。为应对此困境，针对一些高精度编队应用，专家学者提出了采用航天器间的电磁力实现构型重构与保持，减少燃料消耗的技术方案，成为航天器编队技术研究的新热点。但是航天器电磁编队的复杂非线性也给动力学建模与控制技术带来诸多挑战。本书立足航天技术前沿，瞄准国家重大需求，以航天器电磁编队的动力学与控制为主要内容，结合研究团队近年来的科学研究成果编撰而成。

本书力求遵循由浅入深、由易到难、由简到繁、循序渐进的方式，较为系统地介绍了电磁力航天器编队的非线性动力学建模与控制等技术，其内容包括航天器编队飞行的概念及发展现状、航天器电磁编队的动力学建模、航天器电磁编队的六自由度控制和欠驱动控制、深空探测航天器编队的自主导航以及地面实验系统的设计等八部分。第1章绪论，介绍航天器编队飞行与电磁力航天器编队的概念，以及国内外发展现状；第2章航天器编队动力学基础，介绍坐标系定义、航天器编队动力学、相对姿态动力学等基础知识；第3章航天器电磁编队动力学建模与磁矩分配，介绍电磁力、磁偶极子的建模与计算，基于远场模型的电磁力包络分析，针对航天器电磁编队的坐标系定义、相对动力学建模，以及磁矩优化分配方法；第4章航天器电磁编队的六自由度控制，介绍针对电磁力航天器编队姿轨耦合问题的相关研究，包括基于对偶四元数的电磁编队交会对接控制、姿轨一体化控制以及基于自抗扰方法的高精度编队控制；第5章航天器电磁编队的欠驱动控制，主要介绍在欠驱动情况下编队重构与悬停控制方法；第6章基于端口哈密顿动力学的航天器编队动力学建模，主要介绍一种新的动力学建模方法，并给出了近地和日地 L2 点航天器编队端口哈密顿动力学模型；第 7 章深空探测航天器编队自主相对导航，介绍基于相对测量的深空探测航天器编队自主导航技术；第 8 章地面实验系统与仿真软件设计，介绍航天器电磁编队飞行地面实验系统的软硬件设计、多维超导电磁场建模与数字仿真软件的开发。

本书是笔者及科研团队在航天器编队飞行领域多年科研实践工作基础上的总结，由周庆瑞、刁靖东、宋莹莹、孟斌为主撰写，并负责全文的统稿与审校。其中，第 1 章由周庆瑞、刁靖东、孟斌撰写；第 2 章由宋莹莹、刁靖东、孟斌撰写；第 3、4 章由宋莹莹、周庆瑞撰写；第 5 章由邵将、周庆瑞、孟斌撰写；第 6 章由王家明、郑威、周庆瑞撰写；第 7 章由叶子鹏、周庆瑞、王辉撰写；第 8 章由刁靖东统稿，8.1 节由刁靖东、叶东撰写，8.2.2 节、8.2.3 节由方卫中、刁靖东撰写，8.2.1 节、8.2.4 节由朱彤华、刁靖东撰写。同时，笔者所在团队的孙昌浩、王晓初、杨英、冯宇婷等在材料收集、学术讨论、图表绘制和公式编写上完成了大量工作。

本书撰写工作得到了中国空间技术研究院钱学森空间技术实验室领导和同事的鼎力支持和无私帮助，研究过程中得到了中国航天科技集团公司包为民院士、吴宏鑫院士，西安电子科技大学郑晓静院士的指导和帮助，另外本书还得到了哈尔滨工业大学叶东教授、杭州易泰达公司方卫中博士的大力支持，并参与完成了部分章节的撰写，在此一并表示衷心的感谢！本书的出版得到科技部重点研发项目(2018YFA0703802)、航天科技集团自主研发等项目的资助，在此深表谢意！

航天器电磁编队飞行是一个新兴的技术领域，在对地观测、空间探测，尤其是深空探测领域具有广阔的应用前景，随着各种深空探测任务的推进和工程实施，将会促使该领域出现更多创新性的理论、方法和技术。本书面向深空探测等国家战略需求，重点介绍了笔者团队在该领域的最新研究进展，希望能给读者提供动力学建模与编队控制的技术参考。

受限于笔者能力，本书的观点难免有不妥之处，恳请读者批评指正，使之完善提高。

著者

2023 年 11 月于北京航天城

目录

符号表

符　号	定　义
a_1，a_2，a_3，b_1，b_2，b_3	线性变换矩阵中的参数
$\boldsymbol{a}_f$	大气阻力加速度
A_0	变量 μ_A、μ_B 与 d 的函数
A_1	变量 μ_A、μ_B 与 d 的另一函数
AU	天文学中计量天体之间距离单位
$\boldsymbol{A}_1$	径向欠驱动情形下的系统矩阵
$\boldsymbol{A}_2$	迹向欠驱动情形下的系统矩阵
$\boldsymbol{A}_d$	闭环端口哈密顿系统矩阵
$\boldsymbol{B}_1$	径向欠驱动情形下的控制矩阵
$\boldsymbol{B}_2$	迹向欠驱动情形下的控制矩阵
$\boldsymbol{B}_{\boldsymbol{E}}$	地磁偶极子作用于航天器的磁场强度矢量
c_{1j}，c_{2j}，c_{3j}	轨迹构型的积分常数
C_D	阻力系数
d_{im}	外部扰动的有界值
$\boldsymbol{d}_i$	线性化误差和扰动的和
$\bar{\boldsymbol{d}}_i$	第 i 个航天器受到的外部扰动
$\boldsymbol{e}$	误差四元数
e_0	误差四元数的标量部分
e_1，e_2，e_3	误差四元数的矢量部分

续表

符　号	定　义
$\boldsymbol{e}_{ih}$	第 i 个跟随航天器相对于领航航天器的相对状态误差矢量
$\boldsymbol{e}'_{ih}$	$\boldsymbol{e}_{ih}$ 的矩阵形式
$\boldsymbol{e}_{i1v}$	径向欠驱动情形下的速度误差向量
$\overline{\boldsymbol{e}}_{i1v}$	径向欠驱动情形下经线性变换后的速度误差向量
$\boldsymbol{e}_{i2v}$	迹向欠驱动情形下的速度误差向量
$\boldsymbol{e}_{i1\rho}$	径向欠驱动情形下的位置误差向量
$\overline{\boldsymbol{e}}_{i1\rho}$	径向欠驱动情形下经线性变换后的位置误差向量
$\boldsymbol{e}_{i2\rho}$	迹向欠驱动情形下的位置误差向量
f	真近点角
f_1，f_2，f_3	线性变换矩阵中的参数
$\boldsymbol{f}_d$	外界干扰加速度
$\boldsymbol{f}_f$	惯性坐标系中跟随航天器受到的除地球中心引力以外的其他作用力的合力的加速度矢量
$\boldsymbol{f}_l$	惯性坐标系中领航航天器受到的除地球中心引力以外的其他作用力的合力的加速度矢量
F_{Ax}	B 作用在磁偶极子 A 上的径向磁力分量
F_{Ay}	B 作用在磁偶极子 A 上的迹向磁力分量
F_{Az}	B 作用在磁偶极子 A 上的法向磁力分量
$\lVert\boldsymbol{F}\rVert_{\max}$	两个航天器间的最大电磁力
$\boldsymbol{F}_{\text{avg}}$	一个周期内的平均电磁力
$\boldsymbol{F}_j$	航天器 j 到的受电磁力
$[g(\gamma)]_{\max}$	缩比电磁力 $g(\gamma)$取得的最大值
$\boldsymbol{g}^{\perp}$	$\boldsymbol{g}$ 的满秩左零化矩阵
H	惯性坐标系中航天器轨道高度
$H(x)/H$	哈密顿函数
$H_{\text{d}}(x)$	闭环哈密顿函数

续表

符号	定义
$\boldsymbol{h}$	反作用轮力矩相对本体系的角动量在本体系中的分量
$\boldsymbol{h}_i$	飞轮相对第 i 个航天器本体转动部分的角动量
$\boldsymbol{H}$	航天器的总角动量
I	电流
$\mathbf{I}_{\boldsymbol{n}}$	$\boldsymbol{n}$ 阶单位矩阵
J_2	地球非球形引力 J_2 项
$\boldsymbol{J}_{\mathrm{b}}$	航天器本体坐标系下转动惯量矩阵
$k_{1,1}$，$k_{1,2}$	径向欠驱动情形下滑模控制开关控制器参数
$k_{2,1}$，$k_{2,2}$	迹向欠驱动情形下滑模控制开关控制器参数
K_j	闭环哈密顿函数参数
K_q，K_r，K_v，K_ω	控制器参数
$\boldsymbol{K}_h$	LQR 方法中的控制参数
$\ln\hat{\boldsymbol{q}}$	对偶四元数的对数
L1～L5	五个拉格朗日点
m，m_{A}，m_{B}	航天器或航天器 A、航天器 B 的质量
m_{E}	地球质量
m_{S}	太阳质量
n_0	领航航天器在圆轨道的平均角速度
N	电磁线圈匝数
$Oxyz$	参考航天器轨道坐标系
$O_{\mathrm{a}}x_{\mathrm{a}}y_{\mathrm{a}}z_{\mathrm{a}}$	领航航天器的本体坐标系
$O_{\mathrm{b}}x_{\mathrm{b}}y_{\mathrm{b}}z_{\mathrm{b}}$	跟随航天器的本体坐标系
$O^{\mathrm{b}}x^{\mathrm{b}}y^{\mathrm{b}}z^{\mathrm{b}}$	航天器的本体坐标系
$O_{\mathrm{E}}XYZ$	地心惯性坐标系
$O_{\mathrm{EM}}x_{\mathrm{EM}}y_{\mathrm{EM}}z_{\mathrm{EM}}$	电磁坐标系
$O_{\mathrm{S}}xyz$	日地旋转坐标系
p_j	欧拉-拉格朗日方程广义动量坐标
P	电磁线圈电功率

续表

符号	定义
$\boldsymbol{P}_1$	黎卡提方程中的正定矩阵
$\boldsymbol{P}_{11}$	径向欠驱动情形下的线性变换矩阵之一
$\boldsymbol{P}_{12}$	径向欠驱动情形下的线性变换矩阵之一
$\boldsymbol{P}_{21}$	迹向欠驱动情形下的线性变换矩阵
$\boldsymbol{q}$	四元数
q_0	四元数的标量部分
q_1, q_2, q_3	四元数的矢量部分
$\boldsymbol{q}_0$	哈密顿函数下领航航天器在本体坐标系中的位置矢量
$\boldsymbol{q}_{idC}$	航天器本体坐标系相对轨道坐标系的期望姿态
$\hat{\boldsymbol{q}}_{idC}$	第 i 个航天器的本体坐标系相对于轨道坐标系的期望相对平动和转动运动的对偶四元数
$\hat{\boldsymbol{q}}_{ie}$	当前对偶四元数与期望对偶四元数的误差
$\boldsymbol{q}_{iC}$	质心轨道坐标系到第 i 个航天器本体坐标系的姿态四元数
$\boldsymbol{q}_j$	哈密顿函数下跟随航天器在本体坐标系中的位置矢量
$\boldsymbol{q}_v$	四元数的矢量部分
$\boldsymbol{q}_C$	地心惯性坐标系到系统轨道坐标系转换的四元数
$\boldsymbol{q}_{CA}$	辅助坐标系到轨道坐标系旋转的四元数
$\boldsymbol{q}^*$	四元数的共轭
$\boldsymbol{q}_v^{\times}$	四元数的矢量分量构形的反对称矩阵
$\boldsymbol{Q}_h$	LQR 方向中的系统权重矩阵
$\boldsymbol{Q}_0$	哈密顿函数下的领航航天器的位置矢量
$\boldsymbol{Q}_j$	哈密顿函数下的跟随航天器的位置矢量
r	惯性坐标系中两航天器间相对距离
r_1	跟随航天器与太阳的距离
r_2	跟随航天器与地球的距离

续表

符号	定义
r_{id}	自然编队中一般圆轨道的轨道半径
r_j	哈密顿函数下跟随航天器与地心的距离
r_{ref}	参考轨迹
r_{ig}	自然编队中投影圆轨道的轨道半径
r_l	惯性坐标系中跟随航天器的位置标量
r_{CM}	地心到双航天器系统质心之间的距离
r_f	惯性坐标系中跟随航天器的位置标量
$\boldsymbol{r}$	日地旋转坐标系中跟随航天器相对领航航天器的位置矢量
$\boldsymbol{r}_{\mathrm{ba}}^{\mathrm{a}}$	相对位置在领航航天器本体坐标系中的矢量表述
$\boldsymbol{r}_{\mathrm{ba}}^{\mathrm{b}}$	两航天器相对位置矢量在跟随航天器本体坐标系中的表述
$\boldsymbol{r}_i^i$	地心到第 i 个航天器质心之间的相对位置在航天器本体坐标系中的表示
$\boldsymbol{r}_{id\mathrm{C}}^{\mathrm{A}}$	设计编队航天器在辅助坐标系中的相对位置
$\boldsymbol{r}_{i\mathrm{C}}^{i}$	航天器与系统质心之间的相对位置
$\boldsymbol{r}_f$	惯性坐标系中跟随航天器的位置矢量
$\boldsymbol{r}_{\mathrm{C}}^{\mathrm{C}}$	轨道坐标系与地心惯性系的相对位置
$\boldsymbol{r}_l$	惯性坐标系中领航航天器的位置矢量
R	电磁线圈电阻
R_{E}	地球赤道半径
$\boldsymbol{R}_h$	LQR 方法中的权重矩阵
$\boldsymbol{R}_i^{\mathrm{CM}}$	地心到航天器之间的位置矢量在质心轨道坐标系中的表示
$\boldsymbol{R}_{\mathrm{M}}$	日地旋转坐标系中由月球指向航天器的位置矢量
$\boldsymbol{R}_{\mathrm{O}}^{\mathrm{B}}$	轨道坐标系到本体坐标系的状态转换矩阵
S	电磁线圈面积
t_{i0}	第 i 个跟随航天器的初始时间

续表

符 号	定 义
t_{if}	第 i 个跟随航天器的终端时间
$\boldsymbol{\tau}_j$	航天器 j 受到的电磁力矩
u	归一化的相对运动位置坐标，满足 $u=\frac{x}{r_l}$
u_x	电磁力加速度的径向分量
u_y	电磁力加速度的迹向分量
u_z	电磁力加速度的法向分量
u_{ix}	跟随航天器的径向加速度
u_{iy}	跟随航天器的迹向加速度
u_{iz}	跟随航天器的法向加速度
$\boldsymbol{u}$	电磁力加速度
$\boldsymbol{u}_{ih}$	施加在第 i 个航天器上的控制输入
$\boldsymbol{u}_{ih,1}$	$\boldsymbol{u}_{ih}$ 中的等效控制
$\boldsymbol{u}_{ih,2}$	$\boldsymbol{u}_{ih}$ 中的开关控制
$\boldsymbol{u}'_{ih}$	$\boldsymbol{u}_{ih}$ 的矩阵形式
$\boldsymbol{u}_{i\max}$	推进器最大推力
U	无量纲化的势函数
v	归一化的相对运动位置坐标，满足 $v=\frac{y}{r_l}$
$\boldsymbol{v}_j$	日地旋转坐标系中跟随航天器的速度矢量
V	广义 Lyapunov 函数
V_1	径向欠驱动情形下的 Lyapunov 函数
V_2	迹向欠驱动情形下的 Lyapunov 函数
$\boldsymbol{v}_i$	跟随航天器 i 相对于领航航天器的速度矢量
w	归一化的相对运动位置坐标，满足 $w=\frac{z}{r_l}$
W	伪势函数
x	参考航天器轨道坐标系下跟随航天器的广义径向位置分量

续表

符　号	定　义
x_i	参考航天器轨道坐标系下跟随航天器 i 的径向位置分量
$x^{\star}(t)$	哈密顿函数下的可行轨迹
$\overline{\boldsymbol{X}}_{iu}$	迹向欠驱动情形下的不能控子空间
$\boldsymbol{X}_i$	第 i 个跟随航天器相对领航航天器的运动状态矢量
$\overline{\boldsymbol{X}}_{ic}$	迹向欠驱动情形下的能控子空间
$\boldsymbol{X}_{id}$	第 i 个跟随航天器的期望状态
$\boldsymbol{X}_{ig}$	第 i 个跟随航天器的初始状态
y	参考航天器轨道坐标系下跟随航天器的广义迹向位置分量
y_i	参考航天器轨道坐标系下跟随航天器 i 的迹向位置分量
z	参考航天器轨道坐标系下跟随航天器的广义法向位置分量
z_i	参考航天器轨道坐标系下跟随航天器 i 的法向位置分量
α_{0j}	哈密顿函数下面内相角
α_1，α_2	哈密顿函数下控制器参数
$\alpha_{1,1}$，$\alpha_{1,2}$，$\beta_{1,1}$，$\beta_{1,2}$	滑模控制器参数
β_{0j}	哈密顿函数下面外相角
γ	航天器间电磁力的未知增益参数
$\boldsymbol{\gamma}_k$	观测器参数之一
$\Delta \boldsymbol{f}(\boldsymbol{X}_i)$	CW 方程的线性化误差
δ	自旋轴 n 的方向与轨道坐标系原点到圆形轨迹连线方向的夹角
$\boldsymbol{\zeta}_{i1}$	径向欠驱动情形下的不匹配扰动

续表

符号	定义
θ	旋转欧拉角
$\hat{\theta}$	对偶角度
λ_{MP}	地磁余纬(10.26°)
μ	磁矩大小
μ_{e}	地球磁场强度大小
μ_{E}	地球的引力系数
$\mu_{\mathrm{E}}^{\mathrm{CM}}$	地磁偶极子在系统质心轨道坐标系中表示
μ_{M}	月球的引力系数
μ_{S}	太阳的引力系数
$\boldsymbol{\mu}_{ai}$	航天器 i 的交流振幅
$\boldsymbol{\mu}_{i}^{i}$	航天器 i 的磁偶极子在其本体坐标系上的表示
$\boldsymbol{\mu}_{A}$	磁偶极子 A 的强度向量
$\boldsymbol{\mu}_{A}^{\mathrm{CM}}$	航天器 A 磁偶极子矢量在轨道坐标系中的表示
$\boldsymbol{\mu}_{A}^{\mathrm{EM}}$	磁矩在电磁坐标系中的表示
$\boldsymbol{\mu}_{B}$	磁偶极子 B 的强度向量
ρ	航天器所处轨道大气密度
$\boldsymbol{\rho}$	跟随航天器相对于领航航天器的广义位置矢量
$\boldsymbol{\rho}_{i}$	跟随航天器 i 相对于领航航天器的位置矢量
$\boldsymbol{\rho}_{A}$	航天器 A 相对质心的位置矢量在质心轨道坐标系中的表示
$\boldsymbol{\rho}_{B}$	航天器 B 相对质心的位置矢量在质心轨道坐标系中的表示
$\boldsymbol{\mu}_{e}^{\mathrm{EMF}}$	磁偶极子在地磁坐标系投影
τ_{Ax}	磁偶极子 B 作用在磁偶极子 A 上的径向磁力矩分量
τ_{Ay}	磁偶极子 B 作用在磁偶极子 A 上的迹向磁力矩分量

续表

符号	定义
τ_{Az}	磁偶极子 B 作用在磁偶极子 A 上的法向磁力矩分量
$\boldsymbol{\tau}_{\text{avg}}$	一个周期内平均电磁力矩
$\boldsymbol{\tau}_{Ei}$	地磁干扰力矩
φ	旋转欧拉角
ϕ_e	格林尼治赤经
ϕ_{id}	自然编队中一般圆轨道的初始相角
ϕ_{ig}	自然编队中投影圆轨道的初始相角
ϕ_{MP}	负地磁经度(−71.78°)
ψ	旋转欧拉角
ω	自旋角速度
ω_0	系统质心的轨道角速度
ω_{e}	地球自转速度
ω_i，ω_j	航天器 i，j 的交流调制频率
ω_f	交流频率
$\boldsymbol{\omega}$	领航航天器在惯性坐标系中的轨道角速度
$\dot{\boldsymbol{\omega}}$	领航航天器在惯性坐标系中的轨道角加速度
$\boldsymbol{\omega}_{ca}$	控制器的控制带宽
$\boldsymbol{\omega}_{i\text{C}}^{i}$	系统质心轨道系与第 i 个航天器本体坐标系之间的角速度
$\boldsymbol{\omega}^{\text{A}}$	航天器的自旋角速度在辅助坐标系下的表示
$\boldsymbol{\omega}_{\text{b}}^{\text{b}}$	航天器为本体坐标系相对于惯性坐标系的角速度在本体坐标系中的分量
$\boldsymbol{\omega}_{\text{C}}^{\text{C}}$	轨道坐标系相对于地心惯性坐标系的角速度
Ω	轨道升交点赤经
Ω_{d}	姿态的期望角速度

续表

符 号	定 义
$\boldsymbol{C}$	哈密顿函数下地心惯性坐标系与本体坐标系的转换矩阵
$\mathcal{T}$	哈密顿函数下航天器动能
$\mathcal{L}$	哈密顿函数下航天器拉格朗日函数
$\mathcal{U}$	哈密顿函数下航天器势能
$\mathbb{R}^n$	n 维状态空间

缩略语表

缩略语	英 文	中 文
ADRC	Active Disturbance Rejection Control	自抗扰控制器
AFRL	Air Force Research Laboratory	美国空军实验室
CAN	Controller Area Network	控制器局域网总线
CRTPB	Circular Restricted Three Body Problem	圆形限制性三体问题
C-W	Clohessy-Wiltshire	一种圆轨道的相对运动方程
DO-NFTSMC	Disturbances Observer-based Non-singular Fast Terminal Sliding Mode Controller	基于扰动观测器的非奇异快速终端滑模控制器
6-DOF	6 Degrees of Freedom	六自由度
EMFF	Eectromagnetic Formation Flight	电磁编队飞行
EO-1	Earth Observing-1	地球观测-1 号卫星
ESA	European Space Agency	欧洲航天局
GRACE	Gravity Recovery and Climate Experiment	重力场恢复与气候实验卫星
T-H	Tschauner-Hempel	一种椭圆轨道的相对运动方程
IDA-PBC	Interconnection and Damping Assignment Passivity-Based Control	基于互联和阻尼分配无源性的跟踪控制
InSAR	Interferometric Synthetic Aperture Radar	双天线合成孔径雷达或相干合成孔径雷达
LEO	Low Earth Orbit	近地轨道

续表

缩略语	英文	中文
LIGO	Laser Interferometer Gravitational-wave Observatory	激光干涉引力波天文台
LQR	Linear Quadratic Regulator	线性二次调节器
LVLH	Local Vetical Local Horizontal	局部垂直局部水平坐标系
NASA	National Aeronautics and Space Administration	美国国家航空航天局
NFTSMC	Non-singular Fast Terminal Sliding Mode Controller	非奇异快速终端滑模控制器
NTSMC	Non-singular Terminal Sliding Mode Controller	非奇异终端滑模控制器
PD	Proportional Derivative	比例微分
pH	port-Hamilton	端口哈密顿
PID	Proportional Integration Derivative	比例积分微分
PWM	Pulse Width Modulation	脉宽调制
RTPB	Restricted Three Body Problem	限制性三体问题
SBR	Space Based Radar	天基雷达
SC	Synchronization Controller	同步控制器
SRTM	Shuttle Radar Topography Mission	航天飞机雷达地形测绘任务
Techsat-21	Technology Satellite of the 21st Century	21 世纪技术卫星
tIDA-PBC	Traking Interconnection and Damping Assignment Passivity-Based Control	基于互联和阻尼分配无源性的跟踪控制
TPF	Terrestrial Planet Finder	类地行星发现者
TSMC	Terminal Sliding Mode Controller	终端滑模控制器

第 1 章 绪论

航天器编队飞行的概念在 20 世纪 90 年代被提出后，得到广泛关注，专家学者针对航天器编队飞行的动力学建模、导航与控制开展了深入研究，以美国为代表的航天大国制定了多个航天器编队飞行计划并开展了飞行验证。由于航天器的运行受到轨道动力学的约束，编队构型的调姿与保持需要消耗燃料，对任务寿命形成约束，因此，在 21 世纪初，研究者们又针对特定应用提出了航天器电磁编队飞行的概念。本书主要介绍航天器电磁编队的动力学、导航与控制方面相关的最新研究成果。

1.1 航天器编队飞行的概念与内涵

对于航天器编队飞行，目前在学术上并没有严格或者统一的定义，通常是指为了满足有效载荷的任务需求或者提升任务能力与性能，多个相互分离的航天器个体在空间上形成并保持所需的几何构型，组成一个空间规模更大的空间系统，多个航天器协同完成系统任务，航天器编队飞行主要应用于对地观测、空间探测与深空探测等领域[1-3]。

航天器编队概念的提出主要来自空间应用任务需求，比如干涉雷达三维成像[4]、立体测绘[5]、光干涉成像[6]等，下面以干涉雷达为例进行说明。干涉雷达指采用干涉测量技术的合成孔径雷达(Interferometric Synthetic Aperture Radar, InSAR)，也称双天线 SAR 或相干 SAR[7]。它通过两条侧视天线同时对目标进行观测(单轨道双天线模式)，或通过一定时间间隔的两次平行观测(单天线重复轨道模式)，来获得地面同一区域两次成像的复图像对(包括强度信息和相位信息)。由于目标与两天线位置的几何关系，地面目标回波形成相位差信号，经两个复图像的复相关形成干涉纹图。利用遥感器高度、雷达波长、波束视向及天线基线距之间的几何关系，可以获取距离信息，精确地测量出图像上每一点的高程信息，从而获得地表的高分辨率三维图像。其中，获取的高程信息精度直接与天线基线长度相关，基线越长精度越高。例如，美国、德国、意大利的“航天飞机雷达地形测绘任务”(Shuttle Radar Topography Mission, SRTM)[8]，利用航天飞机的大型结构，同时在航天飞机上安装一个可伸缩的天线杆，使基线长度达到 60m，获得高程精度 16m 的全球数字高程模型。如果要达到米级的高程测量精度，需要百米级以上甚至近千米的基线，单个航天器显然难以实现。如果把雷达的收发天线布置在不同的卫星上，卫星根据需求形成所需构型，就可形成千米级以上的基线，获取更高的测量精度。

根据编队飞行控制要求的不同，编队飞行系统可分如下 3 类[9]，其技术水平和实现难度依次升高。

合作编队：星间状态测量和控制仅在某阶段或一个时期进行，不需要长期进行测量和控制。

知识编队：编队飞行的各个卫星之间有测量信息，但是星间不进行协调控制，也就是说，编队飞行的队形是随时进行测量，获得队形分布状态，但不需要进行严格队形保持，即载荷的任务不需要特殊的构型，只需获取构型的状态即可进行数据的反演与应用。

精确编队：需要采用空间自主精确控制与测量技术，从而严格保持编队的队形，编队中各卫星之间通过控制与测量系统实现互相耦合。

与航天器编队飞行相似的一些概念包括卫星星座和星群[10]。卫星星座通常是由多颗卫星按照一定的方式组成一个均匀分布的网络[11]，其目的通常是实现对某些区域或全球的均匀覆盖，主要用于导航和通信领域，如我国的北斗导航星座、美国的GPS导航星座等。星群通常是指一组保持松散队形的卫星，没有严格的队形保持需求，多颗卫星通过相互的信息，能源交流完成复杂任务[12]。

除了有效载荷的任务使命外，对于航天器编队飞行的主要任务，NASA（美国国家航空航天局）的戈达德空间飞行中心（Goddard Space Flight Center，GSFC）给出了定义：跟踪或保持航天器间的期望相对间隔、期望指向或期望位置。其中，航天器期望的间隔、位置与指向是由有效载荷任务需求决定的。因此可以看到，除了有效载荷任务使命的相关技术外，航天器编队飞行的主要工作是满足有效载荷对编队构型与姿态的需求，即编队的构型重构、构型保持、姿态控制、相对测量与导航等[13]。

航天器编队具有费用低、性能好、可靠性高与适应性强的特点[14]。

① 航天器编队中的各航天器可以采用小卫星技术标准化批量化生产，降低研制费用；航天器体积小重量轻，可以采用一箭多星的方式发射，减少发射费用；各航天器功能简化，操作维护简单，可降低寿命周期费用。

② 航天器编队提升了整体性能。航天器编队使得测量基线的长短不受限制，提高测量精度，可以完成一些单航天器不能胜任的任务，如立体观测等。

航天器编队中的各航天器功能单一、结构简单，可靠性得到提高。当编队中某航天器失效时，可以通过快速发射新的航天器来代替，或者通过调整编队构型，使整个系统得以快速修复。

③ 航天器编队可以根据任务的改变，方便快捷地加入新的航天器或改变编队构型。

航天器编队飞行的实现关键在于对编队构型的设计和控制。构型设计既要考虑编队构型满足科学任务需要，更要着重解决维持构型所需的燃料消耗问题。初始编队飞行轨道构型建立，以及后来长期运行时航天器受到轨道摄动而需要保持编队构型，都需要大量消耗推进资源，因此，如何节省燃料和能源达到空间任务的要求是一个重要的研究课题[15]。

1.2 航天器编队飞行计划

1997 年，德国戴姆勒-奔驰航空航天公司为"和平"号空间站开发的 X-MIR 探测器成功地对"和平"号空间站进行了检测，并验证了编队飞行的先进视频相对导航技术，该技术的演示和实现为航天器编队飞行奠定了基础。由于航天器编队具有巨大的技术优势和广阔的应用前景，概念一经提出就得到了国际航天领域的广泛重视，并提出了一系列研究和工程计划，涉及干涉成像、电子侦察、干涉测量、空间监测与对抗等，可主要归纳于对地观测与空间探测、深空探测领域，下面分别介绍在这两个领域的编队飞行计划和工程实施情况。

1.2.1 对地观测与空间探测领域

对地观测主要是指采用卫星技术，快速地获取地球表面地物随时间变化的几何和物理信息；空间探测是指对地球高层大气和外层空间所进行的探测。在对地观测与空间探测应用领域，比较典型的计划和任务有：美国的"21 世纪技术卫星"(Technology Satellite of the 21st Century)Techsat-21 计划、电离层观测-纳星-编队(Ionospheric Observation-Nanosatellite-Formation，ION-F)、F6 计划(Future，Fast，Flexible，Fractionated，Free-Flying)，德国的重力场恢复与气候实验卫星(Gravity Recovery and Climate Experiment，GRACE)，瑞典的 PRISMA 任务，中国的"实践九号宏图一号"等。下面对几个典型的编队计划和任务进行介绍。

Techsat-21 计划：美国空军实验室(Air Force Research Laboratory，AFRL)于 1998 年提出了验证分布式小卫星合成雷达技术的"21 世纪技术卫星"计划，其目的是利用低成本小卫星构成三维编队飞行星座。该计划采用不同轨道面上多个小卫星组成编队，综合利用合成孔径雷达技术和多基线干涉测量技术，形成天基雷达(Space Based Radar，SBR)，能够完成单颗卫星合成雷达系统不能实现的任务。卫星的主要试验任务包括：编队飞行、星座管理、精确测时与授时，以及分布式疏散孔径雷达信号处理等。Techsat-21 卫星(图 1.1)是一个细长的六边棱柱体，高为 7m，直径约为 1.3m，质量约为 99kg。该编队构成一颗虚拟大卫星，而且其全寿命成本低于同样功能的大卫星。该计划前期取得了比较显著的成果，然而，由于技术难度比预想的大且项目多次超支，该计划经过多次推迟后，于 2003 年被取消。虽然 Techsat-21 计划没能最终完成，但是它几乎囊括了分布式航天器编队飞行系统全部的核心技术，仍然一直受到世界各国航天科技工作者的关注。

图 1.1 Techsat-21

电离层观测-纳星-编队 ION-F(图 1.2)是由美国 3 所大学研制的用来测量电离层密度不均匀对无线电传播(包括通信、导航、全球定位系统等)影响的卫星编队。编队由 3 颗卫星组成，每颗卫星为质量 15kg 的三轴对地稳定卫星。3 颗卫星组成一个串行卫星编队，2 颗卫星搭载推进系统用于控制串珠型编队的构型。ION-F 是国际上第一次进行近地轨道空间环境监测的微纳卫星编队的尝试。

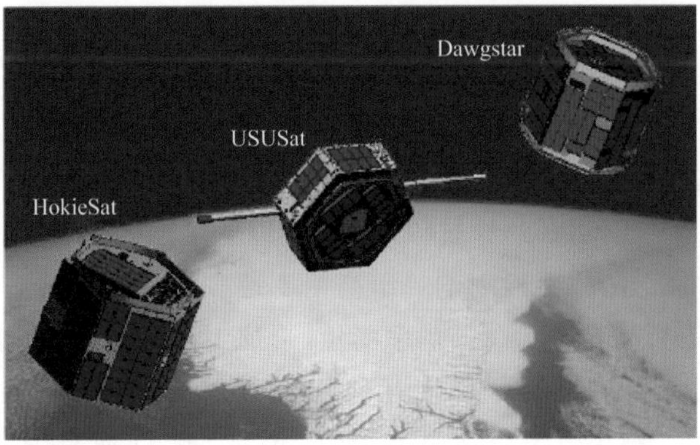

图 1.2 ION-F 编队

德国的重力场恢复与气候实验卫星 GRACE(图 1.3)是美德合作的双星测地任务卫星，主要观测地球重力场变化，并通过重力场的变化，科学家能推测出地下水的变化。GRACE 包含两颗完全相同的卫星，都运行在距离地面 485km 的极地圆形轨道上，两颗星呈前后跟飞的编队构型，相距 220km。通过卫星上配置的精密科学仪器，能够精确测量两颗卫星之间的距离，测量精度达到微米级，可以进行高精度的重力场反演。GRACE 卫星于 2002 年 3 月 17 日在俄罗斯的普列谢茨克发射场发射，在任务期间每隔 12 天至 24 天产生一个新的地球重力场模型。这一采样周期可使瞬态重力场分量与静态重力场分量分离，从而获得高精度的重力场及其随时间变化的模型。GRACE 卫星能反演冰川、雪地、水库、地表水、土壤水和地下水的所有变化。它开创了高精度全球重力场观测与气候变化实验的新纪元，也是监测全球环境变化（陆地冰川消融、海平面与环流变化、陆地水量变化、强地震）的有力手段。

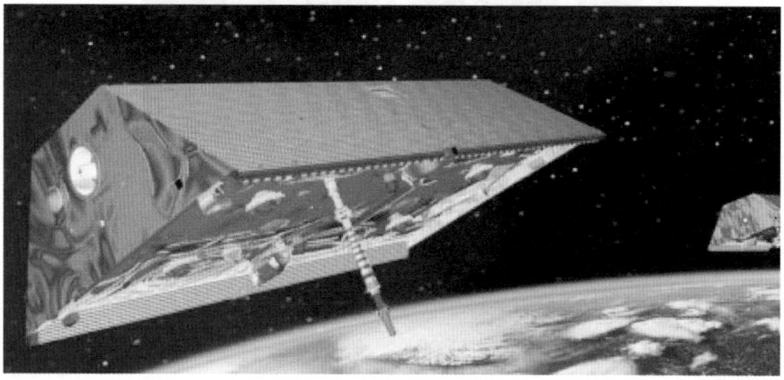

图 1.3 GRACE 卫星示意图

2000 年，NASA 发射的 EO-1（Earth Observing-1，地球观测-1）卫星与 Landsat 7 卫星实现了沿航迹编队飞行试验，同时也对 EO-1 上搭载的地面观测设备进行了测试。2000 年，ESA（欧洲航天局）发射的 CLUSTER 包含 4 颗相同的卫星，在地球周围的大椭圆极地轨道通过编队飞行测量地球与太阳之间相互作用的细微变化。PRISMA 编队是瑞典空间中心于 2010 年发射的两颗卫星，其目的是用于低成本编队飞行与交会技术验证，PRISMA 开展的技术验证主要包括：制导导航控制机动试验，基于 GPS 的导航和天基自主编队飞行试验等。SWARM 编队是欧洲航天局于 2013 年 11 月发射的一组高精度地磁场探测卫星编队，对地磁场强度、方向和变化进行高精度和高分辨率测量，再加上精确的导航、加速度计和电场测量，将为地磁场及其与地球系统其他物理方面的相互作用建模提供数据。SWARM 共包含 3 颗小卫星，其中 SWARM-A 与 SWARM-C 卫星主要用于测量地球板块产生的磁场效应，SWARM-B 卫星主要用于测量大气磁层和电离层产生的磁场效应。

近年来，国内在航天器编队技术方面也取得了长足发展。2008 年，“神舟七号”载人航天飞船发射升空，并在运行过程中成功进行了伴随卫星绕飞试验。

“实践九号”A/B 卫星是中国民用新技术试验卫星，由 A 星和 B 星两颗卫星组成，主要用于卫星长寿命高可靠、高精度高性能、国产核心元器件和卫星编队及星间测量与链路等试验，以此提升中国航天产品国产化能力。2012 年，我国用“长征二号丙”运载火箭，采用“一箭双星”方式，将“实践九号”A/B 卫星发射升空并送入预定转移轨道，开展了卫星编队及星间测量与链路等试验，验证了卫星编队建立与自主保持技术。

自 2012 年 10 月 19 日起，“实践九号”开展了一系列的卫星编队飞行试验。

① 远程交会：2012 年 10 月 19—23 日，“实践九号”A 星经过 6 次开环轨道控制，从相距 B 星 1155km 到达 B 星后方 34km 处，形成稳定伴飞，实现了远程交会。

② 粗跟飞：2012 年 10 月 24 日起，地面又进行了两次粗跟飞漂移率调整控制，A 星漂移到 B 星后方 8km 处，星间差分相对定位数据正常，具备转入自主编队飞行控制阶段的条件。

③ 精跟飞：2012 年 10 月 26 日，A 星转入编队飞行试验模式，进入自主编队飞行阶段，并以 cm/s 级别的相对漂移速度向 B 星渐近；10 月 28 日，A 星在距 B 星 2.6km 处实施了第一次近端跟飞自主保持控制，然后 A 星远离 B 星；10 月 31 日，A 星在距 B 星 9.3km 处成功实施了远端跟飞自主保持控制，A 星控制后靠近 B 星。

④ 绕飞：A 星在经过面外相对运动转移、面内精转绕的自主控制后，于 2012 年 11 月 1 日成功建立了以 B 星为目标的轨道面外双星绕飞构型，并于 11 月 3 日成功进行了一次绕飞自主保持控制，形成了双星编队构型。

在经历了远程交会、粗跟飞、精跟飞、绕飞等阶段，进行了 14 次轨控，执行了 21 次轨控脉冲之后，A 星于 2012 年 11 月 5 日上午安全从 B 星前方撤离，完成了双星编队的试验验证任务。

为打通上游数据资源，助力数字中国和数字经济建设，提升卫星互联网全产业链服务能力，航天宏图信息技术股份有限公司计划构建全球自主可控混合遥感星座——“女娲星座”，一期工程计划发射 54 颗卫星，包括 44 颗雷达遥感卫星和 10 颗光学卫星。“女娲星座”首发卫星“航天宏图一号”卫星于 2023 年 3 月 30 日在太原卫星发射中心成功发射(图 1.4)。“航天宏图一号”由银河航天公司研制，由 4 颗高分辨率 X 波段雷达卫星组成，包括 1 颗主星以及 3 颗辅星，是国际上首个四星编队飞行的 X 波段干涉合成孔径雷达(Interferometric Synthetic Aperture Radar, InSAR)对地成像系统，其中，主星重量约为 320kg，辅星单星重量约为 270kg。该组卫星在轨构成国际上首个车轮式卫星编队，编队构型犹如在太空中飞行的车轮，主星位于车轮中心，3 颗辅星均匀分布在车轮轮毂上。采用星间通信链路和相位同步链路，在辅星与主星相距仅几百米的情况下，通过精密的轨道控制，保证卫星编队在轨构型的稳定性和空间安全性，相比传统的干涉卫星系统，车轮式编队具有编队构型相对稳定、干涉基线多、测绘效率高的优势。4 颗卫星组合起来，相当于一个几百米孔径的合成孔径雷达，因此该组卫星具备对全球非极区进行 1∶50000

比例尺测绘能力，可以快速高效地进行全球陆地高精度测绘；具备毫米级形变监测能力，能够为地面沉降、塌陷、滑坡等灾害的勘查和防治提供数据支撑，是早期识别复杂地区重大地质灾害隐患的“利器”；具备亚米级高分宽幅成像能力，可以全天候和全天时对地高质量成像观测，整体技术达到国际领先水平。

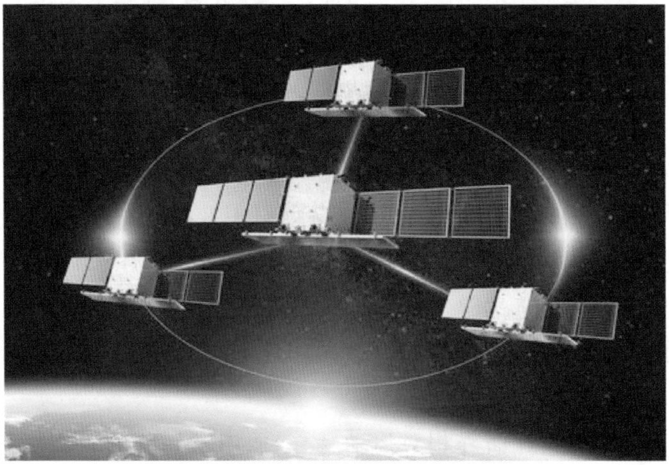

图 1.4 中国“航天宏图一号”卫星在轨模拟图

1.2.2 深空探测领域

在深空探测领域需要探测器看得更远、探得更精，因此，对探测系统提出更高的要求；而且在深空条件下重力梯度更小，相对控制消耗的燃料更少，航天器编队更具有工程可行性，因此具有广阔的应用前景。各航天大国制定了多项深空探测的航天器编队飞行计划，具有代表性的有美国的“类地行星发现者”（Terrestrial Planet Finder，TPF）计划，欧洲的达尔文计划、LISA（Laser Interferometer Space Antenna，激光干涉太空引力波天线），中国的“觅音”计划、“天琴”计划、“太极”计划，等等。

1996 年，NASA 公布了一项建立大规模的太空天文台的计划，称为“类地行星发现者”（TPF），旨在建造一个探测太阳系外类地行星的太空望远镜系统（图 1.5）。TPF 计划在日地 L2 点发射一组航天器形成编队，对系外行星进行详细的光谱测量，以了解它们的化学组成。TPF 探测器包括 1 颗主航天器 TPF-C（Terrestrial Planet Finder-Visible Light Coronagraph，可见光日冕仪）和 4 颗从航天器 TPF-I（Terrestrial Planet Finder-Infrared Astronomical Interferometer，红外线天文干涉仪），在日地 L2 点形成一个编队，进行光学干涉测量，其中 4 颗从航天器上携带的直径 3.5m 望远镜，通过光学干涉实现测量，其对相对距离与方位的控制精度分别达到 5cm 和 5″。TPF 卫星主要通过三项技术实现高精度的相对位置控制，包括缓振、指向抖动控制、路径长度控制以及姿态控制。其中，缓振方法由洛克希德·马丁公司的 TPF 团队提出，通过调谐质量阻尼器提供减振所需的阻尼，从而减少了干扰来源，并且采用主动补偿来减少指向抖动和路径长度误差。对于指向抖动控制和路径长度控制，通过四元数检测器为每个从航天器生成指向误差信号。其中，通过控制逻辑生成命令，输出至两轴快速转向镜，减少指向抖动；而路径长度控制则是通过使用延迟线技术实现。对于姿态控制，TPF 使用了四个反作用轮形成一个组件，通过一个角频率约为 2Hz 的无源隔离系统安装在每个从航天器上，两个星敏感器和惯性参考单元组成姿态控制系统。通过使用检测器信号驱动快速转向镜的主动抖动补偿，实现精确的指向控制。对于 80m 基线的干涉编队来说，需要实现 15″的指向抖动误差控制和 10.6nm 的光程差控制。由于技术难度大、经费投入及科学目标不匹配等原因，该计划在 2007 年被推迟，在 2011 年被取消。

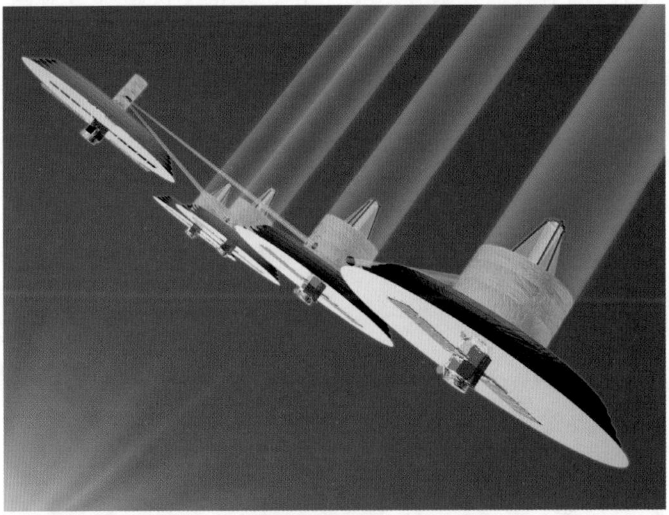

图 1.5 “类地行星发现者”(TPF)示意图

欧洲航天局也启动了“生命发现任务”达尔文计划(达尔文计划是以英国博物学家查尔斯·达尔文的名字命名的，就像它的同名者一样，达尔文的使命是寻找生命的起源)。达尔文是一个由四五个自由飞行的航天器组成的星座，旨在寻找其他恒星周围的类地行星，并分析其大气层中的生命化学特征。达尔文探测器包括三(或四)艘航天器，将携带 3～4m 的望远镜或集光器，将光线重定向到中心枢纽航天器。为了实现寻找和研究类地行星的目标，达尔文探测器将使用一种名为“零干涉测量法”的技术。到达一些望远镜的光线在再次组合之前会稍微延迟，这将导致来自中心恒星的光在结果数据中被“抵消”。然而，来自行星的光在一台望远镜和另一台望远镜之间已经延迟，因为行星位于望远镜指向的一侧。通过第二次延迟光线，来自行星的光线将被建设性地组合在一起，显示出行星。在“成像”模式下，达尔文将像一台直径高达 100m 的大型望远镜一样工作，提供多种类型天体的详细图像。为了让达尔文探测器工作，望远镜和中心必须保持毫米级精度，对编队的构型控制精度提出很高要求。

LISA 是由欧洲航天局联合美国 NASA 提出的引力波探测计划(图 1.6)，在最初的设计中，该天线阵列由 3 个探测器组成，三者之间两两形成相距 5×10^6km 的干涉臂，相当于从地球到月亮距离的 13 倍，一共可以构成 3 个干涉仪。后来又修改了方案，3 个探测器之间的距离缩小到 1×10^6km，更名为 eLISA。可以说，LISA 的基本原理仿照了激光干涉引力波天文台(Laser Interferometer Gravitational-wave Observatory，LIGO)，只是探测臂放大了 60 万倍。2011 年，NASA 宣布因经费问题退出联合项目，只能从人员及技术方面进行合作，欧洲航天局开始主导 LISA。2015 年，欧洲航天局发射技术验证卫星“LISA 探路者”，对两个距离 38cm 的载荷在自由落体中的运动进行测量。2017 年，LISA 入选欧洲航天局“宇宙观十年计划(2015—2025)”中最高的 L 级任务，经费上限 10.5 亿欧元。

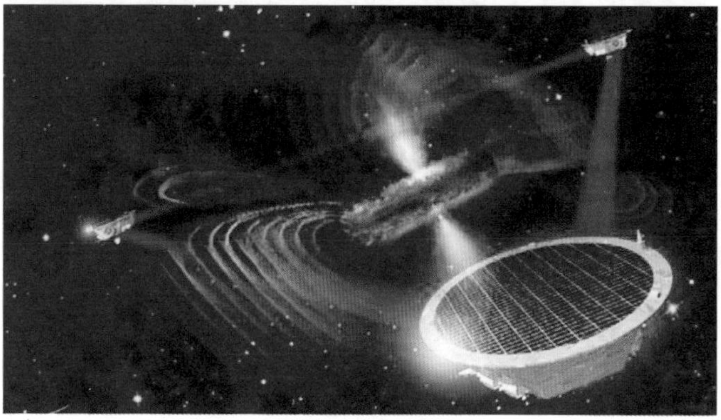

图 1.6 LISA 计划示意图

2019 年，中国航天科技集团牵头提出了“觅音”计划——宜居行星搜寻空间计划，并计划在 2030 年前后实施“觅音”计划。“觅音”计划拟采用空间分布式合成孔径阵列望远镜技术，通过向日地 L2 点发射一组卫星，组成高精度的航天器编队，形成干涉测量。利用该空间望远镜，可对太阳系近邻 65 光年内约 500 个类太阳恒星周围的行星系统开展系统性搜查，通过直接成像手段探测宜居带类地行星，并对其开展光谱观测，揭示其大气成分，特别是水、氧气、二氧化碳等生命信息成分，有望率先发现并认证太阳系外宜居行星；对太阳系各类天体表面开展系统性光谱观测，系统性掌握太阳系水成分径向分布，从而揭示太阳系水成分的迁移过程，为地球宜居条件形成、演化及地球生命起源提供线索；对行星盘、星系、类星体等各类天体开展高分辨率成像与光谱观测，呈现行星系统形成及早期演化过程，发现中等质量黑洞、致密双黑洞等天体，获得亚星系级暗物质空间分布，以0.01″的空间分辨率开启天文观测新纪元，推动人类对天体构成及其演化规律的认识迈上新台阶。通过分阶段实施“觅音”计划，预期将突破百米量级基线光学干涉成像等“0到1”技术，解决中红外波段低噪声红外探测器等难题，获得一系列总体性、共性关键技术；科学技术双轮驱动，通过地面与空间验证、科学先期探索，最终实现日地L2轨道空间分布式合成孔径阵列望远镜。“觅音”计划或将为系外行星探测活动注入新的活力。

2015年，中山大学发起了一个引力波探测的科研计划，制定我国空间引力波探测计划的实施方案和路线图，提出“天琴”空间引力波探测计划。引力波研究计划用20年时间，完成总投资约为150亿元的“天琴”计划。“天琴”计划设计轨道半长轴约为10^5km，实验本身将由3颗全同卫星（SC1、SC2、SC3）组成一个等边三角形阵列，通过惯性传感器、激光干涉测距等系列核心技术，“感知”来自宇宙的引力波信号，探索宇宙的秘密。3颗星形似太空里架起的一把竖琴，可聆听宇宙深处引力波的“声音”，这是中国科学家提出的空间引力波探测“天琴”计划。卫星本身做高精度无拖曳控制以抑制太阳风、太阳光压等外部干扰，卫星之间以激光精确测量由引力波造成的距离变化。

在引力波探测方面，中国科学院从2008年开始发起了“太极”计划。“太极”计划包括3颗卫星，卫星采用无拖曳技术，星组中卫星间距3×10^6km，激光功率约2W，望远镜口径约0.5m，频率范围覆盖了LISA的低频和DECIGO的中频。“太极”计划实际为ESA提出的eLISA计划，而eLISA计划前身是ESA和NASA合作的LISA计划。由于经济危机，美国政府削减开支，NASA退出LISA项目，欧洲方面也将预算调低，由此产生了相对便宜的eLISA计划。与LISA项目的3颗组网卫星的配置类似，“太极”计划中的3颗卫星，同样是在围绕其质心自转的同时，质心还在地球绕日轨道上进行公转。区别在于，LISA系统、地球、“太极”系统三者的相位不同。以地球为参照物，LISA系统的相位比地球落后20°，而“太极”系统比地球的相位超前20°。

1.3 航天器电磁编队飞行

航天器编队飞行在对地遥感和空间探测方面具有广阔的前景，但同时在工程和技术上也面临巨大挑战。由于航天器的运行会受到轨道动力学约束，如果为了满足有效载荷任务强制改变航天器的运行方式，则需要耗费大量的燃料；另外，为实现精确卫星编队的构型保持，通常也需要频繁地施加轨道控制，这会导致燃料的快速消耗，影响任务寿命。为解决卫星编队的长期构型保持问题，无消耗推进技术成为 NASA 重点资助的前沿研究方向。在众多设想中，通过电场和磁场实现的变轨大体分为 3 种方式：库仑力编队[16]（Coulomb Formations）、洛伦兹力推进[17]（Lorentz Propulsion）和电磁编队飞行（Electromagnetic Formation Flight，EMFF）[18]。其中，电磁编队飞行成果丰富，技术成熟，是较为可行的方案，但同时对电磁编队的动力学、高精度控制等带来了巨大的技术挑战。

电磁编队飞行概念[18-22]由麻省理工学院在 TPF 任务中率先提出，且经过近 20 年的发展，电磁编队已经取得了较为丰富的理论和实践成果，是较为可行的方案。电磁编队通过调节安装在卫星上的电磁线圈的电流改变各卫星所受电磁力和力矩，进而控制卫星的相对位置与姿态，电磁力的可行相互作用范围为几十米到几百米[20]，且编队可提供任意方向的控制力。与其他几种无推进剂消耗的编队飞行方案相比，电磁编队飞行有几个主要优势：与库仑力编队、洛伦兹力编队相比，电磁编队受环境影响较小，可开展不同轨道高度的空间任务，而库仑力编队为避免受等离子环境影响，一般适用于地球同步轨道或更高轨道飞行；另外，库仑力与卫星相对位置方向一致，无法提供切向力。洛伦兹力编队通过与行星磁场相互作用产生洛伦兹力提供编队动力，适用于在低轨飞行，且由于洛伦兹力由局部磁场和卫星瞬时速度决定，因此轨道机动严格约束。

电磁编队的星间电磁力/力矩具有无接触、连续控制的特点，非常适合长期、高精度、近距离在轨飞行任务。然而，电磁编队的动力学具有强非线性和耦合性的特点，为电磁编队的动力学建模和高精度控制带来了较大的技术挑战。

1.4 航天器编队飞行技术研究现状

1.4.1 航天器编队飞行动力学建模方法

在动力学模型研究方面，编队系统本质上属于一类约束受控多主体系统，近年来，此类系统的动力学建模方法得到发展，并得到广泛关注。

(1)航天器相对轨道的模型

航天器编队飞行的相对运动动力学是编队飞行技术的基础，已经积累了丰富的研究成果，涵盖了圆轨道和椭圆轨道中的相对运动动力学，以及相对运动在摄动力作用下的演变特性和轨道设计问题，还包括编队飞行中的构型设计等方面的内容。航天器编队动力学建模主要分为两种研究思路：一是动力学方法，以相对运动动力学方程为基础；二是运动学方法，以轨道根数表示的相对运动运动学方程为基础。

在航天器编队飞行研究的早期阶段，许多学者选择使用经典的C-W方程作为动力学模型。C-W方程（也称为Hill方程）是由Clohessy[23]采用线性化方法研究两个邻近航天器交会问题时提出的。Richard等[24]较早地将C-W线性化模型应用到卫星编队飞行系统中。Yan等[25]对C-W方程进行离散化处理，将速度脉冲作为控制输入，离散化模型仍然适用于主星在圆形或接近圆形轨道上运动，并且要求随着时间的增加，轨道摄动力变化缓慢。C-W方程是一组线性化、常系数的微分方程组，形式简单、物理意义明确，但C-W方程存在适用范围限制（主星在圆轨道运动），并且C-W方程是通过线性化方法得到的近似模型，忽略了原始非线性模型中的高阶项和非线性效应，可能导致某些情况下C-W方程的结果与实际情况存在一定的误差。Queiroz等[26-27]提出了圆参考轨道卫星编队飞行相对轨道运动的非线性模型，使用Lyapunov控制方法进行队形保持控制的研究。进一步，Alfriend等[28]研究了各种摄动力对C-W方程假设所带来的误差，特别是地球非球形摄动带来的误差。Schweighart等[29]扩展了C-W方程，在考虑地球J_2摄动影响的情况下，推导了基于圆轨道的线性化相对运动方程，给出了周期性相对运动的初始条件。然而，由于C-W方程的圆参考轨道假设条件限制了编队飞行的应用范围，其应用范围受到限制。此外，严格意义上的圆轨道在实际中并不存在，由于各种误差和摄动的影响，真实的圆轨道存在一定的小偏心率。Lawden[30]和Tschauner等[31]研究了基于一般开普勒轨道两邻近航天器之间的相对运动，给出了椭圆参考轨道描述线性化相对运动的动力学方程，简称T-H方程。Carter[32]在Lawden工作的基础上进行了扩展，提供了无摄动情况下相对运动方程的解析解，并成功消除了解析解中的奇异性。接着，Inalhan等[33]将Carter的研究结果应用到圆轨道编队卫星的相对运动中，并给出了参考卫星轨道为椭圆时编队卫星存在封闭的周期性相对运动轨迹的初始条件。尽管T-H方程也存在较大的线性化误差，并且未考虑空间摄动的影响，因此模型的精度受到限制。为了降低线性化误差，Gurfil等[34]在中心引力下推导了非线性相对动力学方程，并分析了构型稳定的能量匹配条件。Xu等[35]给出了考虑J_2摄动的非线性动力学微分方程。Lee等[36]推导了描述椭圆参考轨道下包含J_2摄动的Hill方程，并以状态方程的形式呈现。总体而言，基于动力学方法的编队卫星相对运动模型大多数情况下不具备简单直观的解析解。当考虑非圆参考轨道、非线性相对运动和摄动力影响等因素时，多数情况下相对动力学方程不存在解析解，很难用于指导编队构型的设计与分析，而更多地应用于相对运动的制导与控制方面。

运动学方法基于利用领航/跟随航天器的轨道根数差在领航航天器参考坐标系下描述空间几何关系，也称为轨道要素描述法。Alfriend 等[37]推导出初始相对轨道根数与任意时刻相对位置速度间的一阶转换矩阵及其逆矩阵。杨维廉[38]假设主航天器运行于赤道轨道，得到参考轨道倾角为零的近似相对运动模型。肖业伦等[39]通过定义非共面度矢量提出了一种新形式的相对轨道根数，并得到了以新参数为自变量的一阶近似模型。高云峰等[40]从主、从星的轨道根数出发，推导了相对位置和相对速度的解析解。安雪滢[41]利用单位球模型推导了适用于任意偏心率参考轨道的一阶和二阶近似相对运动模型，并分析了相对轨道根数对线性化模型精度和动力学特性的影响。Golikov[42-43]基于半解析卫星理论提出了一种高精度的相对运动模型，但需要进行迭代计算。Gurfil 等[44]研究了航天器相对运动的非线性建模，并利用经典轨道根数建立了一种获取航天器相对运动任意高阶近似的方法。Lane 等[45]应用简单的几何关系推导了椭圆轨道相对运动的线性化方程，将其应用于椭圆轨道编队设计。针对摄动模型下的相对运动，张锦绣等[46]提供了近圆参考轨道 J_2 摄动下编队卫星相对位置速度和无奇点轨道根数差状态转移矩阵的解析解。潘立公等[47]考虑了 J_2 摄动和圆参考轨道的影响，并推导出线性化的运动学方程。韩潮等[48]推导了相对轨道根数和绝对轨道根数之间的转换关系，适用于近圆和椭圆参考轨道的运动学方程，并避免了倾角奇异性。总体而言，基于运动学方法描述编队航天器的精度较高，适用范围广泛。

此外，在相对运动模型方面，忽略大气阻力等非保守力的影响，编队卫星可以看作一个哈密顿系统[34,49]，基于哈密顿原理，得到形式统一的相对运动模型。

(2)航天器相对姿态的模型

在一些编队飞行任务中，航天器不仅要求保持特定的编队构型，而且对姿态也有一定的要求，这样才能实现信息共享，进行编队航天器之间的合作与协同。如空间交会对接，要求两航天器相互定向；分布式合成孔径望远镜和合成孔径雷达，要求航天器姿态保持一致同时观测某一区域。航天器的姿态参数是描述航天器本体相对于空间某个参考系坐标系的物理量，而航天器的相对姿态一般是指伴星航天器本体系相对于参考航天器本体系的指向。描述航天器姿态运动的模型主要包括欧拉角、方向余弦阵、四元数、罗德里格斯参数和修正罗德里格斯参数等。一些学者针对不同的应用背景采用了不同的相对姿态模型来分析问题。肖业伦[50]研究了飞行器相对姿态运动的描述问题，提出了求解相对姿态运动的静力学方法、运动学方法和动力学方法。苏罗鹏等[51]使用方向余弦阵表示主、从星之间的相对姿态，并推导出从星体坐标系到主星体坐标系的转换矩阵。Xing 等[52]系统地研究了适用于多种姿态参数的相对姿态运动学方程和相对动力学方程。这些研究为我们提供了多种可选的航天器相对姿态模型，虽然每种模型都存在相应的优缺点，但是可以根据研究对象的不同来选取适当的模型进行问题分析。

(3)航天器相对运动的姿轨一体化模型

传统的空间相对运动建模方式是分别建立相对轨道和相对姿态的动力学模型。然而，在面对一些复杂的空间任务，如空间交会对接，需要同时控制航天器的姿态和轨道运动时，由于传统方法忽略了轨道运动和姿态运动之间的耦合效应，会对控制精度产生很大的影响。目前姿轨一体化建模与控制的问题已经成为航天器控制领域的研究热点，许多学者对此开展了一系列研究并取得了很多成果。

根据 Chasles 定理，任意刚体在三维空间内的一般运动可以通过绕空间中某一轴的转动以及平行于该轴的移动来实现，也就是所谓的螺旋运动[53]。对偶四元数可以将旋转和平移统一地描述在一个框架下，具有形式简洁的优点。武元新[54]利用对偶四元数推导了捷联惯导系统的数学模型，并基于该模型对相应的滤波方法展开了研究。王剑颖等[55-57]利用对偶四元数分别研究了主从式两航天器编队控制及单航天器姿态轨迹一体化跟踪控制。Huang 等[58]利用四元数研究了多航天器主从式编队姿态轨迹协同控制问题。

基于 Lie 群 SE(3)也可以一体化描述刚体在三维空间中的转动运动和平移运动。旋转矩阵用于描述刚体在三维空间中的无奇异转动，当将旋转矩阵与刚体的位置矢量统一地表示为一个矩阵时，就构成了三维欧几里得空间中的特殊群——Lie 群 SE(3)。由于矩阵运算的复杂性，控制器设计起来并不方便。Bras 等[59]利用 SE(3)上指数坐标对模型进行了处理，通过运算可以将位置和姿态参数表示成一个六维的向量，并利用得到的模型，完成了三维空间上刚体的位置和姿态的观测。

(4)航天器运动的端口哈密顿系统模型

端口哈密顿(port-Hamilton，pH)系统理论是将物理系统建模和分析中的不同条件结合在一起形成的理论。源于 20 世纪 50 年代末 Henry Paynter 开创的基于端口的建模理论，通过一组简单互联的元素描述，而且每个元素都具有特定的性能。能量的储存、耗散、转换和传递，这些物理现象可以通过基本构成元素描述。这些元素共同的特点是存在一个端口，具有一对属于对偶空间的外部变量，其对偶积用于描述与外部转换的能量。通过基本元素的网络连接描述具体的能量特性，如储存、耗散、转换等。基于端口的建模旨在为属于不同物理领域(机械、电气、液压、热力等)的系统建模提供一个统一的框架。这是通过将能源识别为物理领域之间的“通用语”，以及通过识别捕捉主要物理特性(能量储存、能量耗散、能量流通等)的理想系统组件来实现的。

与基于信号概念的建模和控制模式相对应，工程界已经使用基于能量和功率概念的建模和控制方法。能量是科学和工程实践的基本概念之一，常见于动力系统的能量转换装置。这种观点特别适用于研究复杂非线性系统，将其分解为若干互联的子系统，通过能量注入以确定整个系统的性能。控制器在能量方面发挥的作用可以理解为，与被控对象互联的动力系统与互联模式使得整体能量函数为期望的形式。控制问题可以重塑为寻找合适的动力系统与互联模式使得整体能量函数为期望的形式。这类研究在非线性控制中非常活跃，有许多实际和潜在的应用价值。

端口哈密顿系统框架强调动态系统与环境的相互作用是开放的(例如通过输入和输出)，并且容易受到控制相互作用的影响。端口哈密顿系统理论与几何力学的一个主要区别在于，对于端口哈密顿系统，潜在的几何结构不一定是相空间的辛结构，而是由系统的互联结构决定的。从这个意义上说，端口哈密顿系统理论本质上融合了几何和网络理论。狄拉克结构的一个关键性质是狄拉克结构组成仍然是狄拉克结构。这具有关键的结果，即端口哈密顿系统(通过其外部端口)的功率守恒互联再次是端口哈密顿系统。端口哈密顿系统理论在几何力学方面的另一个主要扩展是包含了能量耗散元素，这在经典哈密顿系统中基本上是不存在的。与分析动力学中的哈密顿系统相比，大大拓宽了端口哈密顿系统的适用范围。事实上，基于端口的建模和端口哈密顿系统的框架是工程许多领域中遇到的复杂物理系统建模的一般理论。此外，由于其强调能量和功率是不同物理领域之间的“通用语”，端口哈密顿系统理论非常适合对多物理系统进行系统的数学处理，即包含来自不同物理领域(机械、电磁、液压、化学等)的子系统的系统。

除了为多物理系统的建模和分析提供了一个系统而深刻的框架外，端口哈密顿系统理论为此提供了一系列概念和工具，包括能量存储和能量耗散的成形，以及将控制器系统解释为虚拟系统组件。端口哈密顿系统理论还为控制提供了一种自然的起点。特别是在非线性情况下，人们普遍认识到，在设计鲁棒和物理可解释的控制律时，应该利用或尊重系统的物理特性(如平衡和守恒定律以及能量考虑)。因此，端口哈密顿理论是“网络-物理”系统理论的一个自然例子：它允许用虚拟系统组件扩展物理系统模型，这些组件可能反映也可能不反映物理动力学。从更广泛的角度来看，端口哈密顿系统理论也与旨在数值模拟的多物理网络建模方法有关。

在航天器编队飞行控制问题中使用 pH 框架的原因和优点在于：首先航天器编队是典型的欧拉-拉格朗日系统，我们可以通过欧拉-拉格朗日方程将其表述为 pH 系统，而端口哈密顿动力学方程又可以明确显示出系统中的无源特性，这使得基于能量的无源控制成为可能。其次,由于 pH 动力学建模基于能量方法,保留了系统的非线性项,同时对卫星之间的距离并未做任何限制要求,使得这种建模方法精度更高。最后,多个 pH 系统的组合或变换会产生另一个 pH 系统,在编队控制领域中非线性动力学模型与控制器模型可以直接结合,实现动力学与控制的统一。

1.4.2 航天器编队控制技术

编队控制是编队飞行技术的执行层面,以相对轨道动力学为基础设计控制器,使编队成员完成构型保持、编队重构或编队悬停等任务。不同于其他类型机器人编队控制,航天器编队控制根据推进器类型可以分为脉冲控制和连续小推力控制[60]。

脉冲控制与化学燃料推进器相关联,考虑航天器轨道转移优化、时间最短和燃耗最省等约束条件,以航天器相对轨道根数为相对轨道动力学通过解析方法求解出施加脉冲的大小、时刻和次数等脉冲组合,使航天器完成轨道转移进而实现编队构型的保持或重构[61]。由于航天器携带的推进剂质量有限,较重的燃料会导致较高的发射成本,从而制约既定任务目标的实现,同时化学燃料引发的羽流污染问题也不容忽视。对于一些控制精度要求较高的编队任务,连续小推力控制是更佳的选择。

近年来,一些无须消耗推进剂的连续小推力编队控制方式(如电磁编队[62-63]、绳系编队[19,64]、库仑力编队[16]、洛伦兹力编队[65]等)引起了广泛的关注。以连续小推力实现航天器编队控制的方法可转化为传统的二阶系统跟踪控制问题,以 C-W 或 T-H 方程为动力学,利用线性二次调节器、比例-积分-微分或滑模技术等控制方法设计控制器,使编队成员完成构型保持、编队重构或编队悬停等任务。通常,可以使用集中式、分散式和分布式的控制结构实现编队控制,特别是分布式控制实现了信息从局部交互到群体共享。

编队控制问题的解决策略可以分为四类:领航者-跟随者控制策略指定部分领航者的路径,而跟随者需保持给定的构型进行跟随运动[66];基于行为的控制策略通过组合不同行为的控制信号以实现编队成员避障和避碰等功能[67];将整个编队系统建模特定形状的虚拟刚体,编队成员跟踪刚体各设定节点轨迹的策略称为虚拟结构控制[68];一致性控制策略中要求编队系统中的所有编队成员的状态对期望构型的参考达成一致,从而实现编队控制[69],且文献[70]验证了前三种控制策略可视为一致性控制策略的特例。

区别于其他类型机器人编队控制,航天器完成相对轨道控制的同时还要求实现器间的相对姿态控制以确保合成基线的准确性,因此,航天器编队姿轨耦合控制也尤为重要。结合1.4.1节航天器编队飞行动力学建模内容，现有的姿轨耦合编队控制方法也分为3类：

① 姿态轨道独立建模方法，使用C-W方程描述相对轨道运动并设计轨道控制器，姿态运动则是由四元数、欧拉角或罗德里格斯参数建模，再基于姿态与相对轨道运动的耦合项设计姿轨一体化控制器[55]；

② 利用对偶四元数描述航天器编队飞行中的平动与转动，再使用滑模控制等方法设计姿轨耦合控制器[71]；

③ 通过Lie群与Lie代数间的映射构建航天器姿态和相对位置跟踪误差，进而设计姿轨耦合控制器[71]。

欠驱动相对轨道控制也是航天器编队控制的重要研究方向之一[72-74]。当前关于编队重构的研究通常为全驱动系统，基于C-W方程设计的全驱动控制器在航天器的径向、迹向和法向都有独立的控制通道，从而驱动航天器进行三维相对轨道运动。然而，全驱动重构控制的方法并不适用于当径向或迹向推进器失效时的欠驱动情形，此时控制输入的自由度为2，而系统被控变量的自由度为3，不仅该卫星面临失效，整个编队系统也可能会受到影响。进一步，以电磁编队控制为例，随着编队系统内航天器数量的增加，器间电磁力的耦合程度也急剧增大，给控制器的设计带来挑战[63]。因此，通过欠驱动控制方法可以减少控制输入的自由度，降低电磁编队的应用难度。

另外，航天器编队避障控制[58]、时间同步控制[75]等内容也是航天器编队控制中的重要研究课题，感兴趣的读者可自行阅读相关文献，此处不再赘述。

1.4.3 航天器电磁编队的动力学与控制技术

卫星编队最常见的动力学建模方法主要有基于牛顿力学和分析力学框架的方法[76]。基于牛顿力学框架的相对运动的建模有两种思路：一是基于C-W方程或T-H方程建立的简化相对运动模型，基于一定的假设线性化，不考虑摄动影响，具有较为简单的形式，方便设计控制器；二是基于轨道根数通过空间几何关系得到相对运动模型，有利于轨道设计与摄动分析，但形式较为复杂。Lagrange方程和Hamilton力学方程是基于分析力学框架的主要建模方法，可考虑摄动力提高模型的精度，分析较为复杂的力学问题。另外，多体系统动力学建模也逐渐得到重视，多体系统动力学是一种有效研究复杂系统动力学的分析方法，主要包括牛顿-欧拉法、变分法、Kane法等，其中，Kane方法是分析力学中一种推导多刚体动力学模型的方法，易于描述刚体姿态动力学。对于电磁编队，其相对轨道和姿态严重耦合，需要建立六自由度(6-DOF)卫星相对动力学模型。综合考虑以上建模方法，多体系统动力学方法可同时对相对位置/姿态建模，但模型相对复杂，且无法针对单个卫星进行控制律设计，而基于牛顿力学和分析力学的方法，模型物理意义清晰，复杂度较低，在单个卫星控制律设计方面有优势。李中文等[77]基于C-W方程，建立了双星绕飞电磁编队的相对运动模型。Ahsun等[78-79]分别针对深空任务、近地轨道任务，利用拉格朗日方法建立了多星电磁编队动力学方程。Elias等[80]基于Kane方法建立了线性化的双星编队的运动方程，并模拟了深空干涉仪的稳态自旋机动，分析了线性化模型的稳定性。黄涣等[81]基于Kane方法建立了多航天器电磁编队六自由度耦合动力学模型，推导了圆轨道约束下实现静态编队的必要条件。

电磁编队卫星的相对运动动力学方程和星间电磁力/力矩模型都具有很强的非线性和耦合性。电磁力/力矩与卫星的相对位置/姿态密切相关，电磁力与卫星间距离的四次方成反比，电磁力矩与卫星间距离的三次方成反比，电磁力/力矩与磁矩矢量有明显的非线性关系，且编队卫星姿轨耦合。另外，电磁模型和卫星的转动惯量均存在一定的不确定性。目前已经有一些学者开展了电磁编队卫星的六自由度控制研究[82-85]。对于多航天器编队，采用直流电驱动的电磁力航天器系统通常需要集中的编队控制策略，此方法要求将每颗卫星的相关状态反馈传输到集中算法，再确定每颗星的控制。Ahsun[86]研究了一般N颗航天器电磁编队的非线性动力学方程，考虑电磁远场模型和地磁场模型带来的不确定性和地磁场干扰，提出了一种适用于低轨电磁编队的非线性自适应控制方案：对于平动控制采用集中式，磁偶极子作为平动控制的输入；对于姿态控制采用分散式，由每颗卫星上的反作用轮作为姿态控制的输入。Elias等[87]研究了双航天器电磁编队用于深空干涉任务的稳态自旋机动控制，卫星相对位置由电磁力控制，姿态由反作用轮控制，将系统的非线性运动方程线性化，采用一个标准的线性二次调节器(LQR)方法设计控制器，并证明了闭环系统的稳定性。分散编队飞行算法允许每颗卫星根据来自其自身和邻近的卫星的反馈信息计算自己的控制信号。然而，由于电磁力在整个编队系统中耦合，因此分散的EMFF控制具有挑战性。令牌机制和频率复用可以实现EMFF的分散控制。Riberos[88]将分散控制的思想推广到电磁编队飞行(EMFF)系统，通过时间分配解耦EMFF控制，时间分配机制采用基于令牌的机制，只有拥有“令牌”的卫星才能在给定时间启动，即系统在特定的时间只驱动卫星的一个子集，从而降低系统的复杂度，采用动态规划(DP)方法实现求解最小成本的卫星在每个分配时隙中的参与顺序，采用伪谱法解决每个子集实现最优重构机动的最优磁偶极子问题。Abbasi等[89-90]利用频率复用技术进行电磁编队卫星的相对位置/姿态分散控制，频率复用是一种解耦策略，使用多频正弦控制信号允许某些卫星对之间的相互作用，同时限制这些卫星与其他卫星的相互作用，从而对编队进行分散控制。

控制输入饱和是控制工程领域中一个很重要的问题，受固有的物理特性的约束，执行机构的输出幅值有限，如果在输入无约束的条件下设计控制器，会降低闭环系统的控制性能，甚至导致控制系统失效[91]。在电磁编队的相对位置和姿态的控制中，执行机构有反作用飞轮/动量轮和电磁线圈电流，这些执行机构均存在输入受限的问题。黄显林等[92]针对 EMFF 轨迹跟踪中执行器饱和问题，提出了一种基于滑模控制框架的自适应趋近律，将接近阶段划分为不同的子阶段，引入调制函数，结合输入项和非切换项，饱和项使滑动变量在输入饱和情况下尽可能快地收敛，而非切换项用于保证终端跟踪性能和消除抖振，调制函数使两项之间的趋近律平滑过渡，并且可以自适应地降低滑动变量的速率。

分布式协同是航天器编队区别于传统单颗航天器的主要特点，且编队对协同性的需求随着卫星数目的增加而显著增加。空间避撞是最常见的空间协同需求，另外时间协同也逐渐得到重视，编队协同往往具有多目标的特点，因此有必要研究协同策略。卫星编队的协同策略主要分为 5 种：多输入多输出策略、主从式策略、虚拟结构策略、基于行为策略以及循环策略。基于行为的策略是一种典型的协同策略，适合复杂的、多个目标的情形，通过对多种行为加权叠加形成最终的控制策略，具有较强的鲁棒性。轨迹协同规划[93-99]是卫星编队的热门研究问题，是编队重构的关键技术，是编队执行空间任务的重要前提。Ahsun[86]针对电磁编队重构控制问题，提出了 3 种轨迹规划的方法：人工势能法、打靶法、伪谱法，并对 3 种方法进行了比较，利用人工势能函数设计电磁编队重构控制律并生成重构轨迹，可避免编队各成员之间发生碰撞，人工势能法的不足是容易陷入局部最小值的陷阱；将编队重构问题转化为基于时间最优控制问题，提出了基于打靶法的间接求解方法和基于伪谱法的直接求解方法。间接法是通过变分法得到问题的最优性必要条件，得到一组耦合微分代数边值问题(BVP)，再通过打靶法对边值问题进行求解，当初值与最优值相差较大时，求解不易收敛，且轨迹约束和控制约束使得问题求解求解更加困难；直接法是采用伪谱法将连续状态的最优控制问题转化为非线性规划问题，使用罚函数法将问题转化为无约束问题，利用数值方法求解非线性规划的最优解。Alexander[100]针对欠驱动双星电磁编队使用高斯伪谱法研究了非线性最优控制问题。戚大伟等[93]利用非线性二次最优控制技术对双星电磁编队重构的最优控制，考虑了动态模型中的高非线性、耦合性以及执行器饱和特性，基于间接鲁棒控制方案和 θ-D 的闭环鲁棒次优控制策略设计闭环反馈控制律，采用跟踪微分器对设计的次优控制器进行修正，该控制器具有存在外部干扰时的鲁棒稳定性和最优性。苏建敏等[101]研究了电磁编队相对运动状态完全可控情况下，基于人工势函数法设计的控制律可有效避免电磁卫星发生碰撞。戚大伟等[98]分析了双电磁卫星编队的相对平衡构型及其稳定性，并分析了不稳定平衡构型的平衡特性流形，提出了一种利用不变流形理论的最优控制方法，并将最优控制问题转化为参数优化问题，通过粒子群优化求解，该方法可以获得构型改变的能力。

1.4.4 深空探测编队自主导航技术

高精度的导航方法是航天器有效完成多项任务的关键要素之一。深空探测航天器编队的导航可以划分为两个阶段：巡航段导航和定点后编队飞行阶段的导航。编队飞行阶段的导航又可分为：航天器的绝对姿态[102-104]、轨道确定[105-106]（即绝对导航）；编队的相对姿态、位置确定[107-108]（即相对导航）。由于航天器对编队构型[109-112]的要求较高，因此航天器间的相对状态估计精度通常需要远高于绝对状态估计精度。

对于航天器绝对导航定位，主流方法可以分为两类：自主导航[113]和非自主导航[114]。非自主导航主要依赖于地面测控站对航天器进行跟踪定轨。而自主导航仅利用星上设备，不依赖于地面设施，实现航天器的状态信息确定。同时，自主导航又存在两种方式：半自主与全自主。半自主航天器需要与人工系统进行交互；全自主航天器不需要与其他航天器或地面站进行任何协作。现有的航天器自主导航系统通常可以分为4大类：基于天体测量的天文自主导航[115-117]；基于地面基准目标的自主导航[118]；基于与其他航天器测距的自主导航[119]；基于惯性测量装置的自主导航[120-122]。除了以上4类，科研人员也在研究新的自主导航方法，如X射线脉冲星自主导航[123-125]。

对于深空探测编队中的绝对导航任务，天文自主导航通常是最常用的技术，目前天文自主导航的方法主要包括天文测角导航、天文测距导航和天文测速导航。天文测角导航通过测量近天体和远天体的角度信息，利用几何解析的方法或结合轨道动力学模型进行滤波，获取航天器的轨道、姿态信息。天文测速导航基于光学多普勒效应，测量航天器相对于导航天体的径向速度，测速的导航天体通常为太阳或恒星。天文测距导航的原理与GPS相似，通过测量、计算航天器与脉冲星的距离，实现航天器的自主导航。

对于深空探测编队的相对导航，通常利用编队中不同航天器之间的相对测距和测角实现。具体而言，该技术需要在航天器不同位置上安装一根发射天线与多根接收天线，通过接收另一个航天器发射的精确伪距和载波相位信号，由此计算出精确的航天器间距离与方位角。通过设计和控制，在保证同一航天器上天线之间的差分相位差随时间保持不变的同时，可以达到小于10″的测角精度[126-127]。此外，为了解决集中式相对导航算法存在的缺陷（集中式算法需要估计高维度的状态信息，计算量较大，同时鲁棒性较差），也有学者开展了分布式编队相对导航算法的研究[128]。基于去中心化滤波的思想，他们提出了级联式 Schmidt-Kalman 滤波方法，该方法通过降低所需估计的状态维度，从而减少了计算量。但是，该方法也存在一定的缺点，如在 Schmidt-Kalman 滤波算法的执行过程中，随着编队成员数量增加，不同航天器之间的协方差矩阵处理会变得复杂。此外，该算法需要提前设置编队中航天器的滤波顺序，并且所有航天器需要按顺序进行信息交互，因此在灵活性上也有所不足。

总而言之，高精度的深空探测编队自主导航需要同时提升编队的绝对自主导航和相对自主导航能力，这就要求我们在硬件传感器、空间动力学建模、信息获取与处理以及导航算法等各方面共同取得突破。

第2章

航天器编队动力学基础

2.1 坐标系定义

本节将介绍航天器电磁编队动力学分析与控制常用到的3类坐标系：地心惯性坐标系、航天器轨道坐标系和航天器本体坐标系。在图2.1中，O_EXYZ 为地心惯性坐标系（Earth-Central Inertial Frame，ECI），其中，地心 O_E 为原点，O_EX 轴指向春分点，O_EZ 轴指向天北极，O_EY 轴完成右手正交坐标系；$Oxyz$ 为航天器轨道坐标系（又称局部垂直局部水平坐标系，Local Vetical Local Horizontal，LVLH），坐标原点在航天器的质心并随其沿轨道运动，Ox 轴沿着地心指向航天器且与航天器的地心矢量重合，Oz 轴沿航天器轨道面正法线方向，Oy 轴由右手定则确定；航天器的本体坐标系表示为 $O^bx^by^bz^b$，原点位于航天器的质心处，其各轴沿航天器的主惯量轴。

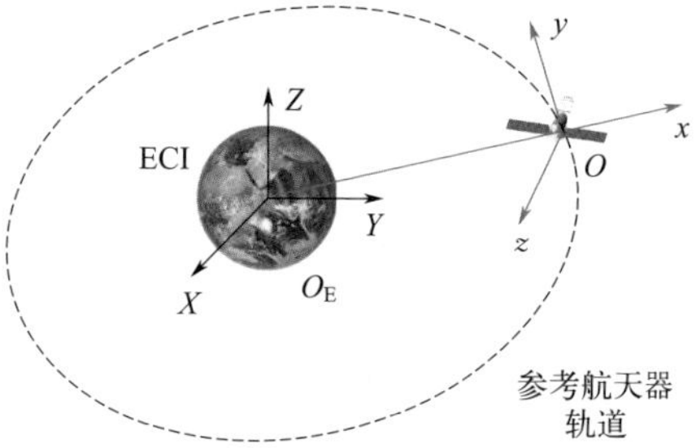

图2.1 坐标系示意图

2.2 近地轨道航天器编队动力学

根据牛顿第二定律，在惯性坐标系中跟随航天器和领航航天器的轨道动力学方程为

$$\begin{cases}\dfrac{d^2\boldsymbol{r}_f}{dt^2}=-\dfrac{\mu_E\boldsymbol{r}_f}{r_f^3}+\boldsymbol{f}_f\\[2ex]\dfrac{d^2\boldsymbol{r}_l}{dt^2}=-\dfrac{\mu_E\boldsymbol{r}_l}{r_l^3}+\boldsymbol{f}_l\end{cases}\tag{2.1}$$

式中，$\boldsymbol{r}_f$、$\boldsymbol{r}_l$ 分别为惯性坐标系中跟随航天器和领航航天器的位置矢量；r_f、r_l 为对应的标量；$\boldsymbol{f}_f$、$\boldsymbol{f}_l$ 分别为跟随航天器和领航航天器除地球中心引力以外，其他作用力合力的加速度矢量，即推力和摄动力（包括地球形状摄动、大气阻力摄动和光压

摄动等)的加速度矢量;μ_E 为引力常数。

假设跟随航天器相对于领航航天器的相对位置矢量为 $\boldsymbol{\rho}=\boldsymbol{r}_f-\boldsymbol{r}_l$,将式(2.1)两项相减可得在惯性坐标系下跟随航天器相对于领航航天器的相对运动动力学方程

$$\frac{d^2\boldsymbol{\rho}}{dt^2}=-\frac{\mu_E}{r_l^3}\left(\frac{r_l^3}{r_f^3}\boldsymbol{r}_f-\boldsymbol{r}_l\right)+\boldsymbol{f}_f-\boldsymbol{f}_l \tag{2.2}$$

根据惯性坐标系与动坐标系的导数关系可得到

$$\frac{\delta^2\boldsymbol{\rho}}{\delta t^2}+2\boldsymbol{\omega}\times\frac{\delta\boldsymbol{\rho}}{\delta t}+\boldsymbol{\omega}\times(\boldsymbol{\omega}\times\boldsymbol{\rho})+\frac{\delta\boldsymbol{\omega}}{\delta t}\times\boldsymbol{\rho}=-\frac{\mu_E}{r_l^3}\left(\frac{r_l^3}{r_f^3}\boldsymbol{r}_f-\boldsymbol{r}_l\right)+\boldsymbol{f}_f-\boldsymbol{f}_l \tag{2.3}$$

式中,$\boldsymbol{\omega}$ 为领航航天器的角速度。

在领航航天器的轨道坐标系中有如下矢量等式:

$$\begin{cases}\boldsymbol{\rho}=[x \quad y \quad z]^T\\ \boldsymbol{\omega}=[0 \quad 0 \quad \omega]^T\\ \boldsymbol{r}_f=[x+r_l \quad y \quad z]^T\\ \boldsymbol{r}_l=[r_l \quad 0 \quad 0]^T\\ \dot{\boldsymbol{\omega}}=[0 \quad 0 \quad \dot{\omega}]^T\end{cases} \tag{2.4}$$

式中,x、y 和 z 分别为跟随航天器相对领航航天器的相对位置在领航航天器的轨道坐标系下的坐标分量。

$$\begin{aligned}\begin{bmatrix}\ddot{x}\\ \ddot{y}\\ \ddot{z}\end{bmatrix}=&-2\begin{bmatrix}0&-\omega&0\\ \omega&0&0\\ 0&0&0\end{bmatrix}\begin{bmatrix}\dot{x}\\ \dot{y}\\ \dot{z}\end{bmatrix}-\begin{bmatrix}0&-\omega&0\\ \omega&0&0\\ 0&0&0\end{bmatrix}\left(\begin{bmatrix}0&-\omega&0\\ \omega&0&0\\ 0&0&0\end{bmatrix}\begin{bmatrix}x\\ y\\ z\end{bmatrix}\right)\\ &-\begin{bmatrix}0&-\dot{\omega}&0\\ \dot{\omega}&0&0\\ 0&0&0\end{bmatrix}\begin{bmatrix}x\\ y\\ z\end{bmatrix}+\frac{\mu_E}{r_l^3}\left(\begin{bmatrix}r_l\\ 0\\ 0\end{bmatrix}-\frac{r_l^3}{[(r_l+x)^2+y^2+z^2]^{\frac{3}{2}}}\begin{bmatrix}r_l+x\\ y\\ z\end{bmatrix}\right)+\boldsymbol{f}^C\end{aligned} \tag{2.5}$$

式中,$\boldsymbol{f}^C=\boldsymbol{f}_f^C-\boldsymbol{f}_l^C=[f_x \quad f_y \quad f_z]^T$ 为跟随航天器与领航航天器受到的外力加速度差在领航航天器轨道坐标系下表示。

式(2.5)为领航航天器轨道坐标系下跟随航天器相对运动动力学方程的展开形式。该方程严格描述了跟随航天器在领航航天器轨道坐标系的相对轨道运动,可以用于高精度的编队飞行计算。然而该方程形式较为复杂,不利于分析相对运动构型的物理特性,必须进行化简。由于航天器编队飞行尺寸远小于领航航天器的轨道半径,即$\|\rho^C\|\ll r_l$,跟随航天器相对于领航航天器的位置矢量与领航航天器轨道半径的比值可视为小量,忽略二阶以上的高阶小量,由此实现该方程组的线性化。

$$\frac{r_1^3}{\left[(r_1+x)^2+y^2+z^2\right]^{\frac{3}{2}}}\approx 1-\frac{3x}{r_1} \tag{2.6}$$

将式(2.6)代入式(2.5),并略去2阶以上的项得到

$$\begin{cases}\ddot{x}-2\omega\dot{y}-\omega^2x-\dot{\omega}y-2\dfrac{\mu_E x}{r_1^3}=f_x\\ \ddot{y}+2\omega\dot{x}-\omega^2y+\dot{\omega}x+\dfrac{\mu_E y}{r_1^3}=f_y\\ \ddot{z}+\dfrac{\mu_E z}{r_1^3}=f_z\end{cases} \tag{2.7}$$

2.2.1 C-W 方程

对于领航航天器在圆轨道飞行的情况,由于其轨道半径恒定,设为 $r_1=r_C$。其角速度 ω 恒定,表示为 $\omega_0=\sqrt{\mu_E/r_C^3}$,因而 $\dot{\omega}_0=0$,代入式(2.7),得到领航航天器在圆轨道飞行的情况的相对运动动力学方程

$$\begin{cases}\ddot{x}-2\omega_0\dot{y}-3\omega_0^2x=f_x\\ \ddot{y}+2\omega_0\dot{x}=f_y\\ \ddot{z}+\omega_0^2z=f_z\end{cases} \tag{2.8}$$

式(2.8)即为著名的C-W方程(也称Hill方程),CW方程为线性、常系数形式的微分方程组,使其有更利于理解和应用。

2.2.2 T-H 方程

对于椭圆参考轨道的相对运动,以真近点角为自变量表达相对运动方程可以简化动力学形式。从完整形式的相对运动方程式(2.5)出发,首先将相对运动位置坐标归一化,定义参数 u、v、w 为归一化的相对运动位置坐标,其满足 $u=\dfrac{x}{r_1}$,$v=\dfrac{y}{r_1}$,$w=\dfrac{z}{r_1}$。由于椭圆参考轨道运动的不均匀性,需将运动均匀化,因此使用相对运动状态对真近点角 f 的微分代替对时间的微分,有

$$\frac{\mathrm{d}}{\mathrm{d}t}=\frac{\mathrm{d}}{\mathrm{d}f}\times\frac{\mathrm{d}f}{\mathrm{d}t}=\frac{h}{r_1^2}\times\frac{\mathrm{d}}{\mathrm{d}f}$$

一阶微分为

$$\frac{\mathrm{d}f}{\mathrm{d}t}=\frac{h}{r_1^2},\quad h^2=\mu p,\quad \frac{\mathrm{d}r_1}{\mathrm{d}f}=\frac{r_1^2}{p}e\sin f$$

式中，e 为椭圆参考轨道的偏心率；p 为椭圆的半通径。

二阶微分为

$$\frac{\mathrm{d}^2}{\mathrm{d}t^2}=\frac{\mathrm{d}}{\mathrm{d}f}\left(\frac{\mathrm{d}}{\mathrm{d}f}\times\frac{\mathrm{d}f}{\mathrm{d}t}\right)\times\frac{\mathrm{d}f}{\mathrm{d}t}=\frac{\mathrm{d}^2}{\mathrm{d}f^2}\times\left(\frac{\mathrm{d}f}{\mathrm{d}t}\right)^2+\frac{\mathrm{d}}{\mathrm{d}f}\times\frac{\mathrm{d}}{\mathrm{d}f}\left(\frac{\mathrm{d}f}{\mathrm{d}t}\right)\times\frac{\mathrm{d}f}{\mathrm{d}t}$$

$$=\left(\frac{h}{r_1^2}\right)^2\times\frac{\mathrm{d}^2}{\mathrm{d}f^2}+\frac{\mathrm{d}}{\mathrm{d}f}\left(\frac{h}{r_1^2}\right)\times\frac{\mathrm{d}f}{\mathrm{d}t}\times\frac{\mathrm{d}}{\mathrm{d}f}=\left(\frac{h}{r_1^2}\right)^2\times\frac{\mathrm{d}^2}{\mathrm{d}f^2}-\frac{2h^2}{r_1^3}\times\frac{e\sin f}{p}\times\frac{\mathrm{d}}{\mathrm{d}f}$$

接着可以求取归一化的相对运动位置坐标 u、v、w 对真近点角的一阶导数和二阶导数，即

$$\frac{\mathrm{d}w}{\mathrm{d}f}=\frac{r_1}{h}\times\frac{\mathrm{d}z}{\mathrm{d}t}-\frac{z}{p}\times e\sin f;\ \frac{\mathrm{d}^2w}{\mathrm{d}f^2}=\frac{r_1^3}{h^2}\times\frac{\mathrm{d}^2z}{\mathrm{d}t^2}-\frac{z}{p}\times e\cos f$$

$$\frac{\mathrm{d}u}{\mathrm{d}f}=\frac{r_1}{h}\times\frac{\mathrm{d}x}{\mathrm{d}t}-\frac{x}{p}\times e\sin f;\ \frac{\mathrm{d}^2u}{\mathrm{d}f^2}=\frac{r_1^3}{h^2}\times\frac{\mathrm{d}^2x}{\mathrm{d}t^2}-\frac{x}{p}\times e\cos f$$

$$\frac{\mathrm{d}v}{\mathrm{d}f}=\frac{r_1}{h}\times\frac{\mathrm{d}y}{\mathrm{d}t}-\frac{y}{p}\times e\sin f;\ \frac{\mathrm{d}^2v}{\mathrm{d}f^2}=\frac{r_1^3}{h^2}\times\frac{\mathrm{d}^2y}{\mathrm{d}t^2}-\frac{y}{p}\times e\cos f$$

至此，建立了归一化的位置坐标 u、v、w 对真近点角的一、二阶导数与位置坐标 x、y、z 对时间的一、二阶导数之间的对应关系，将其代入相对运动方程式(2.5)中并定义无量纲化的势函数 U 为

$$U=-\frac{1}{\left[(1+u)^2+v^2+w^2\right]^{\frac{1}{2}}}+1-u$$

再定义伪势函数 W 为

$$W=\frac{1}{1+e\cos f}\left[\frac{1}{2}(u^2+v^2-ew^2\cos f)-U\right] \tag{2.9}$$

由此可以得到 Hill 形式的方程

$$\begin{cases}u''-2v'=\dfrac{\partial W}{\partial u}\\[2ex] v''+2u'=\dfrac{\partial W}{\partial v}\\[2ex] w''+w=\dfrac{\partial W}{\partial w}\end{cases} \tag{2.10}$$

在相对运动位置与地心到系统质心的距离的比值可视为小量时，$u=\dfrac{x}{r_1}$，$v=\dfrac{y}{r_1}$，$w=\dfrac{z}{r_1}$为一阶小量，上式可化简为

$$\begin{cases}\dfrac{\partial W}{\partial u}=\dfrac{3u}{k}\\ \dfrac{\partial W}{\partial v}=0\\ \dfrac{\partial W}{\partial w}=-w\end{cases} \tag{2.11}$$

其中，$k=1+e\cos f$。

将式(2.11)代入式(2.10)即可得到T-H方程，即

$$\begin{cases}u''-2v'-3u/k=0\\ v''+2u'=0\\ w''+w=0\end{cases} \tag{2.12}$$

T-H方程不包含参考轨道的平均角速度，特别是对于圆参考轨道方程，不含轨道根数，动力学的表达形式更加简便。由于在式(2.10)中同样忽略了u、v、w的高阶项，T-H方程与C-W方程的误差量级是一致的。

由T-H方程式(2.12)可知，轨道面运动与轨道面法向运动相解耦，对式(2.12)第二项积分得到$v'=-2u+d$，其中，d为积分常数，代入该式第一项中可以得到

$$u''-(4-3/k)u'=2d \tag{2.13}$$

这样，将求解方程式(2.13)得到的u代入$v'=-2u+d$中，即可求得v，因此轨道面内运动是可解耦的。Lawden、Carter等[30-32]就是采取这样的途径来求解椭圆参考轨道的相对运动方程，从而得到了多种形式的状态转移矩阵。

2.2.3 Lawden方程

对运行在椭圆轨道上的领航航天器

$$\omega=\sqrt{\frac{\mu_E}{a^3}}\times\frac{(1+e\cos f)^2}{(1-e^2)^{3/2}}$$

$$\dot{\omega}=-\frac{\mu_E}{a^3}\times\frac{2e\sin f(1+e\cos f)^3}{(1-e^2)^3}$$

而引力差项可化简为

$$\frac{\mu_E}{r_1^3}\left(\begin{bmatrix}r_1\\0\\0\end{bmatrix}-\frac{r_1^3}{[(r_1+x)^2+y^2+z^2]^{3/2}}\begin{bmatrix}r_1+x\\y\\z\end{bmatrix}\right)\Rightarrow n^2\left(\frac{1+e\cos f}{1-e^2}\right)^3\begin{bmatrix}2x\\-y\\-z\end{bmatrix} \tag{2.14}$$

将上述表达式代入相对运动方程式(2.5)，可以直接得到相对运动的周期变系

数线性动力学方程组为

$$\frac{\mathrm{d}}{\mathrm{d}f}\begin{bmatrix}x'\\x\\y'\\y\end{bmatrix}=\begin{bmatrix}\frac{2e\sin f}{1+e\cos f} & \frac{3+e\cos f}{1+e\cos f} & 2 & \frac{-2e\sin f}{1+e\cos f}\\1 & 0 & 0 & 0\\-2 & \frac{2e\sin f}{1+e\cos f} & \frac{2e\sin f}{1+e\cos f} & \frac{e\cos f}{1+e\cos f}\\0 & 0 & 1 & 0\end{bmatrix}\begin{bmatrix}x'\\x\\y'\\y\end{bmatrix}$$

$$+\frac{(1-e^2)^3}{(1+e\cos f)^4 n^2}\begin{bmatrix}1 & 0\\0 & 0\\0 & 1\\0 & 0\end{bmatrix}\begin{bmatrix}f_x\\f_y\end{bmatrix}$$

$$\frac{\mathrm{d}}{\mathrm{d}f}\begin{bmatrix}z'\\z\end{bmatrix}=\begin{bmatrix}\frac{2e\sin f}{1+e\cos f} & \frac{-1}{1+e\cos f}\\1 & 0\end{bmatrix}\begin{bmatrix}z'\\z\end{bmatrix}+\frac{(1-e^2)^3}{(1+e\cos f)^4 n^2}\begin{bmatrix}1\\0\end{bmatrix}f_z \tag{2.15}$$

该方程称为 Lawden 方程，可以发现，轨道面内的运动与轨道面法向运动仍然是解耦的，方程自变量为真近点角 f，该系统是线性时变系统，方程为变系数方程且具有周期性。

2.3　日地 L2 点航天器编队动力学

拉格朗日点邻域内的周期及拟周期轨道是执行深空编队任务的理想区域[129]，在该力学环境下进行编队动力学建模是研究编队设计方法的首要工作。限制性三体模型相比二体模型更适用于深空探测等应用。5 个拉格朗日点作为三体模型中的特殊平衡点，其中 L1、L2 和 L3 三个共线点不稳定，而 L4 和 L5 两个三角点条件稳定。在以往的太阳系动力学研究领域中，由于处在共线拉格朗日点上的天体受到小扰动即按指数规律远离拉格朗日点，所以学者们并未重视 L1、L2 和 L3 的研究。近年来，随着深空探测的需要，共线拉格朗日点独特的空间位置和强不稳定性反而得到了利用[130]，如借助流形实现轨道转移，进而利用周期轨道实现持续的编队观测。

对于三体问题的求解，通常做两点合理假设：

① 小天体质量远小于另外两个大天体，其对大天体的运动影响可忽略不计，由此构成限制性三体问题（Restricted Three Body Problem，RTBP）；

② 在限制性假设的基础上，认为两个大天体绕它们的质心做圆周运动，则构成圆形限制性三体问题(Circular Restricted Three Body Problem，CRTBP)。

CRTBP 模型是具有代表性的三体模型，为航天器动力学建模及拉格朗日点的求取带来极大便利，以往探测任务多数在此模型基础上展开。

2.3.1 编队坐标系的建立

在“日-地-航天器”构成的三体系统中，太阳为大天体，地球为小天体，航天器为第三体，且它对太阳和地球的作用力忽略不计，月球产生第四体引力摄动。图 2.2 中，L1 和 L2 为日地系统的两个共线拉格朗日点。在研究 CRTBP 问题时，常用的坐标系一般有惯性坐标系、日地旋转坐标系以及参考坐标系，其定义如下。

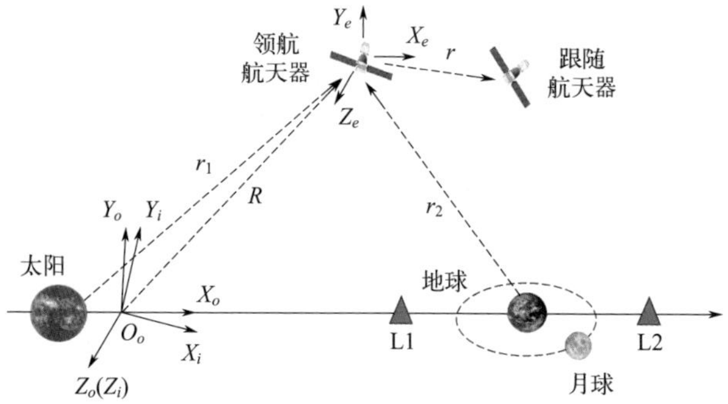

图 2.2 日地 CRTBP/ERTBP 编队坐标系

(1)惯性坐标系

惯性坐标系 $O_iX_iY_iZ_i$ 的坐标原点 O_i 位于日地系统的质心(近似为太阳质心)，X_i 轴、Y_i 轴、Z_i 轴分别指向不同的恒星，其中 Z_i 轴垂直于地球黄道平面。

(2)日地旋转坐标系

日地旋转坐标系 $O_oX_oY_oZ_o$ 原点 O_o 与惯性坐标系坐标原点 O_i 重合，X_o 轴由太阳质心指向地月系的质心，Z_o 轴垂直于黄道面，Y_o 轴与 X_o 轴和 Z_o 轴构成右手坐标系。

(3)领航航天器局部坐标系

领航航天器局部坐标系 $O_eX_eY_eZ_e$ 原点 O_e 与卫星本体质心，X_e 轴与 X_o 轴方向相同，Z_e 轴垂直于黄道面，Y_e 轴与 X_e 轴和 Z_e 轴构成右手坐标系。定义日地之间的距离为单位长度 AU，日地的质量之和为单位质量。记 $\boldsymbol{R}=[X,Y,Z]^{\mathrm{T}}$ 为航天器在旋转坐标系下的位置矢量，则 CRTBP 动力学方程为

$$\begin{cases}\ddot{X}=2Y+X-\dfrac{(1-\mu)(X+\mu)}{\|\boldsymbol{r}_1\|^3}-\dfrac{\mu(X-1+\mu)}{\|\boldsymbol{r}_2\|^3}+u_X\\ \ddot{Y}=-2\dot{X}+Y-\dfrac{(1-\mu)Y}{\|\boldsymbol{r}_1\|^3}-\dfrac{\mu Y}{\|\boldsymbol{r}_2\|^3}+u_Y\\ \ddot{Z}=-\dfrac{(1-\mu)Z}{\|\boldsymbol{r}_1\|^3}-\dfrac{\mu Z}{\|\boldsymbol{r}_2\|^3}+u_Z\end{cases}\tag{2.16}$$

其中，$\boldsymbol{u}=[u_X,u_Y,u_Z]^{\mathrm{T}}$ 为控制矢量。

$$\mu=\frac{m_E}{m_S+m_E},\boldsymbol{r}_1=[X+\mu,Y,Z]^{\mathrm{T}},\boldsymbol{r}_2=[X-1+\mu,Y,Z]^{\mathrm{T}}\tag{2.17}$$

2.3.2 动力学方程建模

领航航天器和跟随航天器都可用式(2.16)表示，假设在旋转坐标系下领航航天器的位置矢量表示为$\boldsymbol{r}_1=[x_1,y_1,z_1]^{\mathrm{T}}$，跟随航天器的位置矢量表示为$\boldsymbol{r}_{\mathrm{f}}=[x_{\mathrm{f}},y_{\mathrm{f}},z_{\mathrm{f}}]^{\mathrm{T}}$，则跟随航天器相对领航航天器的位置矢量为

$$\boldsymbol{r}=\boldsymbol{r}_{\mathrm{f}}-\boldsymbol{r}_1\tag{2.18}$$

其中，$\boldsymbol{r}=[x,y,z]^{\mathrm{T}}$。

根据式(2.16)和式(2.18)可得，跟随航天器相对领航航天器的运动方程为

$$\begin{cases}\ddot{x}=2\dot{y}+x+(1-\mu)\left[\dfrac{(x_1+\mu)}{\|\boldsymbol{r}_{11}\|^3}-\dfrac{\mu(x_1+x+\mu)}{\|\boldsymbol{r}_{11}+\boldsymbol{r}\|^3}\right]+\mu\left[\dfrac{(x_1-1+\mu)}{\|\boldsymbol{r}_{21}\|^3}-\dfrac{(x_1+x-1+\mu)}{\|\boldsymbol{r}_{21}+\boldsymbol{r}\|^3}\right]+u_x\\ \ddot{y}=-2\dot{x}+y+(1-\mu)\left[\dfrac{y_1}{\|\boldsymbol{r}_{11}\|^3}-\dfrac{y_1+y}{\|\boldsymbol{r}_{11}+\boldsymbol{r}\|^3}\right]+\mu\left[\dfrac{y_1}{\|\boldsymbol{r}_{21}\|^3}-\dfrac{y_1+y}{\|\boldsymbol{r}_{21}+\boldsymbol{r}\|^3}\right]+u_y\\ \ddot{z}=(1-\mu)\left[\dfrac{z_1}{\|\boldsymbol{r}_{11}\|^3}-\dfrac{z_1+z}{\|\boldsymbol{r}_{11}+\boldsymbol{r}\|^3}\right]+\mu\left[\dfrac{z_1}{\|\boldsymbol{r}_{12}\|^3}-\dfrac{z_1+z}{\|\boldsymbol{r}_{12}+\boldsymbol{r}\|^3}\right]+u_z\end{cases}\tag{2.19}$$

其中，$u_x=u_{\mathrm{f}x}-u_{1x}$，$u_y=u_{\mathrm{f}y}-u_{1y}$，$u_z=u_{\mathrm{f}z}-u_{1z}$ 为控制输入。

考虑深空环境存在的外力干扰，如太阳光压、地球轨道偏心率以及其他天体的引力等。其中，地球轨道偏心率、太阳光压、月球引力的影响尤为显著。

(1)地球轨道偏心率

航天器单位质量所受地球轨道偏心率影响产生的扰动可近似表示为[131]

$$|d_{\mathrm{e}}|=\mu\left|\frac{1}{\|\boldsymbol{r}_{\mathrm{c}}\|^2}-\frac{1}{\|\boldsymbol{r}_{\mathrm{e}}\|^2}\right|$$

其中，$\boldsymbol{r}_{\mathrm{e}}$ 是由平动点质心地球椭圆轨道的近中心点的位置矢量；$\boldsymbol{r}_{\mathrm{c}}$ 是平动点指向圆轨道圆心的位置矢量。

(2)太阳光压

由太阳光压力产生的干扰加速度为

$$\boldsymbol{d}_{\mathrm{SPc}}=-\beta\boldsymbol{r}_1/\|\boldsymbol{r}_1\|^3$$

式中，$\beta=-(1+\eta)S_{\mathrm{f}}A/(mc)$为航天器的光压系数，$\eta$ 为光反射系数，S_{f} 为均光通量，A 为航天器有效面积，m 为航天器有效质量，c 为光速。

(3)月球引力

航天器由月球引力构成的摄动加速度为

$$\boldsymbol{d}_{\mathrm{Mc}}=-\mu_{\mathrm{M}}\boldsymbol{R}_{\mathrm{M}}/\|\boldsymbol{R}_{\mathrm{M}}\|^3$$

式中，μ_{M} 为月球的引力系数；$\boldsymbol{R}_{\mathrm{M}}$ 为由月球指向航天器的位置矢量。

2.4 航天器编队相对姿态动力学

2.4.1 姿态的描述

航天器的姿态是指绕航天器质心的旋转运动，可以用方向余弦、欧拉角、欧拉轴/角参数、姿态四元数和罗德里格斯参数表示，表 2.1 列举了这些模型各自的特点。

表 2.1 各种姿态参数模型特点分析

姿态描述方式	优点	缺点
方向余弦	计算简单，无奇异问题	有 6 个冗余参数
欧拉角	参数物理意义明显	有奇异点
欧拉轴/角参数	参数物理意义明显	有一个冗余参数
姿态四元数	无奇异问题	物理意义不明显，有一个冗余参数
罗德里格斯参数	参数少、无奇异问题	转 180°时参数会接近无限大

用姿态四元数表示的姿态运动方程比较简单，且方向余弦与姿态四元数之间的转换无须求解三角函数方程，因此姿态四元数在姿态确定和姿态控制中得到了广泛的应用。

(1)方向余弦矩阵

卫星本体坐标系和参考坐标系的坐标轴之间的方向余弦共有 9 个，将方向余弦组成一个矩阵 $\boldsymbol{A}_{\mathrm{t}}$，即是方向余弦矩阵

$$\boldsymbol{A}_{\mathrm{t}}=\begin{bmatrix}A_{11} & A_{12} & A_{13}\\ A_{21} & A_{22} & A_{23}\\ A_{31} & A_{32} & A_{33}\end{bmatrix} \tag{2.20}$$

由于两个坐标系都是正交坐标系，方向余弦矩阵满足以下约束方程：

$$\mathbf{A}_{\mathrm{t}}A_{\mathrm{t}}^{\mathrm{T}}=\mathbf{I}_{3\times3}$$

式中，$\mathbf{I}_{3\times3}$ 为三阶单位矩阵，表明 $\mathbf{A}_{\mathrm{t}}$ 为正交矩阵，且只有 3 个参数独立。因此，描述本体坐标系在参考坐标系中的状态只需 3 个独立的姿态参数。

(2)欧拉角

欧拉定理指出，刚体绕固定点的位移转动可以分解成为若干次有限转动[132]。本体坐标系由经三次转动参考坐标系得到，每一次的转动轴为当前坐标系的某一坐标轴，欧拉角即为每次转动的角度。三次坐标转换矩阵的乘积就是使用欧拉角表示的姿态矩阵，该矩阵不仅跟欧拉角有关，还与转轴和转动顺序有关。定义一个坐标系相对参考坐标轴依次绕 x、y 和 z 轴的三次转动角分别为 φ、θ 和 ψ，则采用 zxy 的旋转顺序得到的姿态旋转矩阵可表示为

$$\boldsymbol{R}=\boldsymbol{R}_y(\theta)\boldsymbol{R}_x(\varphi)\boldsymbol{R}_z(\psi)=\begin{bmatrix}\cos\theta & 0 & -\sin\theta\\ 0 & 1 & 0\\ \sin\theta & 0 & \cos\theta\end{bmatrix}\begin{bmatrix}1 & 0 & 0\\ 0 & \cos\varphi & \sin\varphi\\ 0 & -\sin\varphi & \cos\varphi\end{bmatrix}\begin{bmatrix}\cos\psi & \sin\psi & 0\\ -\sin\psi & \cos\psi & 0\\ 0 & 0 & 1\end{bmatrix}$$

$$=\begin{bmatrix}\cos\theta\cos\psi-\sin\varphi\sin\theta\sin\psi & \cos\theta\sin\psi+\sin\varphi\sin\theta\cos\psi & -\cos\varphi\sin\theta\\ -\cos\varphi\sin\psi & \cos\varphi\cos\psi & \sin\varphi\\ \sin\theta\cos\psi+\sin\varphi\cos\theta\sin\psi & \sin\theta\sin\psi-\sin\varphi\cos\theta\cos\psi & \cos\varphi\cos\theta\end{bmatrix} \tag{2.21}$$

将式(2.21)与式(2.20)方向余弦矩阵 $\mathbf{A}_{\mathrm{t}}$ 相对照可得

$$\psi=\arctan\left(-\frac{A_{21}}{A_{22}}\right),\varphi=\arcsin A_{23},\theta=\arctan\left(-\frac{A_{13}}{A_{33}}\right) \tag{2.22}$$

由上式可以看出，当 $\varphi=90^{\circ}$时，θ 和 ψ 在同一平面转动，不能唯一确定，这就是欧拉角的奇异问题。

(3)四元数

四元数通常表示为

$$\boldsymbol{q}=q_0+q_1\mathbf{i}+q_2\mathbf{j}+q_3\mathbf{k}=[q_0\quad q_1\quad q_2\quad q_3]^{\mathrm{T}} \tag{2.23}$$

式中，q_0 为实部；q_1、q_2 和 q_3 表示虚部；而单位向量 $\mathbf{i}$、$\mathbf{j}$、$\mathbf{k}$ 满足下列的四元数乘法规则(用∘表示四元数乘法)：

$$\mathbf{i}\circ\mathbf{i}=\mathbf{j}\circ\mathbf{j}=\mathbf{k}\circ\mathbf{k}=-1$$
$$\mathbf{i}\circ\mathbf{j}=-\mathbf{j}\circ\mathbf{i}=\mathbf{k}$$
$$\mathbf{j}\circ\mathbf{k}=-\mathbf{k}\circ\mathbf{j}=\mathbf{i}$$
$$\mathbf{k}\circ\mathbf{i}=-\mathbf{i}\circ\mathbf{k}=\mathbf{j}$$

四元数也可以表示为一个标量和一个矢量之和，即

$$\boldsymbol{q}=q_0+\boldsymbol{q}_{\mathrm{v}}=[q_0,\boldsymbol{q}_{\mathrm{v}}^{\mathrm{T}}]^{\mathrm{T}} \tag{2.24}$$

其中，q_0 为标量部分；$\boldsymbol{q}_{\mathrm{v}}=q_1\mathbf{i}+q_2\mathbf{j}+q_3\mathbf{k}$ 为矢量。

定义四元数 $\boldsymbol{q}$ 的共轭四元数为

$$\boldsymbol{q}^{*}=q_0-q_1\mathbf{i}-q_2\mathbf{j}-q_3\mathbf{k} \tag{2.25}$$

四元数的基本运算法则可总结为

$$\boldsymbol{q}_1+\boldsymbol{q}_2=\begin{bmatrix} q_{10}+q_{20} \\ \boldsymbol{q}_{v1}+\boldsymbol{q}_{v2} \end{bmatrix}$$

$$k\boldsymbol{q}=\begin{bmatrix} kq_0 \\ k\boldsymbol{q}_v \end{bmatrix}$$

$$\boldsymbol{q}_1\circ\boldsymbol{q}_2=\begin{bmatrix} q_{10}q_{20}-\boldsymbol{q}_{v1}\cdot\boldsymbol{q}_{v2} \\ q_{10}\boldsymbol{q}_{v2}+q_{20}\boldsymbol{q}_{v1}+\boldsymbol{q}_{v1}\times\boldsymbol{q}_{v2} \end{bmatrix}$$

其中，$\boldsymbol{q}_1=[q_{10},\boldsymbol{q}_{v1}^{T}]^{T}$，$\boldsymbol{q}_2=[q_{20},\boldsymbol{q}_{v2}^{T}]^{T}$，$k$ 为常数。

四元数范数满足

$$\|\boldsymbol{q}\|=q_0^2+q_1^2+q_2^2+q_3^2=\boldsymbol{q}\circ\boldsymbol{q}^*$$

当$\|\boldsymbol{q}\|=1$时，该四元数称为单位四元数，用来表示姿态的四元数即为单位四元数。定义$\boldsymbol{q}^{-1}$为四元数的逆，$\boldsymbol{q}^{-1}=\boldsymbol{q}^*$。

坐标系 O 绕单位轴 $\boldsymbol{n}$ 旋转角度 θ 得到新的坐标系 N，这种旋转用四元数可表示为 $\boldsymbol{q}=\begin{bmatrix} \cos\left(\dfrac{\theta}{2}\right) \\ \sin\left(\dfrac{\theta}{2}\right)\boldsymbol{n} \end{bmatrix}$。对于固定矢量在两坐标系中的表示分别为 $\boldsymbol{r}^{O}$、$\boldsymbol{r}^{N}$，对应的四元数描述坐标系旋转有以下关系：

$$\boldsymbol{r}^{N}=\boldsymbol{q}^*\circ\boldsymbol{r}^{O}\circ\boldsymbol{q}$$

式中，$\boldsymbol{r}^{O}=[0,\boldsymbol{r}^{O}]$，$\boldsymbol{r}^{N}=[0,\boldsymbol{r}^{N}]$。

假设在固定坐标系中，矢量 $\boldsymbol{r}^{O}$ 绕单位轴 $\boldsymbol{n}$ 旋转角度 θ 得到矢量 $\boldsymbol{r}^{N}$，两矢量有如下旋转关系：

$$\boldsymbol{r}^{N}=\boldsymbol{q}\circ\boldsymbol{r}^{O}\circ\boldsymbol{q}^*$$

则使用四元数描述的姿态旋转矩阵为

$$\boldsymbol{R}=\begin{bmatrix} 1-2(q_2^2+q_3^2) & 2(q_1q_2+q_0q_3) & 2(q_1q_3-q_0q_2) \\ 2(q_1q_2-q_0q_3) & 1-2(q_1^2+q_3^2) & 2(q_2q_3+q_0q_1) \\ 2(q_1q_3+q_0q_2) & 2(q_2q_3-q_0q_1) & 1-2(q_1^2+q_2^2) \end{bmatrix} \tag{2.26}$$

将式(2.26)写为矢量形式

$$\boldsymbol{R}=(q_0^2-\boldsymbol{q}_v^{T}\boldsymbol{q}_v)\mathbf{I}_3+2\boldsymbol{q}_v\boldsymbol{q}_v^{T}-2q_0\boldsymbol{q}_v^{\times} \tag{2.27}$$

式中，$\boldsymbol{q}_v^{\times}$ 表示反对称矩阵，表示为

$$\boldsymbol{q}_v^{\times}=\begin{bmatrix} 0 & -q_3 & q_2 \\ q_3 & 0 & -q_1 \\ -q_2 & q_1 & 0 \end{bmatrix}$$

2.4.2 姿态动力学和运动学模型

(1)航天器姿态动力学模型

航天器姿态动力学模型描述了航天器在空间中的姿态(包括方向和角度)随时

间的变化。刚性航天器的姿态动力学模型通常基于刚体动力学原理，并考虑外部扰动和控制输入的影响。

将航天器与反作用轮看作一个系统，反作用轮相对于航天器本体的运动只有转动，用 $\boldsymbol{H}$ 表示反作用轮相对航天器本体的角动量，则航天器的角动量 $\boldsymbol{H}$ 可表示为

$$\boldsymbol{H}=\boldsymbol{J}_{\mathrm{b}}\boldsymbol{\omega}_{\mathrm{b}}^{\mathrm{b}}+\boldsymbol{h} \tag{2.28}$$

式中，$\boldsymbol{J}_{\mathrm{b}}$ 为航天器本体坐标系下转动惯量矩阵；$\boldsymbol{\omega}_{\mathrm{b}}^{\mathrm{b}}$ 为航天器本体系相对于惯性系的角速度在本体系中的表示。

根据刚体的欧拉动力学方程可得

$$\dot{\boldsymbol{H}}=\boldsymbol{J}_{\mathrm{b}}\dot{\boldsymbol{\omega}}_{\mathrm{b}}^{\mathrm{b}}+\boldsymbol{\omega}_{\mathrm{b}}^{\mathrm{b}}\times(\boldsymbol{J}_{\mathrm{b}}\boldsymbol{\omega}_{\mathrm{b}}^{\mathrm{b}}+\boldsymbol{h})+\dot{\boldsymbol{h}}=\boldsymbol{\tau} \tag{2.29}$$

式中，$\boldsymbol{\tau}$ 为作用于卫星的其他力矩之和；$\dot{\boldsymbol{h}}=\boldsymbol{\tau}_{\mathrm{RW}}$ 为反作用轮力矩。$\boldsymbol{\omega}_{\mathrm{b}}^{\mathrm{b}}$ 与 $\boldsymbol{\omega}_{\mathrm{bC}}^{\mathrm{b}}$ 有如下关系：

$$\boldsymbol{\omega}_{\mathrm{b}}^{\mathrm{b}}=\boldsymbol{\omega}_{\mathrm{bC}}^{\mathrm{b}}+\boldsymbol{R}_{\mathrm{bC}}\boldsymbol{\omega}_{\mathrm{C}}^{\mathrm{C}} \tag{2.30}$$

式中，$\boldsymbol{\omega}_{\mathrm{bC}}^{\mathrm{b}}$ 为航天器本体坐标系相对于航天器轨道坐标系的角速度在本体系中的表示；$\boldsymbol{\omega}_{\mathrm{C}}^{\mathrm{C}}$ 为轨道坐标系相对于惯性系的角速度在轨道坐标系中的表示；$\boldsymbol{R}_{\mathrm{bC}}$ 为轨道坐标系到本体坐标系的状态转换矩阵。

(2)航天器姿态运动学模型

由单位四元数 $\boldsymbol{q}=[q_0 \quad \boldsymbol{q}_{\mathrm{v}}^{\mathrm{T}}]^{\mathrm{T}}=[q_0 \quad q_1 \quad q_2 \quad q_3]^{\mathrm{T}}$ 描述航天器的姿态，航天器本体坐标系相对惯性坐标系的姿态运动学方程为

$$\begin{cases}\dot{\boldsymbol{q}}_{\mathrm{v}}=\dfrac{1}{2}(q_0\mathbf{I}_3+\boldsymbol{q}_{\mathrm{v}}^{\times})\boldsymbol{\omega}_{\mathrm{b}}^{\mathrm{b}}\\ \dot{q}_0=-\dfrac{1}{2}\boldsymbol{q}_{\mathrm{v}}^{\mathrm{T}}\boldsymbol{\omega}_{\mathrm{b}}^{\mathrm{b}}\end{cases} \tag{2.31}$$

式中，$\boldsymbol{q}_{\mathrm{v}}=[q_1 \quad q_2 \quad q_3]^{\mathrm{T}}$ 为矢量部分；q_0 为标量分量，且满足约束$\boldsymbol{q}_{\mathrm{v}}^{\mathrm{T}}\boldsymbol{q}_{\mathrm{v}}+q_0^2=1$。

假设期望的姿态运动为

$$\dot{\boldsymbol{q}}_{\mathrm{dv}}=\frac{1}{2}(q_{\mathrm{d0}}\mathbf{I}_3+\boldsymbol{q}_{\mathrm{dv}}^{\times})\boldsymbol{\Omega}_{\mathrm{d}},\quad \dot{q}_{\mathrm{d0}}=-\frac{1}{2}\boldsymbol{q}_{\mathrm{dv}}^{\mathrm{T}}\boldsymbol{\Omega}_{\mathrm{d}} \tag{2.32}$$

式中，$\boldsymbol{\Omega}_{\mathrm{d}}$ 为期望角速度。引入误差四元数 $\boldsymbol{e}=[e_0 \quad e_1 \quad e_2 \quad e_3]^{\mathrm{T}}$，其中 $\boldsymbol{e}_{\mathrm{v}}=[e_1 \quad e_2 \quad e_3]^{\mathrm{T}}$，可将姿态跟踪目标表示为

$$\boldsymbol{e}_{\mathrm{v}}=q_{\mathrm{d0}}\boldsymbol{q}_{\mathrm{v}}-\boldsymbol{q}_{\mathrm{dv}}^{\times}\boldsymbol{q}_{\mathrm{v}}-q_0\boldsymbol{q}_{\mathrm{dv}},\quad e_0=\boldsymbol{q}_{\mathrm{dv}}^{\mathrm{T}}\boldsymbol{q}_{\mathrm{v}}+q_0q_{\mathrm{d0}},\boldsymbol{\omega}_{\mathrm{e}}=\boldsymbol{\omega}_{\mathrm{b}}^{\mathrm{b}}-\boldsymbol{C}\boldsymbol{\Omega}_{\mathrm{d}} \tag{2.33}$$

式中，$\boldsymbol{C}=(e_0^2-\boldsymbol{e}_{\mathrm{v}}^{\mathrm{T}}\boldsymbol{e}_{\mathrm{v}})\mathbf{I}_3+2\boldsymbol{e}_{\mathrm{v}}\boldsymbol{e}_{\mathrm{v}}^{\mathrm{T}}-2e_0\boldsymbol{e}_{\mathrm{v}}^{\times}$，$\|\boldsymbol{C}\|=1$，$\dot{\boldsymbol{C}}=-\boldsymbol{\omega}_{\mathrm{e}}^{\times}\boldsymbol{C}$。

于是，航天器姿态误差动力学可构建为

$$\dot{\boldsymbol{e}}_{\mathrm{v}}=\frac{1}{2}(e_0\mathbf{I}_3+\boldsymbol{e}_{\mathrm{v}}^{\times})\boldsymbol{\omega}_{\mathrm{e}},\quad \dot{e}_0=-\frac{1}{2}\boldsymbol{e}_{\mathrm{v}}^{\mathrm{T}}\boldsymbol{\omega}_{\mathrm{e}} \tag{2.34}$$

2.5 航天器姿轨一体化动力学

航天器六自由度的相对运动包含了相对姿态运动和相对轨道运动，一般用来描述在三维空间中一个航天器相对于另一个航天器或者多个航天器的转动和平动运行的规律。当前关于航天器相对运动模型的研究已经取得了很多成果，传统的方法是分别描述姿态和轨道，其中，欧拉角、方向余弦阵、四元数、罗德里格斯参数或者修正罗德里格斯参数用于描述航天器的姿态。对偶四元数能够描述刚体在空间中的转动和平动，对应于航天器六自由度的相对运动；旋量是矢量和对偶数的复合，可以同时表示矢量的方向和位置。因此，本节以对偶四元数和旋量为数学工具建立一种能够同时表示航天器的相对姿态运动和相对轨道运动的模型。

2.5.1 对偶四元数

对偶数定义为

$$\hat{a}=a_r+\varepsilon a_d \tag{2.35}$$

其中，a_r、a_d 均为实数，ε 称为对偶单位，满足 $\varepsilon^2=\varepsilon^3=\cdots=0$ 且 $\varepsilon\neq 0$。a_r 称为实数部分，a_d 称为对偶部分。

根据定义，对偶数运算满足

$$\hat{a}+\hat{b}=a_r+b_r+\varepsilon(a_d+b_d)$$

$$k\hat{a}=ka_r+\varepsilon ka_d$$

$$\hat{a}\hat{b}=a_rb_r+\varepsilon(a_rb_d+a_db_r)$$

式中，k 是一个标量，$\hat{a}=a_r+\varepsilon a_d$，$\hat{b}=b_r+\varepsilon b_d$。

由于 ε 的所有高于一次的幂都等于 0，所以函数的泰勒展开式为

$$f(a_r+\varepsilon a_d)=f(a_r)+\varepsilon a_d f'(a_r)$$

对偶四元数是元素为对偶数的四元数，即$\hat{\boldsymbol{q}}=[\hat{s},\hat{\boldsymbol{v}}]$，其中，$\hat{s}$ 为对偶数，$\hat{\boldsymbol{v}}$ 为对偶向量。对偶四元数也可以表示为由四元数组成的对偶数，其形式为$\hat{\boldsymbol{q}}=\boldsymbol{q}_r+\varepsilon\,\boldsymbol{q}_d$。对偶四元数$\hat{\boldsymbol{q}}$ 的共轭定义为$\hat{\boldsymbol{q}}^*=[\hat{s},-\hat{\boldsymbol{v}}]$，对偶四元数$\hat{\boldsymbol{q}}$ 的范数表示为$\|\hat{\boldsymbol{q}}\|=\hat{\boldsymbol{q}}\circ\hat{\boldsymbol{q}}^*$。当$\|\hat{\boldsymbol{q}}\|=1+\varepsilon_0$ 时，$\hat{\boldsymbol{q}}$ 为单位对偶四元数。基本运算法则为

$$\hat{\boldsymbol{q}}_1+\hat{\boldsymbol{q}}_2=[\hat{s}_1+\hat{s}_2,\hat{\boldsymbol{v}}_1+\hat{\boldsymbol{v}}_2]$$

$$k\hat{\boldsymbol{q}}=[k\hat{s},k\hat{\boldsymbol{v}}]$$

$$\hat{\boldsymbol{q}}_1\circ\hat{\boldsymbol{q}}_2=[\hat{s}_1\hat{s}_2-\hat{\boldsymbol{v}}_1\cdot\hat{\boldsymbol{v}}_2,\hat{s}_1\hat{\boldsymbol{v}}_2+\hat{s}_2\hat{\boldsymbol{v}}_1+\hat{\boldsymbol{v}}_1\times\hat{\boldsymbol{v}}_2]$$

其中，k 是一个标量，$\hat{\boldsymbol{q}}_1=[\hat{s}_1,\hat{\boldsymbol{v}}_1]$，$\hat{\boldsymbol{q}}_2=[\hat{s}_2,\hat{\boldsymbol{v}}_2]$。

定义一个对偶数$\hat{\boldsymbol{a}}=\boldsymbol{a}+\varepsilon\boldsymbol{b}$ 与一个对偶矢量$\hat{\boldsymbol{V}}=\boldsymbol{V}_r+\varepsilon\,\boldsymbol{V}_d$ 具有运算：$\hat{\boldsymbol{a}}\odot\hat{\boldsymbol{V}}=$

$\boldsymbol{a}\,\boldsymbol{V}_{\mathrm{r}}+\varepsilon\boldsymbol{b}\,\boldsymbol{V}_{\mathrm{d}}$。单位对偶矢量可以用来描述空间直线，实数部分是直线的单位方向矢量，对偶部分则为直线相对于坐标原点的矩。直线矩定义为直线上的点矢量与直线的单位方向矢量的矢量积。

单位对偶矢量就是 Plücker 坐标或 Plücker 直线。如图 2.3 所示，过点 $\boldsymbol{p}$，单位矢量沿着 $\boldsymbol{l}$ 的直线可表示为 Plücker 直线$\hat{\boldsymbol{l}}=\boldsymbol{l}+\varepsilon\boldsymbol{m}$，其中直线矩 $\boldsymbol{m}=\boldsymbol{p}\times\boldsymbol{l}$，垂直于过直线和坐标原点的平面向外。

Plücker 直线可用来推导两条直线之间的关系。定义对偶角度为 $\hat{\theta}=\theta+\varepsilon d$，$d$ 为公垂线距离(图 2.4)。则存在关系：

$$\hat{\boldsymbol{l}}_1\cdot\hat{\boldsymbol{l}}_2=\cos\hat{\theta},\quad \hat{\boldsymbol{l}}_1\times\hat{\boldsymbol{l}}_2=\sin\hat{\theta}\hat{\boldsymbol{n}}$$

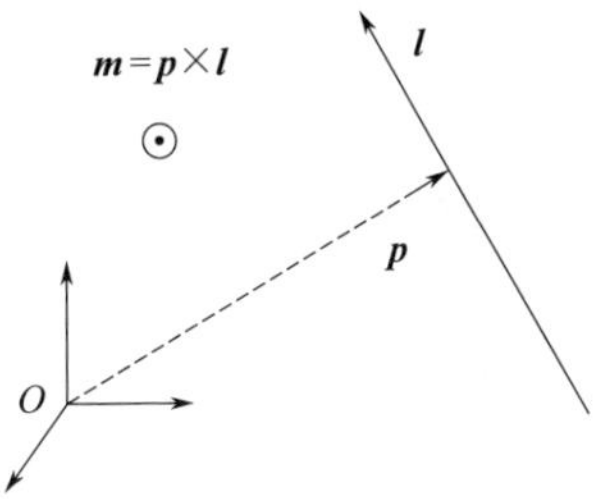

图 2.3 Plücker 直线

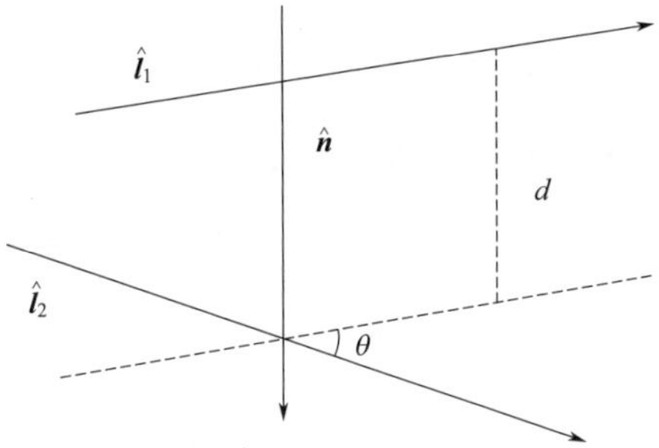

图 2.4 Plücker 直线公垂线

单位对偶四元数可用于同时描述旋转和平移的一般刚体变换，即螺旋变换。假定坐标系 O 经过先旋转 $\boldsymbol{q}$ 后接平移$\boldsymbol{p}^N$(先平移$\boldsymbol{p}^O$ 后旋转 $\boldsymbol{q}$)得到坐标系 N。对偶矢量$\hat{\boldsymbol{L}}$ 在坐标系 O 中表示为$\hat{\boldsymbol{L}}^O=\boldsymbol{l}^O+\varepsilon\,\boldsymbol{m}^O$，在坐标系 N 中表示为$\hat{\boldsymbol{L}}^N=\boldsymbol{l}^N+\varepsilon\,\boldsymbol{m}^N$，则可定义对偶四元数$\hat{\boldsymbol{q}}$ 满足

$$\hat{\boldsymbol{L}}^N=\hat{\boldsymbol{q}}^*\circ\hat{\boldsymbol{L}}^O\circ\hat{\boldsymbol{q}} \tag{2.36}$$

则进一步可得[133]：

$$\hat{\boldsymbol{q}}=\boldsymbol{q}+\frac{\varepsilon}{2}\boldsymbol{q}\circ\boldsymbol{p}^N=\boldsymbol{q}+\frac{\varepsilon}{2}\boldsymbol{p}^O\circ\boldsymbol{q} \tag{2.37}$$

单位对偶四元数也可以写为元素为对偶数的四元数，表示为

$$\hat{\boldsymbol{q}}=\left[\cos\frac{\hat{\theta}}{2},\sin\frac{\hat{\theta}}{2}\hat{\boldsymbol{n}}\right] \tag{2.38}$$

单位对偶四元数的对数映射为一个对偶矢量四元数，被定义为

$$\ln\hat{\boldsymbol{q}}=\frac{\boldsymbol{\theta}+\varepsilon\boldsymbol{p}^b}{2} \tag{2.39}$$

使用单位四元数定义的矢量 $\boldsymbol{v}$ 的旋转表示为 $Ad_{\boldsymbol{q}}\boldsymbol{v}=\boldsymbol{q}\circ\boldsymbol{v}\circ\boldsymbol{q}^*$。类似地，由单

位对偶四元数定义的对偶矢量 $\hat{\boldsymbol{v}}$ 的旋转变换表示为[134]

$$Ad_{\hat{q}}\hat{\boldsymbol{v}}=\hat{\boldsymbol{q}}\circ\hat{\boldsymbol{v}}\circ\hat{\boldsymbol{q}}^{*} \tag{2.40}$$

用单位对偶四元数表示的刚体运动动力学方程为

$$\begin{cases}\dot{\hat{\boldsymbol{q}}}=\dfrac{1}{2}\hat{\boldsymbol{q}}\circ\hat{\boldsymbol{\omega}}\\ \hat{\boldsymbol{\omega}}=\boldsymbol{\omega}+\varepsilon(\dot{\boldsymbol{p}}+\boldsymbol{\omega}\times\boldsymbol{p})\end{cases} \tag{2.41}$$

已知随时间变化的对偶四元数 $\hat{\boldsymbol{q}}(t)$ 和速度旋量 $\hat{\boldsymbol{\omega}}(t)$，则有如下等式成立：

$$\frac{1}{2}\times\frac{\mathrm{d}}{\mathrm{d}t}\langle\hat{\boldsymbol{\Gamma}},\hat{\boldsymbol{\Gamma}}\rangle=\langle\hat{\boldsymbol{\Gamma}},\dot{\hat{\boldsymbol{\Gamma}}}\rangle=\langle\hat{\boldsymbol{\Gamma}},\hat{\boldsymbol{\omega}}\rangle \tag{2.42}$$

式中，$\hat{\boldsymbol{\Gamma}}=2\ln\hat{\boldsymbol{q}}$。

2.5.2　对偶质量与对偶动量

刚体可看作由许多质量元组成，且每个质量元都有唯一的速度旋量 $\hat{\boldsymbol{\omega}}=\boldsymbol{\omega}+\varepsilon\boldsymbol{v}$，将每个质量元的对偶质量乘以速度旋量可得该质量元的动量，即

$$\mathrm{d}\hat{\boldsymbol{m}}\hat{\boldsymbol{\omega}}=\mathrm{d}\boldsymbol{m}\ \frac{\mathrm{d}}{\mathrm{d}\varepsilon}(\boldsymbol{\omega}+\varepsilon\boldsymbol{v})=\boldsymbol{v}\,\mathrm{d}\boldsymbol{m},\quad \mathrm{d}\boldsymbol{m}\ \frac{\mathrm{d}}{\mathrm{d}\varepsilon}\boldsymbol{\omega}=0 \tag{2.43}$$

算子 $\dfrac{\mathrm{d}}{\mathrm{d}\varepsilon}$ 与 ε 具有互补的定义，有以下性质：

$$\varepsilon\hat{\boldsymbol{v}}=\varepsilon(\boldsymbol{v}+\varepsilon\boldsymbol{v}')=\varepsilon\boldsymbol{v},\quad \frac{\mathrm{d}}{\mathrm{d}\varepsilon}\hat{\boldsymbol{v}}=\frac{\mathrm{d}}{\mathrm{d}\varepsilon}(\boldsymbol{v}+\varepsilon\boldsymbol{v}')=\boldsymbol{v}' \tag{2.44}$$

刚体质心的速度旋量为 $\hat{\boldsymbol{\omega}}_{\mathrm{C}}=\boldsymbol{\omega}+\varepsilon\boldsymbol{v}_{\mathrm{C}}$，则质量微元的速度旋量可表示为 $\hat{\boldsymbol{\omega}}_{\mathrm{A}}=\hat{\boldsymbol{D}}_{\mathrm{AC}}(\boldsymbol{\omega}+\varepsilon\boldsymbol{v}_{\mathrm{C}})=(\mathbf{I}+\varepsilon\boldsymbol{d}_{\mathrm{AC}}^{\times})(\boldsymbol{\omega}+\varepsilon\boldsymbol{v}_{\mathrm{C}})=\boldsymbol{\omega}+\varepsilon(\boldsymbol{d}_{\mathrm{AC}}^{\times}\boldsymbol{\omega}+\boldsymbol{v}_{\mathrm{C}})=\boldsymbol{\omega}+\varepsilon(\boldsymbol{\rho}^{\times}\boldsymbol{\omega}+\dot{\boldsymbol{r}}_{\mathrm{C}})$，其中，$\hat{\boldsymbol{D}}_{\mathrm{AC}}=\mathbf{I}+\varepsilon\boldsymbol{d}_{\mathrm{AC}}^{\times}$；$\boldsymbol{r}_{\mathrm{C}}$ 为惯性坐标系圆点到刚体质心的矢量；$\boldsymbol{\rho}$ 为刚体质心到微元的矢量；$\boldsymbol{\omega}$ 为刚体在惯性系下的角速度。

质量微元的动量为

$$\mathrm{d}\hat{\boldsymbol{H}}_{\mathrm{L}}=\mathrm{d}\hat{\boldsymbol{m}}\hat{\boldsymbol{\omega}}=\mathrm{d}\boldsymbol{m}\ \frac{\mathrm{d}}{\mathrm{d}\varepsilon}(\boldsymbol{\omega}+\varepsilon\boldsymbol{v})=\boldsymbol{v}\,\mathrm{d}\boldsymbol{m}=\mathrm{d}\boldsymbol{m}(\dot{\boldsymbol{r}}_{\mathrm{C}}+\boldsymbol{\omega}\times\boldsymbol{\rho}) \tag{2.45}$$

刚体的线动量为一个矢量，即

$$\hat{\boldsymbol{H}}_{\mathrm{L}}=\hat{\boldsymbol{m}}\hat{\boldsymbol{\omega}}=\boldsymbol{m}\boldsymbol{v}_{\mathrm{C}} \tag{2.46}$$

对整个刚体积分得到其动量矩为

$$\begin{aligned}\hat{\boldsymbol{H}}_{\mathrm{C}}&=\int_{b}(\hat{\boldsymbol{\rho}}\times\mathrm{d}\hat{\boldsymbol{H}}_{\mathrm{L}})=\int_{b}(\hat{\boldsymbol{\rho}}\times\mathrm{d}\boldsymbol{m}(\dot{\boldsymbol{r}}_{\mathrm{C}}+\boldsymbol{\omega}\times\boldsymbol{\rho}))\\&=\int_{b}(\varepsilon\boldsymbol{\rho}\times\mathrm{d}\boldsymbol{m}(\dot{\boldsymbol{r}}_{\mathrm{C}}+\boldsymbol{\omega}\times\boldsymbol{\rho}))=\varepsilon\boldsymbol{J}_{\mathrm{b}}\boldsymbol{\omega}\end{aligned} \tag{2.47}$$

式中，$\boldsymbol{J}_{\mathrm{b}}$ 为转动惯量。

构造一个新的对偶矢量

$$\hat{\boldsymbol{H}}=\hat{\boldsymbol{H}}_{\mathrm{L}}+\hat{\boldsymbol{H}}_{\mathrm{C}}=(m\frac{\mathrm{d}}{\mathrm{d}\varepsilon}\mathbf{I}_3+\varepsilon\boldsymbol{J}_{\mathrm{b}})(\boldsymbol{\omega}+\varepsilon\boldsymbol{v})=m\boldsymbol{v}_{\mathrm{C}}+\varepsilon\boldsymbol{J}_{\mathrm{b}}\boldsymbol{\omega} \tag{2.48}$$

式中，$(m\frac{\mathrm{d}}{\mathrm{d}\varepsilon}\mathbf{I}_3+\varepsilon\boldsymbol{J}_{\mathrm{b}})$定义为对偶惯性算子。为满足矩阵乘法的要求，定义其矩阵形式为

$$\hat{\boldsymbol{M}}=m\frac{\mathrm{d}}{\mathrm{d}\varepsilon}\mathbf{I}_3+\varepsilon\boldsymbol{J}_{\mathrm{b}}=\begin{bmatrix} m\frac{\mathrm{d}}{\mathrm{d}\varepsilon}+\varepsilon J_{xx} & \varepsilon J_{xy} & \varepsilon J_{xz} \\ \varepsilon J_{yx} & m\frac{\mathrm{d}}{\mathrm{d}\varepsilon}+\varepsilon J_{yy} & \varepsilon J_{yz} \\ \varepsilon J_{zx} & \varepsilon J_{zy} & m\frac{\mathrm{d}}{\mathrm{d}\varepsilon}+\varepsilon J_{zz} \end{bmatrix} \tag{2.49}$$

刚体的对偶动量可表示为以下的“紧凑”形式：

$$\hat{\boldsymbol{H}}=\hat{\boldsymbol{M}}\hat{\boldsymbol{\omega}}_{\mathrm{C}} \tag{2.50}$$

从以上分析可知，对偶动量$\hat{\boldsymbol{H}}$的实部为刚体的线动量，对偶部为刚体的角动量。

2.5.3 单航天器动力学建模

刚体的对偶动量可表示为

$$\hat{\boldsymbol{H}}=\hat{\boldsymbol{M}}\hat{\boldsymbol{\omega}}_{\mathrm{b}} \tag{2.51}$$

由刚体运动特性及对偶四元数性质可得航天器动力学方程为

$$\hat{\boldsymbol{F}}_{\mathrm{b}}^{\mathrm{b}}=\dot{\hat{\boldsymbol{H}}}=\hat{\boldsymbol{M}}\dot{\hat{\boldsymbol{\omega}}}_{\mathrm{b}}^{\mathrm{b}}+\hat{\boldsymbol{\omega}}_{\mathrm{b}}^{\mathrm{b}}\times\hat{\boldsymbol{M}}\hat{\boldsymbol{\omega}}_{\mathrm{b}}^{\mathrm{b}} \tag{2.52}$$

式中，$\hat{\boldsymbol{\omega}}_{\mathrm{b}}^{\mathrm{b}}$为航天器质心位置的速度旋量在本体系中的表示；$\dot{\hat{\boldsymbol{\omega}}}_{\mathrm{b}}^{\mathrm{b}}$为$\hat{\boldsymbol{\omega}}_{\mathrm{b}}^{\mathrm{b}}$在本体系中的导数。$\hat{\boldsymbol{F}}_{\mathrm{b}}^{\mathrm{b}}$为作用于航天器质心的对偶力，写为

$$\hat{\boldsymbol{F}}_{\mathrm{b}}^{\mathrm{b}}=\boldsymbol{f}_{\mathrm{b}}^{\mathrm{b}}+\varepsilon\boldsymbol{\tau}_{\mathrm{b}}^{\mathrm{b}} \tag{2.53}$$

式中，$\boldsymbol{f}_{\mathrm{b}}^{\mathrm{b}}$表示作用于航天器上的万有引力$\boldsymbol{f}_{\mathrm{g}}^{\mathrm{b}}$、控制力$\boldsymbol{f}_{\mathrm{c}}^{\mathrm{b}}$、干扰力$\boldsymbol{f}_{\mathrm{d}}^{\mathrm{b}}$等力的合力；$\boldsymbol{\tau}_{\mathrm{b}}^{\mathrm{b}}$为作用于航天器上的重力梯度力矩$\boldsymbol{\tau}_{\mathrm{g}}^{\mathrm{b}}$、控制力矩$\boldsymbol{\tau}_{\mathrm{c}}^{\mathrm{b}}$、干扰力矩$\boldsymbol{\tau}_{\mathrm{d}}^{\mathrm{b}}$等的合力矩。因此，对偶力矢量可写成

$$\hat{\boldsymbol{F}}_{\mathrm{b}}^{\mathrm{b}}=\hat{\boldsymbol{F}}_{\mathrm{c}}^{\mathrm{b}}+\hat{\boldsymbol{F}}_{\mathrm{g}}^{\mathrm{b}}+\hat{\boldsymbol{F}}_{\mathrm{d}}^{\mathrm{b}} \tag{2.54}$$

式中，$\hat{\boldsymbol{F}}_{\mathrm{c}}^{\mathrm{b}}=\boldsymbol{f}_{\mathrm{c}}^{\mathrm{b}}+\varepsilon\boldsymbol{\tau}_{\mathrm{c}}^{\mathrm{b}}$，$\hat{\boldsymbol{F}}_{\mathrm{g}}^{\mathrm{b}}=\boldsymbol{f}_{\mathrm{g}}^{\mathrm{b}}+\varepsilon\boldsymbol{\tau}_{\mathrm{g}}^{\mathrm{b}}$，$\hat{\boldsymbol{F}}_{\mathrm{d}}^{\mathrm{b}}=\boldsymbol{f}_{\mathrm{d}}^{\mathrm{b}}+\varepsilon\boldsymbol{\tau}_{\mathrm{d}}^{\mathrm{b}}$。

重力和重力力矩可以写成

$$\boldsymbol{f}_{\mathrm{g}}^{\mathrm{b}}=-\frac{\mu_{\mathrm{E}}m}{r_{\mathrm{b}}^{3}}\boldsymbol{r}_{\mathrm{b}}^{\mathrm{b}},\quad \boldsymbol{\tau}_{\mathrm{g}}^{\mathrm{b}}=\frac{3\mu_{\mathrm{E}}}{r_{\mathrm{b}}^{5}}(\boldsymbol{r}_{\mathrm{b}}^{\mathrm{b}}\times\boldsymbol{J}_{\mathrm{b}}\boldsymbol{r}_{\mathrm{b}}^{\mathrm{b}}) \tag{2.55}$$

将航天器视为刚体，其运动学方程为

$$\begin{cases} \dot{\hat{\boldsymbol{q}}}=\dfrac{1}{2}\hat{\boldsymbol{q}}\circ\hat{\boldsymbol{\omega}}_{\mathrm{b}}^{\mathrm{b}} \\ \hat{\boldsymbol{\omega}}_{\mathrm{b}}^{\mathrm{b}}=\boldsymbol{\omega}_{\mathrm{b}}^{\mathrm{b}}+\varepsilon(\dot{\boldsymbol{r}}_{\mathrm{b}}^{\mathrm{b}}+\boldsymbol{\omega}_{\mathrm{b}}^{\mathrm{b}}\times\boldsymbol{r}_{\mathrm{b}}^{\mathrm{b}}) \end{cases} \tag{2.56}$$

式中，$\boldsymbol{r}_{\mathrm{b}}^{\mathrm{b}}$ 为航天器质心相对于地心的位置矢量在本体系中的表示。

2.5.4 误差动力学方程

定义当前对偶四元数与期望对偶四元数的误差为

$$\hat{\boldsymbol{q}}_{\mathrm{e}}=\hat{\boldsymbol{q}}_{\mathrm{d}}^{*}\circ\hat{\boldsymbol{q}} \tag{2.57}$$

速度旋量的误差为

$$\hat{\boldsymbol{\omega}}_{\mathrm{e}}^{\mathrm{b}}=\boldsymbol{\omega}_{\mathrm{e}}^{\mathrm{b}}+\varepsilon(\dot{\boldsymbol{p}}_{\mathrm{e}}^{\mathrm{b}}+\boldsymbol{\omega}_{\mathrm{e}}^{\mathrm{b}}\times\boldsymbol{p}_{\mathrm{e}}^{\mathrm{b}}) \tag{2.58}$$

航天器姿态和相对轨道误差运动学和动力学可构建为：

$$\begin{cases}\dot{\hat{\boldsymbol{q}}}_{\mathrm{e}}=\dfrac{1}{2}\hat{\boldsymbol{q}}_{\mathrm{e}}\circ\hat{\boldsymbol{\omega}}_{\mathrm{e}}^{\mathrm{b}}\\ \dot{\hat{\boldsymbol{\omega}}}_{\mathrm{e}}^{\mathrm{b}}=\dot{\hat{\boldsymbol{\omega}}}_{\mathrm{b}}^{\mathrm{b}}-Ad_{\hat{\boldsymbol{q}}_{\mathrm{e}}^{*}}\dot{\hat{\boldsymbol{\omega}}}_{\mathrm{d}}^{\mathrm{b}}-[\hat{0},Ad_{\hat{\boldsymbol{q}}_{\mathrm{e}}^{*}}\hat{\boldsymbol{\omega}}_{\mathrm{d}}^{\mathrm{b}}\times\hat{\boldsymbol{\omega}}_{\mathrm{e}}^{\mathrm{b}}]\end{cases} \tag{2.59}$$

因此有

$$\begin{aligned}\hat{\boldsymbol{M}}\dot{\hat{\boldsymbol{\omega}}}_{\mathrm{e}}^{\mathrm{b}}&=\hat{\boldsymbol{M}}\dot{\hat{\boldsymbol{\omega}}}_{\mathrm{b}}^{\mathrm{b}}-\hat{\boldsymbol{M}}(Ad_{\hat{\boldsymbol{q}}_{\mathrm{e}}^{*}}\dot{\hat{\boldsymbol{\omega}}}_{\mathrm{d}}^{\mathrm{b}}+[\hat{0},Ad_{\hat{\boldsymbol{q}}_{\mathrm{e}}^{*}}\hat{\boldsymbol{\omega}}_{\mathrm{d}}^{\mathrm{b}}\times\hat{\boldsymbol{\omega}}_{\mathrm{e}}^{\mathrm{b}}])=\hat{\boldsymbol{F}}_{\mathrm{b}}^{\mathrm{b}}-\hat{\boldsymbol{\omega}}_{\mathrm{b}}^{\mathrm{b}}\times\hat{\boldsymbol{M}}\hat{\boldsymbol{\omega}}_{\mathrm{b}}^{\mathrm{b}}\\&\quad-\hat{\boldsymbol{M}}(Ad_{\hat{\boldsymbol{q}}_{\mathrm{e}}^{*}}\dot{\hat{\boldsymbol{\omega}}}_{\mathrm{d}}^{\mathrm{b}}+[\hat{0},Ad_{\hat{\boldsymbol{q}}_{\mathrm{e}}^{*}}\hat{\omega}_{\mathrm{d}}^{\mathrm{b}}\times\hat{\boldsymbol{\omega}}_{\mathrm{e}}^{\mathrm{b}}])\end{aligned} \tag{2.60}$$

由式(2.60)分析知，航天器的相对平动运动会受到相对转动的影响，主要包括姿态误差和相对角速度影响。另外，重力梯度力矩也会引起相对位置和姿态的耦合。基于对偶四元数的航天器姿轨耦合误差模型动力学模型，与分别对姿态运动和相对轨道运动建模相比，其数学形式更加简洁明了，同时能够避免大角度姿态机动时运算中的奇异性，计算效率更高。

本章小结

本章主要介绍了航天器编队的坐标系定义，给出了近地轨道航天器编队轨道动力学模型、日地 L2 点航天器编队轨道动力学模型以及航天器编队姿态动力学模型，另外介绍了基于对偶四元数建立的航天器姿轨耦合动力学模型。

第 3 章

航天器电磁编队动力学建模与磁矩分配

施加到各航天器上的电磁力是电磁编队实现高精度控制的主要动力来源，本章概括介绍电磁力产生物理机理，分析了磁场、电磁力、电磁力矩的基本数学模型。受到超导材料临界电流、线圈重量、作用距离等约束，航天器间电磁力在各个方向上都受到不同的约束，对航天器构型设计、控制器设计都会产生影响。因此，本章基于远场电磁模型进行了航天器电磁编队的电磁包络分析。针对航天器电磁编队存在内力约束的特性，建立了以编队质心为原点的轨道坐标系，并通过引入电磁坐标系将电磁力航天器的编队动力学分解为一般的编队动力学和磁矩分配两部分，从而简化编队动力模型。电磁编队是利用电磁力的相互作用提供编队飞行所需的动力，再根据所需控制力反解磁矩的过程中存在的磁矩优化问题，这也是实施电磁编队控制面临一个难题。为了合理分配磁偶极子，本章基于航天器电磁编队的电磁包络分析，讨论了磁矩分配和优化策略问题。

3.1 电磁模型及分析

3.1.1 磁场和磁矢势

由于磁单极子并不存在，磁场的散度为0。磁场可以由其旋度定义，磁场旋度用静电学的安培方程给出。

$$\begin{cases}\nabla \cdot \boldsymbol{B}=\boldsymbol{0} \\ \nabla \times \boldsymbol{B}=\mu_0 \boldsymbol{J}\end{cases} \tag{3.1}$$

式中，$\boldsymbol{J}$ 为电流密度矢量；μ_0 为空间磁导率。由于磁场和电流会随着时间的推移而缓慢变化，因此可以假设为静磁力学。

由于磁场的散度为0，也可以通过矢量势函数的旋度表示该磁场：

$$\boldsymbol{B}=\nabla \times \boldsymbol{A} \tag{3.2}$$

将势函数矢量写成当前电流密度的体积积分形式：

$$\boldsymbol{A}(\boldsymbol{s})=\frac{\mu_0}{4\pi}\iiint \frac{\boldsymbol{J}(\boldsymbol{\rho})}{\|\boldsymbol{s}-\boldsymbol{\rho}\|}\mathrm{d}^3\boldsymbol{\rho} \tag{3.3}$$

式中，$\boldsymbol{\rho}$ 为积分的矢量。

对于一个环路电流，如图3.1所示，除了导线内，其他地方的电流密度都为零。假设导线没有厚度，矢量电势的方程可以简化为电流环路的路径积分。

$$\boldsymbol{A}(\boldsymbol{s})=\frac{\mu_0 N i}{4\pi}\oint \frac{1}{\|\boldsymbol{s}-\boldsymbol{a}\|}\mathrm{d}\boldsymbol{l} \tag{3.4}$$

将式(3.4)代入式(3.2)，得

$$\boldsymbol{B}(\boldsymbol{s})=\boldsymbol{\nabla}\times\frac{\mu_0 Ni}{4\pi}\oint\frac{1}{\|\boldsymbol{s}-\boldsymbol{a}\|}\mathrm{d}\boldsymbol{l}=\frac{\mu_0 Ni}{4\pi}\oint\mathrm{d}\boldsymbol{l}\times\frac{\boldsymbol{s}-\boldsymbol{a}}{\|\boldsymbol{s}-\boldsymbol{a}\|^3} \tag{3.5}$$

由于 $\boldsymbol{r}=\boldsymbol{s}-\boldsymbol{a}$，则得到毕奥-萨伐特定律

$$\boldsymbol{B}(\boldsymbol{r})=\frac{\mu_0 Ni}{4\pi}\oint\frac{\mathrm{d}\boldsymbol{l}\times\boldsymbol{r}}{\|\boldsymbol{r}\|^3} \tag{3.6}$$

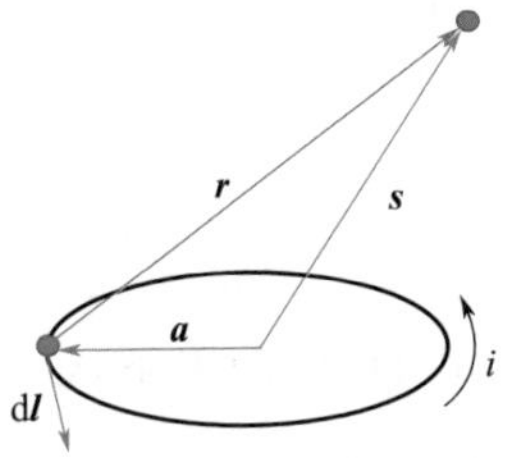

图 3.1　环路电流

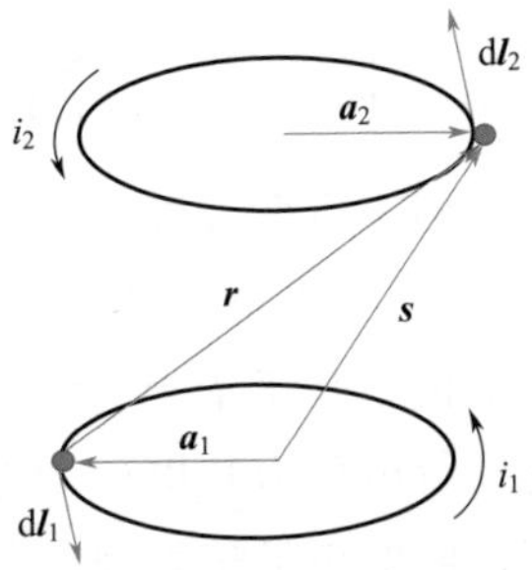

图 3.2　两环路的电磁力示意图

3.1.2　电磁力和电磁力矩

存在磁场时，电流元受到的电磁力(图 3.2)为

$$\mathrm{d}\boldsymbol{F}_2=i_2\mathrm{d}\boldsymbol{l}_2\times\boldsymbol{B}$$

根据安培定律，并通过积分得到作用在第二个环路电流上的作用力为

$$\boldsymbol{F}_2=i_2\oint\mathrm{d}\boldsymbol{l}_2\times\boldsymbol{B} \tag{3.7}$$

联立式(3.6)与式(3.7)，则一个环相对于另一个环的作用力为

$$\boldsymbol{F}_2=\frac{\mu_0 i_1 i_2}{4\pi}\oint\left(\oint\frac{\boldsymbol{r}\times\mathrm{d}\boldsymbol{l}_1}{r^3}\right)\times\mathrm{d}\boldsymbol{l}_2 \tag{3.8}$$

电流元受到的电磁力矩可表示为

$$\mathrm{d}\boldsymbol{\tau}_2=\boldsymbol{a}_2\times\mathrm{d}\boldsymbol{F}_2 \tag{3.9}$$

作用在第二个环路电流上的力矩相对于质心为

$$\boldsymbol{\tau}_2=\frac{\mu_0 i_1 i_2}{4\pi}\oint\boldsymbol{a}_2\times\left(\left(\oint\frac{\boldsymbol{r}\times\mathrm{d}\boldsymbol{l}_1}{r^3}\right)\times\mathrm{d}\boldsymbol{l}_2\right) \tag{3.10}$$

根据式(3.8)，式(3.10)可重写为

$$\begin{cases}\boldsymbol{F}_{ij}=\dfrac{\mu_0}{4\pi}\displaystyle\int_i\int_j\frac{I_i\mathrm{d}\boldsymbol{l}_i\times(I_j\mathrm{d}\boldsymbol{l}_j\times\boldsymbol{r}_{ji})}{\|\boldsymbol{r}_{ji}\|^3}\\ \boldsymbol{\tau}_{ij}=\dfrac{\mu_0}{4\pi}\displaystyle\int_i\int_j\boldsymbol{a}_i\times\frac{I_i\mathrm{d}\boldsymbol{l}_i\times(I_j\mathrm{d}\boldsymbol{l}_j\times\boldsymbol{r}_{ji})}{\|\boldsymbol{r}_{ji}\|^3}\end{cases} \tag{3.11}$$

以上积分没有已知的解析解，但是将其用作仿真的真实模型是非常有意义的，因为它是对物理的非常准确的描述。为了实现数值积分，可通过对式(3.11)进行离散化处理并计算，表示为

$$\begin{cases}\boldsymbol{F}_{ij}=\dfrac{\mu_0}{4\pi}\displaystyle\sum_{i=1}^{N_i}\sum_{j=1}^{N_j}\dfrac{I_i\mathrm{d}\boldsymbol{l}_i\times(I_j\mathrm{d}\boldsymbol{l}_j\times\boldsymbol{r}_{ji})}{\|\boldsymbol{r}_{ji}\|^3}\\ \boldsymbol{\tau}_{ij}=\dfrac{\mu_0}{4\pi}\displaystyle\sum_{i=1}^{N_i}\sum_{j=1}^{N_j}\boldsymbol{a}_i\times\dfrac{I_i\mathrm{d}\boldsymbol{l}_i\times(I_j\mathrm{d}\boldsymbol{l}_j\times\boldsymbol{r}_{ji})}{\|\boldsymbol{r}_{ji}\|^3}\end{cases}\tag{3.12}$$

该模型中有两个重要参数：N_i 和 N_j，表示每个圆形线圈近似的段数，段数越多结果也越精确，但是会增加计算代价。

精确的电磁模型基于毕奥-萨伐尔定理采用多重积分得到，形式复杂，数值求解不利于直观理解电磁力和电磁力矩与线圈指向和长度的关系，也不利于控制器的设计。为了使问题更易于处理，需要对模型进行简化和线性化。

电磁模型分为远场、中场、近场 3 种，中场和近场模型形式都过于复杂，远场模型较为简单，便于应用。当电磁线圈之间的距离较大时，电磁线圈可等效为磁偶极子，进而得到形式简单的远场模型。

3.1.3 远场电磁模型

由于求解力与力矩方程的最主要困难是分母中 $\boldsymbol{r}$ 的积分项，对于足够远的距离，线圈的尺寸相比距离小很多，即 $|\boldsymbol{a}|\ll|\boldsymbol{s}|$，可忽略其精确的几何结构。

利用泰勒展开可得

$$\frac{1}{|\boldsymbol{r}|}=\frac{1}{|\boldsymbol{s}-\boldsymbol{a}|}=\frac{1}{s}+\frac{\boldsymbol{s}\cdot\boldsymbol{a}}{s^3}+\mathrm{H.O.T.}\tag{3.13}$$

式中，H. O. T. (High Order Term)指泰勒展开的高阶项。

将式(3.13)代入式(3.4)，其中第一项积分为 0，高阶项积分略去。

$$\mathbf{A}(\boldsymbol{s})=\frac{\mu_0}{4\pi s^3}\iiint J(\boldsymbol{\rho})(\boldsymbol{s}\cdot\boldsymbol{a})\mathrm{d}^3\boldsymbol{\rho}\tag{3.14}$$

方程中的积分形式可以写成

$$\iiint J(\boldsymbol{\rho})(\boldsymbol{s}\cdot\boldsymbol{\rho})\mathrm{d}^3\boldsymbol{\rho}=\boldsymbol{\mu}\times\boldsymbol{s}\tag{3.15}$$

其中

$$\boldsymbol{\mu}=\frac{1}{2}\iiint\boldsymbol{\rho}\times J(\boldsymbol{\rho})\mathrm{d}^3\boldsymbol{\rho}\tag{3.16}$$

磁偶极子的磁场矢量势函数为

$$\mathbf{A}(\boldsymbol{s})=\frac{\mu_0(\boldsymbol{\mu}\times\boldsymbol{s})}{4\pi s^3}\tag{3.17}$$

对于一个电流环，其磁偶极子 $\boldsymbol{\mu}$ 可以简化为

$$\boldsymbol{\mu}=NiA\hat{\boldsymbol{n}} \tag{3.18}$$

式中，N 为匝数；i 为电流；A 为环路包围的面积；$\hat{\boldsymbol{n}}$ 为沿环路轴线的矢量。则磁场为

$$\boldsymbol{B}=\nabla\times\boldsymbol{A}=\nabla\times\frac{\mu_0}{4\pi}\times\frac{\boldsymbol{\mu}\times\boldsymbol{s}}{s^3}=\frac{\mu_0}{4\pi}\left(\frac{3\boldsymbol{s}(\boldsymbol{\mu}\times\boldsymbol{s})}{s^5}-\frac{\boldsymbol{\mu}}{s^3}\right) \tag{3.19}$$

此磁场的表示没有积分且容易计算。

磁场中的一个磁偶极子的势能为

$$\boldsymbol{U}(\boldsymbol{d})=-\boldsymbol{\mu}_2\cdot\boldsymbol{B}(\boldsymbol{d}) \tag{3.20}$$

式中，$\boldsymbol{d}$ 为连接偶极子 1 与偶极子 2 中心的矢量。

作用在第二个偶极子上的力可简单根据势能量函数的梯度得到

$$\boldsymbol{F}_2=-\nabla\boldsymbol{U}=\nabla(\boldsymbol{\mu}_2\cdot\boldsymbol{B}_1) \tag{3.21}$$

推导可得

$$\boldsymbol{F}_2=-\frac{3\mu_0}{4\pi}\left(-\frac{\boldsymbol{\mu}_1\cdot\boldsymbol{\mu}_2}{d^5}\boldsymbol{d}-\frac{\boldsymbol{\mu}_1\cdot\boldsymbol{d}}{d^5}\boldsymbol{\mu}_2-\frac{\boldsymbol{\mu}_2\cdot\boldsymbol{d}}{d^5}\boldsymbol{\mu}_1+5\frac{(\boldsymbol{\mu}_1\cdot\boldsymbol{d})(\boldsymbol{\mu}_2\cdot\boldsymbol{d})}{d^7}\boldsymbol{d}\right) \tag{3.22}$$

电磁力矩为

$$\boldsymbol{\tau}_2=\boldsymbol{\mu}_2\times\boldsymbol{B}_1=\frac{\mu_0}{4\pi}\left(\boldsymbol{\mu}_2\times\left(\frac{3\boldsymbol{d}(\boldsymbol{\mu}_1\cdot\boldsymbol{d})}{d^5}-\frac{\boldsymbol{\mu}_1}{d^3}\right)\right) \tag{3.23}$$

3.1.4　远场电磁模型误差分析

电磁模型分为近场模型、中场模型和远场模型。近场模型为精确的电磁模型，通过积分得到系统产生的电磁力和转矩的精确解；远场模型需要两磁偶极子距离足够远时，忽略其精确的几何结构，选取磁势的一阶泰勒级数展开；而中场模型是两磁偶极子距离较近时，选取磁势的高阶泰勒级数展开，通常应用于远场模型不准确的情况。

以下主要针对远场模型的电磁力和电磁力矩的模型误差进行分析，通过与精确的近场模型进行对比来说明。设置两线圈半径均为 1，当两线圈轴向对齐时，仅在线圈法平面方向上产生电磁力，远场模型误差随着两线圈之间的距离增加而降低，如图 3.3 所示。

当两线圈法平面相互垂直时，在 y 向产生电磁力，而且在 z 向产生电磁力矩。图 3.4 给出了此情况下远场模型与近场模型的电磁力和电磁力矩的对比以及它们对应的远场模型误差。

当两线圈法平面夹角为 45°时，电磁力在 xy 平面上，在 z 向产生电磁力矩。

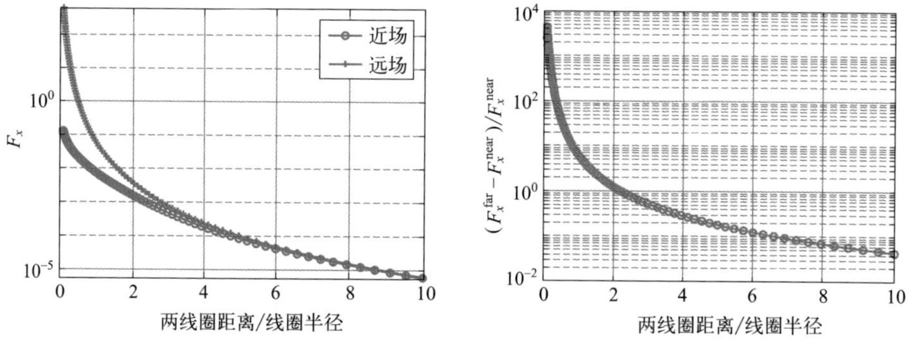

图 3.3　两线圈轴向对齐时，近场和远场模型的电磁力和力矩

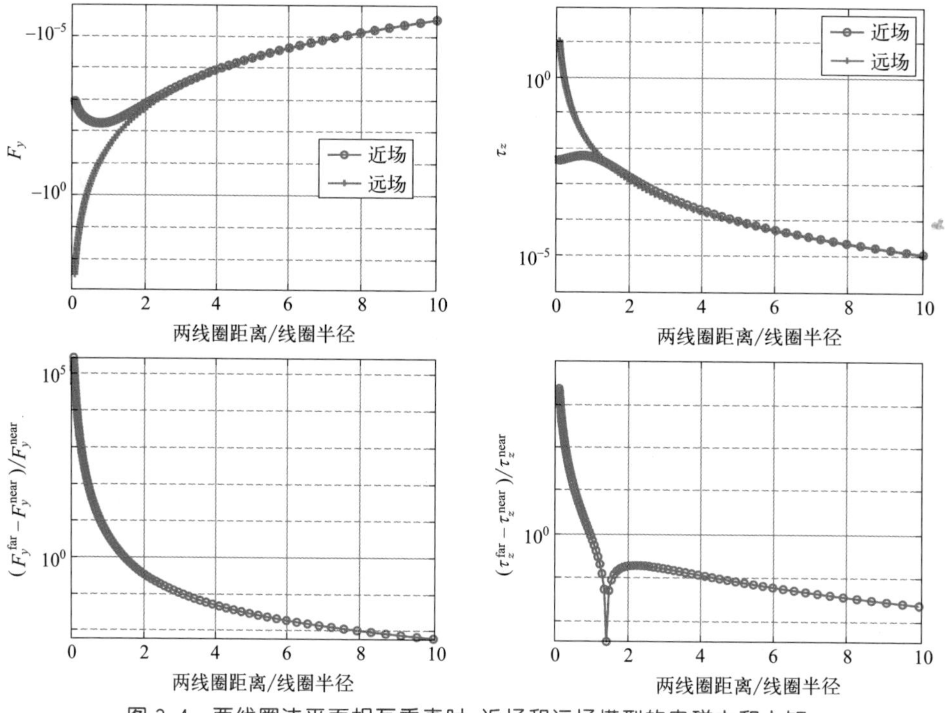

图 3.4　两线圈法平面相互垂直时，近场和远场模型的电磁力和力矩

图 3.5 给出了此情况下远场模型与近场模型的电磁力和电磁力矩的对比以及它们对应的远场模型误差。

以上对比表明，当两线圈之间的距离大于电磁线圈半径的 3 倍时，随着两线圈之间距离的增加，远场模型误差逐渐降低；当两线圈距离是线圈半径的 7 倍左右时，远场模型误差低于 10%。因此，当线圈之间的距离远大于电磁线圈半径时，精确模型可以用远场模型表示。

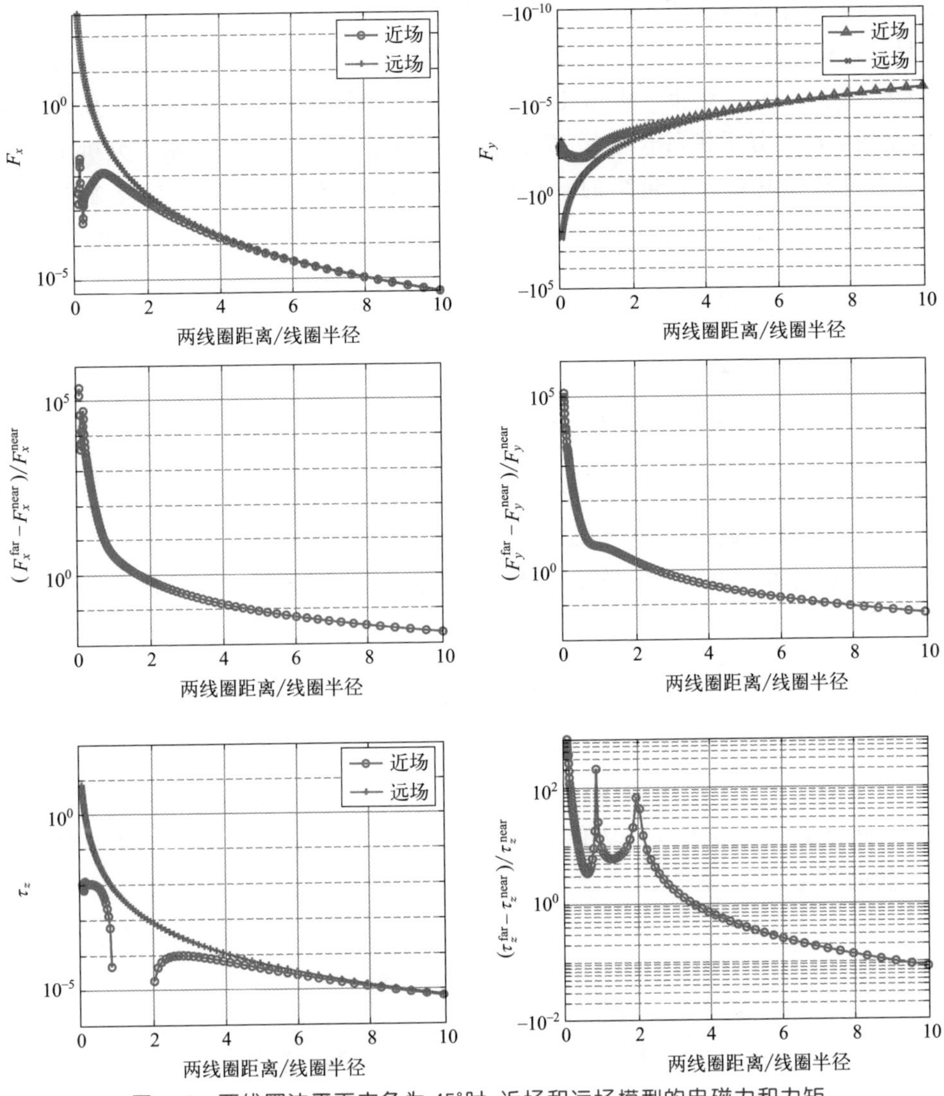

图 3.5　两线圈法平面夹角为 45°时，近场和远场模型的电磁力和力矩

3.2　远场电磁模型包络分析

受到高温超导材料临界电流、线圈重量等约束，电磁编队线圈产生的磁矩有最大值限制，这也决定了电磁编队所能提供的最大电磁力有限，因此有必要开展电磁编队能力包络分析，以便进一步指导编队的参数设计和优化。目前已有学者做了一些研究分析，但仍存在一些不足之处。由式(3.27)知，电磁力与距离的 4 次方成

反比，且与磁矩非线性相关，这使得电磁编队的控制能力分析复杂且形式不直观，不利于解算。针对此问题，本节介绍了一种基于优化目标设置约束条件的方法，得到两个约束条件，此约束大大简化了电磁模型。图解法在工程论证有明显的实用性，使用图解法分析找到电磁力、磁矩、电磁力矩之间直观的关系，基于分析给出了电磁力包络和电磁力矩包络的解析解。此部分研究也可为磁矩分配提供理论基础。

3.2.1 可控磁偶极子

载流线圈可等效为磁偶极子，磁矩大小表示为 $\mu=NIS$，电功率为 $P=I^2R$，则电磁线圈消耗的功率与磁矩的平方成正比，即

$$P=\left(\frac{\mu}{NS}\right)^2 R \tag{3.24}$$

式中，N 为线圈匝数；I 为电流；S 为线圈面积；R 为线圈电阻。

由于远场力与力矩方程是磁偶极的线性化方程，卫星安装的三轴正交环状线圈可等效为一个偶极子：

$$\boldsymbol{\mu}=\sum_{i=1}^{3}\boldsymbol{\mu}_i \tag{3.25}$$

图 3.6 给出了两磁偶极子矢量与电磁计算坐标系的关系图，其中 A 和 B 分别表示两电磁航天器的线圈磁偶极子。给定直角坐标系 $O_{\mathrm{EM}}x_{\mathrm{EM}}y_{\mathrm{EM}}z_{\mathrm{EM}}$，$d$ 为两个偶极子中心之间的距离，α、β 为偶极子绕 z_{EM} 轴旋转的角度，θ、φ 为偶极子绕 x_{EM} 轴旋转的角度。

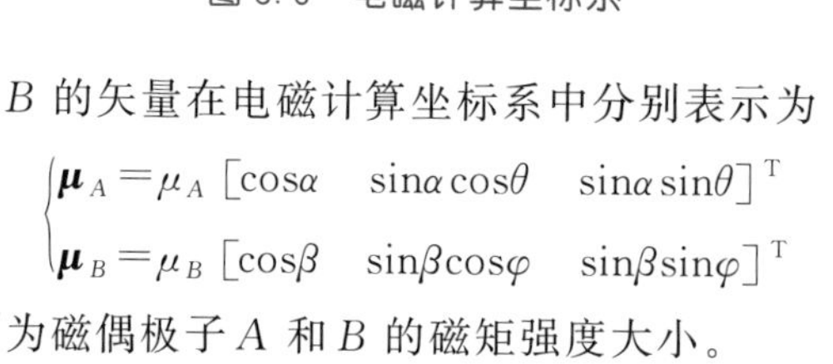

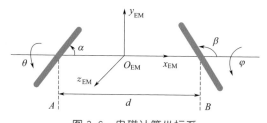

图 3.6 电磁计算坐标系

磁偶极子 A 和 B 的矢量在电磁计算坐标系中分别表示为

$$\begin{cases}\boldsymbol{\mu}_A=\mu_A\left[\cos\alpha \quad \sin\alpha\cos\theta \quad \sin\alpha\sin\theta\right]^{\mathrm{T}}\\ \boldsymbol{\mu}_B=\mu_B\left[\cos\beta \quad \sin\beta\cos\varphi \quad \sin\beta\sin\varphi\right]^{\mathrm{T}}\end{cases} \tag{3.26}$$

式中，μ_A 和 μ_B 分别为磁偶极子 A 和 B 的磁矩强度大小。

由于磁偶极子 B 的作用，在偶极子 A 处产生的磁力为

$$
\begin{cases}
F_{Ax}=\dfrac{3\mu_0\mu_A\mu_B}{4\pi d^4}(2\cos\alpha\cos\beta-\cos(\varphi-\theta)\sin\alpha\sin\beta)\\
F_{Ay}=-\dfrac{3\mu_0\mu_A\mu_B}{4\pi d^4}(\cos\alpha\sin\beta\cos\varphi+\sin\alpha\cos\beta\cos\theta)\\
F_{Az}=-\dfrac{3\mu_0\mu_A\mu_B}{4\pi d^4}(\cos\alpha\sin\beta\sin\varphi+\sin\alpha\cos\beta\sin\theta)
\end{cases}
\tag{3.27}
$$

则由于磁偶极子 B 的作用，在偶极子 A 处产生的磁力矩为

$$
\begin{cases}
\tau_{Ax}=-\dfrac{\mu_0\mu_A\mu_B}{4\pi d^3}(\sin\alpha\sin\beta\sin(\varphi-\theta))\\
\tau_{Ay}=\dfrac{\mu_0\mu_A\mu_B}{4\pi d^3}(\cos\alpha\sin\beta\sin\varphi+2\sin\alpha\cos\beta\sin\theta)\\
\tau_{Az}=-\dfrac{\mu_0\mu_A\mu_B}{4\pi d^3}(\cos\alpha\sin\beta\cos\varphi+2\sin\alpha\cos\beta\cos\theta)
\end{cases}
\tag{3.28}
$$

由远场模型式(3.27)、式(3.28)可知，星间电磁力/力矩具有内力/力矩特性，且与星上两电磁装置间相对位置/姿态、磁矩强非线性耦合。具体分析如下：

① 内力/力矩特性。对于电磁编队系统来说，星间电磁力/力矩属于内力/力矩范畴，具有不改变系统质心运动、线动量、角动量、机械能守恒等特性。

② 与相对位置/姿态、磁矩强非线性耦合。电磁力/力矩与两电磁装置间相对位置/姿态强非线性耦合体现在两个方面：一为电磁力/力矩分别与相对距离的 4 次或 3 次方成反比；二为电磁力/力矩为两电磁装置磁矩矢量方位角的非线性三角函数。另外，电磁力/力矩与两电磁装置磁矩乘积成正比。

电磁力/力矩作用具有“牵一发而动全身”的特性，即无论是电磁装置间相对位置/姿态变化，还是电磁装置磁矩矢量变化，都会引起两航天器运动状态改变。

3.2.2 电磁力包络

电磁力最大包络是指在电磁线圈通入最大电流时，在系统的各个方向所能提供的最大电磁力的值域，求解此问题可确定系统的最大控制能力。此问题的求解等效于求解产生各个方向的大小一定的电磁力所需的最小 μ_A、μ_B 集合。由式(3.25)知，μ_A、μ_B 越小，则电磁线圈消耗的电能越小。方程式(3.27)中 B 星的电磁力方程式有 3 个，可控自由分量有 6 个，即 α、β、θ、φ、μ_A、μ_B，系统有 3 个自由度。为使电磁线圈消耗电能尽可能小，同时又使系统保有一定的自由度，可设置两个约束条件，此时方程组仍存在一个自由度且电磁力和电磁力矩方程均可得到简化。

令 $A_0=\dfrac{3\mu_0\mu_A\mu_B}{8\pi d^4}$，$A_0$ 是关于变量 μ_A、μ_B 与 d 的函数，当编队构型确定时，d 也相应地确定，A_0 与 $\mu_A\mu_B$ 成正比。以线圈消耗电能尽可能小为目的，设计 μ_A、μ_B 时应该使 $\mu_A^2+\mu_B^2$ 尽可能小。由于 $\mu_A^2+\mu_B^2\geqslant 2\mu_A\mu_B=\dfrac{16\pi d^4 A_0}{3\mu_0}$，为降低线圈能耗，则可设置约束条件 1 为

$$\mu_A=\mu_B=2d^2\sqrt{\frac{2\pi A_0}{3\mu_0}} \tag{3.29}$$

由式(3.25)知，当 A_0 越小时，线圈能耗越小。式(3.27)可写为

$$\frac{\|\boldsymbol{F}\|}{A_0}=\sqrt{2\sin^2\alpha\sin^2\beta\cos^2(\varphi-\theta)-\sin(2\alpha)\sin(2\beta)\cos(\varphi-\theta)+c} \tag{3.30}$$

式中，$c=2\cos^2\alpha+2\cos^2\beta+4\cos^2\alpha\cos^2\beta$，$\|\boldsymbol{F}\|=\sqrt{F_{Bx}^2+F_{By}^2+F_{Bz}^2}$，$F_{Bx}$、$F_{By}$、$F_{Bz}$ 是由编队构型所决定的。$\dfrac{\|\boldsymbol{F}\|}{A_0}$是关于 α、β、θ、φ 的函数，为了使 A_0 达到最小值，则可将问题转化为通过设计 α、β、θ、φ 使得$\dfrac{\|\boldsymbol{F}\|}{A_0}$达到最大值。从式(3.30)可以看出，当 $\sin^2\alpha\sin^2\beta=0$ 时，φ、θ 的取值对$\dfrac{\|\boldsymbol{F}\|}{A_0}$的大小无影响。当 $\sin^2\alpha\sin^2\beta>0$，$\cot\alpha\cot\beta<0$ 时，$\dfrac{\|\boldsymbol{F}\|}{A_0}$在 $\cos(\varphi-\theta)=1$ 时取最大值；当 $\sin^2\alpha\sin^2\beta>0$，$\cot\alpha\cot\beta\geqslant 0$ 时，$\dfrac{\|\boldsymbol{F}\|}{A_0}$在 $\cos(\varphi-\theta)=-1$ 时取最大值。因此，$\dfrac{\|\boldsymbol{F}\|}{A_0}$取最大值的条件可设置 φ 与 θ 相等或者相差 π，此时$\boldsymbol{\mu}_A$、$\boldsymbol{\mu}_B$ 在同一平面内。为降低线圈能耗，则可设置约束条件 2 为

$$\varphi=\theta \tag{3.31}$$

将式(3.29)、式(3.31)代入式(3.26)，可得

$$\begin{cases}\boldsymbol{\mu}_A=\mu_A\begin{bmatrix}\cos\alpha & \sin\alpha\cos\theta & \sin\alpha\sin\theta\end{bmatrix}^{\mathrm{T}}\\ \boldsymbol{\mu}_B=\mu_B\begin{bmatrix}\cos\beta & \sin\beta\cos\theta & \sin\beta\sin\theta\end{bmatrix}^{\mathrm{T}}\end{cases} \tag{3.32}$$

将式(3.29)、式(3.31)代入式(3.27)，可得

$$\boldsymbol{F}_B=A_0\begin{bmatrix}-3\cos(\alpha+\beta)-\cos(\alpha-\beta)\\ 2\cos\theta\sin(\alpha+\beta)\\ 2\sin\theta\sin(\alpha+\beta)\end{bmatrix} \tag{3.33}$$

由式(3.33)可得

$$\theta=\mathrm{atan2}(F_{Bz},F_{By}) \tag{3.34}$$

$$\begin{cases}\sqrt{\left(\frac{F_{By}}{A_0}\right)^2+\left(\frac{F_{Bz}}{A_0}\right)^2}=2\sin(\alpha+\beta)\\ \frac{-F_{Bx}}{A_0}=3\cos(\alpha+\beta)+\cos(\alpha-\beta)\end{cases}\tag{3.35}$$

式中，$\sin(\alpha+\beta)\in[0,1]$，$\cos(\alpha-\beta)\in[-1,1]$。用 γ 定义 $\sqrt{\left(\frac{F_{By}}{A_0}\right)^2+\left(\frac{F_{Bz}}{A_0}\right)^2}$ 与 $\frac{-F_{Bx}}{A_0}$ 的夹角，即

$$\tan\gamma=\frac{\sqrt{\left(\frac{F_{By}}{A_0}\right)^2+\left(\frac{F_{Bz}}{A_0}\right)^2}}{\frac{-F_{Bx}}{A_0}}=\frac{2\sin(\alpha+\beta)}{3\cos(\alpha+\beta)+\cos(\alpha-\beta)}\tag{3.36}$$

$\frac{\|\boldsymbol{F}\|}{A_0}$的范围见图 3.7 灰色包络区。

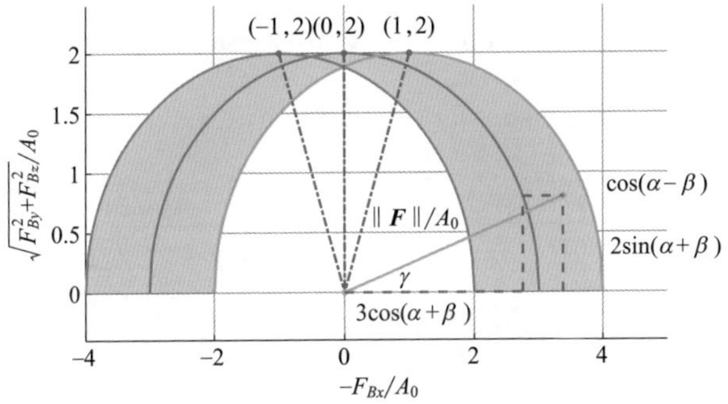

图 3.7　$\frac{\|\boldsymbol{F}\|}{A_0}$的包络

$\frac{\|\boldsymbol{F}\|}{A_0}$的最大值包络和最小值包络讨论如下。

(1) $\frac{\|\boldsymbol{F}\|}{A_0}$的最大值包络

当 $0<\gamma<\arctan 2$ 时，设置 $\cos(\alpha-\beta)=1$，代入式(3.36)可得

$$\alpha=\beta=\arctan\frac{\sqrt{2\tan^2\gamma+1}-1}{\tan\gamma},\ \frac{\|\boldsymbol{F}\|}{A_0}=\left|\frac{4(\sqrt{2\tan^2\gamma+1}-1)}{[3\tan^2\gamma-2(\sqrt{2\tan^2\gamma+1}-1)]\cos\gamma}\right|$$

当 $\arctan 2\leqslant\gamma\leqslant\pi-\arctan 2$ 时，设置 $\sin(\alpha+\beta)=1$，可得

$$\beta=\frac{\arcsin(2\cot\gamma)}{2},\ \alpha=\frac{\pi-\arcsin(2\cot\gamma)}{2},\ \frac{\|\boldsymbol{F}\|}{A_0}=\left|\frac{2}{\sin\gamma}\right|$$

当 $\pi-\arctan 2<\gamma<\pi$ 时，设置 $\cos(\alpha-\beta)=-1$，可得

$\beta = \arctan\dfrac{\sqrt{2\tan^2\gamma+1}-1}{\tan\gamma}$, $\alpha = \pi + \arctan\dfrac{\sqrt{2\tan^2\gamma+1}-1}{\tan\gamma}$, $\dfrac{\|\boldsymbol{F}\|}{A_0}=\left|\dfrac{4(\sqrt{2\tan^2\gamma+1}-1)}{[3\tan^2\gamma-2(\sqrt{2\tan^2\gamma+1}-1)]\cos\gamma}\right|$

当 $\gamma=0$ 时，$\alpha=\beta=0$，$\dfrac{\|\boldsymbol{F}\|}{A_0}=4$。

当 $\gamma=\pi$ 时，$\beta=0$，$\alpha=\pi$，$\dfrac{\|\boldsymbol{F}\|}{A_0}=4$。

(2)$\dfrac{\|\boldsymbol{F}\|}{A_0}$的最小值包络

当 $0<\gamma<\dfrac{\pi}{2}$时，设置 $\cos(\alpha-\beta)=-1$，可得

$$\beta=\arctan\frac{\sqrt{2\tan^2\gamma+1}+1}{\tan\gamma},\alpha=-\pi+\arctan\frac{\sqrt{2\tan^2\gamma+1}+1}{\tan\gamma}$$

$$\frac{\|\boldsymbol{F}\|}{A_0}=\left|\frac{-4(\sqrt{2\tan^2\gamma+1}+1)}{[3\tan^2\gamma+2(\sqrt{2\tan^2\gamma+1}+1)]\cos\gamma}\right|$$

当$\dfrac{\pi}{2}<\gamma<\pi$ 时，设置 $\cos(\alpha-\beta)=1$，可得

$$\alpha=\beta=\arctan\frac{\sqrt{2\tan^2\gamma+1}+1}{\tan\gamma},\frac{\|\boldsymbol{F}\|}{A_0}=\left|\frac{-4(\sqrt{2\tan^2\gamma+1}+1)}{[3\tan^2\gamma+2(\sqrt{2\tan^2\gamma+1}+1)]\cos\gamma}\right|$$

当 $\gamma=0$ 时，$\beta=\dfrac{\pi}{2}$，$\alpha=-\dfrac{\pi}{2}$，$\dfrac{\|\boldsymbol{F}\|}{A_0}=2$。

当 $\gamma=\dfrac{\pi}{2}$时，$\alpha=\beta=-\arctan\sqrt{2}$，$\dfrac{\|\boldsymbol{F}\|}{A_0}=\dfrac{4}{3}\sqrt{2}$。

当 $\gamma=\pi$ 时，$\alpha=\beta=-\dfrac{\pi}{2}$，$\dfrac{\|\boldsymbol{F}\|}{A_0}=2$。

当$\dfrac{\|\boldsymbol{F}\|}{A_0}$取最大、最小值包络时，$\alpha$、$\beta$ 随 γ 的取值变化与相对应的$\dfrac{\|\boldsymbol{F}\|}{A_0}$随 γ 的取值变化如图 3.8 所示，其中蓝色线表示$\dfrac{\|\boldsymbol{F}\|}{A_0}$的最大值包络，红色线表示$\dfrac{\|\boldsymbol{F}\|}{A_0}$的最小值包络。

由图 3.8 知，$\dfrac{\|\boldsymbol{F}\|}{A_0}$随 γ 变化的最大值、最小值包络曲线是连续变化的，最大值包络曲线所对应的 α，β 也是连续的，然而由于最小值包络曲线在 $\gamma=\dfrac{\pi}{2}$存在尖点，所对应的 α、β 在 $\gamma=\dfrac{\pi}{2}$时出现跳跃。$\dfrac{\|\boldsymbol{F}\|}{A_0}$在 γ 为 0 或 π 时取得最大值，假定$\|\boldsymbol{F}\|$恒

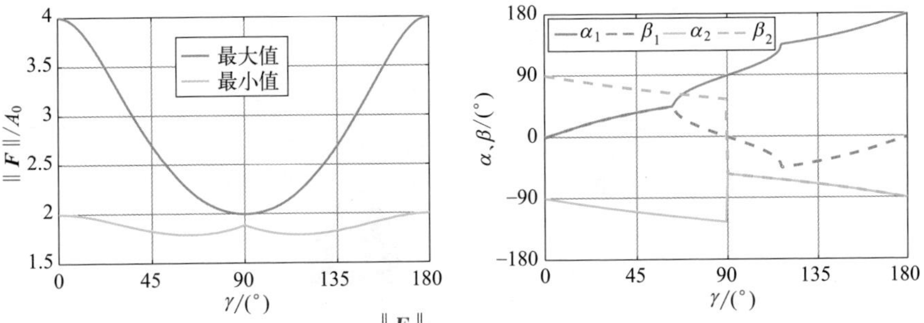

图 3.8 $\frac{\|F\|}{A_0}$的最大、最小值包络

定，A_0 在电磁力和双星的磁偶极子方向均沿着双星连线方向上时最小，即线圈消耗能量最小。

3.2.3 电磁力矩包络

令 $A_1=-\frac{\mu_0\mu_A\mu_B}{8\pi d^3}$，则$\frac{A_1}{A_0}=-\frac{d}{3}$。将式(3.29)、式(3.31)代入式(3.28)，可得

$$\begin{cases}\boldsymbol{\tau}_A=A_1\left[3\sin(\alpha+\beta)+\sin(\alpha-\beta)\right]\begin{bmatrix}0\\-\sin\theta\\\cos\theta\end{bmatrix}\\\boldsymbol{\tau}_B=A_1\left[3\sin(\alpha+\beta)-\sin(\alpha-\beta)\right]\begin{bmatrix}0\\-\sin\theta\\\cos\theta\end{bmatrix}\end{cases}\tag{3.37}$$

$\boldsymbol{\tau}_A$、$\boldsymbol{\tau}_B$ 在同一直线上，可只考虑幅值，则

$$\begin{cases}\tau_A=A_1\left[3\sin(\alpha+\beta)+\sin(\alpha-\beta)\right]\\\tau_B=A_1\left[3\sin(\alpha+\beta)-\sin(\alpha-\beta)\right]\\\tau_A+\tau_B=6A_1\sin(\alpha+\beta)=d\sqrt{F_{By}^2+F_{Bz}^2}\end{cases}\tag{3.38}$$

由式(3.38)知，$\tau_A+\tau_B$ 与所需电磁力有关，当所需电磁力由编队构型确定时，双星总力矩由此确定。为了书写方便，令 $x=\alpha+\beta$，$y=\alpha-\beta$。由于电磁力包络图的对称性，仅对第一象限进行分析。图 3.9 反映了电磁力矩和电磁力的关系，灰色区域为电磁力包络，红色区域边界为 $3\sin x-\sin y=0$，其区域内部为 $3\sin x-\sin y<0$。由图 3.9 可知，当$\left(-\frac{F_{Bx}}{A_0},\frac{\sqrt{F_{By}^2+F_{Bz}^2}}{A_0}\right)$在红色区域内，则 $\tau_A=A_1(3\sin x+\sin y)>0$，$\tau_B=A_1(3\sin x-\sin y)<0$；当电磁力在红色区域边界，则 $\tau_A=A_1(3\sin x+\sin y)>0$，$\tau_B=A_1(3\sin x-\sin y)=0$；当电磁力在红色区域边界外，则 $\tau_A=$

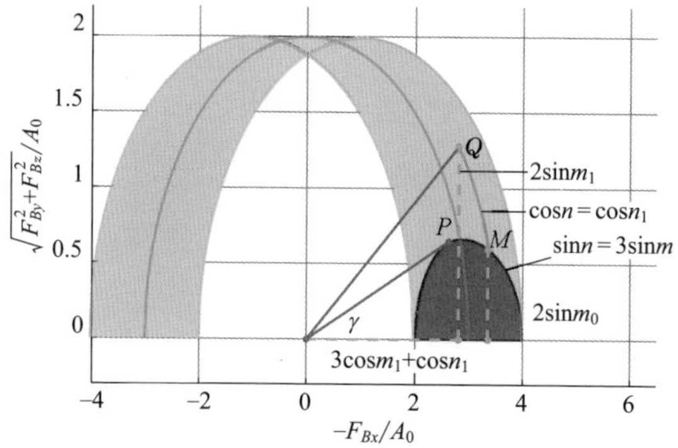

图 3.9 电磁力矩与电磁力的关系

$A_1(3\sin x+\sin y)>0$，$\tau_B=A_1(3\sin x-\sin y)>0$。

若过原点的直线与曲线 $3\sin m-\sin n=0$ 相交，则交点满足如下关系：

$$\begin{cases}3\sin m-\sin n=0\\ \tan\gamma=\dfrac{2\sin m}{3\cos m+\cos n}\end{cases}\tag{3.39}$$

式(3.39)可整理为

$$\cot\gamma=\frac{3\sqrt{1-\dfrac{1}{9}\sin^2 n}+\cos n}{\dfrac{2}{3}\sin n}=\frac{3}{2}\left(\sqrt{9\cot^2 n+8}+\cot n\right)\tag{3.40}$$

当 $\cot n=-\dfrac{1}{3}$ 时，$(\cot\gamma)_{\min}=4$，即 $\gamma_P=\arctan\dfrac{1}{4}\approx 14°$，其中 γ_P 为满足 $\tau_B=0$ 的最大 γ 值。当 $0\leqslant\gamma<\gamma_P$ 时，$\cot n=\dfrac{-\cot\gamma\pm3\sqrt{\cot^2\gamma-16}}{12}$，$\sin m=\dfrac{1}{3\sqrt{\cot^2 y+1}}$。

图 3.10 为 $\tau_B=0$ 时，α、β 随 γ 的取值变化曲线。当 $0°\leqslant\gamma<14°$ 时，$\tau_B=0$ 有两个解，其中，(α_1,β_1) 和 (α_2,β_2) 为两个解所对应的参数。从图 3.10 可看出，除了 $\gamma=0$ 处，$\sin(\alpha+\beta)>0$，且 $0<-\beta<\alpha<\dfrac{\pi}{2}$。由式(3.32)知，当 $0°<\gamma\leqslant14°$ 时，若使 $\tau_B=0$，则 $\mu_{Ax}<\mu_{Bx}$，$|\mu_{Ay}|>|\mu_{By}|$，$|\mu_{Az}|>|\mu_{Bz}|$。

如图 3.10 所示，假设 Q 点为电磁力包络内的任意一点，设其坐标为 $(3\cos x_1+\cos y_1, 2\sin x_1)$，对应角度 $\gamma=\gamma_1$。QM 之间的曲线为 $\cos n=\cos n_1$，M 点在 $3\sin m-\sin n=0$ 上，设其坐标为 $(3\cos m_0+\cos n_1, 2\sin m_0)$，则有

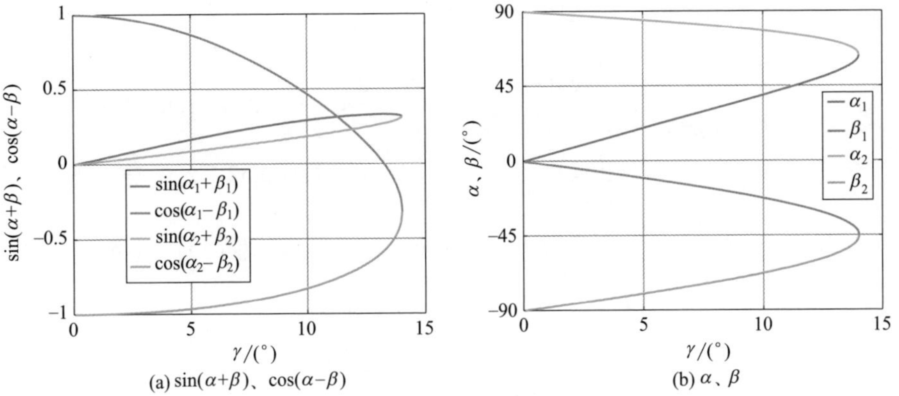

(a) sin(α+β)、cos(α−β)　　(b) α、β

图 3.10　$\tau_B=0$ 时，α、β 随 γ 的变化曲线

$$\begin{cases}\tan\gamma_1=\dfrac{2\sin m_1}{3\cos m_1+\cos n_1}\\[2ex]3\sin m_0-\sin n_1=0\end{cases}\tag{3.41}$$

在点 Q 处存在如下力矩比关系：

$$\begin{cases}\dfrac{\tau_B}{\tau_A}=\dfrac{3\sin m_1-\sin n_1}{3\sin m_1+\sin n_1}=-1+\dfrac{2}{1+\dfrac{\sin m_0}{\sin m_1}}\\[3ex]\dfrac{\tau_B}{\tau_A+\tau_B}=\dfrac{3\sin m_1-\sin n_1}{3\sin m_1-\sin n_1+3\sin m_1+\sin n_1}=\dfrac{1}{2}-\dfrac{1}{2}\times\dfrac{\sin m_0}{\sin m_1}\end{cases}\tag{3.42}$$

由式(3.42)可知，力矩比与$\dfrac{\sin m_0}{\sin m_1}$有关。由式(3.41)可得

$$\begin{aligned}\frac{\sin m_0}{\sin m_1}&=\frac{\sin n_1}{3\sin m_1}=\frac{\sqrt{1-\sin^2 m_1(2\cot\gamma_1-3\cot m_1)^2}}{3\sin m_1}\\&=\frac{\sqrt{-8\left(\cot m_1-\dfrac{3\cot\gamma_1}{4}\right)^2+\dfrac{\cot^2\gamma_1}{2}+1}}{3}\end{aligned}\tag{3.43}$$

由式(3.43)知，$\dfrac{\sin m_0}{\sin m_1}$由 $\cot m_1$ 与 $\cot\gamma_1$ 确定，γ_1 由所需电磁力确定，$\cot m_1$ 的取值范围由 γ_1 决定。$\sin m_1$ 在 $\cos n_1=-1$ 时取最小值；当 $\gamma_1<\arctan 2$ 时，$\sin m_1$ 在 $\cos n_1=1$ 时取最大值；当 $\gamma_1\geqslant\arctan 2$ 时，$\sin m_1$ 的最大值为 1。由式(3.41)可得

$$\begin{cases}(\cot m_1)_{\max}=\dfrac{3\cot\gamma_1+\sqrt{\cot^2\gamma_1+2}}{4}, & 0<\gamma_1\leqslant\dfrac{\pi}{2}\\(\cot m_1)_{\min}=\begin{cases}\dfrac{3\cot\gamma_1-\sqrt{\cot^2\gamma_1+2}}{4}, & 0<\gamma_1<\arctan 2\\0, & \arctan 2\leqslant\gamma_1\leqslant\dfrac{\pi}{2}\end{cases}\end{cases}\tag{3.44}$$

由于$(\cot m_1)_{\max}-\dfrac{3\cot\gamma_1}{4}\geqslant\dfrac{3\cot\gamma_1}{4}-(\cot m_1)_{\min}\geqslant 0$，由式(3.43)、式(3.44)可得

$$\begin{cases}\left(\dfrac{\sin m_0}{\sin m_1}\right)_{\max}=\dfrac{\sqrt{\dfrac{\cot^2\gamma_1}{2}+1}}{3}\\\left(\dfrac{\sin m_0}{\sin m_1}\right)_{\min}=0\end{cases}\tag{3.45}$$

$\cot m_1$与$\dfrac{\sin m_0}{\sin m_1}$随$\gamma_1$变化的曲线如图3.11所示。

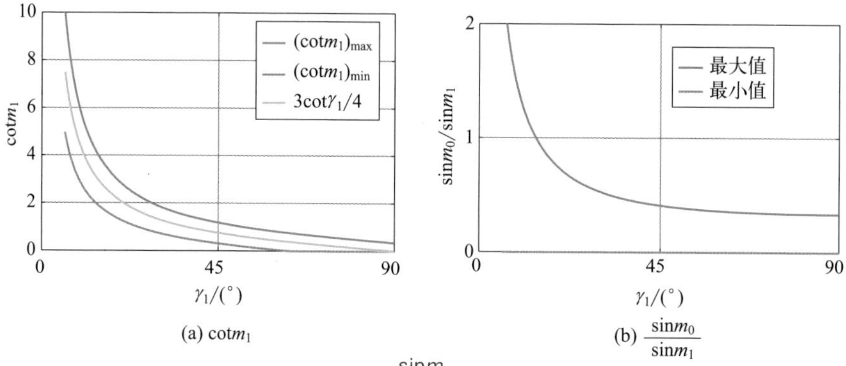

图3.11 $\cot m_1$与$\dfrac{\sin m_0}{\sin m_1}$随$\gamma_1$变化的曲线

当$\cot m_1=\dfrac{3\cot\gamma_1}{4}$时，$\tau_B$取最小值，根据式(3.41)即可得到相应的$\alpha$、$\beta$。图3.12显示了$\min\tau_B$在$0<\gamma_1\leqslant\dfrac{\pi}{2}$区间上所对应的$\alpha$、$\beta$曲线。

将式(3.45)代入式(3.42)可得

$$\begin{cases}\dfrac{\tau_B}{\tau_A}\in\left[\dfrac{3-\sqrt{\dfrac{\cot^2\gamma_1}{2}+1}}{3+\sqrt{\dfrac{\cot^2\gamma_1}{2}+1}},1\right]\\\dfrac{\tau_B}{(\tau_A+\tau_B)}\in\left[\dfrac{1}{2}-\dfrac{\sqrt{\dfrac{\cot^2\gamma_1}{2}+1}}{6},\dfrac{1}{2}\right]\end{cases}\tag{3.46}$$

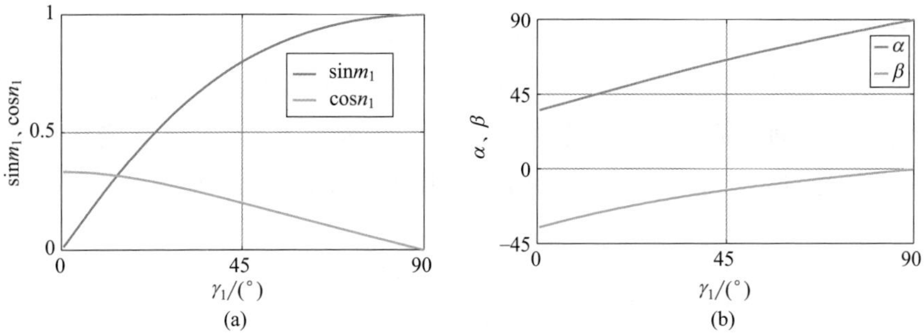

图 3.12　$\min\tau_B$ 在 $0<\gamma_1\leqslant\frac{\pi}{2}$ 区间上所对应的 α、β 曲线

图 3.13 为 $\gamma\in[0,\pi]$ 时，双星的力矩比的包络图。不考虑地磁场对卫星产生的电磁力和力矩作用，图中可看出，在 $0°<\gamma\leqslant14°$ 或者 $166°<\gamma\leqslant180°$ 时，双星可在较大的范围设置力矩。若设置 $\tau_B=0$，则卫星 B 的角动量不再增加，系统的角动量完全作用到卫星 A 上。若设置卫星 B 的力矩方向与其角动量方向相反，则会对卫星 B 进行角动量卸载，此操作会将卫星 B 的角动量转移到卫星 A 上。

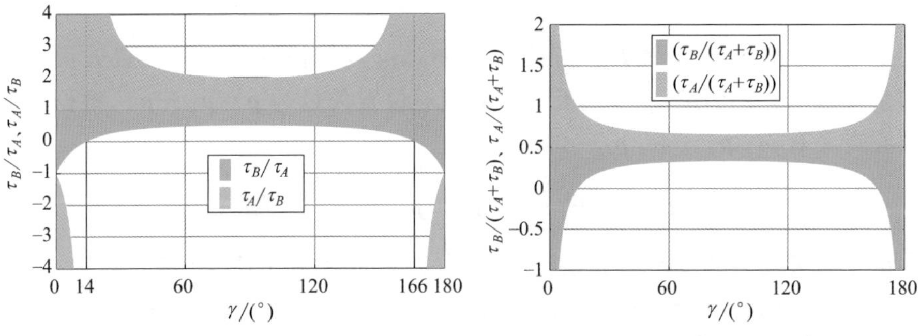

(a) $\frac{\tau_A}{\tau_B}$、$\frac{\tau_B}{\tau_A}$　　(b) $\frac{\tau_A}{\tau_A+\tau_B}$、$\frac{\tau_B}{\tau_A+\tau_B}$

图 3.13　力矩比包络图

3.3　航天器电磁编队动力学建模

3.3.1　航天器电磁编队的坐标系定义

由于航天器间电磁力同时改变领航航天器和跟随航天器的运动状态，因此领航航天器轨道运动将不满足 Hill 模型假设。而航天器间电磁力是航天器电磁编队系统的内力，不会影响编队系统质心的运动，因此，以编队质心为原点建立轨道

坐标系更便于轨道动力学方程的应用和控制器设计。

图3.14所示为航天器电磁编队的有关坐标系，其中 $O_{CM}x_{CM}y_{CM}z_{CM}$ 为质心轨道坐标系，其原点位于编队质心（记为 O_{CM}），x_{CM} 轴为地心到编队质心的矢量方向，z_{CM} 轴指向轨道面法向，y_{CM} 轴构成右手系统；第 i 颗卫星的本体坐标系表示为 $O_i^b x_i^b y_i^b z_i^b$，原点位于第 i 颗卫星的质心处，其各轴沿卫星的主惯量轴。

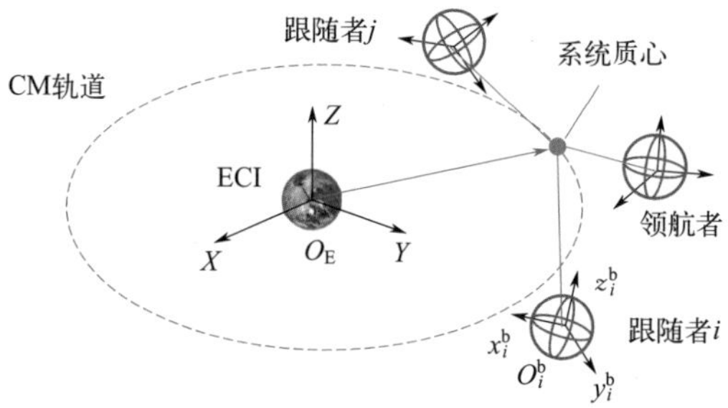

图3.14 坐标系

3.3.2 航天器电磁编队相对动力学

定义两个航天器 A 和 B 质量分别为 m_A、m_B，其相对质心的位置矢量在质心轨道坐标系中分别为 $\boldsymbol{\rho}_A$、$\boldsymbol{\rho}_B$，航天器间的相对位置矢量为 $\boldsymbol{\rho}=\boldsymbol{\rho}_B-\boldsymbol{\rho}_A$，根据编队系统质心定义有 $m_A\boldsymbol{\rho}_A+m_B\boldsymbol{\rho}_B=0$，即

$$\boldsymbol{\rho}_A=-\frac{m_B}{m_A+m_B}\boldsymbol{\rho},\quad \boldsymbol{\rho}_B=\frac{m_A}{m_A+m_B}\boldsymbol{\rho} \tag{3.47}$$

由于航天器间的电磁力为系统内力，航天器间电磁力不会改变系统质心位置。对于质心为圆形轨道的近距离编队，两航天器电磁编队相对动力学方程可用C-W方程表示：

$$\begin{cases}\ddot{x}=3\omega_0^2x+2\omega_0\dot{y}+u_x+f_{dx}\\ \ddot{y}=-2\omega_0\dot{x}+u_y+f_{dy}\\ \ddot{z}=-\omega_0^2z+u_z+f_{dz}\end{cases} \tag{3.48}$$

其中，$\omega_0=\sqrt{\dfrac{\mu_E}{r_{CM}^3}}$ 为系统质心绕地心运行角速度，$\mu_E=3.986\times10^{14}\ \dfrac{\mathrm{m}^3}{\mathrm{s}^2}$ 为地心引力常数，r_{CM} 为地心到双星系统质心之间的距离；$\boldsymbol{u}=\dfrac{m_A+m_B}{m_Am_B}\boldsymbol{F}^{CM}=[u_x\quad u_y\quad u_z]^T$ 为电磁力控制输入；$\boldsymbol{f}_d=[f_{dx}\quad f_{dy}\quad f_{dz}]^T$ 表示外部扰动。

3.3.3 外界干扰建模

航天器电磁编队在近地轨道上主要考虑地球非球形引力（J_2 项）、大气阻力以及地磁场的扰动影响。

(1)地球非球形引力 J_2 项

对于 GEO 及其以下轨道高度的航天器电磁编队，J_2项干扰仍占主要地位[136]。文献[137]给出两个航天器所受地球非球形引力 J_2项之差的等效加速度为

$$\boldsymbol{a}_{J_2}=3J_2(R_{\mathrm{E}}/H)^2 n\omega_0^2 r \tag{3.49}$$

式中，$J_2=1.083\times10^{-3}$；R_{E} 为地球赤道半径；H 为航天器轨道高度；r 为两航天器间相对距离。

(2)大气阻力

大气阻力为耗散力，与航天器相对于大气的速度 v_{D}、阻力系数 C_{D}、所处轨道大气密度 ρ、航天器面质比$\dfrac{S_{\mathrm{D}}}{m}$相关[138]。假定两航天器轨道高度相同，则阻力系数和大气密度相同，大气阻力干扰之差的等效加速度为

$$\boldsymbol{a}_{\mathrm{f}}=\frac{1}{2}C_{\mathrm{D}}\rho\left[\left(\frac{S_{\mathrm{D}}}{m}v_{\mathrm{D}}\right)_C-\left(\frac{S_{\mathrm{D}}}{m}v_{\mathrm{D}}\right)_T\right] \tag{3.50}$$

式中，阻力系数 C_{D} 一般取 2.1～2.2。

(3)地磁场干扰

当航天器电磁编队运行在近地轨道时地磁场对航天器的干扰电磁力远小于航天器间的电磁力[139]，而地磁场对电磁航天器的干扰电磁力矩则较大，地磁场对电磁航天器系统产生的干扰力矩与航天器间电磁力矩通常为同一数量级或更大，因此在设计控制器时必须消除或利用地磁干扰力矩。

地磁场可假设为一个过地心、与地球自转轴夹角约 11.2°、强度大小为 $\mu_{\mathrm{e}}\approx 8\times10^{22}\,\mathrm{A\cdot m^2}$ 的磁偶极子[140]，偶极子在地磁坐标系投影为 $\boldsymbol{\mu}_{\mathrm{e}}^{\mathrm{EMF}}=[0\quad 0\quad -\mu_{\mathrm{e}}]^{\mathrm{T}}$。地心惯性坐标系到地磁坐标系的转换矩阵为

$$^{\mathrm{EMF}}T^{\mathrm{ECI}}=R_y(\lambda_{\mathrm{MP}})R_z(\phi_{\mathrm{e}}+\phi_{\mathrm{MP}}) \tag{3.51}$$

式中，λ_{MP} 为地磁余纬(10.26°)；ϕ_{MP} 为负地磁经度(−71.78°)；ϕ_{e} 为格林尼治赤经，$\phi_{\mathrm{e}}=\phi_0+\omega_{\mathrm{e}}t$，$\phi_0$ 为 $t=0$ 时刻的格林尼治赤经，$\omega_{\mathrm{e}}=7.2722\times10^{-5}\ \dfrac{\mathrm{rad}}{\mathrm{s}}$为地球自转速度。

地磁偶极子在系统质心轨道坐标系中表示为$\boldsymbol{\mu}_{\mathrm{e}}^{\mathrm{CM}}={}^{\mathrm{CM}}T^{\mathrm{ECI}}({}^{\mathrm{EMF}}T^{\mathrm{ECI}})^{-1}\boldsymbol{\mu}_{\mathrm{e}}^{\mathrm{EMF}}$，地磁偶极子对航天器 i 的磁场强度矢量为

$$\boldsymbol{B}_{\mathrm{E}}(\boldsymbol{\mu}_{\mathrm{e}}^{\mathrm{CM}},\boldsymbol{R}_i^{\mathrm{CM}})=\frac{\mu_0}{4\pi}\left(\frac{3\boldsymbol{R}_i^{\mathrm{CM}}(\boldsymbol{\mu}_{\mathrm{e}}^{\mathrm{CM}}\cdot\boldsymbol{R}_i^{\mathrm{CM}})}{\|\boldsymbol{R}_i^{\mathrm{CM}}\|^5}-\frac{\boldsymbol{\mu}_{\mathrm{e}}^{\mathrm{CM}}}{\|\boldsymbol{R}_i^{\mathrm{CM}}\|^3}\right) \tag{3.52}$$

式中，$\boldsymbol{R}_i^{\mathrm{CM}}$ 为地心到航天器 i 之间的位置矢量在质心轨道坐标系中的表示。

航天器电磁编队为近距离编队，航天器间距离远小于航天器到地心之间的距离，各航天器受到的地磁场强度矢量基本一致。以编队质心处地磁场进行分析，图 3.15 显示了轨道高度为 500km 的不同轨道倾角、不同升交点赤经的圆形轨道的地磁场强度的变化曲线。从图中可以看出，地磁场强度在 x 和 y 向的分量基本为与编队质心轨道周期一致的正弦变化。当轨道倾角不为 $\pi/2$ 时，磁场强度在质心轨道坐标系的 z 向存在常值分量的影响；当卫星的轨道倾角为 0 时，在 z 向的分量是恒定的；当轨道倾角不为 0 时，在 z 向的分量会随着地球自转周期的变化而变化。交点的赤经只会导致曲线左右移动。

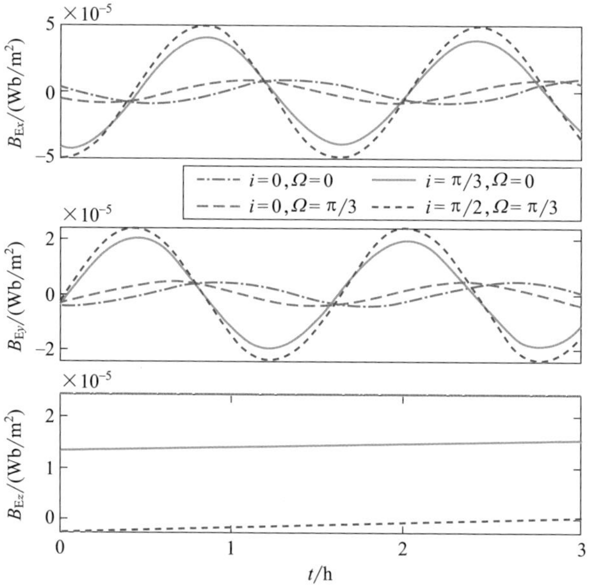

图 3.15 轨道高度为 500km 的圆形轨道上的地磁场强度

地磁干扰力矩为

$$\boldsymbol{\tau}_{Ei}=\boldsymbol{\mu}_i^{CM}\times\boldsymbol{B}_E^{CM}(\boldsymbol{R}_i^{CM})=\begin{bmatrix}\mu_{iy}B_{Ez}-\mu_{iz}B_{Ey}\\ \mu_{iz}B_{Ex}-\mu_{ix}B_{Ez}\\ \mu_{ix}B_{Ey}-\mu_{iy}B_{Ex}\end{bmatrix}\tag{3.53}$$

3.4 航天器电磁编队的磁矩优化分配方法

为了降低电磁编队飞行的平动动力学模型的非线性程度，通常引入电磁坐标系将卫星编队相对平动动力学模型与电磁模型进行解耦。本节介绍一种电磁坐标系构造方法，简化了轨道坐标系与电磁坐标系的关系，电磁坐标系与轨道坐标系无需旋转矩阵，可快速简单实现坐标转换。另外，电磁远场模型在此电磁坐标系中可简化为二维模型，大大降低了电磁模型的非线性和耦合性。EMFF 必须为编队的每颗航天器实时提供其所需的控制力，为实现此目标，需要实时为编队的每颗航天器分配合适的磁矩。另外，本节还介绍了几种磁矩分配与优化方法，其中磁矩的解析求解方法可以对磁矩直接在线优化求解，有利于实现磁矩进入实时的闭环控制需求。

3.4.1　坐标系转换与快速求解

三维空间的磁矩和远场电磁模型表示为

$$\begin{cases}\boldsymbol{\mu}_A=\mu_A\begin{bmatrix}\cos\alpha_A & \sin\alpha_A\cos\beta_A & \sin\alpha_A\sin\beta_A\end{bmatrix}^{\mathrm{T}}\\ \boldsymbol{\mu}_B=\mu_B\begin{bmatrix}\cos\alpha_B & \sin\alpha_B\cos\beta_B & \sin\alpha_B\sin\beta_B\end{bmatrix}^{\mathrm{T}}\end{cases}\tag{3.54}$$

$$\begin{cases}\boldsymbol{F}^{\mathrm{EM}}=\boldsymbol{F}_B^{\mathrm{EM}}=\dfrac{3\mu_0\mu_A\mu_B}{4\pi d^4}\begin{bmatrix}-2\cos\alpha_A\cos\alpha_B+\cos(\beta_B-\beta_A)\sin\alpha_A\sin\alpha_B\\ \cos\alpha_A\sin\alpha_B\cos\beta_B+\sin\alpha_A\cos\alpha_B\cos\beta_A\\ \cos\alpha_A\sin\alpha_B\sin\beta_B+\sin\alpha_A\cos\alpha_B\sin\beta_A\end{bmatrix}\\ \boldsymbol{F}_A^{\mathrm{EM}}=-\boldsymbol{F}_B^{\mathrm{EM}}\end{cases}\tag{3.55}$$

通过引入电磁坐标系，简化轨道坐标系与电磁坐标系的关系，并且在此电磁坐标系中电磁远场模型可以简化为二维电磁模型，有利于磁矩的优化求解。如图 3.16 所示，$O_{\mathrm{EM}}x_{\mathrm{EM}}y_{\mathrm{EM}}z_{\mathrm{EM}}$ 为电磁坐标系，此电磁坐标系的质心 O_{EM} 为航天器对 A 与 B 组成的系统的质心，对于两航天器系统，O_{EM} 与 O_{CM} 重合，$O_{\mathrm{EM}}x_{\mathrm{EM}}$ 沿着从航天器 A 指向航天器 B 的方向，$O_{\mathrm{EM}}y_{\mathrm{EM}}$ 与 $O_{\mathrm{EM}}x_{\mathrm{EM}}$ 垂直，位于电磁力 $\boldsymbol{F}$ 与 $O_{\mathrm{EM}}x_{\mathrm{EM}}$ 所形成的平面上，并且 $\boldsymbol{F}$ 分解在 $O_{\mathrm{EM}}y_{\mathrm{EM}}$ 方向上的分量为正，$O_{\mathrm{EM}}z_{\mathrm{EM}}$ 由右手定则确定[141]。

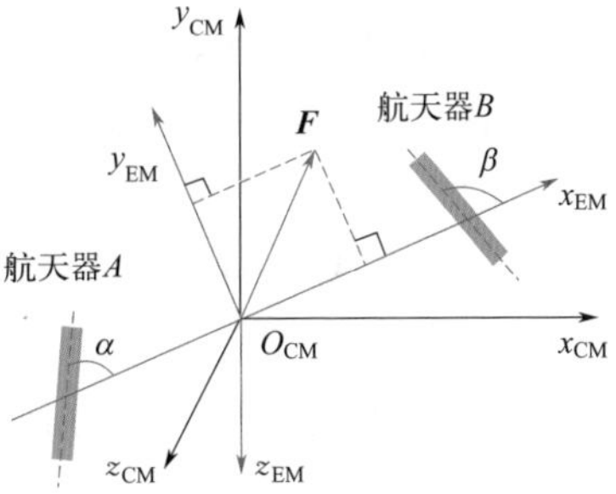

图 3.16　电磁坐标系

航天器间电磁力 $\boldsymbol{F}$ 在电磁坐标系的 $x_{\mathrm{EM}}O_{\mathrm{EM}}y_{\mathrm{EM}}$ 平面上，在电磁坐标系的 $O_{\mathrm{EM}}z_{\mathrm{EM}}$ 方向上的分量为 0。根据 3.2 节中电磁力包络分析知，$\dfrac{\|\boldsymbol{F}\|}{A_0}$取最大值的条件可设置$\boldsymbol{\mu}_A$、$\boldsymbol{\mu}_B$ 在同一平面内，此时不仅能简化远场电磁模型，还能降低线圈能耗。于是设置 $\beta_A=\beta_B=0$，即航天器 A、B 的磁矩方向均在电磁坐标系的 $x_{\mathrm{EM}}O_{\mathrm{EM}}y_{\mathrm{EM}}$ 平面上，磁矩在电磁坐标系 $O_{\mathrm{EM}}z_{\mathrm{EM}}$ 方向上的分量为 0，此时磁矩模型简

化为二维模型，表示为

$$\boldsymbol{\mu}_A^{\mathrm{EM}}=\mu_A\left[\cos\alpha_A \quad \sin\alpha_A\right]^{\mathrm{T}}, \quad \boldsymbol{\mu}_B^{\mathrm{EM}}=\mu_B\left[\cos\alpha_B \quad \sin\alpha_B\right]^{\mathrm{T}} \tag{3.56}$$

根据式(3.27)，远场电磁力模型也在电磁坐标系的 $x_{\mathrm{EM}}O_{\mathrm{EM}}y_{\mathrm{EM}}$ 平面上，模型简化为二维模型

$$\boldsymbol{F}^{\mathrm{EM}}=\boldsymbol{F}_B^{\mathrm{EM}}=A_0\left[-(3\cos m+\cos n) \quad 2\sin m\right]^{\mathrm{T}}, \quad \boldsymbol{F}_A^{\mathrm{EM}}=-\boldsymbol{F}_B^{\mathrm{EM}} \tag{3.57}$$

式中，$m=\alpha_A+\alpha_B$，$n=\alpha_A-\alpha_B$。

电磁坐标系可由轨道坐标系按 3-2-1 的顺序绕欧拉角(η，$-\lambda$，θ)旋转得到，其中 $\lambda\in\left[-\frac{\pi}{2},\frac{\pi}{2}\right]$，$\eta\in[-\pi,\pi]$，$\theta\in[-\pi,\pi]$，两个航天器相对位置矢量在轨道坐标系中表示为$\boldsymbol{\rho}^{\mathrm{CM}}=[x \quad y \quad z]^{\mathrm{T}}$，在电磁坐标系中表示为$\boldsymbol{\rho}^{\mathrm{EM}}=[d \quad 0 \quad 0]^{\mathrm{T}}$，则存在如下坐标转换关系：

$$x=d\cos\lambda\cos\eta, \quad y=d\cos\lambda\sin\eta, \quad z=d\sin\lambda \tag{3.58}$$

根据式(3.57)和式(3.58)，可得航天器间电磁力 $\boldsymbol{F}$ 在轨道坐标系与电磁坐标系下的转换关系为

$$\boldsymbol{F}^{\mathrm{EM}}=\left[\frac{\boldsymbol{F}^{\mathrm{CM}}\cdot\boldsymbol{\rho}^{\mathrm{CM}}}{d} \quad \frac{\|\boldsymbol{F}^{\mathrm{CM}}\times\boldsymbol{\rho}^{\mathrm{CM}}\|}{d}\right]^{\mathrm{T}} \tag{3.59}$$

$$\boldsymbol{F}^{\mathrm{CM}}=-(3\cos m+\cos n)\frac{A_0}{d}\boldsymbol{\rho}^{\mathrm{CM}}+2\sin mA_0\begin{bmatrix}-\cos\theta\sin\eta-\sin\theta\cos\eta\sin\lambda\\ \cos\theta\cos\eta-\sin\theta\sin\eta\sin\lambda\\ \sin\theta\cos\lambda\end{bmatrix} \tag{3.60}$$

式中，航天器间电磁力 $\boldsymbol{F}$ 在轨道坐标系中表示为$\boldsymbol{F}^{\mathrm{CM}}$，在电磁坐标系中表示为$\boldsymbol{F}^{\mathrm{EM}}$。当 $x=0$，$y=0$，$z=\pm d$，根据式(3.58)求解(η，λ)时，η 会出现奇异问题，可通过引入辅助角度 $\varphi\in[-\pi,\pi]$来避免此类情况下求解 η，而式(3.60)可表示为

$$\boldsymbol{F}^{\mathrm{CM}}=A_0\left[2\sin m\sin\varphi \quad 2\sin m\cos\varphi \quad -(3\cos m+\cos n)\mathrm{sign}(z)\right]^{\mathrm{T}} \tag{3.61}$$

如果已知$\boldsymbol{F}^{\mathrm{CM}}$，当 η 非奇异时，根据式(3.60)可求解 θ；若 η 奇异，根据式(3.61)可求解 φ；当$\boldsymbol{F}^{\mathrm{CM}}$ 未知时，由于$\boldsymbol{F}^{\mathrm{EM}}$ 比$\boldsymbol{F}^{\mathrm{CM}}$ 少了一个自由度，式(3.60)中的 θ 或式(3.61)中的 φ 可看作引入的自由变量，从而建立$\boldsymbol{F}^{\mathrm{CM}}$ 用$\boldsymbol{F}^{\mathrm{EM}}$ 表示的形式。

所需电磁力矢量 $\boldsymbol{F}$ 与航天器对的相对位置矢量$\boldsymbol{\rho}$ 的夹角记为($\pi-\gamma$)，则

$$\gamma=\arccos(-\hat{\boldsymbol{F}}\cdot\hat{\boldsymbol{\rho}}), \quad \tan\gamma=\frac{2\sin m}{3\cos m+\cos n} \tag{3.62}$$

式中，$\hat{\boldsymbol{F}}$ 表示 $\boldsymbol{F}$ 的单位方向向量；$\hat{\boldsymbol{\rho}}$ 表示双星相对位置的单位方向向量。双星的缩比电磁力记为 $g(\gamma)=\frac{\|\boldsymbol{F}\|}{A_0}$，当 $0<\gamma<\arctan 2$ 或 $\pi-\arctan 2<\gamma<\pi$ 时，$[g(\gamma)]_{\max}=\left|\frac{4(\sqrt{2\tan^2\gamma+1}-1)}{[3\tan^2\gamma-2(\sqrt{2\tan^2\gamma+1}-1)]\cos\gamma}\right|$；当 $\arctan 2\leqslant\gamma\leqslant\pi-\arctan 2$ 时，

$[g(\gamma)]_{\max}=\left|\dfrac{2}{\sin\gamma}\right|$；当 $\gamma=0$ 或 $\gamma=\pi$ 时，$[g(\gamma)]_{\max}=4$。其中 $[g(\gamma)]_{\max}$ 表示缩比电磁力 $g(\gamma)$ 可取的最大值。

γ 由电磁力矢量 $\boldsymbol{F}$ 与双星相对位置矢量 $\boldsymbol{\rho}$ 确定，双星间所能提供的最大航天器间电磁力为

$$\|\boldsymbol{F}\|_{\max}=A_0[g(\gamma)]_{\max}=\frac{3\mu_0\mu_{A\max}\mu_{B\max}}{8\pi d^4}[g(\gamma)]_{\max} \tag{3.63}$$

根据式(3.63)可计算电磁编队系统的各个方向所能提供的最大电磁力，即编队的最大控制能力，其中 $\mu_{A\max}$、$\mu_{B\max}$ 分别为航天器 A 和航天器 B 能产生的最大磁矩。

当航天器间电磁力矢量确定时，选取 $[g(\gamma)]_{\max}$，即所对应的 A_0 最小，即 $(A_0)_{\min}=\dfrac{\|\boldsymbol{F}\|}{[g(\gamma)]_{\max}}$，则有 $(\mu_A\mu_B)_{\min}=\dfrac{8\pi d^4(A_0)_{\min}}{3\mu_0}$，$(\mu_A)_{\min}=(\mu_B)_{\min}=d^2\sqrt{\dfrac{8\pi(A_0)_{\min}}{3\mu_0}}$，进而可得线圈消耗总能量最小的磁矩最优解为

$$\begin{cases}\boldsymbol{\mu}_A^{\mathrm{CM}}=(\mu_A)_{\min}\left(\dfrac{\sin\alpha}{\sin\gamma}\times\dfrac{\boldsymbol{F}^{\mathrm{CM}}}{\|F\|}\right)+(\mu_A)_{\min}(\cos\alpha+\sin\alpha\cot\gamma)\dfrac{\boldsymbol{\rho}^{\mathrm{CM}}}{d}\\ \boldsymbol{\mu}_B^{\mathrm{CM}}=(\mu_B)_{\min}\left(\dfrac{\sin\beta}{\sin\gamma}\times\dfrac{\boldsymbol{F}^{\mathrm{CM}}}{\|F\|}\right)+(\mu_A)_{\min}(\cos\beta+\sin\beta\cot\gamma)\dfrac{\boldsymbol{\rho}^{\mathrm{CM}}}{d}\end{cases} \tag{3.64}$$

式中，$\boldsymbol{\mu}_A^{\mathrm{CM}}$、$\boldsymbol{\mu}_B^{\mathrm{CM}}$ 分别表示航天器 A 和航天器 B 在轨道坐标系的磁偶极子矢量。

3.4.2　双星磁矩分配与优化

根据所需控制力反解航天器的磁矩解时，由于系统存在一定的自由度，磁矩有无限多解，因此可根据任务需求设置优化目标，将磁矩分配问题转化为带限制条件的目标优化问题。针对磁矩分配求解进入控制闭环的实时性需求，本节给出了分别针对 4 种典型的优化目标的磁矩解析求解和数值求解方法，所提方法可简单快速地计算出磁矩，具有较快的响应速度。4 种典型的优化目标分别为：两电磁航天器线圈消耗总能量最小、两电磁航天器线圈消耗能量均衡、两电磁航天器线圈磁矩解可微、其中一颗航天器角动量最小。

(1)能量消耗最优

两航天器线圈耗能最小，即 $\min(\mu_A^2+\mu_B^2)$，该情形下目标函数可设置为

$$W=\min(\mu_A^2+\mu_B^2)=\min\left(\frac{16\pi d^4A_0}{3\mu_0}\right) \tag{3.65}$$

由式(3.65)知，W 与 A_0 成正比，当选取$\dfrac{\|\boldsymbol{F}\|}{A_0}$的最大值包络时，即所对应的 A_0 最小，J 也最小，此时磁偶极子解为最优解。

求解步骤如下：

① 根据$\boldsymbol{F}_B=[F_{Bx}\quad F_{By}\quad F_{Bz}]^{\mathrm{T}}$ 确定 $\tan\gamma$ 与$\|\boldsymbol{F}\|$，其中 $\tan\gamma=-\dfrac{\sqrt{F_{By}^2+F_{Bz}^2}}{F_{Bx}}$。

② 根据 $\tan\gamma$ 确定当$\dfrac{\|\boldsymbol{F}\|}{A_0}$取最大值包络时所对应的 α、β、A_0 和 μ_A。

③ 根据式(3.34)求解 θ，由式(3.32)求解$\boldsymbol{\mu}_A$、$\boldsymbol{\mu}_B$。

当 $0\leqslant\gamma<\arctan2$ 时，$\cos n=1$；当 $\pi-\arctan2<\gamma\leqslant\pi$ 时，$\cos n=-1$；当 $\arctan2\leqslant\gamma\leqslant\pi-\arctan2$ 时，$\sin m=1$。m、n 均是随 γ 变化的分段函数，在分段点处连续不可微。当 γ 在多个区间变化时，能量消耗最小策略的磁矩解在分段点处连续不可微，从而导致磁场对航天器的干扰力矩以及航天器间电磁干扰力矩随时间的变化也连续不可微。

(2)能量消耗均衡

能量消耗均衡最理想的情形为

$$|\mu_{Ax}|=\lambda_\mu|\mu_{Bx}|,\quad |\mu_{Ay}|=\lambda_\mu|\mu_{By}|,\quad |\mu_{Az}|=\lambda_\mu|\mu_{Bz}| \tag{3.66}$$

式中，$\lambda_\mu=\mu_{A\max}/\mu_{B\max}$。联立式(3.32)、式(3.66)可得 $\alpha=\beta$ 或 $\alpha=\beta+\pi$。当 $\alpha=\beta$ 时，$\boldsymbol{\mu}_A=\lambda_\mu\boldsymbol{\mu}_B$；当 $\alpha=\beta+\pi$ 时，$\boldsymbol{\mu}_A=-\lambda_\mu\boldsymbol{\mu}_B$。维持能量消耗均衡的情况下并尽可能地降低总能耗，由图 3.7 可知，当 $0\leqslant\gamma\leqslant\dfrac{\pi}{2}$时，可选择 $\alpha=\beta$，当$\dfrac{\pi}{2}<\gamma\leqslant\pi$ 时，可选择 $\alpha=\pi+\beta$。当 γ 跨越两个象限时，为避免 α、β 在 $\gamma=\dfrac{\pi}{2}$时出现跳跃，则选择 $\alpha=\beta$ 与 $\alpha=\pi+\beta$ 中的一个作为约束。

根据 $\tan\gamma=-\dfrac{\sqrt{F_{By}^2+F_{Bz}^2}}{F_{Bx}}$ 可求解 $\tan\gamma$，由式(3.36)可得 $\beta=\arctan\dfrac{\sqrt{2\tan^2\gamma+1}-1}{\tan\gamma}$，由式(3.30)可得$\dfrac{\|\boldsymbol{F}\|}{A_0}=\left|\dfrac{4(\sqrt{2\tan^2\gamma+1}-1)}{[3\tan^2\gamma-2(\sqrt{2\tan^2\gamma+1}-1)]\cos\gamma}\right|$，进而可求得 A_0、μ_A 与 α。根据 F_{By}、F_{Bz} 可求解 θ 与$\boldsymbol{\mu}_A$、$\boldsymbol{\mu}_B$。

(3)磁矩解连续可微

为了保证磁矩解连续可微且兼顾电磁线圈能量消耗较小，本书提出了另一种磁矩分配策略，选取图中过点(4,0)、(0,2)的椭圆作为电磁力包络，此时参数存在如下关系：

$$\beta=0,\quad g\cos\gamma=4\cos\alpha,\quad g\sin\gamma=2\sin\alpha,\quad g=2\sqrt{1+3\cos^2\alpha} \tag{3.67}$$

以上两种电磁力包络 $g(\gamma)=\dfrac{\|\boldsymbol{F}\|}{A_0}$ 随 γ 的变化曲线如图 3.17 所示，可以发现两种电磁力包络相近。

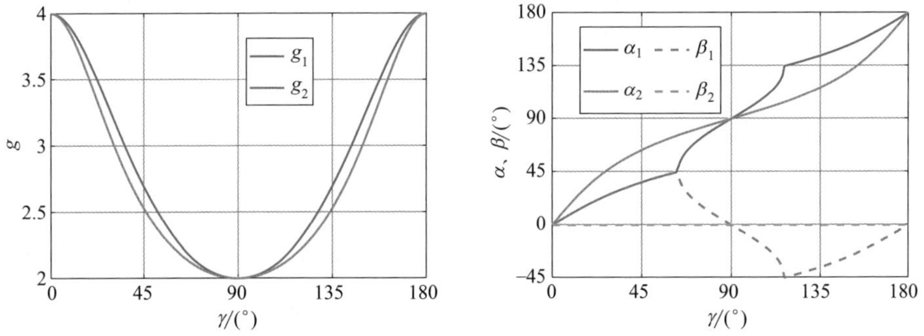

(a) $g(\gamma)$的最大包络和椭圆形包络　　(b) α、β

图 3.17　最大包络和椭圆包络

(4) 角动量最小

对于非自然编队，电磁力需要提供持续的控制，电磁力矩也会一直伴随产生。通常使用反作用轮以动量交换的形式抵消此部分力矩会造成角动量累积。为了避免角动量累积过快导致反作用轮迅速饱和，需要通过调节磁偶极子解以最小化角动量。由式(3.37)知，双航天器的总电磁力矩由电磁力和航天器间的距离确定，因此双航天器的总角动量由编队构型所决定。本书考虑通过磁矩优化尽可能地降低其中一颗航天器的角动量，以减轻此航天器的反作用轮负载。此方法没有考虑地磁场对电磁航天器的干扰力矩。

以航天器 B 为例，设置目标函数如下：

$$\min|h_B|=\min\left|\int_{t_0}^{t_f}\tau_B\,\mathrm{d}t\right|=\min\left|\int_{t_0}^{t_f}\frac{\tau_B}{\tau_A+\tau_B}d\sqrt{F_{By}^2+F_{Bz}^2}\,\mathrm{d}t\right| \tag{3.68}$$

对式(3.68)进行离散化处理，可转化为

$$\min\Big(\sum_{i=0}^{N}\tau_B(t_i)\Big)^2=\min\left(\frac{\tau_B(t_i)}{\tau_A(t_i)+\tau_B(t_i)}d\sqrt{(F_{By}(t_i))^2+(F_{Bz}(t_i))^2}\right)^2 \tag{3.69}$$

于是式(3.69)可转化为二次约束的优化问题，形式如下所示：

$$\min_x\frac{1}{2}\boldsymbol{x}^{\mathrm{T}}\boldsymbol{x}$$
$$\text{subject to } l_i\leqslant x_i\leqslant u_i \tag{3.70}$$

其中，$\boldsymbol{x}=[x_1 \quad x_2 \quad \cdots \quad x_N]^{\mathrm{T}}$，$x_i=\dfrac{\tau_B(i_i)}{\tau_A(t_i)+\tau_B(t_i)}d\sqrt{(F_{By}(t_i))^2+(F_{Bz}(t_i))^2}$，$\dfrac{\tau_B(t_i)}{\tau_A(t_i)+\tau_B(t_i)}$的范围由式(3.46)确定，$d\sqrt{(F_{By}(t_i))^2+(F_{Bz}(t_i))^2}$由编队构型确定，进而可确定 x_i 的边界约束。

使用式(3.70)求解 x_i，即确定 $\tau_A(t_i)$、$\tau_B(t_i)$。根据式(3.42)可得

$$\frac{\sin x_0}{\sin x_1}=\frac{2\tau_A}{\tau_A+\tau_B}-1 \tag{3.71}$$

使用式(3.43)可求解 $\cot(\alpha+\beta)$ 如下：

$$\cot(\alpha+\beta)=\pm\frac{\sqrt{1+\dfrac{\cot^2\gamma_1}{2}-\dfrac{9\sin^2 x_0}{\sin^2 x_1}}}{8}+\frac{3\cot\gamma_1}{4} \tag{3.72}$$

可知式(3.72)有两个解。由式(3.38)可求得 A_1 和 $\sin(\alpha-\beta)$：

$$\begin{cases} A_1=\dfrac{\tau_A+\tau_B}{6}\sqrt{1+\cot^2(\alpha+\beta)} \\ \sin(\alpha-\beta)=\dfrac{\tau_A-\tau_B}{6A_1} \end{cases} \tag{3.73}$$

由于 $A_0=-\dfrac{3A_1}{d}$，当 $|A_1|$ 越小，则 $|A_0|$ 越小，所需的 μ_A 越小，系统越节约能耗，因此通过式(3.72)求解 $\cot(\alpha+\beta)$ 时，选取使 $|\cot(\alpha+\beta)|$ 较小的解。通过式(3.72)和式(3.73)可求得 α、β；而 $\boldsymbol{\mu}_A$、$\boldsymbol{\mu}_B$ 可由式(3.29)、式(3.32)、式(3.34)求得。于是，采用同样的方法也可获得航天器 A 角动量最小的磁矩解。

此处给出一个磁矩分配与优化求解的例子。对近地空间圆的双航天器电磁编队进行了数值模拟，编队系统质心运行在轨道高度为 35786km 的地球静止轨道，编队相对旋转周期为 5h，每个电磁线圈所能提供的最大磁矩为 $8\times10^4\,\mathrm{A\cdot m^2}$，编队参数输入如表 3.1 所示。

表 3.1 编队参数输入

参数	值
r_{CM}	42164km
ω	3.49×10^{-4} rad/s
$m_1=m_2$	100kg
d	50m
$\boldsymbol{m}$	$\left[\frac{\sqrt{6}}{4},\frac{\sqrt{6}}{4},\frac{1}{2}\right]^{\mathrm{T}}$

续表

参数	值
δ	$\frac{\pi}{4}$ rad
μ_{max}	8×10^4 A·m^2

图 3.18 给出了一个周期内近地空间圆编队的空间轨迹图和双航天器的相对位置。图 3.19(a)为在质心轨道坐标系中维持空间圆编队所需的连续小推力，图 3.19(b)为所需控制力在电磁计算系下的变化曲线，在整个周期中，所需的控制力均为平滑的变化，可通过电磁力来获得。

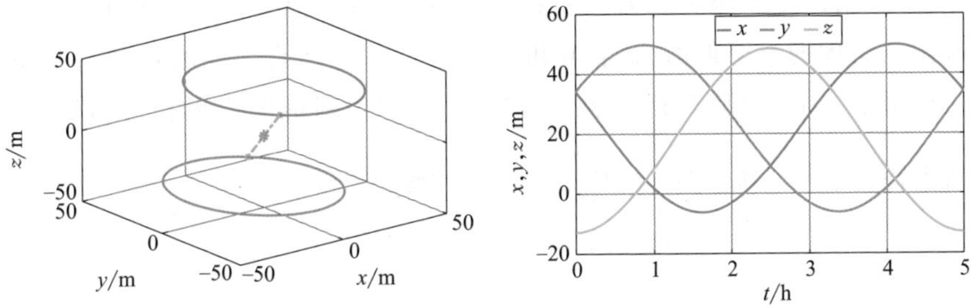

(a) 空间圆编队的轨迹图　　(b) 相对位置曲线

图 3.18　双星编队轨迹和相对位置曲线

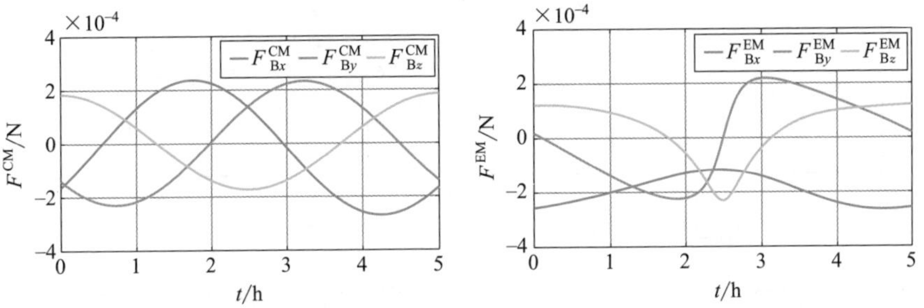

(a) 质心轨道坐标系　　(b) 电磁计算系

图 3.19　编队所需电磁力在两种坐标系下的表示

图 3.20 给出了 $\tan\gamma$ 的曲线，$\tan\gamma$ 显示了在电磁计算系下 F_{Bx} 与 $\sqrt{F_{By}^2+F_{Bz}^2}$ 之间的大小关系，$|\tan\gamma|$ 越小，说明电磁力 $\boldsymbol{F}_B$ 的方向越靠近两个航天器的连线方向，$\frac{\|\boldsymbol{F}\|}{A_0}$ 能取得的最大值也越大，所需的 A_0 也越小。从图 3.20 可看出，当 $0\leqslant|\tan\gamma|\leqslant2$ 时，采用本书所提出的能量消耗最小和能量在本节设计的编队构型下消耗均衡的两种磁矩求解策略所得磁矩解一致，即设置 $\alpha=\beta$，既能使能源消耗最

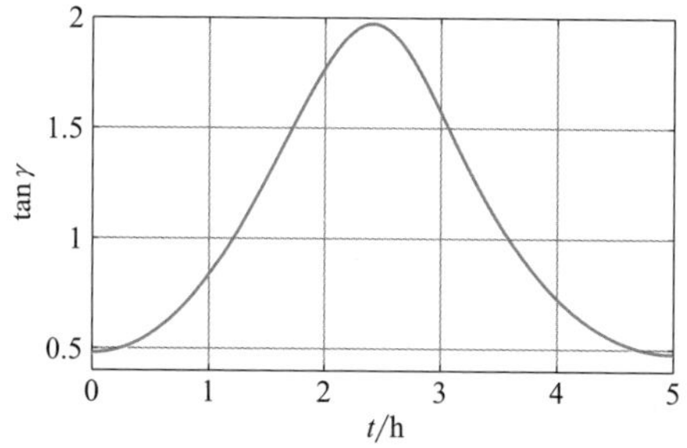

图 3.20 tanγ 的曲线

优，又能均衡每颗星的能源消耗量。

图 3.21 为采用能量最小策略所得的$\dfrac{\|\boldsymbol{F}\|}{A_0}$、$\mu_A$、$\alpha$ 和 θ 的曲线。这些参数在整个周期均是平滑连续变化的，从而保证了磁矩解的平滑性。由于 $\alpha=\beta$，$\theta=\varphi$，由式(3.32)知，$\boldsymbol{\mu}_A=\boldsymbol{\mu}_B$。图 3.22 为能量最小与能量均衡策略的磁矩解，从图中可看出，磁矩的各分量均小于 $\mu_{\max}$，因此利用本节所提的能量最小及能量均衡求解方法可实现所设计的电磁编队。

图 3.23 给出了系统的总力矩和总角动量，系统的总力矩、总角动量由编队构型所确定。考虑通过降低航天器 A 和航天器 B 一个运行周期的角动量磁矩进行优化。图 3.24 为选择降低航天器 A 的角动量时所对应的力矩和角动量曲线，从图中可看出，$\tau_A=\tau_B$，$h_A=h_B$。从另一方面考虑，由图 3.13 知，$\dfrac{\tau_A}{\tau_A+\tau_B}\geqslant 0.5$，因此

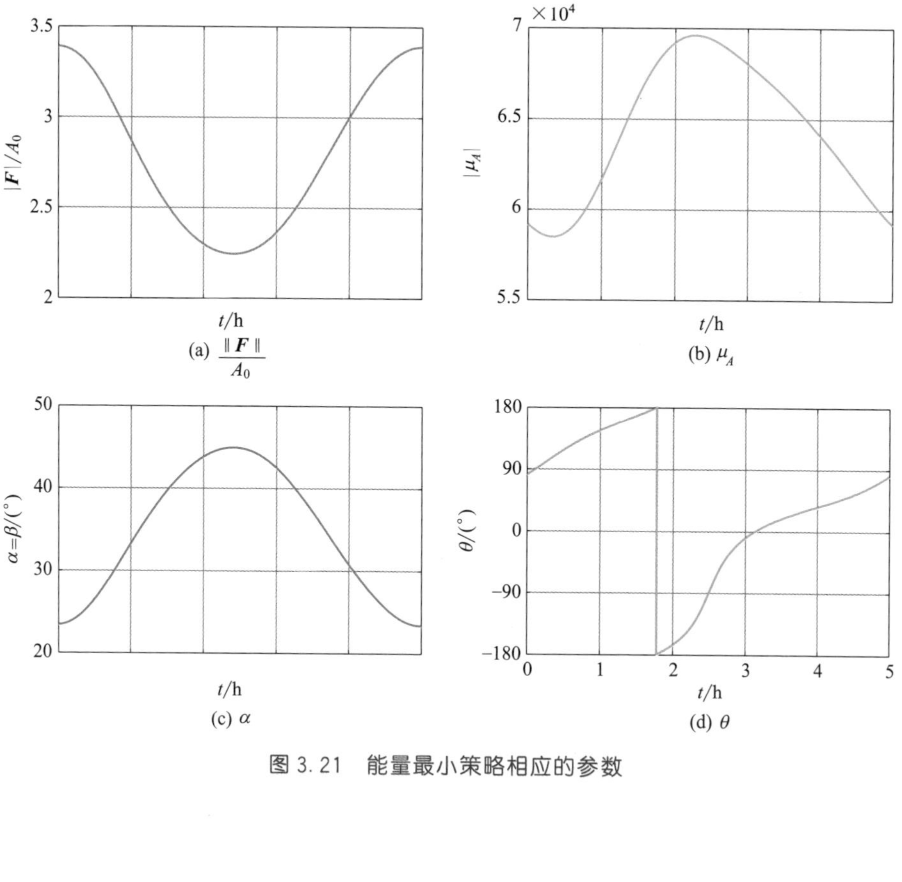

图 3.21 能量最小策略相应的参数

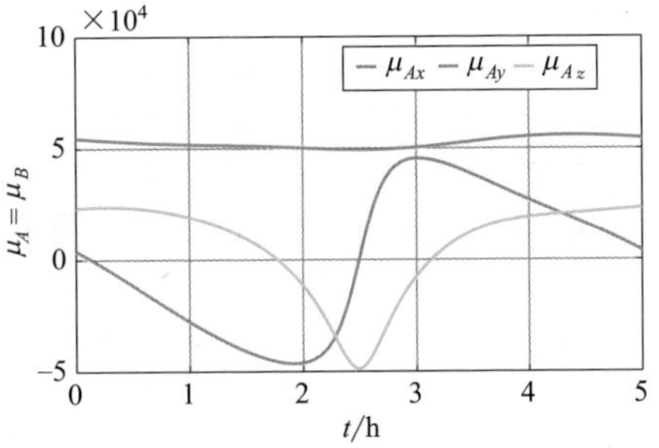

图 3.22　能量最小与能量均衡策略的磁矩解

若使航天器 A 的角动量尽可能小，则需要 τ_A 也很小，故设置 $\frac{\tau_A}{\tau_A+\tau_B}=0.5$ 即 $\tau_A=\tau_B$ 时，航天器 A 的力矩最小，角动量也最小。根据式(3.38)可得 $\alpha=\beta$，此时磁矩解与图 3.22 相同。

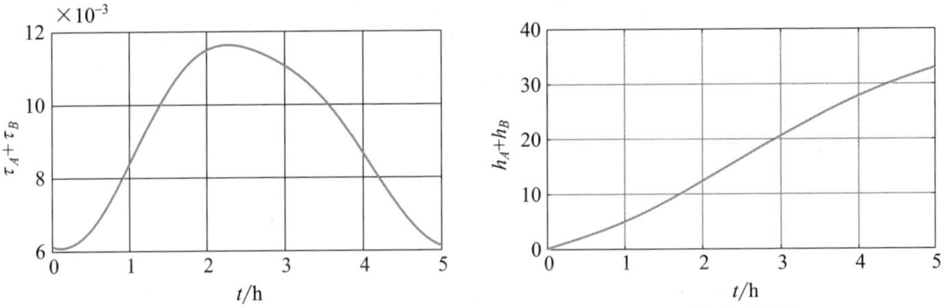

(a) 总力矩　　(b) 总角动量

图 3.23　系统的总力矩和总角动量

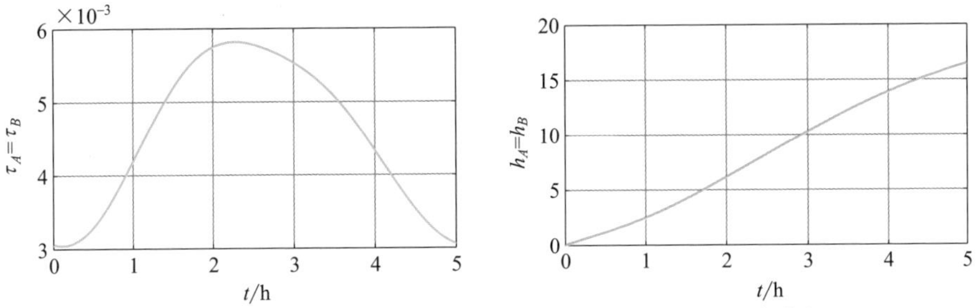

(a) 力矩　　(b) 角动量

图 3.24　降低航天器 A 的角动量时所对应的力矩和角动量曲线

图 3.25 为降低航天器 B 的角动量时所对应的力矩和角动量曲线，从图中可看出，历时一个周期后航天器 B 的角动量可降低到一个较小的值，而航天器 A 的

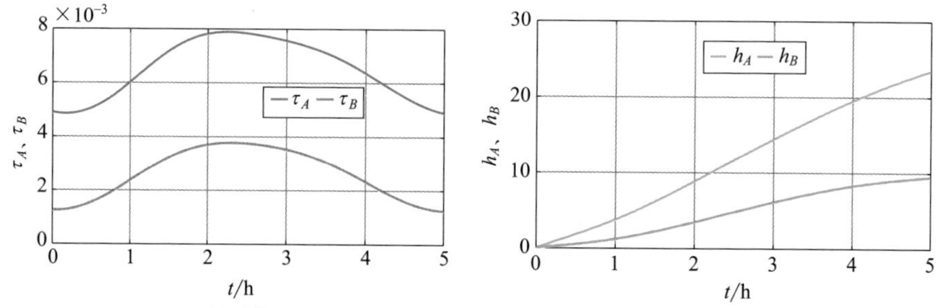

(a) 力矩 (b) 角动量

图 3.25 降低航天器 B 的角动量时所对应的力矩和角动量曲线

角动量迅速递增。图 3.26 为航天器 B 角动量最小时所对应的磁矩解，从图可看出，磁矩连续光滑且能满足编队需求。为了使航天器 B 的角动量尽可能接近 0，则需要航天器 B 的力矩在整个周期中尽可能小。由图 3.20 知，$\frac{1}{4}<\tan\gamma<2$ 时，$\tau_B>0$，为了使 τ_B 尽可能地小，根据图 3.12 可得 $\sin(\alpha+\beta)>0$ 且 $0<-\beta<\alpha<\frac{\pi}{2}$。由式(3.32)知，$\mu_{Ax}<\mu_{Bx}$，$|\mu_{Ay}|>|\mu_{By}|$，$|\mu_{Az}|>|\mu_{Bz}|$，理论分析与仿真结果一致。

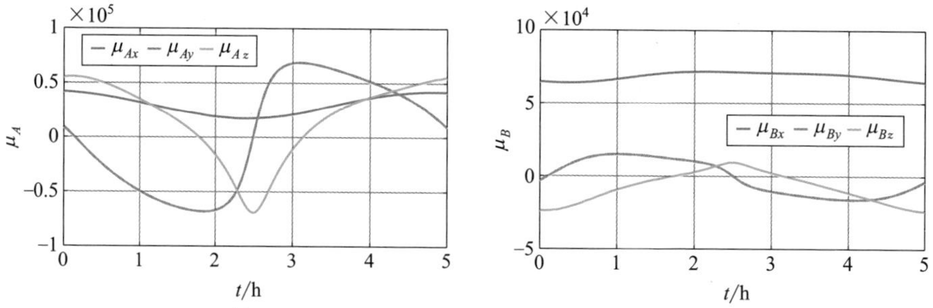

(a) μ_A (b) μ_B

图 3.26 航天器 B 角动量最小时所对应的磁矩解

本 章 小 结

本章详细介绍了应用于电磁编队飞行中的电磁场基本原理，讨论了电磁力和力矩的积分模型和远场模型的推导过程。基于远场电磁模型，使用解析法和图解法分析了双星电磁力包络和电磁力矩包络，并分析了电磁力、电磁力矩、磁矩三者之间的关系。介绍了航天器电磁编队的相对动力学建模以及主要的外界干扰模型,并引入了一种基于能量优化约束的电磁坐标系构造方法,可以简化轨道坐标系与电磁坐标系的关系,无需旋转矩阵即可实现电磁坐标系与轨道坐标系坐标的快速转换。磁矩优化分配是航天器电磁编队控制中的一个难题,为合理分配磁偶极子,基于电磁力包络图给出了能量最优、能量消耗均衡、磁偶极子可微以及角动量最小 4 种优化策略下的磁矩解,并针对双航天器电磁编队进行了仿真分析,验证了磁矩分配方法,且保证了求取的磁矩解是连续平滑的,便于电磁控制输入的生成。

第4章

航天器电磁编队的六自由度控制

编队任务的成功取决于航天器之间的合作与协调，如 EMFF 执行干涉测量任务时，不仅要求编队航天器保持一致的姿态，还要求编队保持所需的几何构型。由于航天器的六自由度相对轨道运动和姿态运动是耦合的，而且电磁力/力矩与星间相对位置/姿态密切相关，因此有必要设计用于协调平移和旋转运动的控制器。航天器电磁编队的动力学建模通常采用姿轨分别建模的方法，利用星间电磁力控制卫星的相对平动运动，每颗卫星均安装反作用轮用来控制航天器的姿态，星间电磁力矩作为干扰力矩处理。此种方法物理意义也较为明确，模型较为简单，但是无法更好地表征航天器轨道和姿态耦合作用，对控制效率会产生一定影响。基于对偶四元数的航天器姿轨模型考虑了姿态运动和轨道运动之间的耦合性，可以有效简化运算并提高控制精度。本章针对电磁力航天器编队六自由度的两种建模方法分别介绍了相关控制研究，并讨论了角动量管理、磁矩优化求解、动力学解耦等方法。另外，广义上航天器的编队也包括双星的交会对接，因此本章在 4.1 节中介绍了基于对偶四元数开展的航天器电磁编队六自由度控制的相关研究。

4.1　基于对偶四元数的电磁编队交会对接控制

航天器交会对接是指跟随航天器和领航航天器在同一时间和位置，以相同速度移动相互接近并连接在一起，形成一个整体结构的技术。与传统基于推力器的对接方式相比，电磁对接不需要消耗推进剂，避免了羽流污染，而且具有可以无冲击柔性对接、自动校准等优点。本节介绍了基于对偶四元数的电磁航天器的交会对接过程的动力学建模与控制器设计方法，并进行了仿真分析。

4.1.1　相对运动学方程

电磁航天器的交会对接任务要求在两航天器的磁矩矢量满足一定的条件下，两航天器的相对位置/姿态自主减小到 0。对偶四元数在航天器交会对接的动力学建模和控制方面具有紧凑的表示形式、高效的计算性能和避免奇异性等优点。针对交会对接任务，基于对偶四元数建立了相对位置和姿态的一体化耦合动力学模型。

假设目标航天器的本体系为 $O_a x_a y_a z_a$，追踪航天器的本体系为 $O_b x_b y_b z_b$，则两航天器之间的相对运动对偶四元数描述为

$$\hat{\boldsymbol{q}}_{ba}=\boldsymbol{q}_{ba}+\varepsilon\frac{1}{2}\boldsymbol{r}_{ba}^{a}\circ\boldsymbol{q}_{ba}=\boldsymbol{q}_{ba}+\varepsilon\frac{1}{2}\boldsymbol{q}_{ba}\circ\boldsymbol{r}_{ba}^{b} \tag{4.1}$$

式中，$\boldsymbol{q}_{ba}$ 为相对姿态四元数；$\boldsymbol{r}_{ba}^{a}$ 为相对位置在目标航天器本体坐标系中的矢量表

述；$\boldsymbol{r}_{ba}^{b}$ 为两航天器相对位置矢量在追踪航天器本体坐标系中的表述。

两航天器相对运动的动力学方程为

$$2\dot{\hat{\boldsymbol{q}}}_{ba}=\hat{\boldsymbol{\omega}}_{ba}^{a}\circ\hat{\boldsymbol{q}}_{ba}=\hat{\boldsymbol{q}}_{ba}\circ\hat{\boldsymbol{\omega}}_{ba}^{b} \tag{4.2}$$

式中，$\hat{\boldsymbol{\omega}}_{ba}^{a}$、$\hat{\boldsymbol{\omega}}_{ba}^{b}$ 为相对对偶旋量，分别表示如下：

$$\hat{\boldsymbol{\omega}}_{ba}^{b}=\boldsymbol{\omega}_{ba}^{b}+\varepsilon\boldsymbol{v}_{ba}^{b}=\boldsymbol{\omega}_{ba}^{b}+\varepsilon(\dot{\boldsymbol{r}}_{ba}^{b}+\boldsymbol{\omega}_{ba}^{b}\times\boldsymbol{r}_{ba}^{b})=\hat{\boldsymbol{\omega}}_{b}^{b}-\hat{\boldsymbol{q}}_{ba}^{*}\circ\hat{\boldsymbol{\omega}}_{a}^{a}\circ\hat{\boldsymbol{q}}_{ba}$$

$$\hat{\boldsymbol{\omega}}_{ba}^{a}=\boldsymbol{\omega}_{ba}^{a}+\varepsilon\boldsymbol{v}_{ba}^{a}=\boldsymbol{\omega}_{ba}^{a}+\varepsilon(\dot{\boldsymbol{r}}_{ba}^{a}+\boldsymbol{\omega}_{ba}^{a}\times\boldsymbol{r}_{ba}^{a})=\hat{\boldsymbol{q}}_{ba}\circ\hat{\boldsymbol{\omega}}_{b}^{b}\circ\hat{\boldsymbol{q}}_{ba}^{*}-\hat{\boldsymbol{\omega}}_{a}^{a}$$

考虑对偶惯量矩阵的逆为

$$\hat{\boldsymbol{M}}^{-1}=\frac{\mathrm{d}}{\mathrm{d}\varepsilon}\boldsymbol{J}_{\mathrm{b}}^{-1}+\varepsilon\frac{1}{m}\mathbf{I} \tag{4.3}$$

单颗航天器的动力学方程可写为

$$\dot{\hat{\boldsymbol{\omega}}}_{b}^{b}=-\hat{\boldsymbol{M}}^{-1}(\hat{\boldsymbol{\omega}}_{b}^{b}\times\hat{\boldsymbol{M}}\hat{\boldsymbol{\omega}}_{b}^{b})+\hat{\boldsymbol{M}}^{-1}\hat{\boldsymbol{F}}_{b}^{b} \tag{4.4}$$

由于

$$\begin{aligned}\dot{\hat{\boldsymbol{\omega}}}_{ba}^{b}&=\dot{\hat{\boldsymbol{\omega}}}_{b}^{b}-\dot{\hat{\boldsymbol{q}}}_{ba}^{*}\circ\hat{\boldsymbol{\omega}}_{a}^{a}\circ\hat{\boldsymbol{q}}_{ba}-\hat{\boldsymbol{q}}_{ba}^{*}\circ\dot{\hat{\boldsymbol{\omega}}}_{a}^{a}\circ\hat{\boldsymbol{q}}_{ba}-\hat{\boldsymbol{q}}_{ba}^{*}\circ\hat{\boldsymbol{\omega}}_{a}^{a}\circ\dot{\hat{\boldsymbol{q}}}_{ba}\\&=\dot{\hat{\boldsymbol{\omega}}}_{b}^{b}-\hat{\boldsymbol{q}}_{ba}^{*}\circ\dot{\hat{\boldsymbol{\omega}}}_{a}^{a}\circ\hat{\boldsymbol{q}}_{ba}+\frac{1}{2}\hat{\boldsymbol{\omega}}_{ba}^{b}\circ\hat{\boldsymbol{q}}_{ba}^{*}\circ\hat{\boldsymbol{\omega}}_{a}^{a}\circ\hat{\boldsymbol{q}}_{ba}-\frac{1}{2}\hat{\boldsymbol{q}}_{ba}^{*}\circ\hat{\boldsymbol{\omega}}_{a}^{a}\circ\hat{\boldsymbol{q}}_{ba}\circ\hat{\boldsymbol{\omega}}_{ba}^{b}\\&=\dot{\hat{\boldsymbol{\omega}}}_{b}^{b}-Ad_{\hat{\boldsymbol{q}}_{ba}^{*}}\dot{\hat{\boldsymbol{\omega}}}_{a}^{a}+\hat{\boldsymbol{\omega}}_{ba}^{b}\times Ad_{\hat{\boldsymbol{q}}_{ba}^{*}}\hat{\boldsymbol{\omega}}_{a}^{a}\end{aligned} \tag{4.5}$$

可得目标航天器与追踪航天器之间相对运动的对偶四元数动力学方程为

$$\dot{\hat{\boldsymbol{\omega}}}_{ba}^{b}=-\hat{\boldsymbol{M}}_{b}^{-1}(\hat{\boldsymbol{\omega}}_{b}^{b}\times\hat{\boldsymbol{M}}_{b}\hat{\boldsymbol{\omega}}_{b}^{b})+\hat{\boldsymbol{M}}_{b}^{-1}\hat{\boldsymbol{F}}_{b}^{b}-Ad_{\hat{\boldsymbol{q}}_{ba}^{*}}\dot{\hat{\boldsymbol{\omega}}}_{a}^{a}+\hat{\boldsymbol{\omega}}_{ba}^{b}\times Ad_{\hat{\boldsymbol{q}}_{ba}^{*}}\hat{\boldsymbol{\omega}}_{a}^{a}$$

可进一步改写为

$$\begin{aligned}\dot{\hat{\boldsymbol{\omega}}}_{ba}^{b}=&-\hat{\boldsymbol{M}}_{b}^{-1}(\hat{\boldsymbol{\omega}}_{ba}^{b}+Ad_{\hat{\boldsymbol{q}}_{ba}^{*}}\hat{\boldsymbol{\omega}}_{a}^{a})\times\hat{\boldsymbol{M}}_{b}(\hat{\boldsymbol{\omega}}_{ba}^{b}+Ad_{\hat{\boldsymbol{q}}_{ba}^{*}}\hat{\boldsymbol{\omega}}_{a}^{a})+\hat{\boldsymbol{M}}_{b}^{-1}\hat{\boldsymbol{F}}_{b}^{b}\\&-Ad_{\hat{\boldsymbol{q}}_{ba}^{*}}\dot{\hat{\boldsymbol{\omega}}}_{a}^{a}+\hat{\boldsymbol{\omega}}_{ba}^{b}\times Ad_{\hat{\boldsymbol{q}}_{ba}^{*}}\hat{\boldsymbol{\omega}}_{a}^{a}\end{aligned} \tag{4.6}$$

4.1.2 控制器设计

目标航天器与追踪航天器之间相对轨道和姿态的运动学和动力学方程为

$$\begin{cases}\dot{\hat{\boldsymbol{q}}}_{ba}=\dfrac{1}{2}\hat{\boldsymbol{q}}_{ba}\circ\hat{\boldsymbol{\omega}}_{ba}^{b}\\\hat{\boldsymbol{M}}_{b}\dot{\hat{\boldsymbol{\omega}}}_{ba}^{b}=\hat{\boldsymbol{F}}_{c}^{b}+\hat{\boldsymbol{f}}+\hat{\boldsymbol{F}}_{d}^{b}\end{cases} \tag{4.7}$$

式中，$\hat{\boldsymbol{f}}=-(\hat{\boldsymbol{\omega}}_{ba}^{b}+Ad_{\hat{\boldsymbol{q}}_{ba}^{*}}\hat{\boldsymbol{\omega}}_{a}^{a})\times\hat{\boldsymbol{M}}_{b}(\hat{\boldsymbol{\omega}}_{ba}^{b}+Ad_{\hat{\boldsymbol{q}}_{ba}^{*}}\hat{\boldsymbol{\omega}}_{a}^{a})+\hat{\boldsymbol{M}}_{b}(-Ad_{\hat{\boldsymbol{q}}_{ba}^{*}}\dot{\hat{\boldsymbol{\omega}}}_{a}^{a}+\hat{\boldsymbol{\omega}}_{ba}^{b}\times Ad_{\hat{\boldsymbol{q}}_{ba}^{*}}\hat{\boldsymbol{\omega}}_{a}^{a})+\hat{\boldsymbol{F}}_{g}^{b}$；$\hat{\boldsymbol{F}}_{d}^{b}$ 有界。

该动力学模型是强耦合、非线性的，从控制器简洁性、实用性和可靠性出发，基于对偶四元数的李群结构，可设计如下误差 PD 控制律：

$$\hat{\boldsymbol{U}}=\hat{\boldsymbol{M}}_{i}(-2\hat{\boldsymbol{K}}_{\mathrm{p}}\odot\ln\hat{\boldsymbol{q}}_{ba}-\hat{\boldsymbol{K}}_{\mathrm{d}}\odot\hat{\boldsymbol{\omega}}_{ba}^{b})-\hat{\boldsymbol{f}} \tag{4.8}$$

式中，$\hat{\boldsymbol{K}}_{\mathrm{p}}=\boldsymbol{K}_{\mathrm{q}}+\varepsilon\boldsymbol{K}_{\mathrm{r}}$，$\hat{\boldsymbol{K}}_{\mathrm{d}}=\boldsymbol{K}_{\omega}+\varepsilon\boldsymbol{K}_{\mathrm{v}}$，且$\boldsymbol{K}_{\mathrm{r}}$、$\boldsymbol{K}_{\mathrm{q}}$、$\boldsymbol{K}_{\mathrm{v}}$、$\boldsymbol{K}_{\omega}$分别为待设计的控制参数。为了简单起见，设计控制参数满足$\boldsymbol{K}_{\mathrm{q}}=\omega_{\mathrm{c1}}^{2}\mathbf{I}_{3\times3}$，$\boldsymbol{K}_{\mathrm{r}}=\omega_{\mathrm{c2}}^{2}\mathbf{I}_{3\times3}$，$\boldsymbol{K}_{\omega}=2\omega_{\mathrm{c1}}\mathbf{I}_{3\times3}$，$\boldsymbol{K}_{\mathrm{v}}=2\omega_{\mathrm{c2}}\mathbf{I}_{3\times3}$，$\omega_{\mathrm{c1}}$、$\omega_{\mathrm{c2}}$为控制器带宽。对偶四元数的对数运算为$\ln\hat{\boldsymbol{q}}=\dfrac{1}{2}(\boldsymbol{\theta}+\varepsilon\boldsymbol{p})=\dfrac{1}{2}(\theta\boldsymbol{n}+\varepsilon\boldsymbol{p})$，当$\theta$较小时，$\ln\hat{\boldsymbol{q}}\approx\boldsymbol{q}_{\mathrm{v}}+\dfrac{1}{2}\varepsilon\boldsymbol{p}$。

考虑如下 Lyapunov 函数：

$$V=\frac{1}{2}\langle\hat{\boldsymbol{\omega}}_{ba}^{b},\hat{\boldsymbol{\omega}}_{ba}^{b}\rangle+\frac{1}{2}\langle k_{ip}\hat{\boldsymbol{\Gamma}}_{ba},\hat{\boldsymbol{\Gamma}}_{ba}\rangle \tag{4.9}$$

则

$$\dot{V}=\langle\hat{\boldsymbol{\omega}}_{ba}^{b},\dot{\hat{\boldsymbol{\omega}}}_{ba}^{b}\rangle+\langle\hat{\boldsymbol{K}}_{\mathrm{p}}\hat{\boldsymbol{\Gamma}}_{ba},\hat{\boldsymbol{\omega}}_{ba}^{b}\rangle=\langle\hat{\boldsymbol{\omega}}_{ba}^{b},-\hat{\boldsymbol{K}}_{\mathrm{d}}\hat{\boldsymbol{\omega}}_{ba}^{b}\rangle \tag{4.10}$$

因此$\dot{V}\leqslant0$，当且仅当$\hat{\boldsymbol{\omega}}_{ba}^{b}=\hat{\mathbf{0}}$时，$\dot{V}=0$。因此，$\hat{\boldsymbol{\Gamma}}_{ba}$和$\hat{\boldsymbol{\omega}}_{ba}^{b}$渐近收敛到平衡点$\hat{\mathbf{0}}$。根据 Lyapunov 函数可知，该闭环系统是稳定的。

4.1.3 仿真分析

本节针对两电磁力航天器开展交会对接的控制仿真。两航天器的质心处于参考轨道坐标系的原点处，参考轨道坐标系在轨道高度为 500km 的圆轨道上。设两航天器质量均为$m=100\mathrm{kg}$，惯量矩阵为$\boldsymbol{J}_{\mathrm{b}}=\mathrm{diag}(15,15,20)\mathrm{kg\cdot m^2}$，设计参数$\hat{\boldsymbol{K}}_{\mathrm{p}}=10^{-3}\times[(1,1,1)^{\mathrm{T}}+\varepsilon(1,1,1)^{\mathrm{T}}]$，$\hat{\boldsymbol{K}}_{\mathrm{d}}=10^{-2}\times[(1,1,1)^{\mathrm{T}}+\varepsilon(1,1,1)^{\mathrm{T}}]$，初始的相对位置、速度、姿态、姿态角速度为

$$\boldsymbol{p}_{b}^{b}=[-15\quad -10\quad 10]^{\mathrm{T}}\mathrm{m}$$

$$\dot{\boldsymbol{p}}_{b}^{b}=[0.025\quad -0.03\quad 0.02]^{\mathrm{T}}\mathrm{m/s}$$

$$\boldsymbol{q}_{b}=[0.4\quad 0.2\quad -0.4\quad 0.8]^{\mathrm{T}}$$

$$\boldsymbol{\omega}_{b}^{b}=[-0.001\quad 0.002\quad 0.001]^{\mathrm{T}}\mathrm{rad/s}$$

外界对偶干扰力矢量为

$$\hat{\boldsymbol{d}}=10^{-5}\times(3,-2,1)^{\mathrm{T}}\sin(\omega_0 t)+\varepsilon\left[10^{-5}\times(3,4,-2)^{\mathrm{T}}\sin(\omega_0 t)\right]$$

参考轨道坐标系相对于地心惯性系在参考系中的表示为

$$\hat{\boldsymbol{\omega}}_{a}^{a}=(0,0,\omega_0)^{\mathrm{T}}+\varepsilon(0,\omega_0 r_a,0)^{\mathrm{T}}$$

$$\dot{\hat{\boldsymbol{\omega}}}_{a}^{a}=(0,0,0)^{\mathrm{T}}+\varepsilon(0,0,0)^{\mathrm{T}}$$

仿真结果如图 4.1 所示，从图中可以看出，相对位置和姿态指向变化平稳，在$t=400\mathrm{s}$时即收敛到期望值。图 4.2 为控制力和控制力矩变化曲线，从图中可以看出，控制力和控制力矩始终在预定的限制范围内。

针对此强耦合、非线性系统，基于对偶四元数的李群结构设计了误差 PD

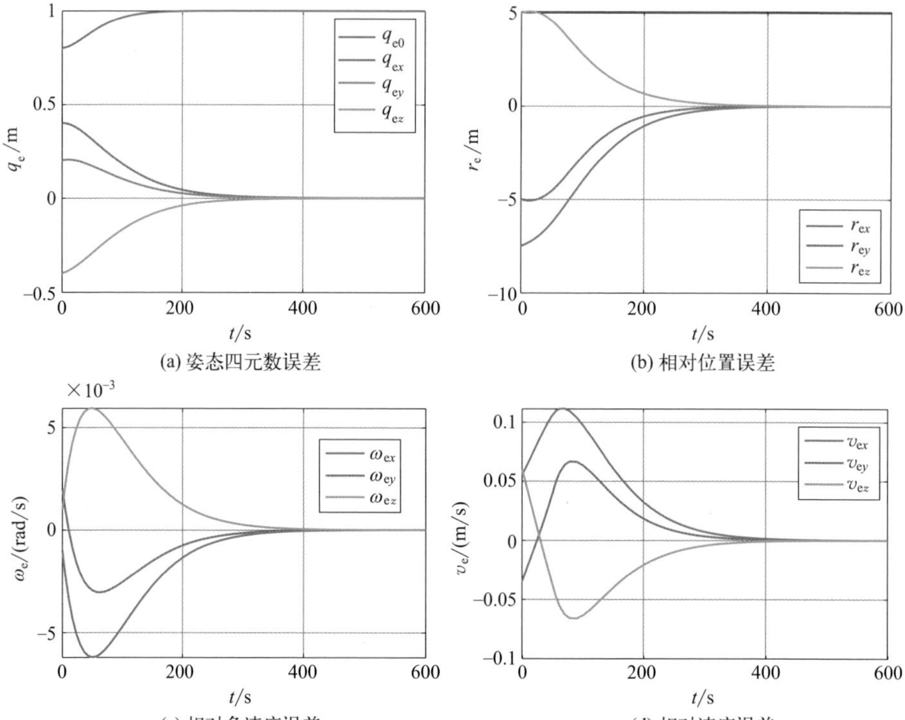

(a) 姿态四元数误差 (b) 相对位置误差

(c) 相对角速度误差 (d) 相对速度误差

图 4.1 相对位置和姿态的跟踪误差

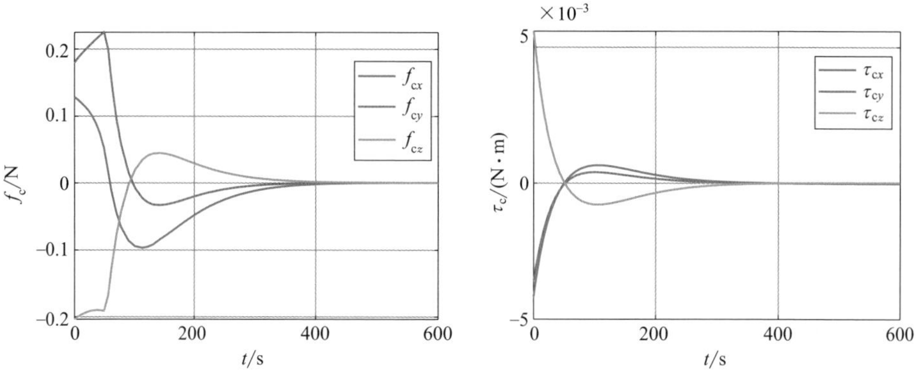

(a) 控制力 (b) 控制力矩

图 4.2 控制力和控制力矩变化曲线

(Proportional Derivative,比例微分)控制律,采用 Lyapunov 方法分析了控制系统的稳定性,并指出其相比传统的轨道和姿态分别控制方法更有优势。仿真结果表明,该控制方法能够一体化控制航天器的相对位置和姿态,这表明所设计的控制器有效可行。

4.2 航天器电磁编队姿轨一体化控制

电磁编队飞行技术利用星间电磁力/力矩控制卫星的相对位置和姿态而不需要消耗推进剂，因此具有很大的应用前景。然而电磁编队飞行的动力学是非线性和强耦合的，为电磁编队的六自由度控制带来了挑战。频分复用方法通过为卫星磁矩加载多频率的交流载波信号可以近似解耦编队动力学。本节基于频分复用提出了一种卫星磁矩的交流载波设计方法，该方法不仅能解耦编队卫星动力学，而且可以实现电磁力/力矩的同时控制。进一步，给出了电磁力/力矩方程组的磁矩解析解。此外，基于对偶四元数方法建立了电磁卫星的六自由度动力学模型，并采用自抗扰控制（Active Disturbance Rejection Control，ADRC）方法解决了电磁编队系统存在外界干扰、模型不确定性以及卫星相对速度/角速度未知情况下的跟踪控制问题。另外，基于电磁编队的内力特性，推导了反作用轮力矩均衡分布的表达式，可以避免某些反作用轮的角动量快速积累。数值仿真结果表明了所提控制方法的有效性。

4.2.1 电磁编队动力学与动力学模型

定义卫星与系统质心之间的相对位置为 $\boldsymbol{r}_{iC}^{i}$，第 i 颗卫星相对于系统质心的平移和旋转运动用对偶四元数描述为

$$\hat{\boldsymbol{q}}_{iC}=\boldsymbol{q}_{iC}+\varepsilon\frac{1}{2}\boldsymbol{q}_{iC}\circ\boldsymbol{r}_{iC}^{i} \tag{4.11}$$

式中，$\boldsymbol{q}_{iC}$ 为从质心轨道坐标系到第 i 颗卫星的本体坐标系的姿态四元数。

将卫星视为刚体，其运动学方程为[142]

$$\begin{cases}\dot{\hat{\boldsymbol{q}}}_{iC}=-\dfrac{1}{2}\hat{\boldsymbol{q}}_{iC}\circ\hat{\boldsymbol{\omega}}_{iC}^{i}\\ \hat{\boldsymbol{\omega}}_{iC}^{i}=\boldsymbol{\omega}_{iC}^{i}+\varepsilon(\dot{\boldsymbol{r}}_{iC}^{i}+\boldsymbol{\omega}_{iC}^{i}\times\boldsymbol{r}_{iC}^{i})\end{cases} \tag{4.12}$$

式中，$\boldsymbol{\omega}_{iC}^{i}$ 为第 i 颗卫星相对于系统质心轨道坐标系的角速度在卫星本体系下的表示。

将电磁卫星与动量飞轮看作一个整体系统，动量飞轮相对于卫星本体的运动只有转动，用 $\boldsymbol{h}_i$ 表示飞轮相对第 i 颗卫星本体的转动部分的角动量，$\boldsymbol{J}_i\boldsymbol{\omega}_i$ 表示飞轮转动部件处于“冻结”状态下卫星本体相对于地心惯性系的角动量，则第 i 颗卫星系统的对偶动量可表示为

$$\hat{\boldsymbol{H}}_i=\hat{\boldsymbol{M}}_i\hat{\boldsymbol{\omega}}_i^{i}+\varepsilon\boldsymbol{h}_i \tag{4.13}$$

式中，$\hat{\boldsymbol{\omega}}_i^i=\hat{\boldsymbol{\omega}}_{iC}^i+\hat{\boldsymbol{q}}_{iC}^*\circ\hat{\boldsymbol{\omega}}_C^C\circ\hat{\boldsymbol{q}}_{ic}$，$\hat{\boldsymbol{\omega}}_C^C=\boldsymbol{\omega}_C^C+\varepsilon(\dot{\boldsymbol{r}}_C^C+\boldsymbol{\omega}_C^C\times\boldsymbol{r}_C^C)$，$\boldsymbol{\omega}_C^C$ 为轨道坐标系相对于地心惯性系的角速度，$\boldsymbol{r}_C^C$ 为轨道坐标系与地心惯性系的相对位置。对于轨道坐标系，$\boldsymbol{\omega}_C^C=[0\quad 0\quad \omega_0]^{\mathrm{T}}$，$\omega_0=\sqrt{\dfrac{\mu}{\|\boldsymbol{r}_C^C\|^3}}$，$\boldsymbol{r}_C^C=[\|\boldsymbol{r}_C^C\|\quad 0\quad 0]^{\mathrm{T}}$。轨道坐标系相对地心惯性系的平动和转动用对偶四元数表示为

$$\begin{cases}\hat{\boldsymbol{\omega}}_C^C=\boldsymbol{\omega}_C^C+\varepsilon(\dot{\boldsymbol{r}}_C^C+\boldsymbol{\omega}_C^C\times\boldsymbol{r}_C^C)\\ \dot{\hat{\boldsymbol{\omega}}}_C^C=\dot{\boldsymbol{\omega}}_C^C+\varepsilon(\ddot{\boldsymbol{r}}_C^C+\dot{\boldsymbol{\omega}}_C^C\times\boldsymbol{r}_C^C+\boldsymbol{\omega}_C^C\times\dot{\boldsymbol{r}}_C^C)\end{cases}\tag{4.14}$$

特别地，对于轨道坐标系处于圆轨道的情况，由于轨道半径恒定，$\dot{\boldsymbol{r}}_C^C$、$\ddot{\boldsymbol{r}}_C^C$、$\dot{\boldsymbol{\omega}}_C^C$ 均为 0，此时 $\hat{\boldsymbol{\omega}}_C^C=\boldsymbol{\omega}_C^C+\varepsilon(\boldsymbol{\omega}_C^C\times\boldsymbol{r}_C^C)$，$\dot{\hat{\boldsymbol{\omega}}}_C^C=0$。

地心惯性系到系统轨道坐标系的转换用四元数表示为

$$\boldsymbol{q}_C=\boldsymbol{q}_z(u)\circ\boldsymbol{q}_x(i)\circ\boldsymbol{q}_z(\Omega)\tag{4.15}$$

式中，i 为轨道倾角；Ω 为轨道升交点赤经；$u=u_0+\omega_0 t$ 为纬度辐角，u_0 为 $t=0$ 时刻的纬度辐角，ω_0 为系统质心的轨道角速度。

$\hat{\boldsymbol{M}}_i$ 是对偶质量算子和对偶惯量算子的和，定义为对偶惯性算子，其形式为[56]

$$\hat{\boldsymbol{M}}_i=m_i\frac{\mathrm{d}}{\mathrm{d}\varepsilon}\mathbf{I}_{3\times3}+\varepsilon\boldsymbol{J}_i\tag{4.16}$$

式中，m_i 为航天器 i 的质量；$\boldsymbol{J}_i$ 为航天器 i 在本体坐标系上的惯量矩阵；$\mathbf{I}_{3\times3}$ 为单位矩阵；算子 $\dfrac{\mathrm{d}}{\mathrm{d}\varepsilon}$ 与对偶单元 ε 具有互补的性质。$\hat{\boldsymbol{M}}_i^{-1}=\boldsymbol{J}_i^{-1}\dfrac{\mathrm{d}}{\mathrm{d}\varepsilon}+\varepsilon\dfrac{1}{m_i}\mathbf{I}_{3\times3}$ 定义为 $\hat{\boldsymbol{M}}_i$ 的逆。

定义作用于卫星质心的对偶力为 $\hat{\boldsymbol{F}}_i^i=\boldsymbol{F}_i^i+\varepsilon\boldsymbol{\tau}_i^i$，对式(4.16)两边求导可得

$$\hat{\boldsymbol{F}}_i^i=\frac{\mathrm{d}}{\mathrm{d}t}(\hat{\boldsymbol{H}}_i)=\hat{\boldsymbol{M}}_i\dot{\hat{\boldsymbol{\omega}}}_i^i+\varepsilon\dot{\boldsymbol{h}}_i+\hat{\boldsymbol{\omega}}_i^i\times(\hat{\boldsymbol{M}}_i\hat{\boldsymbol{\omega}}_i^i+\varepsilon\boldsymbol{h}_i)\tag{4.17}$$

其中，当卫星未安装反作用轮时，式(4.17)中 $\dot{\boldsymbol{h}}_i=0$，$\boldsymbol{h}_i=0$。

电磁卫星 i 受到的总的对偶力 $\hat{\boldsymbol{F}}_i^i$ 可以表示为

$$\hat{\boldsymbol{F}}_i^i=\hat{\boldsymbol{F}}_{ci}^i+\hat{\boldsymbol{F}}_{gi}^i+\hat{\boldsymbol{F}}_{di}^i\tag{4.18}$$

其中，$\hat{\boldsymbol{F}}_{ci}^i=\boldsymbol{F}_{ci}^i+\varepsilon\boldsymbol{\tau}_{ci}^i$ 为对偶电磁力，$\hat{\boldsymbol{F}}_{gi}^i=\boldsymbol{F}_{gi}^i+\varepsilon\boldsymbol{\tau}_{gi}^i$ 为对偶重力，$\hat{\boldsymbol{F}}_{di}^i=\boldsymbol{F}_{di}^i+\varepsilon\boldsymbol{\tau}_{di}^i$ 为其他外部对偶干扰力。

重力和重力力矩可以写成

$$\boldsymbol{F}_{gi}^i=-\frac{\mu_{\mathrm{E}}m_i}{\|\boldsymbol{r}_i^i\|^3}\boldsymbol{r}_i^i,\ \boldsymbol{\tau}_{gi}^i=\frac{3\mu_{\mathrm{E}}}{\|\boldsymbol{r}_i^i\|^5}(\boldsymbol{r}_i^i\times\boldsymbol{J}_i\boldsymbol{r}_i^i)\tag{4.19}$$

式中，$\boldsymbol{r}_i^i$ 为地心到第 i 颗卫星质心之间的相对位置在卫星本体坐标系中的表示，$\boldsymbol{r}_i^i=\boldsymbol{r}_{iC}^i+\boldsymbol{q}_{iC}^*\circ\boldsymbol{r}_C^C\circ\boldsymbol{q}_{iC}$。

对偶电磁力在质心轨道坐标系中可表示为

$$
\begin{aligned}
\hat{\boldsymbol{F}}_{ci}^{C} &= Ad_{\hat{q}_i}\hat{\boldsymbol{F}}_{ci}^{i} = \left(\boldsymbol{q}_{iC}+\varepsilon\frac{1}{2}\boldsymbol{r}_{iC}^{C}\circ\boldsymbol{q}_{iC}\right)\circ(\boldsymbol{F}_{ci}^{i}+\varepsilon\boldsymbol{\tau}_{ci}^{i})\circ\left(\boldsymbol{q}_{iC}^{*}-\varepsilon\frac{1}{2}\boldsymbol{q}_{iC}^{*}\circ\boldsymbol{r}_{iC}^{C}\right)\\
&= \boldsymbol{q}_{iC}\circ\boldsymbol{F}_{ci}^{i}\circ\boldsymbol{q}_{iC}^{*}-\boldsymbol{q}_{iC}\circ\boldsymbol{F}_{ci}^{i}\circ\frac{1}{2}\boldsymbol{q}_{iC}^{*}\circ\boldsymbol{r}_{iC}^{C}+\varepsilon\frac{1}{2}\boldsymbol{r}_{iC}^{C}\circ\boldsymbol{q}_{iC}\circ\boldsymbol{F}_{ci}^{i}\circ\boldsymbol{q}_{iC}^{*}+\varepsilon\,\boldsymbol{q}_{iC}\circ\boldsymbol{\tau}_{ci}^{i}\circ\boldsymbol{q}_{iC}^{*}\\
&= \boldsymbol{F}_{ci}^{C}+\varepsilon(\boldsymbol{r}_{iC}^{C}\times\boldsymbol{F}_{ci}^{C}+\boldsymbol{\tau}_{ci}^{C})
\end{aligned}
\tag{4.20}
$$

由于卫星之间的电磁作用为系统的内力，系统质心的运动不受电磁力和电磁力矩的影响。对整个系统来说，存在以下关系：

$$
\sum_{i=1}^{n} Ad_{\hat{q}_i}\hat{\boldsymbol{F}}_{ci}^{i}=0 \tag{4.21}
$$

4.2.2　期望编队构型

近地空间圆编队是编队的一种重要构型，具有重要的应用价值。以空间圆编队为例，介绍期望的编队的构型设计方法，此方法可以推广到其他的编队构型设计工作。空间圆编队系统如图 4.3 所示，系统的自旋轴表示为 $\boldsymbol{n}$，卫星的相对运动为圆形轨迹，自旋角速度为 $\boldsymbol{\omega}_s$，自旋轴 $\boldsymbol{n}$ 的方向与轨道坐标系原点到圆形轨迹连线方向的夹角为 $\delta(0<\delta\leqslant\frac{\pi}{2})$。

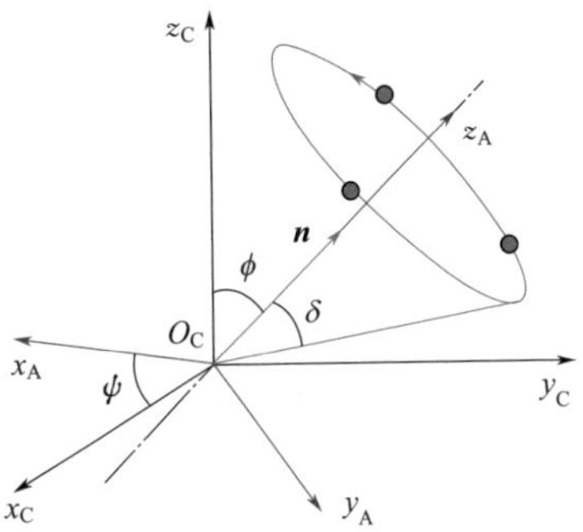

图 4.3　空间圆编队系统

为了方便推导卫星的相对位置在轨道坐标系下的表示公式，引入辅助坐标系 $O_C x_A y_A z_A$。轨道坐标系可由辅助坐标系先绕 x 轴旋转欧拉角 ϕ，再绕 z 轴旋转欧拉角 ψ 得到，则辅助坐标系到轨道坐标系的旋转可用四元数表示为

$$
\begin{aligned}
\boldsymbol{q}_{CA} &= \boldsymbol{q}_x(\phi)\circ\boldsymbol{q}_z(\psi)=\left[\cos\left(\frac{\phi}{2}\right)\quad \sin\left(\frac{\phi}{2}\right)\quad 0\quad 0\right]\circ\left[\cos\left(\frac{\psi}{2}\right)\quad 0\quad 0\quad \sin\left(\frac{\psi}{2}\right)\right]\\
&= \left[\cos\left(\frac{\phi}{2}\right)\cos\left(\frac{\psi}{2}\right)\quad \cos\left(\frac{\psi}{2}\right)\sin\left(\frac{\phi}{2}\right)\quad -\sin\left(\frac{\phi}{2}\right)\sin\left(\frac{\psi}{2}\right)\quad \cos\left(\frac{\phi}{2}\right)\sin\left(\frac{\psi}{2}\right)\right]
\end{aligned}
\tag{4.22}
$$

自旋轴在辅助坐标系下表示为 $\boldsymbol{n}^A=[0\quad 0\quad 1]^T$，卫星的自旋角速度在辅助坐标系下表示为 $\boldsymbol{\omega}^A=[0\quad 0\quad \omega_s]^T$，设计编队卫星的相对位置轨迹在辅助坐标系中的表示为 $\boldsymbol{r}_{idC}^A=[x_i^A\quad y_i^A\quad z_i^A]^T=d[\sin\delta_i\cos(\omega t+\varphi_i)\quad \sin\delta_i\sin(\omega t+\varphi_i)\quad \cos\delta_i]^T$，其中，$\varphi_i$ 为第 i 颗卫星的初始相位角。对于卫星电磁编队来说，由于空间电磁力不改变系统质心的运动，编队系统的质心设计在轨道坐标系的原点处。当 $\delta=\frac{\pi}{2}$ 时，

卫星电磁编队可设计为共面圆编队，即所有卫星的相对运动轨迹均在同一圆周上。当$\delta \neq \frac{\pi}{2}$时，为保证系统质心在轨道坐标系的原点处，电磁卫星需设计分布在多个异面圆周上。

系统自旋轴在轨道坐标系中表示为$\boldsymbol{n}^{\mathrm{C}}=\boldsymbol{q}_{\mathrm{CA}}^{*}\circ[0\quad \boldsymbol{n}^{\mathrm{A}}]\circ\boldsymbol{q}_{\mathrm{CA}}=[0\quad \sin\phi\sin\psi\quad \sin\phi\cos\psi\quad \cos\phi]$，卫星的自旋角速度在轨道坐标系中表示为$\boldsymbol{\omega}_{id\mathrm{C}}^{\mathrm{C}}=\boldsymbol{\omega}_{\mathrm{s}}\cdot\boldsymbol{n}^{\mathrm{C}}$，卫星的相对轨迹在轨道坐标系中表示为$\boldsymbol{r}_{id\mathrm{C}}^{\mathrm{C}}=\boldsymbol{q}_{\mathrm{CA}}^{*}\circ\boldsymbol{r}_{id\mathrm{C}}^{\mathrm{A}}\circ\boldsymbol{q}_{\mathrm{CA}}$。由于$\boldsymbol{q}_{\mathrm{CA}}$为设计的恒定值，则$\dot{\boldsymbol{q}}_{\mathrm{CA}}$恒为0，则有$\dot{\boldsymbol{r}}_{id\mathrm{C}}^{\mathrm{C}}=\boldsymbol{q}_{\mathrm{CA}}^{*}\circ\dot{\boldsymbol{r}}_{id\mathrm{C}}^{\mathrm{A}}\circ\boldsymbol{q}_{\mathrm{CA}}$，$\ddot{\boldsymbol{r}}_{id\mathrm{C}}^{\mathrm{C}}=\boldsymbol{q}_{\mathrm{CA}}^{*}\circ\ddot{\boldsymbol{r}}_{id\mathrm{C}}^{\mathrm{A}}\circ\boldsymbol{q}_{\mathrm{CA}}$。

卫星本体系相对轨道坐标系的期望姿态记为$\boldsymbol{q}_{id\mathrm{C}}$，下标$id$代表第$i$颗卫星的期望体坐标系。

$$
\begin{aligned}
\boldsymbol{r}_{id\mathrm{C}}^{id}&=\boldsymbol{q}_{id\mathrm{C}}^{*}\circ\boldsymbol{r}_{id\mathrm{C}}^{\mathrm{C}}\circ\boldsymbol{q}_{id\mathrm{C}}\\
\dot{\boldsymbol{r}}_{id\mathrm{C}}^{id}&=-\frac{1}{2}\boldsymbol{q}_{id\mathrm{C}}^{*}\circ\boldsymbol{\omega}_{id\mathrm{C}}^{\mathrm{C}}\circ\boldsymbol{r}_{id\mathrm{C}}^{\mathrm{C}}\circ\boldsymbol{q}_{id\mathrm{C}}+\boldsymbol{q}_{id\mathrm{C}}^{*}\circ\dot{\boldsymbol{r}}_{id\mathrm{C}}^{\mathrm{C}}\circ\boldsymbol{q}_{id}+\frac{1}{2}\boldsymbol{q}_{id\mathrm{C}}^{*}\circ\boldsymbol{r}_{id\mathrm{C}}^{\mathrm{C}}\circ\boldsymbol{\omega}_{id\mathrm{C}}^{\mathrm{C}}\circ\boldsymbol{q}_{id\mathrm{C}}\\
&=\boldsymbol{q}_{id\mathrm{C}}^{*}\circ(\dot{\boldsymbol{r}}_{id\mathrm{C}}^{\mathrm{C}}+\boldsymbol{r}_{id\mathrm{C}}^{\mathrm{C}}\times\boldsymbol{\omega}_{id\mathrm{C}}^{\mathrm{C}})\circ\boldsymbol{q}_{id\mathrm{C}}
\end{aligned}\tag{4.23}
$$

第i颗卫星的本体系相对于轨道坐标系的期望相对平动和转动运动可用对偶四元数表示为

$$
\hat{\boldsymbol{q}}_{id\mathrm{C}}=\boldsymbol{q}_{id\mathrm{C}}+\varepsilon\frac{1}{2}\boldsymbol{q}_{id\mathrm{C}}\circ\boldsymbol{r}_{id\mathrm{C}}^{id}=\boldsymbol{q}_{id\mathrm{C}}+\varepsilon\frac{1}{2}\boldsymbol{r}_{id\mathrm{C}}^{\mathrm{C}}\circ\boldsymbol{q}_{id\mathrm{C}}\tag{4.24}
$$

第i颗卫星的期望运动学方程可推导为

$$
\begin{aligned}
\hat{\boldsymbol{\omega}}_{id\mathrm{C}}^{id}&=\boldsymbol{\omega}_{id\mathrm{C}}^{id}+\varepsilon(\dot{\boldsymbol{r}}_{id\mathrm{C}}^{id}+\boldsymbol{\omega}_{id\mathrm{C}}^{id}\times\boldsymbol{r}_{id\mathrm{C}}^{id})\\
&=\boldsymbol{\omega}_{id\mathrm{C}}^{id}+\varepsilon(\boldsymbol{q}_{id\mathrm{C}}^{*}\circ(\dot{\boldsymbol{r}}_{id\mathrm{C}}^{\mathrm{C}}+\boldsymbol{r}_{id\mathrm{C}}^{\mathrm{C}}\times\boldsymbol{\omega}_{id\mathrm{C}}^{\mathrm{C}})\circ\boldsymbol{q}_{id\mathrm{C}}+\boldsymbol{\omega}_{id\mathrm{C}}^{id}\times\boldsymbol{r}_{id\mathrm{C}}^{id})\\
&=\boldsymbol{\omega}_{id\mathrm{C}}^{id}+\varepsilon(\boldsymbol{q}_{id\mathrm{C}}^{*}\circ\dot{\boldsymbol{r}}_{id\mathrm{C}}^{\mathrm{C}}\circ\boldsymbol{q}_{id\mathrm{C}})
\end{aligned}\tag{4.25}
$$

$$
\dot{\hat{\boldsymbol{q}}}_{id\mathrm{C}}=\frac{1}{2}\hat{\boldsymbol{q}}_{id\mathrm{C}}\circ\hat{\boldsymbol{\omega}}_{id\mathrm{C}}^{id}\tag{4.26}
$$

将式(4.25)对时间进行求导可得

$$
\begin{aligned}
\dot{\hat{\boldsymbol{\omega}}}_{id\mathrm{C}}^{id}&=\dot{\boldsymbol{\omega}}_{id\mathrm{C}}^{id}+\varepsilon\left(-\frac{1}{2}\boldsymbol{q}_{id\mathrm{C}}^{*}\circ\boldsymbol{\omega}_{id\mathrm{C}}^{\mathrm{C}}\circ\dot{\boldsymbol{r}}_{id\mathrm{C}}^{\mathrm{C}}\circ\boldsymbol{q}_{id\mathrm{C}}+\boldsymbol{q}_{id\mathrm{C}}^{*}\circ\ddot{\boldsymbol{r}}_{id\mathrm{C}}^{\mathrm{C}}\circ\boldsymbol{q}_{id\mathrm{C}}+\boldsymbol{q}_{id\mathrm{C}}^{*}\circ\dot{\boldsymbol{r}}_{id\mathrm{C}}^{\mathrm{C}}\circ\frac{1}{2}\boldsymbol{\omega}_{id\mathrm{C}}^{\mathrm{C}}\circ\boldsymbol{q}_{id\mathrm{C}}\right)\\
&=\dot{\boldsymbol{\omega}}_{id\mathrm{C}}^{id}+\varepsilon(\boldsymbol{q}_{id\mathrm{C}}^{*}\circ(\ddot{\boldsymbol{r}}_{id\mathrm{C}}^{\mathrm{C}}+\dot{\boldsymbol{r}}_{id\mathrm{C}}^{\mathrm{C}}\times\boldsymbol{\omega}_{id\mathrm{C}}^{\mathrm{C}})\circ\boldsymbol{q}_{id\mathrm{C}})
\end{aligned}\tag{4.27}
$$

4.2.3 误差动力学

定义当前对偶四元数与期望对偶四元数的误差为

$$
\hat{\boldsymbol{q}}_{ie}=\hat{\boldsymbol{q}}_{id\mathrm{C}}^{*}\circ\hat{\boldsymbol{q}}_{i\mathrm{C}}\tag{4.28}
$$

误差运动学模型推导为

$$
\begin{cases}
\dot{\hat{\boldsymbol{q}}}_{ie}=\frac{1}{2}\hat{\boldsymbol{q}}_{ie}\circ\hat{\boldsymbol{\omega}}_{ie}^{i}\\
\hat{\boldsymbol{\omega}}_{ie}^{i}=\hat{\boldsymbol{\omega}}_{i\mathrm{C}}^{i}-\hat{\boldsymbol{q}}_{ie}^{*}\circ\hat{\boldsymbol{\omega}}_{id\mathrm{C}}^{id}\circ\hat{\boldsymbol{q}}_{ie}
\end{cases}\tag{4.29}
$$

由于$\hat{\boldsymbol{\omega}}_i^i=\hat{\boldsymbol{\omega}}_{iC}^i+\hat{\boldsymbol{q}}_{iC}^*\circ\hat{\boldsymbol{\omega}}_C^C\circ\hat{\boldsymbol{q}}_{ic}$，则

$$\begin{aligned}\dot{\hat{\boldsymbol{\omega}}}_{iC}^i&=\dot{\hat{\boldsymbol{\omega}}}_i^i-\dot{\hat{\boldsymbol{q}}}_{iC}^*\circ\hat{\boldsymbol{\omega}}_C^C\circ\hat{\boldsymbol{q}}_{ic}-\hat{\boldsymbol{q}}_{iC}^*\circ\dot{\hat{\boldsymbol{\omega}}}_C^C\circ\hat{\boldsymbol{q}}_{ic}-\hat{\boldsymbol{q}}_{iC}^*\circ\hat{\boldsymbol{\omega}}_C^C\circ\dot{\hat{\boldsymbol{q}}}_{ic}\\&=\dot{\hat{\boldsymbol{\omega}}}_i^i+\frac{1}{2}\hat{\boldsymbol{\omega}}_{iC}^i\circ\hat{\boldsymbol{q}}_{iC}^*\circ\hat{\boldsymbol{\omega}}_C^C\circ\hat{\boldsymbol{q}}_{ic}-\hat{\boldsymbol{q}}_{iC}^*\circ\dot{\hat{\boldsymbol{\omega}}}_C^C\circ\hat{\boldsymbol{q}}_{ic}-\frac{1}{2}\hat{\boldsymbol{q}}_{iC}^*\circ\hat{\boldsymbol{\omega}}_C^C\circ\hat{\boldsymbol{q}}_{ic}\circ\hat{\boldsymbol{\omega}}_{iC}^i\\&=\dot{\hat{\boldsymbol{\omega}}}_i^i-\hat{\boldsymbol{q}}_{iC}^*\circ\dot{\hat{\boldsymbol{\omega}}}_C^C\circ\hat{\boldsymbol{q}}_{ic}+\hat{\boldsymbol{\omega}}_{iC}^i\times(\hat{\boldsymbol{q}}_{iC}^*\circ\hat{\boldsymbol{\omega}}_C^C\circ\hat{\boldsymbol{q}}_{ic})\end{aligned}$$

误差动力学模型可推导为

$$\begin{aligned}\dot{\hat{\boldsymbol{\omega}}}_{ie}^i&=\dot{\hat{\boldsymbol{\omega}}}_{iC}^i-\dot{\hat{\boldsymbol{q}}}_{ie}^*\circ\hat{\boldsymbol{\omega}}_{idC}^{id}\circ\hat{\boldsymbol{q}}_{ie}-\hat{\boldsymbol{q}}_{ie}^*\circ\dot{\hat{\boldsymbol{\omega}}}_{idC}^{id}\circ\hat{\boldsymbol{q}}_{ie}-\hat{\boldsymbol{q}}_{ie}^*\circ\hat{\boldsymbol{\omega}}_{idC}^{id}\circ\dot{\hat{\boldsymbol{q}}}_{ie}\\&=\dot{\hat{\boldsymbol{\omega}}}_{iC}^i+\frac{1}{2}\hat{\boldsymbol{\omega}}_{ie}^i\circ\hat{\boldsymbol{q}}_{ie}^*\circ\hat{\boldsymbol{\omega}}_{idC}^{id}\circ\hat{\boldsymbol{q}}_{ie}-\hat{\boldsymbol{q}}_{ie}^*\circ\dot{\hat{\boldsymbol{\omega}}}_{idC}^{id}\circ\hat{\boldsymbol{q}}_{ie}-\hat{\boldsymbol{q}}_{ie}^*\circ\hat{\boldsymbol{\omega}}_{idC}^{id}\circ\frac{1}{2}\hat{\boldsymbol{q}}_{ie}\circ\hat{\boldsymbol{\omega}}_{ie}^i\\&=\dot{\hat{\boldsymbol{\omega}}}_{iC}^i-\hat{\boldsymbol{q}}_{ie}^*\circ\dot{\hat{\boldsymbol{\omega}}}_{idC}^{id}\circ\hat{\boldsymbol{q}}_{ie}+\hat{\boldsymbol{\omega}}_{ie}^i\times(\hat{\boldsymbol{q}}_{ie}^*\circ\hat{\boldsymbol{\omega}}_{idC}^{id}\circ\hat{\boldsymbol{q}}_{ie})\end{aligned}\tag{4.30}$$

根据式(4.17)，则式(4.30)可进一步表示为

$$\begin{aligned}\dot{\hat{\boldsymbol{\omega}}}_{ie}^i&=\dot{\hat{\boldsymbol{\omega}}}_{iC}^i-\hat{\boldsymbol{q}}_{ie}^*\circ\dot{\hat{\boldsymbol{\omega}}}_{idC}^{id}\circ\hat{\boldsymbol{q}}_{ie}+\hat{\boldsymbol{\omega}}_{ie}^i\times\hat{\boldsymbol{\omega}}_{idC}^i\\&=\hat{\boldsymbol{M}}_i^{-1}[\hat{\boldsymbol{F}}_i^i-\varepsilon\dot{\boldsymbol{h}}_i-\hat{\boldsymbol{\omega}}_i^i\times(\hat{\boldsymbol{M}}_i\hat{\boldsymbol{\omega}}_i^i+\varepsilon\boldsymbol{h}_i)]-\hat{\boldsymbol{q}}_{iC}^*\circ\dot{\hat{\boldsymbol{\omega}}}_C^C\circ\hat{\boldsymbol{q}}_{ic}\\&\quad+\hat{\boldsymbol{\omega}}_{iC}^i\times(\hat{\boldsymbol{q}}_{iC}^*\circ\hat{\boldsymbol{\omega}}_C^C\circ\hat{\boldsymbol{q}}_{ic})-\hat{\boldsymbol{q}}_{ie}^*\circ\dot{\hat{\boldsymbol{\omega}}}_{idC}^{id}\circ\hat{\boldsymbol{q}}_{ie}+\hat{\boldsymbol{\omega}}_{ie}^i\times(\hat{\boldsymbol{q}}_{ie}^*\circ\hat{\boldsymbol{\omega}}_{idC}^{id}\circ\hat{\boldsymbol{q}}_{ie})\end{aligned}\tag{4.31}$$

式中，$\hat{\boldsymbol{\omega}}_{iC}^i=\hat{\boldsymbol{\omega}}_{ie}^i+\hat{\boldsymbol{q}}_{ie}^*\circ\hat{\boldsymbol{\omega}}_{idC}^{id}\circ\hat{\boldsymbol{q}}_{ie}$，$\hat{\boldsymbol{\omega}}_i^i=\hat{\boldsymbol{\omega}}_{iC}^i+\hat{\boldsymbol{q}}_{iC}^*\circ\hat{\boldsymbol{\omega}}_C^C\circ\hat{\boldsymbol{q}}_{ic}$，$\hat{\boldsymbol{q}}_{iC}=\hat{\boldsymbol{q}}_{idC}\circ\hat{\boldsymbol{q}}_{ie}$，$\hat{\boldsymbol{\omega}}_C^C$、$\dot{\hat{\boldsymbol{\omega}}}_C^C$ 由轨道坐标系确定，在式(4.14)中给出。$\hat{\boldsymbol{\omega}}_{idC}^{id}$、$\dot{\hat{\boldsymbol{\omega}}}_{idC}^{id}$ 为设计的期望的构型参数，在式(4.25)和式(4.27)中给出。

4.2.4 电磁模型及磁矩求解

载流线圈可等效为磁偶极子，磁矩大小表示为 $\mu=NIS$，其中，N 为线圈匝数，I 为电流，S 为线圈面积。每颗卫星安装三维正交的电磁线圈，可等效为一个大小、方向可调的磁偶极子。根据电磁远场模型，卫星 j 受到来自卫星 i 的电磁耦合作用为[143]

$$\begin{cases}\boldsymbol{F}_{ij}=\boldsymbol{F}(\boldsymbol{\mu}_i,\boldsymbol{\mu}_j,\boldsymbol{r}_{ij})=\dfrac{3\mu_0}{4\pi}\left(\dfrac{\boldsymbol{\mu}_i\cdot\boldsymbol{\mu}_j}{d_{ij}^5}\boldsymbol{r}_{ij}+\dfrac{\boldsymbol{\mu}_i\cdot\boldsymbol{r}_{ij}}{d_{ij}^5}\boldsymbol{\mu}_j+\dfrac{\boldsymbol{\mu}_j\cdot\boldsymbol{r}_{ij}}{d_{ij}^5}\boldsymbol{\mu}_i-5\dfrac{(\boldsymbol{\mu}_i\cdot\boldsymbol{r}_{ij})(\boldsymbol{\mu}_j\cdot\boldsymbol{r}_{ij})}{d_{ij}^7}\boldsymbol{r}_{ij}\right)\\\boldsymbol{\tau}_{ij}=\boldsymbol{\tau}(\boldsymbol{\mu}_i,\boldsymbol{\mu}_j,\boldsymbol{r}_{ij})=\dfrac{\mu_0}{4\pi}\boldsymbol{\mu}_j\times\left(\dfrac{3\boldsymbol{r}_{ij}(\boldsymbol{\mu}_i\cdot\boldsymbol{r}_{ij})}{d_{ij}^5}-\dfrac{\boldsymbol{\mu}_i}{d_{ij}^3}\right)\end{cases}\tag{4.32}$$

式中，$\boldsymbol{\mu}_i$、$\boldsymbol{\mu}_j$ 分别为卫星 i、j 的磁矩矢量；$\boldsymbol{r}_{ij}$ 为两卫星之间的相对位置。

在 N 颗卫星电磁编队中，卫星 j 所受电磁力和电磁力矩为

$$\boldsymbol{F}_j=\sum_{i=1(i\neq j)}^{N}\boldsymbol{F}_{ij},\boldsymbol{T}_j=\sum_{i=1(i\neq j)}^{N}\boldsymbol{T}_{ij}\tag{4.33}$$

电磁编队系统实时为每颗卫星提供控制动力，卫星两两之间产生电磁作用，其中一颗卫星的电流发生改变会对其余所有卫星产生影响。这种卫星间的动力学耦

合作用为控制器的设计和磁矩分配带来了较大的挑战。使用频分复用策略可实现卫星的动力学解耦。

频分复用方法的描述如下。考虑两个随振幅变化的余弦信号 $A_1(t)\cos(\omega_1 t+\phi_1)$ 和 $A_2(t)\cos(\omega_2 t+\phi_2)$，则两函数的乘积为

$$
\begin{aligned}
&A_1(t)\cos(\omega_1 t+\phi_1)A_2(t)\cos(\omega_2 t+\phi_2)\\
&=\frac{A_1(t)A_2(t)}{2}[\cos(\omega_1 t-\omega_2 t+\phi_1-\phi_2)+\cos(\omega_1 t+\omega_2 t+\phi_1+\phi_2)]
\end{aligned}
\tag{4.34}
$$

因此，当余弦信号频率 ω_1、ω_2 足够高时，在每个周期 T 内，$A_1(t)A_2(t)$ 基本不变化，因此式(4.34)在一个周期内平均值可近似表示为[89]

$$
\begin{aligned}
&\frac{1}{T}\int_0^T A_1(t)A_2(t)\cos(\omega_1 t+\phi_1)\cos(\omega_2 t+\phi_2)\mathrm{d}t\\
&\approx\begin{cases}\dfrac{A_1(t)A_2(t)}{2}\cos(\phi_1-\phi_2), & \omega_1=\omega_2\\ 0, & \omega_1\neq\omega_2\end{cases}
\end{aligned}
\tag{4.35}
$$

式中

$$
T=\begin{cases}\dfrac{\pi}{\omega_1}, & \omega_1=\omega_2\\ \dfrac{2\pi N_+}{(\omega_i+\omega_j)}=\dfrac{2\pi N_-}{(\omega_i-\omega_j)}(N_+,N_-\in \mathrm{Z}), & \omega_1\neq\omega_2\end{cases}
$$

从式(4.35)可看出，当 $\omega_1=\omega_2$ 时，两余弦信号乘积的平均值与两信号的相位差相关；当 $\omega_1\neq\omega_2$ 时，两余弦信号乘积的平均值几乎为 0。

为了方便分析电磁远场模型中两磁矩之间的关系，引入电磁坐标系。电磁坐标系可由卫星 j 的本体坐标系按 3-2 的顺序绕欧拉角(η_j，$-\lambda_j$)旋转得到，其中 $\lambda_j\in\left[-\frac{\pi}{2},\frac{\pi}{2}\right]$，$\eta_j\in[-\pi,\pi]$，双星相对位置矢量在卫星 j 的本体坐标系中表示为 $\boldsymbol{r}_{ij}^j=[r_{ijx}^j\quad r_{ijy}^j\quad r_{ijz}^j]^{\mathrm{T}}$，在电磁坐标系中表示为 $\boldsymbol{r}_{ij}^{\mathrm{EM}}=[d_{ij}\quad 0\quad 0]^{\mathrm{T}}$，则存在坐标转换关系为

$$
r_{ijx}^j=d_{ij}\cos\lambda_j\cos\eta_j,\quad r_{ijy}^j=d_{ij}\cos\lambda_j\sin\eta_j,\quad r_{ijz}^j=d_{ij}\sin\lambda_j
\tag{4.36}
$$

式中，$\lambda_j=\arcsin\dfrac{r_{ijz}^j}{d_{ij}}$，$\eta_j=\arctan\dfrac{r_{ijy}^j}{r_{ijx}^j}$。

本体坐标系到电磁坐标系的旋转可用四元数表示为

$$
\boldsymbol{q}_{\mathrm{EM}j}=\boldsymbol{q}_z(\eta_j)\circ\boldsymbol{q}_y(-\lambda_j)
$$

设两卫星的磁矩在电磁模型在电磁坐标系中表示为 $\boldsymbol{\mu}_i=[\mu_{ix}\quad\mu_{iy}\quad\mu_{iz}]^{\mathrm{T}}$，$\boldsymbol{\mu}_j=[\mu_{jx}\quad\mu_{jy}\quad\mu_{jz}]^{\mathrm{T}}$，则卫星 j 所受到的来自卫星 $\boldsymbol{i}$ 的电磁力/力矩为

$$\boldsymbol{F}_{ij}^{\mathrm{EM}}=\frac{3\mu_0}{4\pi d_{ij}^4}\begin{bmatrix}\mu_{iy}\mu_{jy}-2\mu_{ix}\mu_{jx}+\mu_{iz}\mu_{jz}\\ \mu_{ix}\mu_{jy}+\mu_{iy}\mu_{jx}\\ \mu_{ix}\mu_{jz}+\mu_{iz}\mu_{jx}\end{bmatrix},\boldsymbol{\tau}_{ij}^{\mathrm{EM}}=\frac{\mu_0}{4\pi d_{ij}^3}\begin{bmatrix}\mu_{iy}\mu_{jz}-\mu_{iz}\mu_{jy}\\ 2\mu_{ix}\mu_{jz}+\mu_{iz}\mu_{jx}\\ -2\mu_{ix}\mu_{jy}-\mu_{iy}\mu_{jx}\end{bmatrix} \tag{4.37}$$

直流驱动的 EMFF 的电磁力矩伴随电磁力产生，具有不可控性。以双星系统为例进行说明。令 $\boldsymbol{\mu}_i=[m_1\quad m_2\quad m_3]^{\mathrm{T}}$，$\boldsymbol{\mu}_j=[m_4\quad m_5\quad m_6]^{\mathrm{T}}$，$\boldsymbol{F}_{ij}^{\mathrm{EM}}=\frac{3\mu_0}{4\pi d_{ij}^4}[c_1\quad c_2\quad c_3]^{\mathrm{T}}$，$\boldsymbol{\tau}_{ij}^{\mathrm{EM}}=\frac{\mu_0}{4\pi d_{ij}^3}[c_4\quad c_5\quad c_6]^{\mathrm{T}}$，根据式(4.37)可得方程组为

$$\begin{cases}m_1m_6=c_5-c_3\\ m_1m_5=-c_2-c_6\\ m_2m_4=2c_2+c_6\\ m_3m_4=2c_3-c_5\\ m_2m_6-m_3m_5=c_4\\ m_2m_5-2m_1m_4+m_3m_6=c_1\end{cases} \tag{4.38}$$

从方程组(4.38)的第 1 和第 2 个方程可看出，当 $c_5-c_3\neq 0$ 或者 $c_2+c_6\neq 0$ 时，$m_1\neq 0$，此时 $m_6=\frac{c_5-c_3}{m_1}$，$m_5=\frac{-c_2-c_6}{m_1}$。从方程组(4.38)的第 3 和第 4 个方程可看出，当 $2c_2+c_6\neq 0$ 或者 $2c_3-c_5\neq 0$ 时，$m_4\neq 0$，此时 $m_2=\frac{2c_2+c_6}{m_4}$，$m_3=\frac{2c_3-c_5}{m_4}$。

因此，当 $m_1m_4\neq 0$ 时，方程组(4.38)的第 5 和第 6 个方程可表示为

$$\begin{cases}m_2m_6-m_3m_5=\dfrac{(2c_2+c_6)(c_5-c_3)-(2c_3-c_5)(-c_2-c_6)}{m_1m_4}=\dfrac{c_2c_5+c_3c_6}{m_1m_4}=c_4\\ m_2m_5-2m_1m_4+m_3m_6=\dfrac{(2c_2+c_6)(-c_2-c_6)+(2c_3-c_5)(c_5-c_3)}{m_1m_4}-2m_1m_4=c_1\end{cases} \tag{4.39}$$

从式(4.39)可看出，m_1m_4 同时为两个方程的唯一自变量，只有当

$$-(2c_2+c_6)(c_2+c_6)c_4^2+(2c_3-c_5)(c_5-c_3)c_4^2-2(c_2c_5+c_3c_6)^2=c_1c_4(c_2c_5+c_3c_6)$$

成立时，m_1m_4 才有解。

当 $m_1=0$，$m_4\neq 0$ 时，方程组(4.38)需满足 $c_5-c_3=0$，$c_2+c_6=0$，$2c_2+c_6\neq 0$ 或者 $2c_3-c_5\neq 0$，此时方程组(4.38)可化简为

$$
\begin{cases}
m_2m_4=c_2\\
m_3m_4=c_3\\
m_2m_6-m_3m_5=c_4\\
m_2m_5+m_3m_6=c_1
\end{cases}
\tag{4.40}
$$

此时方程组(4.40)有4个方程、5个变量，选择 m_4 作为自由变量，则 $m_2=\dfrac{c_2}{m_4}$，$m_3=\dfrac{c_3}{m_4}$，$m_5=\dfrac{c_2c_1-c_3c_4}{c_2^2+c_3^2}m_4$，$m_6=\dfrac{c_2c_4+c_3c_1}{c_2^2+c_3^2}m_4$。

当 $m_1\neq0$，$m_4=0$ 时，方程组(4.38)需满足 $2c_2+c_6=0$，$2c_3-c_5=0$，$c_5-c_3\neq0$ 或者 $c_2+c_6\neq0$，有

$$
\begin{cases}
m_1m_6=c_3\\
m_1m_5=c_2\\
m_2m_6-m_3m_5=c_4\\
m_2m_5+m_3m_6=c_1
\end{cases}
\tag{4.41}
$$

此时方程组(4.41)有4个方程、5个变量，选择 m_1 作为自由变量，则 $m_5=\dfrac{c_2}{m_1}$，$m_6=\dfrac{c_3}{m_1}$，$m_2=\dfrac{c_2c_1+c_3c_4}{c_2^2+c_3^2}m_1$，$m_3=\dfrac{c_3c_1-c_2c_4}{c_2^2+c_3^2}m_1$。

当 $m_1=0$，$m_4=0$ 时，方程组(4.38)需满足 $c_5-c_3=0$，$c_2+c_6=0$，$2c_2+c_6=0$，$2c_3-c_5=0$ 成立，即 $c_2=c_3=c_5=c_6=0$，有

$$
\begin{cases}
m_2m_6-m_3m_5=c_4\\
m_2m_5+m_3m_6=c_1
\end{cases}
\tag{4.42}
$$

此时方程组(4.42)有2个方程、4个变量，选择 m_2、m_3 作为自由变量，则 $m_5=\dfrac{m_2c_1-m_3c_4}{m_2^2+m_3^2}$，$m_6=\dfrac{m_2c_4+m_3c_1}{m_2^2+m_3^2}$。

综上所述，只有当 $\{c_1,c_2,\cdots,c_6\}$ 满足一定的条件时，方程组(4.38)才有解。因此，直流驱动的EMFF不能产生任意的电磁力和电磁力矩。

相对于直流驱动来说，频分复用方法可以通过频率控制为系统引入更多的变量，从而使得电磁力/力矩同时可控成为可能。从式(4.37)可看出，电磁力和电磁力矩的表达式均包括卫星磁矩分量的乘积，当对磁矩进行交流调制时，通过频率控制可以选择性地消除某些磁矩分量的乘积项。本书设计了一种卫星磁矩频率分配方法，并给出了同时满足电磁力/力矩方程的解析解。下面以一组卫星对为例进行说明。

$$
\begin{cases}
\boldsymbol{\mu}_i=\mu_{i1}\cos(\omega_{ij1}t)+\mu_{i2}\cos(\omega_{ij2}t)\\
\boldsymbol{\mu}_j=\mu_{j1}\cos(\omega_{ij1}t)+\mu_{j2}\cos(\omega_{ij2}t)
\end{cases}
\tag{4.43}
$$

式中，$\omega_{ij1}\neq\omega_{ij2}$。

由于使用时变的交流信号进行控制是复杂的，为了简化控制，使用一个周期内的平均电磁力/力矩代替实时的电磁力/力矩来控制电磁编队飞行。根据式(4.34)、式(4.37)、式(4.43)可得

$$\begin{bmatrix}\dfrac{8\pi d_{ij}^4}{3\mu_0}\boldsymbol{F}_{\text{avg}ij}^{\text{EM}}\\ \dfrac{8\pi d_{ij}^3}{\mu_0}\boldsymbol{\tau}_{\text{avg}ij}^{\text{EM}}\end{bmatrix}=\begin{bmatrix}\mu_{i1y}\mu_{j1y}-2\mu_{i1x}\mu_{j1x}+\mu_{i1z}\mu_{j1z}+\mu_{i2y}\mu_{j2y}-2\mu_{i2x}\mu_{j2x}+\mu_{i2z}\mu_{j2z}\\ \mu_{i1x}\mu_{j1y}+\mu_{i1y}\mu_{j1y}+\mu_{i2x}\mu_{j2y}+\mu_{i2y}\mu_{j2y}\\ \mu_{i1x}\mu_{j1z}+\mu_{i1z}\mu_{j1x}+\mu_{i2x}\mu_{j2z}+\mu_{i2z}\mu_{j2x}\\ \mu_{i1y}\mu_{j1z}-\mu_{i1z}\mu_{j1y}+\mu_{i2y}\mu_{j2z}-\mu_{i2z}\mu_{j2y}\\ 2\mu_{i1x}\mu_{j1z}+\mu_{i1z}\mu_{j1x}+2\mu_{i2x}\mu_{j2z}+\mu_{i2z}\mu_{j2x}\\ -2\mu_{i1x}\mu_{j1y}-\mu_{i1y}\mu_{j1x}-2\mu_{i2x}\mu_{j2y}-\mu_{i2y}\mu_{j2x}\end{bmatrix}\tag{4.44}$$

令$\dfrac{8\pi d_{ij}^4}{3\mu_0}\boldsymbol{F}_{\text{avg}ij}^{\text{EM}}=[c_1\quad c_2\quad c_3]^{\text{T}}$，$\dfrac{8\pi d_{ij}^3}{\mu_0}\boldsymbol{\tau}_{\text{avg}ij}^{\text{EM}}=[c_4\quad c_5\quad c_6]^{\text{T}}$，$\boldsymbol{\mu}_{i1}=[a_1\quad a_2\quad a_3]^{\text{T}}$，$\boldsymbol{\mu}_{j1}=[a_4\quad a_5\quad a_6]^{\text{T}}$，$\boldsymbol{\mu}_{i2}=[b_1\quad b_2\quad b_3]^{\text{T}}$，$\boldsymbol{\mu}_{j2}=[b_4\quad b_5\quad b_6]^{\text{T}}$，引入设计变量$\{d_1,d_2,\cdots,d_6\}$，式(4.44)可整理为以下方程组：

$$\begin{cases}a_1a_6=d_1\\ a_1a_5=d_2\\ a_2a_4=d_3\\ a_3a_4=d_4\\ a_2a_6-a_3a_5=d_5\\ a_2a_5-2a_1a_4+a_3a_6=d_6\end{cases}\qquad\begin{cases}b_1b_6=c_5-c_3-d_1\\ b_1b_5=-c_2-c_6-d_2\\ b_2b_4=2c_2+c_6-d_3\\ b_3b_4=2c_3-c_5-d_4\\ b_2b_6-b_3b_5=c_4-d_5\\ b_2b_5-2b_1b_4+b_3b_6=c_1-d_6\end{cases}\tag{4.45}$$

根据对方程组(4.38)的求解分析，为使方程组(4.45)有解，可设计$\{d_1,d_2,\cdots,d_6\}$满足一定的约束。为了简单起见，可令$d_1=c_5-c_3$，$d_2=-c_2-c_6$，$d_3=d_4=0$，此时方程组(4.45)可化简为

$$\begin{cases}a_1a_6=c_5-c_3\\ a_1a_5=-c_2-c_6\\ a_2a_4=0\\ a_3a_4=0\\ a_2a_6-a_3a_5=d_5\\ a_2a_5-2a_1a_4+a_3a_6=d_6\end{cases}\qquad\begin{cases}b_1b_6=0\\ b_1b_5=0\\ b_2b_4=2c_2+c_6\\ b_3b_4=2c_3-c_5\\ b_2b_6-b_3b_5=c_4-d_5\\ b_2b_5-2b_1b_4+b_3b_6=c_1-d_6\end{cases}\tag{4.46}$$

当$c_3=c_5$，$c_2=-c_6$且c_2、c_3不同时为0时，简单起见，可令$d_5=d_6=0$，此时$\boldsymbol{\mu}_{i1}=\boldsymbol{\mu}_{j1}=0$，$b_1=0$，$b_2=\dfrac{c_2}{b_4}$，$b_3=\dfrac{c_3}{b_4}$，$b_5=\dfrac{c_2c_1-c_3c_4}{c_2^2+c_3^2}b_4$，$b_6=\dfrac{c_2c_4+c_3c_1}{c_2^2+c_3^2}b_4$为方程组的一组解，其中$b_4$是自由变量。

当 $2c_2+c_6=0$，$2c_3-c_5=0$ 且 c_2、c_3 不同时为 0 时，简单起见，可令 $d_5=c_4$，$d_6=c_1$，此时 $\boldsymbol{\mu}_{i2}=\boldsymbol{\mu}_{j2}=0$，$a_4=0$，$a_5=\dfrac{c_2}{a_1}$，$a_6=\dfrac{c_3}{a_1}$，$a_2=\dfrac{c_2c_1+c_3c_4}{c_2^2+c_3^2}a_1$，$a_3=\dfrac{c_3c_1-c_2c_4}{c_2^2+c_3^2}a_1$ 为方程组的一组解，其中 a_1 是自由变量。

当 $c_2=c_3=c_5=c_6=0$ 时，简单起见，可令 $d_5=c_4$，$d_6=c_1$，此时，$\boldsymbol{\mu}_{i2}=\boldsymbol{\mu}_{j2}=0$，$a_1=a_4=0$，$a_5=\dfrac{a_2c_1-a_3c_4}{a_2^2+a_3^2}$，$a_6=\dfrac{a_2c_4+a_3c_1}{a_2^2+a_3^2}$ 为方程组的一组解，其中 a_2、a_3 是自由变量。

当 c_5-c_3、c_2+c_6 不同时为 0，且 $2c_2+c_6$、$2c_3-c_5$ 不同时为 0 时，此时 $a_4=0$，$a_5=\dfrac{-c_2-c_6}{a_1}$，$a_6=\dfrac{c_5-c_3}{a_1}$，$a_2=\dfrac{(c_5-c_3)d_5-(c_2+c_6)d_6}{(c_5-c_3)^2+(c_2+c_6)^2}a_1$，$a_3=\dfrac{(c_2+c_6)d_5+(c_5-c_3)d_6}{(c_5-c_3)^2+(c_2+c_6)^2}a_1$，$b_1=0$，$b_2=\dfrac{2c_2+c_6}{b_4}$，$b_3=\dfrac{2c_3-c_5}{b_4}$，$b_5=\dfrac{(2c_2+c_6)(c_1-d_6)-(2c_3-c_5)(c_4-d_5)}{(2c_3-c_5)^2+(2c_2+c_6)^2}b_4$，$b_6=\dfrac{(2c_2+c_6)(c_4-d_5)+(2c_3-c_5)(c_1-d_6)}{(2c_3-c_5)^2+(2c_2+c_6)^2}b_4$ 为方程组的一组解，其中 a_1、b_4、d_5、d_6 是自由变量。

频分复用方法的频率控制带来更多控制变量的同时，可以选择性地消除某些磁矩分量的乘积项，从而实现同时控制电磁力/力矩。类似地，频分复用方法也可以通过频率分割消除某些卫星之间的耦合作用，使一颗卫星的有效电磁力仅依赖一颗或者少数其他卫星，从而达到简化系统的平动动力学的目的。另外，卫星电磁编队在近地轨道运行的过程中还受到地磁场的影响，地磁场在电磁卫星处的磁场强度是与地球自转周期、卫星轨道周期相关的周期函数，因此可设置卫星的交流载波频率远大于地磁场强度的变化频率，此时可以消除地磁场对电磁卫星的耦合电磁力/力矩的影响。

采用解耦规则可以降低多星电磁编队动力学的复杂性。将卫星进行分组，每组一个领导者和若干个跟随者，领导者分别与各个跟随者之间产生有效的电磁耦合作用，跟随者之间无有效电磁耦合作用。考虑基于频分复用方法同时控制电磁力/力矩，每个跟随者设置由两个不同频率的交流载波驱动，不同的跟随者之间的交流载波频率不同，每个领导者由多种频率的交流载波（分别对应于其各个跟随者的频率）驱动。

4.2.5 控制器设计

本节针对电磁编队卫星在轨运行期间无法获得精确的速度旋量信息的场景，

采用 ADRC 方法设计了电磁卫星的相对六自由度的跟踪控制器。首先，设计了基于对偶四元数的六自由度状态的扩张状态观测器，实现对速度旋量观测，并利用扩张量实现对系统不确定性和外界干扰的估计和补偿，然后基于观测信息设计误差反馈控制律。此外，基于电磁编队卫星的内力约束特性，本节推导了反作用轮的力矩均衡分布的表示，可有效避免某些反作用轮的角动量快速积累。控制框图如图 4.4 所示。

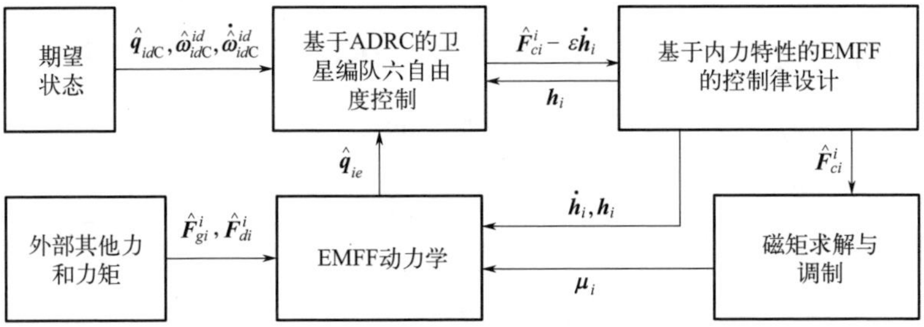

图 4.4　控制框图

(1)自抗扰控制器设计

考虑到电磁编队卫星的对偶惯量矩阵的不确定性，对偶惯量矩阵表示为$\hat{\boldsymbol{M}}_i=\hat{\boldsymbol{M}}_{i0}+\Delta\hat{\boldsymbol{M}}_i$，其中$\hat{\boldsymbol{M}}_{i0}$为标称部分，$\Delta\hat{\boldsymbol{M}}_i$为不确定部分。重新整理式(4.29)、式(4.31)所示的编队卫星 i 的姿轨耦合的误差动力学模型，得到

$$\begin{cases}\dot{\hat{\boldsymbol{q}}}_{iev}=\dfrac{1}{2}\hat{\boldsymbol{\Xi}}_{ie}\cdot\hat{\boldsymbol{\omega}}^{i}_{ie}\\ \dot{\hat{\boldsymbol{\omega}}}^{i}_{ie}=\hat{\boldsymbol{M}}^{-1}_{i0}(\hat{\boldsymbol{F}}^{i}_{ci}-\varepsilon\dot{\boldsymbol{h}}_i)+\hat{\boldsymbol{D}}_i\end{cases}\tag{4.47}$$

式中，$\hat{\boldsymbol{q}}_{iev}$为$\hat{\boldsymbol{q}}_{ie}$的矢量部分；$\hat{\boldsymbol{\Xi}}_{ie}=\hat{q}_{ie0}\cdot\mathbf{I}_3+\hat{\boldsymbol{q}}^{\times}_{iev}$；$\hat{q}_{ie0}$为$\hat{\boldsymbol{q}}_{ie}$的标量部分；$\hat{\boldsymbol{D}}_i$为系统中的干扰项、系统不确定项和非线性项。

$$\hat{\boldsymbol{D}}_i=\hat{\boldsymbol{M}}^{-1}_i[\hat{\boldsymbol{F}}^{i}_i-\varepsilon\dot{\boldsymbol{h}}_i-\hat{\boldsymbol{\omega}}^{i}_i\times(\hat{\boldsymbol{M}}_i\hat{\boldsymbol{\omega}}^{i}_i+\varepsilon\boldsymbol{h}_i)]-\hat{\boldsymbol{q}}^{*}_{iC}\circ\dot{\hat{\boldsymbol{\omega}}}^{C}_{C}\circ\hat{\boldsymbol{q}}_{iC}+\hat{\boldsymbol{\omega}}^{i}_{iC}\times(\hat{\boldsymbol{q}}^{*}_{iC}\circ\hat{\boldsymbol{\omega}}^{C}_{C}\circ\hat{\boldsymbol{q}}_{iC})$$
$$-\hat{\boldsymbol{q}}^{*}_{ie}\circ\dot{\hat{\boldsymbol{\omega}}}^{id}_{idC}\circ\hat{\boldsymbol{q}}_{ie}+\hat{\boldsymbol{\omega}}^{i}_{ie}\times(\hat{\boldsymbol{q}}^{*}_{ie}\circ\hat{\boldsymbol{\omega}}^{id}_{idC}\circ\hat{\boldsymbol{q}}_{ie})-\hat{\boldsymbol{M}}^{-1}_{i0}(\hat{\boldsymbol{F}}^{i}_{ci}-\varepsilon\dot{\boldsymbol{h}}_i)$$

本书的控制目标可以概括为在满足对偶电磁力约束、外界干扰和模型不确定的条件下，消除相对于期望的编队配置的初始误差并跟踪期望编队，即

$$\lim_{t\to\infty}\hat{\boldsymbol{q}}_{ie}(t)=\hat{\mathbf{1}},\quad \lim_{t\to\infty}\hat{\boldsymbol{\omega}}^{i}_{ie}(t)=\hat{\mathbf{0}}\tag{4.48}$$

式中，$\hat{\mathbf{1}}=[1\quad 0\quad 0\quad 0]+\varepsilon[0\quad 0\quad 0\quad 0]$，$\hat{\mathbf{0}}=[0\quad 0\quad 0\quad 0]+\varepsilon[0\quad 0\quad 0\quad 0]$。

当$\hat{\boldsymbol{\Xi}}^{-1}_{ie}$存在，即$\hat{q}_{ie0}\neq 0$时，针对系统(4.47)设计如下三阶扩张状态观测器：

$$\begin{cases}\hat{\boldsymbol{e}}_{i1}=\tilde{\hat{\boldsymbol{q}}}_{iev}-\hat{\boldsymbol{q}}_{iev}\\ \dot{\tilde{\hat{\boldsymbol{q}}}}_{iev}=\dfrac{1}{2}\hat{\boldsymbol{\Xi}}_{ie}\cdot\tilde{\hat{\boldsymbol{\omega}}}_{ie}^{i}-\gamma_{i1}\hat{\boldsymbol{e}}_{i1}\\ \dot{\tilde{\hat{\boldsymbol{\omega}}}}_{ie}^{i}=\hat{\boldsymbol{M}}_{i0}^{-1}(\hat{\boldsymbol{F}}_{ci}^{i}-\varepsilon\dot{\boldsymbol{h}}_{i})+\tilde{\hat{\boldsymbol{D}}}_{i}-\gamma_{i2}(2\hat{\boldsymbol{\Xi}}_{ie}^{-1}\cdot\hat{\boldsymbol{e}}_{i1})\\ \dot{\tilde{\hat{\boldsymbol{D}}}}_{i}=-\gamma_{i3}(2\hat{\boldsymbol{\Xi}}_{ie}^{-1}\cdot\hat{\boldsymbol{e}}_{i1})\end{cases}\tag{4.49}$$

式中，γ_{i1}、γ_{i2}、γ_{i3} 为观测器增益。

令 $\hat{\boldsymbol{e}}_{i1}=\tilde{\hat{\boldsymbol{q}}}_{iev}-\hat{\boldsymbol{q}}_{iev}$，$\hat{\boldsymbol{e}}_{i2}=\tilde{\hat{\boldsymbol{\omega}}}_{ie}^{i}-\hat{\boldsymbol{\omega}}_{ie}^{i}$，$\hat{\boldsymbol{e}}_{i3}=\tilde{\hat{\boldsymbol{D}}}_{i}-\hat{\boldsymbol{D}}_{i}$，可得观测误差动力学方程为

$$\begin{bmatrix}\dot{\hat{\boldsymbol{e}}}_{i1}\\ \dot{\hat{\boldsymbol{e}}}_{i2}\\ \dot{\hat{\boldsymbol{e}}}_{i3}\end{bmatrix}=\begin{bmatrix}-\gamma_{i1}\hat{\mathbf{I}}_{3} & \dfrac{1}{2}\hat{\boldsymbol{\Xi}}_{ie} & \hat{\mathbf{0}}_{3\times3}\\ -2\gamma_{i2}\hat{\boldsymbol{\Xi}}_{ie}^{-1} & \hat{\mathbf{0}}_{3\times3} & \hat{\mathbf{I}}_{3}\\ -2\gamma_{i3}\hat{\boldsymbol{\Xi}}_{ie}^{-1} & \hat{\mathbf{0}}_{3\times3} & \hat{\mathbf{0}}_{3\times3}\end{bmatrix}\begin{bmatrix}\hat{\boldsymbol{e}}_{i1}\\ \hat{\boldsymbol{e}}_{i2}\\ \hat{\boldsymbol{e}}_{i3}\end{bmatrix}+\begin{bmatrix}\hat{\mathbf{0}}_{3\times3}\\ \hat{\mathbf{0}}_{3\times3}\\ \hat{\mathbf{I}}_{3}\end{bmatrix}\dot{\hat{\boldsymbol{D}}}_{i}\tag{4.50}$$

式中，$\hat{\mathbf{I}}_{3}=\mathbf{I}_{3}+\varepsilon\mathbf{0}_{3\times3}$，$\hat{\mathbf{0}}_{3\times3}=\mathbf{0}_{3\times3}+\varepsilon\mathbf{0}_{3\times3}$，$\hat{\boldsymbol{\Xi}}_{ie}^{-1}\cdot\hat{\boldsymbol{\Xi}}_{ie}=\hat{\mathbf{I}}_{3}$。

式(4.49)所表示的状态空间方程的系数矩阵 $\hat{\boldsymbol{K}}$ 为

$$\hat{\boldsymbol{K}}=\begin{bmatrix}-\gamma_{i1}\hat{\mathbf{I}}_{3} & \dfrac{1}{2}\hat{\boldsymbol{\Xi}}_{ie} & \hat{\mathbf{0}}_{3\times3}\\ -2\gamma_{i2}\hat{\boldsymbol{\Xi}}_{ie}^{-1} & \hat{\mathbf{0}}_{3\times3} & \hat{\mathbf{I}}_{3}\\ -2\gamma_{i3}\hat{\boldsymbol{\Xi}}_{ie}^{-1} & \hat{\mathbf{0}}_{3\times3} & \hat{\mathbf{0}}_{3\times3}\end{bmatrix}\tag{4.51}$$

此系统的极点方程可表示为

$$|\lambda\hat{\mathbf{I}}_{9}-\hat{\boldsymbol{K}}|=\begin{vmatrix}(\lambda+\gamma_{i1})\hat{\mathbf{I}}_{3} & -\dfrac{1}{2}\hat{\boldsymbol{\Xi}}_{ie} & \hat{\mathbf{0}}_{3\times3}\\ 2\gamma_{i2}\hat{\boldsymbol{\Xi}}_{ie}^{-1} & \lambda\hat{\mathbf{I}}_{3} & -\hat{\mathbf{I}}_{3}\\ 2\gamma_{i3}\hat{\boldsymbol{\Xi}}_{ie}^{-1} & \hat{\mathbf{0}}_{3\times3} & \lambda\hat{\mathbf{I}}_{3}\end{vmatrix}=(\lambda^{3}+\gamma_{i1}\lambda^{2}+\gamma_{i2}\lambda+\gamma_{i3})^{3}\tag{4.52}$$

简单起见，可设置 $\gamma_{i1}=3\omega_{oi}$，$\gamma_{i2}=3\omega_{oi}^{2}$，$\gamma_{i3}=\omega_{oi}^{3}$，此时 $|\lambda\hat{\mathbf{I}}_{9}-\hat{\boldsymbol{K}}|=(\lambda+\omega_{oi})^{9}$ 是 Hurwitz 多项式，系统式(4.50)是稳定的。在实际情况中，$\hat{\boldsymbol{D}}_{i}$ 与 $\dot{\hat{\boldsymbol{D}}}_{i}$ 均有界，根据文献[144]的分析知，系统式(4.50)的观测器误差也是有界的。

误差反馈控制律设计为

$$\hat{\boldsymbol{F}}_{ci}^{i}-\varepsilon\dot{\boldsymbol{h}}_{i}=\hat{\boldsymbol{M}}_{i0}(-2\hat{k}_{ip}\odot\ln\hat{\boldsymbol{q}}_{ie}-\hat{k}_{id}\odot\tilde{\hat{\boldsymbol{\omega}}}_{ie}^{i}-\tilde{\hat{\boldsymbol{D}}}_{i})\tag{4.53}$$

式中，$\hat{k}_{ip}=k_{iq}+\varepsilon k_{ir}$，$\hat{k}_{id}=k_{i\omega}+\varepsilon k_{iv}$，$k_{iq}=\omega_{\mathrm{cai}}^{2}$，$k_{ir}=\omega_{\mathrm{cti}}^{2}$，$k_{i\omega}=2\omega_{\mathrm{cai}}$，$k_{iv}=2\omega_{\mathrm{cti}}$，$\omega_{\mathrm{cti}}$、$\omega_{\mathrm{cai}}$ 分别为卫星 i 的相对平动运动和姿态运动的控制增益。

(2)反作用轮力矩分配

由于反作用轮加载的角动量在卫星之间不均衡分布会导致某些反作用轮快速

饱和，从而会使得每颗卫星的姿态都无法控制。为了解决这个问题，本书基于电磁编队卫星的内力约束特性，推导了反作用轮的力矩均衡分布的表达式，此时反作用轮的角动量可以实现均衡分布。

假设电磁编队有 n 颗卫星，其中前 m 颗卫星安装了反作用轮。

式(4.21)给出了卫星电磁编队的内力约束特性，这里重写一下。

$$\sum_{i=1}^{n}\hat{\boldsymbol{q}}_{iC}\circ\hat{\boldsymbol{F}}_{ci}^{i}\circ\hat{\boldsymbol{q}}_{iC}^{*}=\sum_{i=1}^{n}Ad_{\hat{\boldsymbol{q}}_{iC}}\hat{\boldsymbol{F}}_{ci}^{i}=0 \tag{4.54}$$

令 $\hat{\boldsymbol{A}}=\begin{bmatrix}Ad_{\hat{\boldsymbol{q}}_{1C}} & Ad_{\hat{\boldsymbol{q}}_{2C}} & \cdots & Ad_{\hat{\boldsymbol{q}}_{nC}}\end{bmatrix}$，$\hat{\boldsymbol{B}}=\begin{bmatrix}Ad_{\hat{\boldsymbol{q}}_{1C}^{*}} & \cdots & Ad_{\hat{\boldsymbol{q}}_{mC}^{*}} & 0\end{bmatrix}^{\mathrm{T}}$，定义 $Ad_{\hat{\boldsymbol{q}}}$ 的矩阵乘法运算为

$$\hat{\boldsymbol{B}}*\hat{\boldsymbol{A}}=\begin{bmatrix}Ad_{\hat{\boldsymbol{q}}_{1C}^{*}}Ad_{\hat{\boldsymbol{q}}_{1C}} & Ad_{\hat{\boldsymbol{q}}_{1C}^{*}}Ad_{\hat{\boldsymbol{q}}_{2C}} & \cdots & Ad_{\hat{\boldsymbol{q}}_{1C}^{*}}Ad_{\hat{\boldsymbol{q}}_{nC}}\\ \vdots & \vdots & & \vdots\\ Ad_{\hat{\boldsymbol{q}}_{mC}^{*}}Ad_{\hat{\boldsymbol{q}}_{1C}} & Ad_{\hat{\boldsymbol{q}}_{mC}^{*}}Ad_{\hat{\boldsymbol{q}}_{2C}} & \cdots & Ad_{\hat{\boldsymbol{q}}_{mC}^{*}}Ad_{\hat{\boldsymbol{q}}_{nC}}\\ 0 & 0 & \cdots & 0\end{bmatrix} \tag{4.55}$$

进一步可得

$$\hat{\boldsymbol{A}}*(\hat{\boldsymbol{B}}*\hat{\boldsymbol{A}})=m\hat{\boldsymbol{A}} \tag{4.56}$$

则 $\hat{\boldsymbol{A}}-\hat{\boldsymbol{A}}*\dfrac{(\hat{\boldsymbol{B}}*\hat{\boldsymbol{A}})}{m}=0$。

令 $\hat{\boldsymbol{G}}_i=\hat{\boldsymbol{M}}_{i0}(-2k_{ip}\ln\hat{\boldsymbol{q}}_{ie}-k_{id}\tilde{\hat{\boldsymbol{\omega}}}_{ie}^{i}-\tilde{\hat{\boldsymbol{D}}}_i)$，根据式(4.53)得

$$\hat{\boldsymbol{F}}_{ci}^{i}-\varepsilon\dot{\boldsymbol{h}}_i=\hat{\boldsymbol{G}}_i \tag{4.57}$$

由于电磁力为系统内力，系统质心处的电磁合力满足 $\sum_{i=1}^{n}Ad_{\boldsymbol{q}_{iC}}\boldsymbol{F}_{ci}=0$，电磁合力矩满足 $\sum_{i=1}^{n}(\boldsymbol{r}_{iC}^{C}\times\boldsymbol{F}_{ci}^{C}+\boldsymbol{\tau}_{ci}^{C})=0$。当系统质心受到的合外力矩为 0 时，通过合理设计反馈控制可以使得 $\sum_{i=1}^{n}Ad_{\hat{\boldsymbol{q}}_{iC}}\hat{\boldsymbol{G}}_i=0$，此时电磁编队系统仅通过星间电磁耦合作用就能够进行六自由度控制。实际情况下，电磁卫星受到地球摄动、大气摄动以及光压等外界干扰，使得系统质心受到的合外力矩一般不为 0，此时系统至少需要安装一组反作用轮用来抵消剩余的合外力矩。

设计反作用轮的控制力矩为

$$\begin{bmatrix} \varepsilon\dot{\boldsymbol{h}}_1 \\ \vdots \\ \varepsilon\dot{\boldsymbol{h}}_m \\ 0 \end{bmatrix} = -\frac{\hat{\boldsymbol{B}} * \hat{\boldsymbol{A}}}{m} \begin{bmatrix} \hat{\boldsymbol{G}}_1 \\ \hat{\boldsymbol{G}}_2 \\ \vdots \\ \hat{\boldsymbol{G}}_n \end{bmatrix} \tag{4.58}$$

根据式(4.58)可得 $\varepsilon\dot{\boldsymbol{h}}_j = -\frac{Ad_{\hat{\boldsymbol{q}}_{jC}^*}}{m}\sum_{i=1}^{n} Ad_{\hat{\boldsymbol{q}}_{iC}}\hat{\boldsymbol{G}}_i$，此时 $Ad_{\hat{\boldsymbol{q}}_{jC}}(\varepsilon\dot{\boldsymbol{h}}_j) = -\frac{\left(\sum_{i=1}^{n} Ad_{\hat{\boldsymbol{q}}_{iC}}\hat{\boldsymbol{G}}_i\right)}{m}$，即每个反作用轮的力矩在轨道坐标系中有相同的表示，因此当卫星的姿态均达到一致时，反作用轮的角动量增量可以实现均衡分布。此时，有

$$\sum_{i=1}^{n} Ad_{\hat{\boldsymbol{q}}_{iC}}\hat{\boldsymbol{F}}_{ci}^{i} = \hat{\boldsymbol{A}}\begin{bmatrix} \hat{\boldsymbol{F}}_{c1}^{1} \\ \hat{\boldsymbol{F}}_{c2}^{2} \\ \vdots \\ \hat{\boldsymbol{F}}_{cn}^{n} \end{bmatrix} = \hat{\boldsymbol{A}}\begin{bmatrix} \hat{\boldsymbol{G}}_1 \\ \hat{\boldsymbol{G}}_2 \\ \vdots \\ \hat{\boldsymbol{G}}_n \end{bmatrix} + \hat{\boldsymbol{A}}\begin{bmatrix} \varepsilon\dot{\boldsymbol{h}}_1 \\ \vdots \\ \varepsilon\dot{\boldsymbol{h}}_m \\ 0 \end{bmatrix} = \left(\hat{\boldsymbol{A}} - \frac{\hat{\boldsymbol{A}} * \hat{\boldsymbol{B}} * \hat{\boldsymbol{A}}}{m}\right)\begin{bmatrix} \hat{\boldsymbol{G}}_1 \\ \hat{\boldsymbol{G}}_2 \\ \vdots \\ \hat{\boldsymbol{G}}_n \end{bmatrix} = 0 \tag{4.59}$$

即满足 $\sum_{i=1}^{n} Ad_{\hat{\boldsymbol{q}}_{iC}}\hat{\boldsymbol{F}}_{ci}^{i} = 0$。

4.2.6 仿真分析

本节给出五星的电磁编队飞行的数值仿真来验证所提的六自由度动力学模型和控制器的有效性。假设卫星电磁编队质心运行在 700km 高度的圆轨道上，系统的质心不受扰动影响，即系统的质心所受合外力为 0。每颗卫星的质量为 100kg，惯量矩阵为 $\boldsymbol{J}_{\mathrm{b}} = \mathrm{diag}(20, 17, 24)$，电磁线圈的最大磁矩为 $\mu_{\max} = 10^5\,\mathrm{A \cdot m^2}$。假设卫星的惯性不确定性为 $\Delta\boldsymbol{J}_{\mathrm{b}} = \mathrm{diag}(1, -2, 3)$，电磁卫星受到外界干扰力矩为 $\boldsymbol{\tau}_{\mathrm{d}} = 0.01 \times \left[\sin\left(\omega_0 t + \frac{\pi}{3}\right) \quad -\sin(\omega_0 t) \quad \cos(\omega_0 t)\right]^{\mathrm{T}} \mathrm{N \cdot m}$。

空间干涉任务要求卫星的本体系均可指向一致的方向，假设卫星指向均与系统的质心轨道坐标系方向一致。设计编队构型为圆形编队，编队卫星的自旋轴在轨道坐标系中表示为 $\boldsymbol{n}^{\mathrm{C}} = \left[\frac{\sqrt{3}}{2} \quad -\frac{1}{2} \quad 0\right]^{\mathrm{T}}$，卫星的相对运动周期为 $T_{\mathrm{C}} = 5\mathrm{h}$，相对旋转角速度为 $\omega_{\mathrm{s}} = \frac{2\pi}{T_{\mathrm{C}}}$。设计卫星的相对位置矢量在辅助坐标系中的表示为

$$\begin{cases} \boldsymbol{r}_{1dC}^{A} = [0 \quad 0 \quad 0]^{\mathrm{T}}\mathrm{m} \\ \boldsymbol{r}_{2dC}^{A} = 20 \times [\cos(\omega t) \quad \sin(\omega t) \quad 0]^{\mathrm{T}}\mathrm{m} \\ \boldsymbol{r}_{3dC}^{A} = 20 \times [-\sin(\omega t) \quad \cos(\omega t) \quad 0]^{\mathrm{T}}\mathrm{m} \\ \boldsymbol{r}_{4dC}^{A} = 20 \times [-\cos(\omega t) \quad -\sin(\omega t) \quad 0]^{\mathrm{T}}\mathrm{m} \\ \boldsymbol{r}_{5dC}^{A} = 20 \times [\sin(\omega t) \quad -\cos(\omega t) \quad 0]^{\mathrm{T}}\mathrm{m} \end{cases}$$

假设卫星初始的相对位置和姿态分别为

$$\begin{cases} \boldsymbol{p}_{1e}^{\mathrm{C}}(0) = [2 \quad -0.5 \quad 1]^{\mathrm{T}}\mathrm{m} \\ \boldsymbol{p}_{2e}^{\mathrm{C}}(0) = [-2.5 \quad -1 \quad -0.5]^{\mathrm{T}}\mathrm{m} \\ \boldsymbol{p}_{3e}^{\mathrm{C}}(0) = [1.5 \quad -2.5 \quad -0.5]^{\mathrm{T}}\mathrm{m} \\ \boldsymbol{p}_{4e}^{\mathrm{C}}(0) = [-2.5 \quad 2.5 \quad 1]^{\mathrm{T}}\mathrm{m} \\ \boldsymbol{p}_{5e}^{\mathrm{C}}(0) = [1.5 \quad 1.5 \quad -1]^{\mathrm{T}}\mathrm{m} \end{cases} \qquad \begin{cases} \boldsymbol{q}_{1\mathrm{C}} = [0.8 \quad 0.4 \quad 0.2 \quad -0.4] \\ \boldsymbol{q}_{2\mathrm{C}} = [0.7 \quad 0.1 \quad -0.5 \quad 0.5] \\ \boldsymbol{q}_{3\mathrm{C}} = [0.9 \quad -0.1 \quad 0.3 \quad -0.3] \\ \boldsymbol{q}_{4\mathrm{C}} = [0.9 \quad 0.3 \quad 0.3 \quad 0.1] \\ \boldsymbol{q}_{5\mathrm{C}} = [0.8 \quad 0.4 \quad -0.4 \quad 0.2] \end{cases}$$

选择卫星 1 为领导者，其余卫星为其跟随者。设计交流载波的控制频率为 $\omega_{121}=10\mathrm{Hz}$，$\omega_{122}=20\mathrm{Hz}$，$\omega_{131}=30\mathrm{Hz}$，$\omega_{132}=40\mathrm{Hz}$，$\omega_{141}=50\mathrm{Hz}$，$\omega_{142}=60\mathrm{Hz}$，$\omega_{151}=70\mathrm{Hz}$，$\omega_{152}=80\mathrm{Hz}$。根据频分复用方法的解耦规则，卫星的磁矩表示为 $\boldsymbol{\mu}_1=\sum_{j=2}^{5}[\boldsymbol{\mu}_{1j1}\cos(\omega_{1j1}t)+\boldsymbol{\mu}_{1j2}\cos(\omega_{1j2}t)]$，$\boldsymbol{\mu}_j=\boldsymbol{\mu}_{j1}\cos(\omega_{1j1}t)+\boldsymbol{\mu}_{j2}\cos(\omega_{1j2}t)$，其中 $j=2,3,4,5$。针对卫星 i 设计的观测器参数为 $\omega_{oi}=3$，误差反馈增益参数为 $\omega_{cti}=0.01$，$\omega_{cai}=0.01$。

由于在地球轨道运行 EMFF 系统的质心受到的合外力矩不为 0，编队卫星跟踪期望的姿态至少需要在 3 个独立轴上安装反作用轮用于抵消剩余力矩。

仿真 1：为了便于物理上的实现，设计系统仅在领航卫星上安装 1 组反作用轮。EMFF 的相对六自由度控制仿真结果如图 4.5～图 4.9 所示。图 4.5 中虚线给出了期望的电磁编队三维构型曲线，实线分别为 5 颗卫星相对编队质心运动轨迹，其中初始位置用空心圆标记。

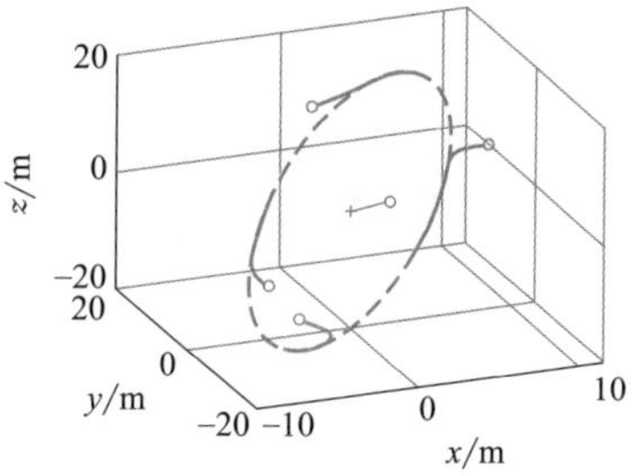

图 4.5　卫星电磁编队构型

利用式(4.49)所示的 ESO 对速度旋量进行观测。图 4.6 给出了仿真过程中相对线速度和角速度观测误差变化曲线。由图可看出，相对线速度和角速度的观测误差逐步收敛至期望值。仿真结果表明，所提 ESO 能以较高的精度对电磁卫星的相对速度旋量进行估计。

图 4.7 给出了 EMFF 相对六自由度的跟踪误差控制曲线。由图可以看出，相对位置误差、相对姿态四元数误差、相对速度误差和相对姿态角速度误差变化平

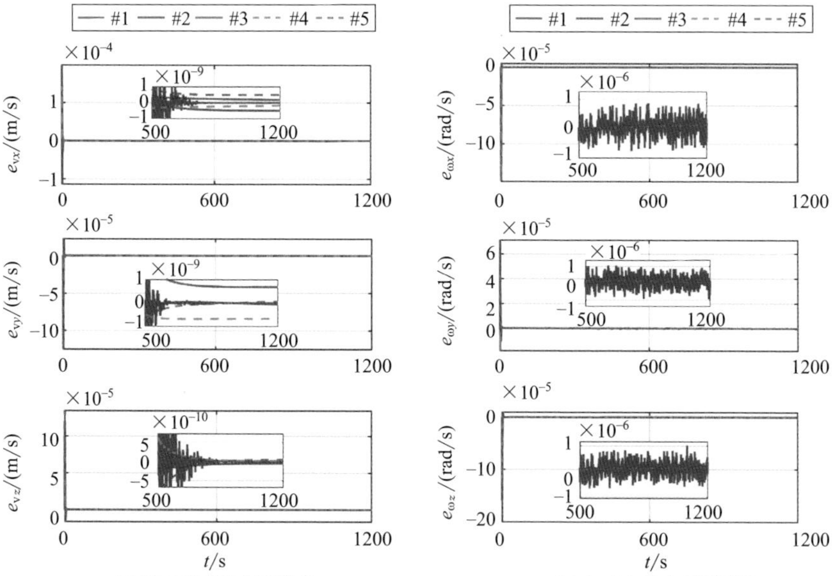

(a) 相对线速度观测误差　　(b) 相对角速度观测误差

图 4.6　电磁卫星相对速度旋量的观测误差变化曲线

稳，逐渐收敛到 0，表明控制器很好地跟踪了期望轨迹。数值仿真验证了控制器设计的可行性和有效性。

图 4.8 给出了各卫星所需的控制力、控制力矩、卫星 1 上的反作用轮力矩和角动量变化曲线。由图可以看出，仅在一颗卫星上安装反作用轮可以实现 EMFF 在

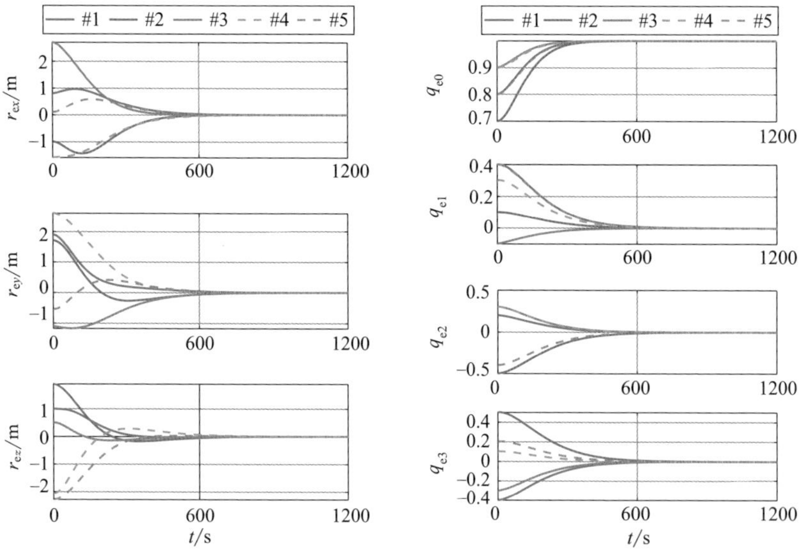

(a) 相对位置误差　　(b) 相对姿态四元数误差

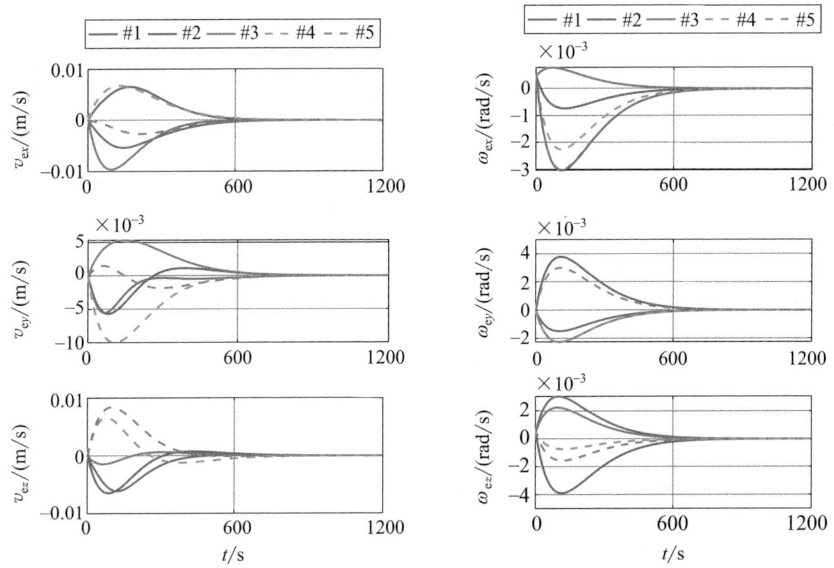

(c) 相对速度误差　　(d) 相对姿态角速度误差

图 4.7　EMFF 相对六自由度的跟踪误差控制曲线

地球轨道上的相对六自由度控制，反作用轮是用来抵消掉电磁编队系统的合外力矩的。

图 4.9 给出了卫星的磁矩变化曲线，磁矩各分量均转换到各卫星的本体坐标系中表示。从仿真结果可看出，所有磁矩分量都符合上界，因此磁矩设计和求解方

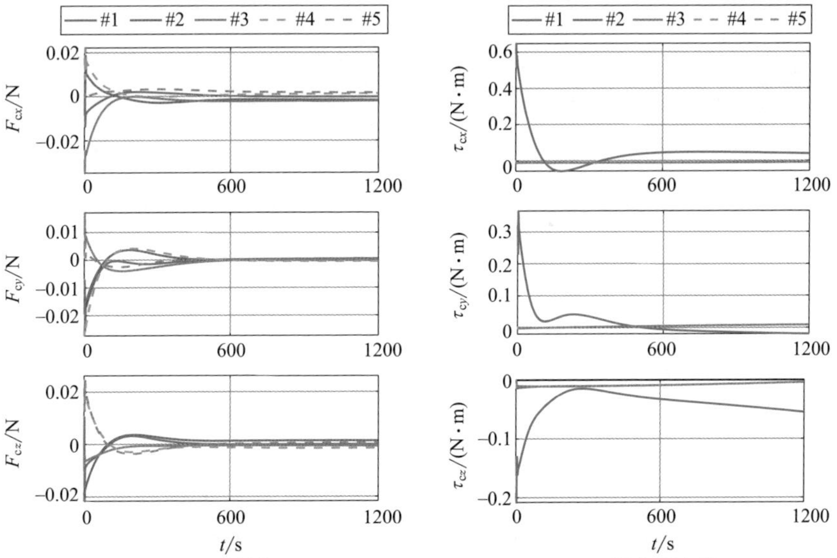

(a) 控制力　　(b) 控制力矩

图 4.8

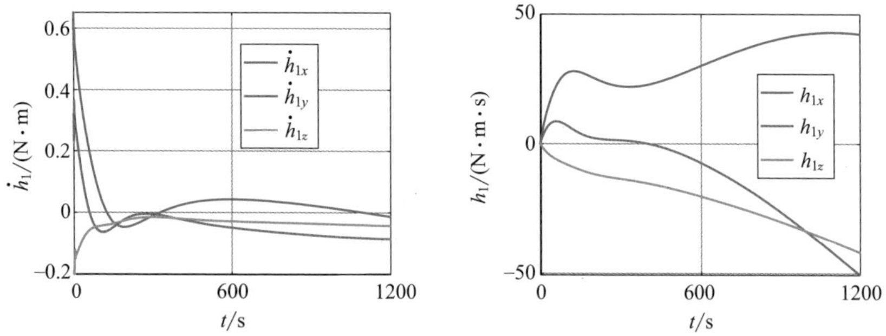

(c) 反作用轮力矩　　(d) 反作用轮角动量

图 4.8　控制力、控制力矩和卫星 1 上的反作用轮力矩、角动量变化曲线

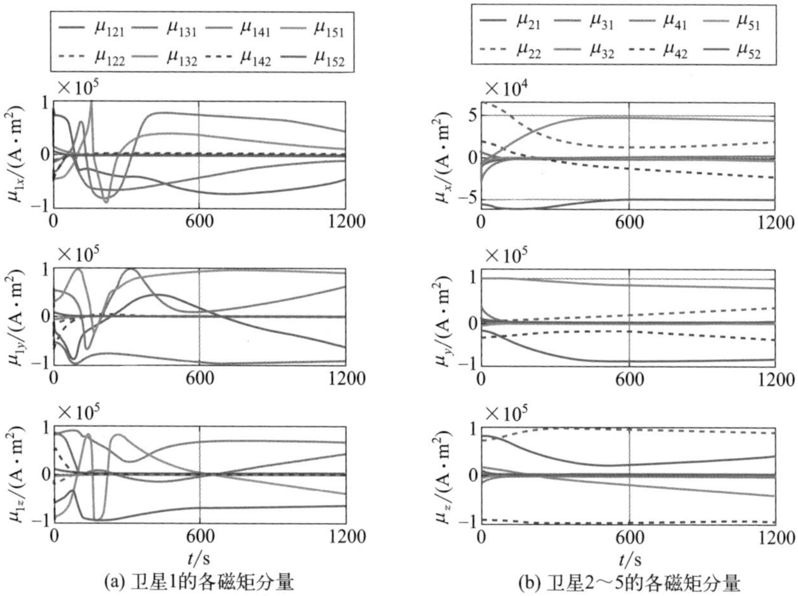

(a) 卫星1的各磁矩分量　　(b) 卫星2～5的各磁矩分量

图 4.9　卫星磁矩变化曲线

案是可行的。

仿真 2:为了验证式(4.58)可以均衡反作用轮的力矩分配,避免角动量在某些反作用轮上快速积累,设计在 5 颗卫星上均安装 1 组反作用轮。图 4.10 给出了 EMFF 相对六自由度的跟踪误差控制曲线。

图 4.11 给出了各卫星所需的控制力、控制力矩、反作用轮力矩和反作用轮角动量变化曲线。从图中可看出,当编队卫星的姿态均达到期望姿态后,各个反作用轮的力矩在卫星的本体坐标系均衡分布,从而使得卫星姿态保持的过程中各个反

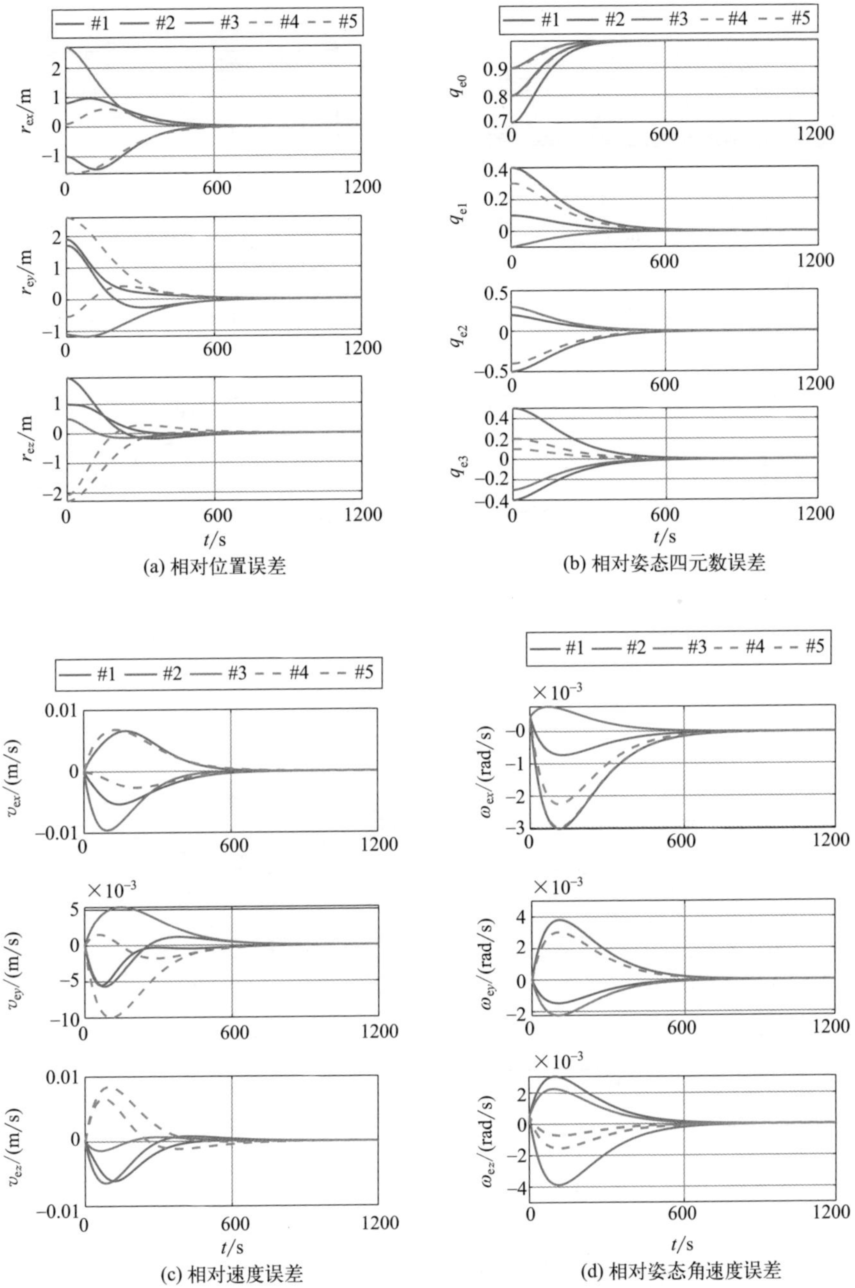

图 4.10　EMFF 相对六自由度的跟踪误差控制曲线

作用轮的角动量增量几乎相等。与图 4.8(c)、(d)中仅使用单个反作用轮相比，多个反作用轮共同抵消系统其他合外力矩，使得角动量在各个反作用轮上相对均衡地积累,从而避免了某些反作用轮的角动量快速积累导致饱和的问题。

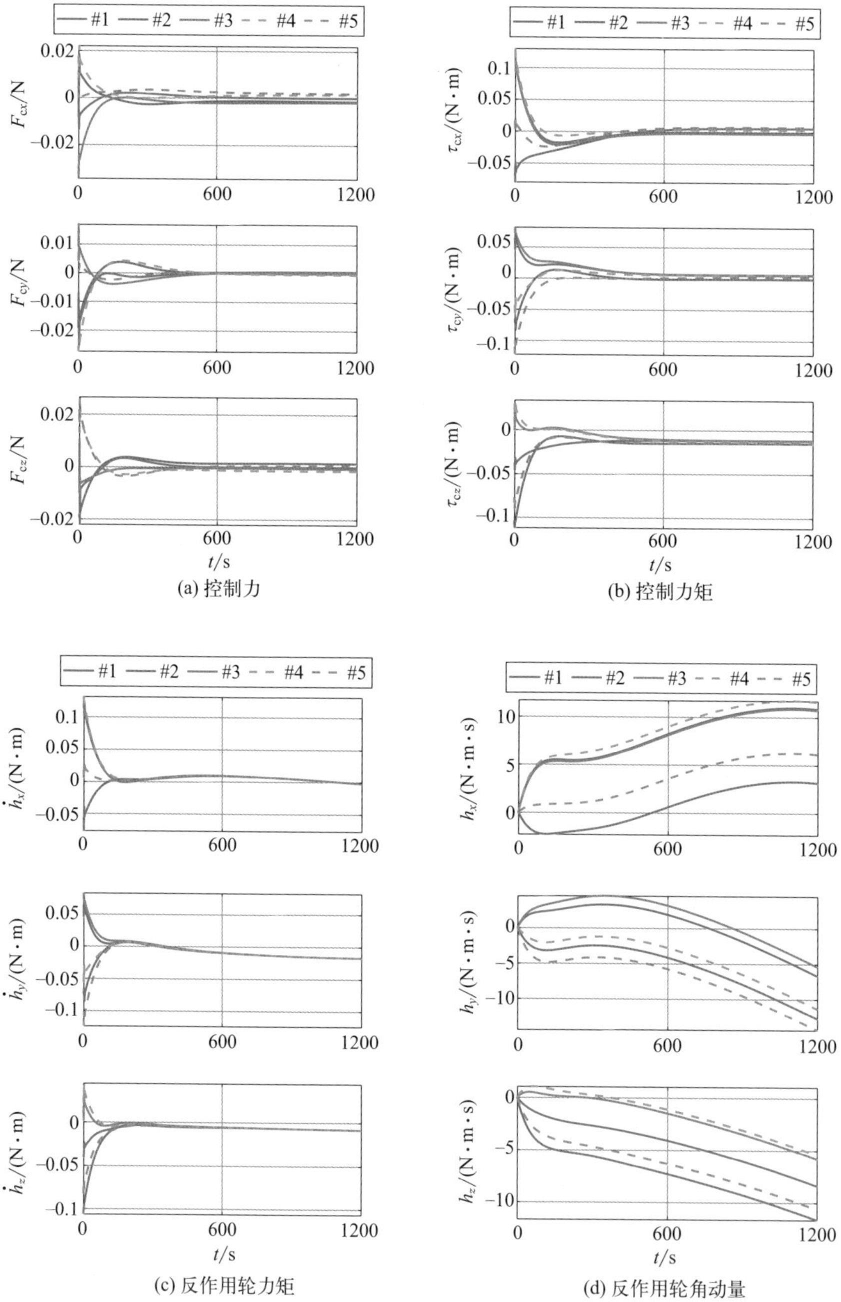

图 4.11 控制力、控制力矩和反作用轮力矩、角动量变化曲线

图 4.12 给出了卫星的磁矩变化曲线,可以看出,所有磁矩分量都符合上界。

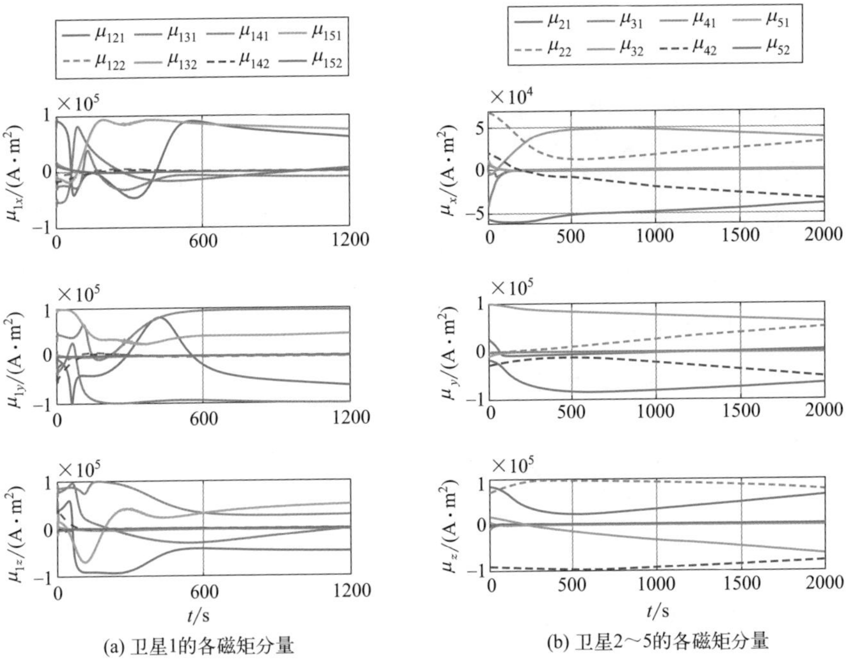

图 4.12　卫星磁矩变化曲线

通过上述仿真结果和分析可知，当考虑外界干扰、模型不确定性、卫星的相对线速度和角速度不可量测问题时，采用自抗扰控制方法，可以使编队卫星达到期望的相对位置和姿态，即实现 EMFF 的相对六自由度的跟踪控制。本书提出反作用轮的力矩分配方法，可以实现反作用轮的角动量相对均衡地分布，避免某些反作用轮角动量的快速积累。

4.3　基于自抗扰方法的航天器电磁编队控制

针对电磁编队的动力学的高非线性和耦合性特点，在实际工程实施中为了简化控制过程，通常采用姿轨解耦控制的模式，即在姿态控制中，电磁力矩被视为干扰力矩。本书采用的电磁模型为远场模型，当卫星距离较近时，远场模型存在较大的误差，另外卫星的转动惯量矩阵也存在一定的不确定性。自抗扰控制器（ADRC）提供了一种在线估计和补偿总不确定性的控制方法，由于“总不确定性”得到及时补偿，因此可以实现闭环系统的预期瞬态性能[145-148]。考虑到这些因素，本节提出使用 ADRC 的控制方案，对系统未建模动态以及外界干扰估计值进行补偿。本节的控制目的是在保证编队航天器的姿轨控制精度前提下，使反作用轮的角动量处于允许范围内并尽量避免反作用轮的快速积累。

4.3.1 平动控制

式(3.48)给出了双航天器电磁编队的平动动力学方程。假设卫星相对位置的期望状态为 $\boldsymbol{X}_{\mathrm{d}}=[x_{\mathrm{d}}\quad y_{\mathrm{d}}\quad z_{\mathrm{d}}]^{\mathrm{T}}$，$\dot{\boldsymbol{X}}_{\mathrm{d}}=[\dot{x}_{\mathrm{d}}\quad \dot{y}_{\mathrm{d}}\quad \dot{z}_{\mathrm{d}}]^{\mathrm{T}}$，令 $\boldsymbol{X}_1=[x-x_{\mathrm{d}}\quad y-y_{\mathrm{d}}\quad z-z_{\mathrm{d}}]^{\mathrm{T}}$，$\boldsymbol{X}_2=[\dot{x}-\dot{x}_{\mathrm{d}}\quad \dot{y}-\dot{y}_{\mathrm{d}}\quad \dot{z}-\dot{z}_{\mathrm{d}}]^{\mathrm{T}}$，另外考虑由于电磁远场模型的不确定性，电磁力可看作远场模型项和修正项之和，$\boldsymbol{\gamma}_u=\mathrm{diag}(\gamma_{ux},\gamma_{yu},\gamma_{zu})$ 为星间电磁力未知的增益参数。式(3.48)可改写为

$$\begin{cases}\dot{\boldsymbol{X}}_1=\boldsymbol{X}_2\\ \dot{\boldsymbol{X}}_2=\boldsymbol{u}+\boldsymbol{f}\end{cases}\tag{4.60}$$

式中，$\boldsymbol{f}=\boldsymbol{A}_1\boldsymbol{X}_1+\boldsymbol{A}_2\boldsymbol{X}_2+\boldsymbol{A}_1\boldsymbol{X}_{\mathrm{d}}+\boldsymbol{A}_2\dot{\boldsymbol{X}}_{\mathrm{d}}-\ddot{\boldsymbol{X}}_{\mathrm{d}}+\boldsymbol{\gamma}_u\boldsymbol{u}+\boldsymbol{f}_{\mathrm{d}}$，$\boldsymbol{A}_1=\begin{bmatrix}3\omega_0^2 & 0 & 0\\ 0 & 0 & 0\\ 0 & 0 & -\omega_0^2\end{bmatrix}$，

$\boldsymbol{A}_2=\begin{bmatrix}0 & 2\omega_0 & 0\\ -2\omega_0 & 0 & 0\\ 0 & 0 & 0\end{bmatrix}$。

根据文献[146]，为式(4.60)设计了以下线性扩展状态观测器(LESO)：

$$\begin{cases}\dot{\hat{\boldsymbol{X}}}_1=\hat{\boldsymbol{X}}_2-\beta_1(\hat{\boldsymbol{X}}_1-\boldsymbol{X}_1)\\ \dot{\hat{\boldsymbol{X}}}_2=\boldsymbol{u}+\hat{\boldsymbol{f}}-\beta_2(\hat{\boldsymbol{X}}_1-\boldsymbol{X}_1)\\ \dot{\hat{\boldsymbol{f}}}=-\beta_3(\hat{\boldsymbol{X}}_1-\boldsymbol{X}_1)\end{cases}\tag{4.61}$$

式中，$\beta_1=\mathrm{diag}(\beta_{11},\beta_{12},\beta_{13})$，$\beta_2=\mathrm{diag}(\beta_{21},\beta_{22},\beta_{23})$，$\beta_3=\mathrm{diag}(\beta_{31},\beta_{32},\beta_{33})$。

观测器式(4.61)的特征方程整理为

$$\lambda(s)=(s^3+\beta_{11}s^2+\beta_{21}s+\beta_{31})(s^3+\beta_{12}s^2+\beta_{22}s+\beta_{32})(s^3+\beta_{13}s^2+\beta_{23}s+\beta_{33})\tag{4.62}$$

设计观测器增益参数满足 $L_j=s^3+\beta_{1j}s^2+\beta_{2j}s+\beta_{3j}$，$j=1,2,3$ 是 Hurwitz 多项式。根据文献[146]，可令 $\beta_{1j}=3\omega_{\mathrm{o}j}$，$\beta_{2j}=3\omega_{\mathrm{o}j}^2$，$\beta_{3j}=\omega_{\mathrm{o}j}^3$，$\omega_{\mathrm{o}j}>0$，$j=1,2,3$，此

时 $L_j=(s+\omega_{oj})^3$。显然,此时 LESO 既估计了模型动力学(包括未建模动力学和不确定性)的影响,也估计了外部扰动的影响。

若 $\boldsymbol{X}_1$、$\boldsymbol{X}_2$ 均可测且可信,不需要对其进行估计,可设计降阶 ESO 为

$$\dot{\hat{\boldsymbol{f}}}=-\beta_4(\hat{\boldsymbol{f}}-\boldsymbol{f})=-\beta_4(\hat{\boldsymbol{f}}-\dot{\boldsymbol{X}}_2+\boldsymbol{u}) \tag{4.63}$$

式中,$\beta_4=\mathrm{diag}(\beta_{41},\beta_{42},\beta_{43})$,$\beta_{4j}>0$,$j=1,2,3$。

式(4.63)可改写为

$$\begin{cases}\dot{\boldsymbol{\xi}}=-\beta_4(\boldsymbol{u}+\beta_4\boldsymbol{X}_2+\boldsymbol{\xi})\\ \hat{\boldsymbol{f}}=\beta_4\boldsymbol{X}_2+\boldsymbol{\xi}\end{cases} \tag{4.64}$$

式中,$\boldsymbol{\xi}(t_0)=-\beta_4\boldsymbol{X}_2(t_0)$。

基于“总干扰”或扩展状态的在线估计,ADRC 可设计为

$$\boldsymbol{u}=-k_1\boldsymbol{X}_1-k_2\boldsymbol{X}_2-\hat{\boldsymbol{f}} \tag{4.65}$$

简单起见,可设 $\omega_{\mathrm{tc}}=\mathrm{diag}(\omega_{\mathrm{tc1}},\omega_{\mathrm{tc2}},\omega_{\mathrm{tc3}})$,$k_1=\omega_{\mathrm{tc}}^2$,$k_2=2\omega_{\mathrm{tc}}$,其中 $\omega_{\mathrm{tc}j}>0$,$j=1,2,3$ 为控制器带宽。文献[146]和[147]分析了此类的 MIMO 系统的线性自抗扰控制器的收敛性,证明了基于自抗扰控制器的闭环系统轨迹与参考闭环系统轨迹之间的误差受到一个界的限制,该界可以通过调整 ESO 的带宽进行调整。

最大控制输入表示为

$$u_{\max}=\frac{3\mu_0\mu_A\mu_B(m_A+m_B)g(\gamma)}{8\pi d^4 m_A m_B} \tag{4.66}$$

考虑输入饱和约束,用饱和函数对输入 $\boldsymbol{u}$ 限幅:

$$\mathrm{sat}\boldsymbol{u}=\mathrm{sat}\left(\frac{u_{\max}}{\|\boldsymbol{u}\|}\right)\boldsymbol{u} \tag{4.67}$$

式中,$\mathrm{sat}\left(\frac{u_{\max}}{\|\boldsymbol{u}\|}\right)=\min\left\{1,\frac{u_{\max}}{\|\boldsymbol{u}\|}\right\}$。

4.3.2 姿态控制

假设编队中每颗卫星均安装 3 个正交的反作用轮,对卫星姿态进行分散控制。

令 $\boldsymbol{\tau}_{\mathrm{c}}=-\boldsymbol{\Omega}^{\times}\boldsymbol{h}-\dot{\boldsymbol{h}}$ 表示控制力矩,根据式(2.34),可得电磁力航天器的误差动力学和运动学为

$$\begin{cases}\dot{\boldsymbol{e}}_{\mathrm{v}}=\dfrac{1}{2}(e_0\mathbf{I}_3+\boldsymbol{e}_{\mathrm{v}}^{\times})\boldsymbol{\omega},\dot{e}_0=-\dfrac{1}{2}\boldsymbol{e}_{\mathrm{v}}^{\mathrm{T}}\boldsymbol{\omega}\\ \boldsymbol{J}_{\mathrm{b}}\dot{\boldsymbol{\omega}}=-(\boldsymbol{\omega}+\boldsymbol{C\Omega}_{\mathrm{d}})^{\times}\boldsymbol{J}_{\mathrm{b}}(\boldsymbol{\omega}+\boldsymbol{C\Omega}_{\mathrm{d}})+\boldsymbol{J}_{\mathrm{b}}(\boldsymbol{\omega}^{\times}\boldsymbol{C\Omega}_{\mathrm{d}}-\boldsymbol{C}\dot{\boldsymbol{\Omega}}_{\mathrm{d}})+\boldsymbol{\tau}_{\mathrm{c}}+\boldsymbol{\tau}_{\mathrm{d}}\end{cases}\tag{4.68}$$

式中，$\boldsymbol{\tau}_{\mathrm{d}}$ 为受到的外部干扰力矩，主要包含卫星受到地磁场的电磁力矩作用、电磁卫星受到其他卫星的电磁力矩作用、卫星受到的重力梯度力矩等。

假设卫星模型方程式(4.68)全状态可测，卫星的惯性矩阵的形式为$\boldsymbol{J}_{\mathrm{b}}=\boldsymbol{J}_{\mathrm{b0}}+\Delta\boldsymbol{J}_{\mathrm{b}}$，其中，$\boldsymbol{J}_{\mathrm{b0}}$ 是已知常数矩阵，$\Delta\boldsymbol{J}_{\mathrm{b}}$ 为惯性矩阵的不确定性部分。在姿态控制中，远场电磁模型和地磁场也均存在不确定性，考虑这些不确定性，提出了 ADRC 的控制方法，其中，ESO 可以对模型不确定性和外界干扰进行估计。

由于$(\boldsymbol{J}_{\mathrm{b0}}^{-1}-\boldsymbol{J}_{\mathrm{b0}}^{-1}\Delta\boldsymbol{J}_{\mathrm{b}}(\boldsymbol{J}_{\mathrm{b0}}+\Delta\boldsymbol{J}_{\mathrm{b}})^{-1})(\boldsymbol{J}_{\mathrm{b0}}+\Delta\boldsymbol{J}_{\mathrm{b}})=\mathbf{I}_3$，则$\boldsymbol{J}_{\mathrm{b}}^{-1}=\boldsymbol{J}_{\mathrm{b0}}^{-1}-\boldsymbol{J}_{\mathrm{b0}}^{-1}\Delta\boldsymbol{J}_{\mathrm{b}}\boldsymbol{J}_{\mathrm{b}}^{-1}$。式(4.68)可整理为

$$\begin{cases}\dot{\boldsymbol{q}}_{\mathrm{e}}=\dfrac{1}{2}\boldsymbol{M}(\boldsymbol{q}_{\mathrm{e}})\boldsymbol{\omega}=\dfrac{1}{2}\begin{bmatrix}-\boldsymbol{q}_{\mathrm{ev}}^{\mathrm{T}}\\(q_{\mathrm{e0}}\mathbf{I}_3+\boldsymbol{q}_{\mathrm{ev}}^{\times})\end{bmatrix}\boldsymbol{\omega}\\ \dot{\boldsymbol{\omega}}=-\boldsymbol{J}_{\mathrm{b}}^{-1}(\boldsymbol{\omega}+\boldsymbol{C\Omega}_{\mathrm{d}})^{\times}\boldsymbol{J}_{\mathrm{b}}(\boldsymbol{\omega}+\boldsymbol{C\Omega}_{\mathrm{d}})+(\boldsymbol{\omega}^{\times}\boldsymbol{C\Omega}_{\mathrm{d}}-\boldsymbol{C}\dot{\boldsymbol{\Omega}}_{\mathrm{d}})-\Delta\boldsymbol{J}_{\mathrm{b}}\dot{\boldsymbol{\omega}}\\ \qquad+\boldsymbol{J}_{\mathrm{b0}}^{-1}\boldsymbol{\tau}_{\mathrm{c}}-\boldsymbol{J}_{\mathrm{b0}}^{-1}\Delta\boldsymbol{J}_{\mathrm{b}}\boldsymbol{J}_{\mathrm{b}}^{-1}\boldsymbol{\tau}_{\mathrm{c}}+\boldsymbol{J}_{\mathrm{b}}^{-1}\boldsymbol{\tau}_{\mathrm{d}}=\boldsymbol{J}_{\mathrm{b0}}^{-1}\boldsymbol{\tau}_{\mathrm{c}}+\boldsymbol{\Delta}\end{cases}\tag{4.69}$$

式中，$\boldsymbol{\Delta}$ 代表系统的总不确定性，表示为

$$\boldsymbol{\Delta}=-\boldsymbol{J}_{\mathrm{b0}}^{-1}\Delta\boldsymbol{J}_{\mathrm{b}}\boldsymbol{J}_{\mathrm{b}}^{-1}\boldsymbol{\tau}_{\mathrm{c}}-\boldsymbol{J}_{\mathrm{b}}^{-1}(\boldsymbol{\omega}+\boldsymbol{C\Omega}_{\mathrm{d}})^{\times}\boldsymbol{J}_{\mathrm{b}}(\boldsymbol{\omega}+\boldsymbol{C\Omega}_{\mathrm{d}})+\boldsymbol{\omega}^{\times}\boldsymbol{C\Omega}_{\mathrm{d}}-\boldsymbol{C}\dot{\boldsymbol{\Omega}}_{\mathrm{d}}+\boldsymbol{J}_{\mathrm{b}}^{-1}\boldsymbol{\tau}_{\mathrm{d}}$$

本节旨在设计反馈控制器，以使闭环系统式(2.31)的状态跟踪期望的姿态运动式(2.32)，其可以表示如下：

$$\lim_{t\to\infty}\boldsymbol{q}_e(t)=[1\quad 0\quad 0\quad 0]^{\mathrm{T}},\quad \lim_{t\to\infty}\boldsymbol{\omega}(t)=0\tag{4.70}$$

控制目标可以表示为

$$\lim_{t\to\infty}\boldsymbol{\theta}(t)=0,\quad \lim_{t\to\infty}\boldsymbol{\omega}(t)=0\tag{4.71}$$

系统设计 LESO 为

$$\begin{cases}\dot{\hat{\boldsymbol{\omega}}}=\boldsymbol{J}_{\mathrm{b0}}^{-1}\boldsymbol{\tau}_{\mathrm{c}}+\hat{\boldsymbol{\Delta}}-\boldsymbol{\gamma}_1(\hat{\boldsymbol{\omega}}-\boldsymbol{\omega})\\ \dot{\hat{\boldsymbol{\Delta}}}=-\boldsymbol{\gamma}_2(\hat{\boldsymbol{\omega}}-\boldsymbol{\omega})\end{cases}\tag{4.72}$$

其中，观测器增益为$\boldsymbol{\gamma}_k=\mathrm{diag}(\gamma_{k1},\gamma_{k2},\gamma_{k3})$，$k=1,2$。设计增益参数满足 $L_{\mathrm{a}j}=s^2+\gamma_{1j}s+\gamma_{2j}$，$j=1,2,3$ 为 Hurwitz 多项式的条件，令 $\gamma_{1j}=2\omega_{\mathrm{oa}j}$，$\gamma_{2j}=\omega_{\mathrm{oa}j}^2$，

$\omega_{\mathrm{oa}j}>0$，$j=1,2,3$，则 $L_{\mathrm{a}j}=(s+\omega_{\mathrm{oa}j})^2$。ESO 式(4.72)的输出 $\hat{\boldsymbol{\omega}}$、$\hat{\boldsymbol{\Delta}}$ 分别用来估计 $\boldsymbol{\omega}$、$\boldsymbol{\Delta}$，文献[146]和[147]证明了估计误差能尽可能小。

若 $\boldsymbol{\omega}$ 可测且可信，不需要对其进行估计，可设计降阶 ESO 为

$$\dot{\hat{\boldsymbol{\Delta}}}=-\boldsymbol{\gamma}_3(\hat{\boldsymbol{\Delta}}-\boldsymbol{\Delta})=-\boldsymbol{\gamma}_3(\hat{\boldsymbol{\Delta}}-\dot{\boldsymbol{\omega}}+\boldsymbol{J}_{\mathrm{b0}}^{-1}\boldsymbol{\tau}_{\mathrm{c}}) \tag{4.73}$$

式中，$\boldsymbol{\gamma}_3=\mathrm{diag}(\gamma_{31},\gamma_{32},\gamma_{33})$，$\gamma_{3j}=\omega_{\mathrm{oa}j}$，$j=1,2,3$。

进一步整理为

$$\begin{cases}\dot{\boldsymbol{\xi}}_2=-\boldsymbol{\gamma}_3(\boldsymbol{J}_{\mathrm{b0}}^{-1}\boldsymbol{\tau}_{\mathrm{c}}+\gamma_3\boldsymbol{\omega}+\boldsymbol{\xi}_2)\\ \hat{\boldsymbol{\Delta}}=\boldsymbol{\gamma}_3\boldsymbol{\omega}+\boldsymbol{\xi}_2\end{cases} \tag{4.74}$$

式中，$\boldsymbol{\xi}_2(t_0)=-\gamma_3\boldsymbol{\omega}(t_0)$。

基于“总干扰”或扩展状态的在线估计，控制器设计为

$$\begin{cases}\overline{\boldsymbol{\omega}}=-\boldsymbol{k}_3\boldsymbol{\theta}\\ \boldsymbol{\tau}_{\mathrm{c}}=\boldsymbol{J}_{\mathrm{b0}}(-(\boldsymbol{k}_3+\boldsymbol{k}_4)\boldsymbol{\omega}-\boldsymbol{k}_3\boldsymbol{k}_4\boldsymbol{\theta}-\hat{\boldsymbol{\Delta}})\end{cases} \tag{4.75}$$

简单起见，可设 $\boldsymbol{k}_3=\boldsymbol{k}_4=\boldsymbol{\omega}_{\mathrm{ca}}$，其中 $\boldsymbol{\omega}_{\mathrm{ca}}=\mathrm{diag}(\omega_{\mathrm{ca1}},\omega_{\mathrm{ca2}},\omega_{\mathrm{ca3}})$，$\omega_{\mathrm{ca}j}>0$，$j=1,2,3$ 为控制器带宽。控制器带宽根据跟踪收敛速度和稳定性进行调整，较大的控制器带宽会提高响应速度，但是也使得系统对噪声更加灵敏，从而导致系统振荡。

根据式(4.67)和式(4.73)，可得参考误差系统为

$$\begin{cases}\dot{\overline{\boldsymbol{e}}}_1=\dot{\boldsymbol{\theta}}=\boldsymbol{\omega}=\overline{\boldsymbol{e}}_2+\overline{\boldsymbol{\omega}}=\overline{\boldsymbol{e}}_2-\boldsymbol{k}_3\overline{\boldsymbol{e}}_1\\ \dot{\overline{\boldsymbol{e}}}_2=\dot{\boldsymbol{\omega}}-\dot{\overline{\boldsymbol{\omega}}}=\boldsymbol{J}_{\mathrm{b0}}^{-1}\boldsymbol{\tau}_c+\boldsymbol{\Delta}+\boldsymbol{k}_3\boldsymbol{\omega}=-\boldsymbol{k}_4\overline{\boldsymbol{e}}_2-\hat{\boldsymbol{\Delta}}+\boldsymbol{\Delta}\end{cases} \tag{4.76}$$

式中，$\overline{\boldsymbol{e}}_1=\boldsymbol{\theta}$，$\overline{\boldsymbol{e}}_2=\boldsymbol{\omega}-\overline{\boldsymbol{\omega}}$。

系统(4.74)是分层组合系统，$(-\hat{\boldsymbol{\Delta}}+\boldsymbol{\Delta})$可被视为加入 $\overline{\boldsymbol{e}}_2$ 动力学中的有界扰动。根据收缩定理[149]，此参考误差系统能将指数收敛到原点附近的一个球内。

4.3.3 角动量管理

本节分别讨论用于角动量管理的磁极切换法和频分法。

(1)磁极切换法

每隔一段时间就执行磁极切换操作，卫星磁矩的方向均发生翻转。根据式(3.27)知，星间电磁力不发生改变；由式(3.53)知，地磁场对卫星的干扰力矩方向发生切换。当磁极切换周期较短时，可将角动量控制在一个较小的范围。

(2)频分法

每颗卫星的磁偶极子由频率远高于编队轨道频率的固定正弦电流源激励。

磁偶极子在电磁坐标系中可表示为

$$\begin{cases}\boldsymbol{\mu}_A=\cos(\omega_f t)\mu_A\begin{bmatrix}\cos\alpha & \sin\alpha\end{bmatrix}^T\\ \boldsymbol{\mu}_B=\cos(\omega_f t)\mu_B\begin{bmatrix}\cos\beta & \sin\beta\end{bmatrix}^T\end{cases}\tag{4.77}$$

式中，ω_f 为交流频率。

此时电磁力/电磁力矩在电磁坐标系中表示为

$$\begin{cases}\boldsymbol{F}^{EM}=\dfrac{1+\cos(2\omega_f t)}{2}\boldsymbol{A}_0\begin{bmatrix}-(3\cos m+\cos n) & 2\sin m\end{bmatrix}^T\\ \boldsymbol{\tau}_A=\dfrac{1+\cos(2\omega_f t)}{2}\boldsymbol{A}_1\begin{bmatrix}0 & 0 & 3\sin m+\sin n\end{bmatrix}^T\\ \boldsymbol{\tau}_B=\dfrac{1+\cos(2\omega_f t)}{2}\boldsymbol{A}_1\begin{bmatrix}0 & 0 & 3\sin m-\sin n\end{bmatrix}^T\end{cases}\tag{4.78}$$

从式(4.78)可看出，电磁力和电磁力矩均含有常值成分和谐波成分，其中电磁力的常值部分用于有效的相对位置控制的输入，而谐波部分则形成干扰，必须消除或补偿。采用交流电的有效电磁力为采用直流电的电磁力的 1/2。

对于近地轨道的电磁编队，采用交流调制方法，磁偶极子随着交流频率发生磁极切换，从而使得地磁场对磁偶极子的干扰力矩方向不断发生切换，大大降低了反作用轮的角动量积累。

4.3.4 仿真分析

为了验证控制方法的有效性，对双航天器电磁编队飞行进行了仿真。假设卫星编队的质心运行在 500km 的圆形轨道上，卫星姿态保持与质心轨道坐标系一致。两卫星保持固定的距离 $d=20$m，卫星相对旋转周期为 $T=5$h，卫星相对位置矢量设计为 $\boldsymbol{\rho}=\dfrac{d}{2}\begin{bmatrix}\sin(\omega t) & \sqrt{3}\sin(\omega t) & 2\cos(\omega t)\end{bmatrix}^T$，其中 $\omega=\dfrac{2\pi}{T}$。每颗卫星质量为 100kg，惯量矩阵为 $\boldsymbol{J}_b=\text{diag}(20,20,20)\text{kg}\cdot\text{m}^2$；电磁线圈最大磁矩为 $\mu_{max}=10^5\text{A}\cdot\text{m}^2$；反作用轮最大输出力矩为 $\tau_{max}=2\text{N}\cdot\text{m}$。

假设卫星的惯性不确定性为 $\Delta\boldsymbol{J}_b=\text{diag}(1,-2,3)$，电磁远场模型的不确定性为 8%。仿真设计中在各通道加入初始偏差和主要由地球 J_2 摄动以及地磁场作用引起的外界干扰力和干扰力矩，考虑轨道运动的周期性变化，假设外界干扰力 $\boldsymbol{f}_d=10^{-5}\times\left[6\sin\left(\omega_0 t+\dfrac{\pi}{6}\right)\quad -5\times\sin\left(\omega_0 t+\dfrac{\pi}{3}\right)\quad -4\sin(\omega_0 t)\right]^T\text{m/s}^2$ 为随轨

道变化的正弦噪声。卫星受到的干扰力矩主要来源于地磁场，星间电磁力矩与地磁场对卫星的电磁力矩分别由式(3.28)、式(3.52)所求解，另外假设电磁卫星还受到其他的外界周期性的干扰力矩为$\boldsymbol{\tau}_{\mathrm{d}}=[0.01\sin(\omega_0 t)\quad -0.01\sin(\omega_0 t)\quad 0.02\cos(\omega_0 t)]^{\mathrm{T}}\mathrm{N\cdot m}$。相对平动状态的初始误差为$\boldsymbol{X}_1(0)=[-1\quad -2\quad 2]^{\mathrm{T}}\mathrm{m}$，$\boldsymbol{X}_2(0)=[0.03\quad -0.01\quad -0.02]^{\mathrm{T}}\mathrm{m/s}$。卫星 A 的初始姿态误差为 $\boldsymbol{e}_A(0)=[0.2\quad -0.2\quad 0.3\quad 0.767]^{\mathrm{T}}$，初始角速度误差为$\boldsymbol{\omega}_A(0)=[-0.3\quad -0.1\quad 0.5]^{\mathrm{T}}\mathrm{rad/s}$。

(1)能量优化策略

数值模拟的控制参数设计为 $\omega_{\mathrm{ot}j}=0.06$，$\omega_{\mathrm{ct}j}=0.06$，$\omega_{\mathrm{oa}j}=1$，$\omega_{\mathrm{ca}j}=0.3$，$j=1,2,3$。图 4.13 给出了编队的相对运动轨迹、相对位置误差、相对速度误差和星间电磁力加速度。相对位置和相对速度误差在 150s 内收敛到一个包含 0 的小边界，并且在存在模型不确定性和外部扰动的情况下，稳态误差小于 $3.7\times10^{-4}\mathrm{m}$ 和 $3.5\times10^{-7}\mathrm{m/s}$。该系统具有很高的控制精度，可以满足许多工程应用的要求，这意味着所提出的控制器可以很好地估计和补偿系统的总扰动。

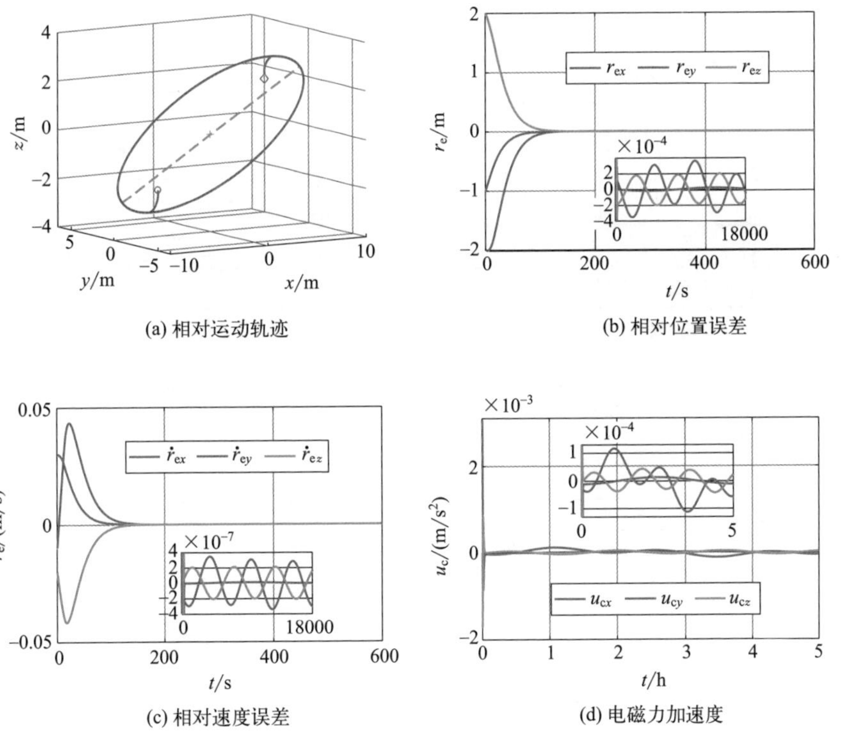

图 4.13 相对平移状态和控制输入的跟踪误差

采用能量优化策略的磁偶极子分配如图 4.14(a)所示。磁偶极子解的曲线是连续的，并且在某些点上存在尖点，即由电磁力的最大包络特性确定的不可微分点。图 4.14(b)显示了地磁场作用在卫星 A 上的扰动力矩曲线，这些曲线在尖端也是连续且不可微分的。以卫星 A 为例。图 4.14(c)～(f)显示了随时间变化的反作用轮的姿态误差、角速度误差、控制力矩输入和角动量。姿态和角速度误差在 40s 内收敛到小边界，稳态误差分别小于 1.2×10^{-3} 和 5×10^{-4}rad/s。在不可微点上存在显著的收敛误差。

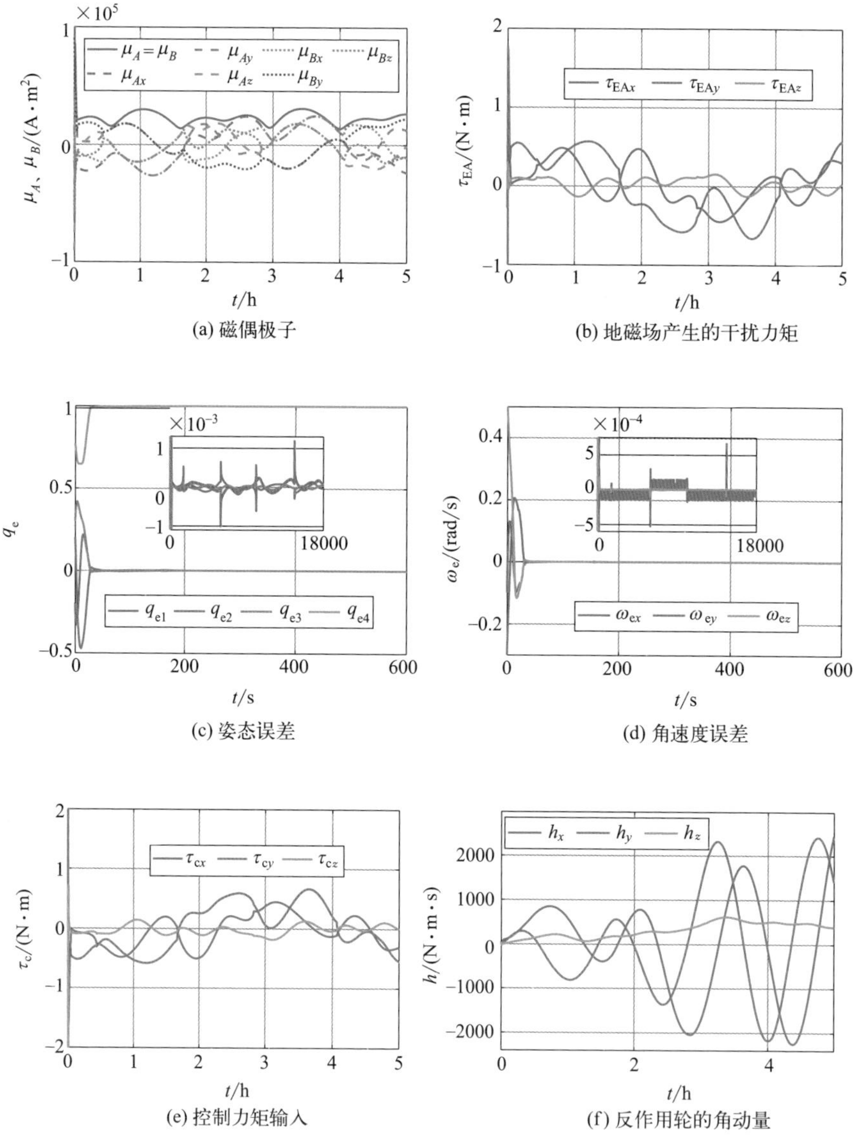

(a) 磁偶极子　(b) 地磁场产生的干扰力矩

(c) 姿态误差　(d) 角速度误差

(e) 控制力矩输入　(f) 反作用轮的角动量

图 4.14　采用能量优化策略的磁偶极子分配和姿态跟踪控制

(2)磁偶极子解可微策略

具有解可微策略的磁偶极子分配和地磁场作用在卫星 A 上的干扰力矩如图 4.15(a)和(b)所示。卫星 A 在姿态误差、角速度误差、控制力矩和角动量方面的结果曲线如图 4.15(c)～(f)所示。与能量优化策略下的控制相比，姿态控制精度有所提高，但角动量积累略有增加。可微磁偶极子解有利于提高姿态控制精度。

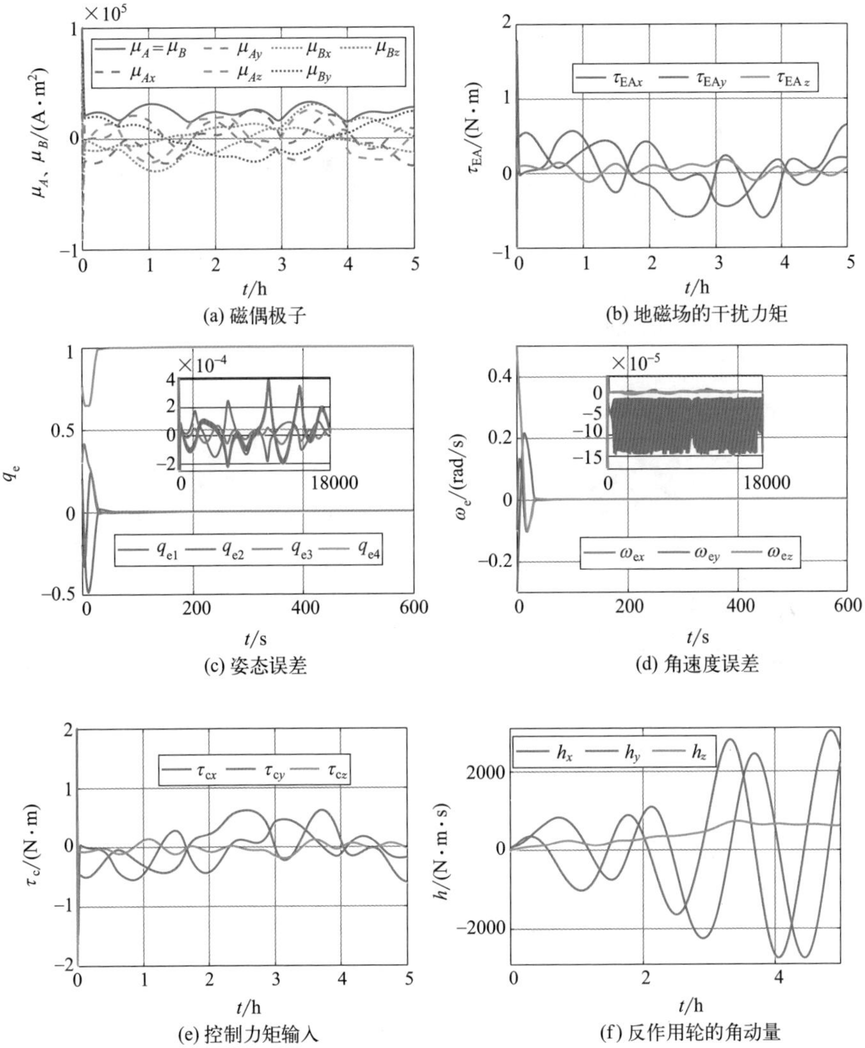

(a) 磁偶极子　(b) 地磁场的干扰力矩　(c) 姿态误差　(d) 角速度误差　(e) 控制力矩输入　(f) 反作用轮的角动量

图 4.15　采用解可微策略的磁偶极子分配和姿态跟踪控制

(3)磁极切换策略

采用能量优化策略的两颗卫星的磁偶极子每 100s 改变一次极性。图 4.16(a)

和(b)给出了采用极性切换策略的磁偶极子分配。磁偶极子在切换点不连续，导致地磁场对卫星的干扰力矩在切换点处不连续。卫星 A 的姿态误差、角速度误差、控制力矩和角动量曲线如图 4.16(c)～(f)所示。由于磁极切换时地磁场的扰动力矩是不连续的，卫星的姿态和角速度跟踪误差变得更大。该策略的姿态控制精度比没有切换的控制精度低一个数量级。然而，极性切换方法可以显著减少角动量的积累。

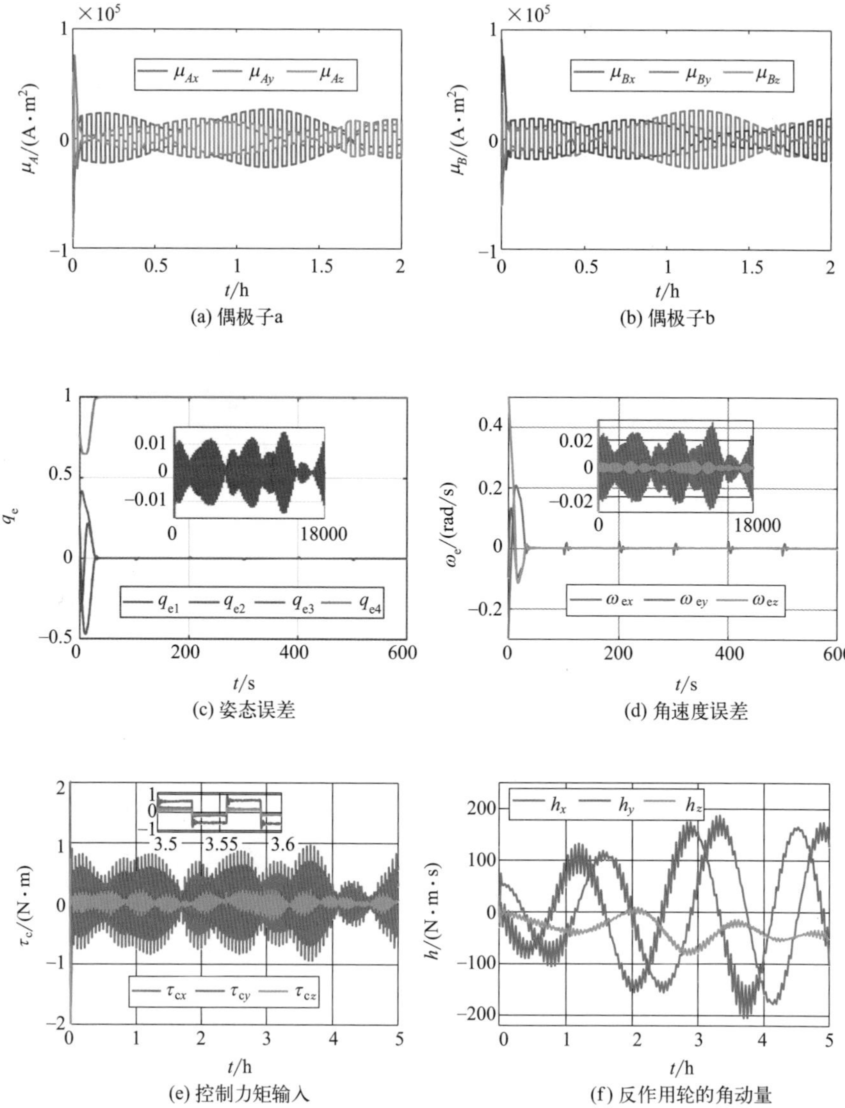

图 4.16 磁极反转(每 100s 切换一次)策略下的磁偶极子解和姿态跟踪控制

图 4.17(a)和(b)给出了具有能量优化策略和极性切换策略的磁偶极子分配，偶极子每 20s 改变一次极性。卫星 A 的姿态误差、角速度误差、控制力矩和角动量曲线如图 4.17(c)～(f)所示。与 100s 的切换周期相比，极点切换的频率增加，使得反作用轮的角动量在一个周期内的累积在较小的范围内。

(a) 偶极子a

(b) 偶极子b

(c) 姿态误差

(d) 角速度误差

(e) 控制力矩输入

(f) 反作用轮的角动量

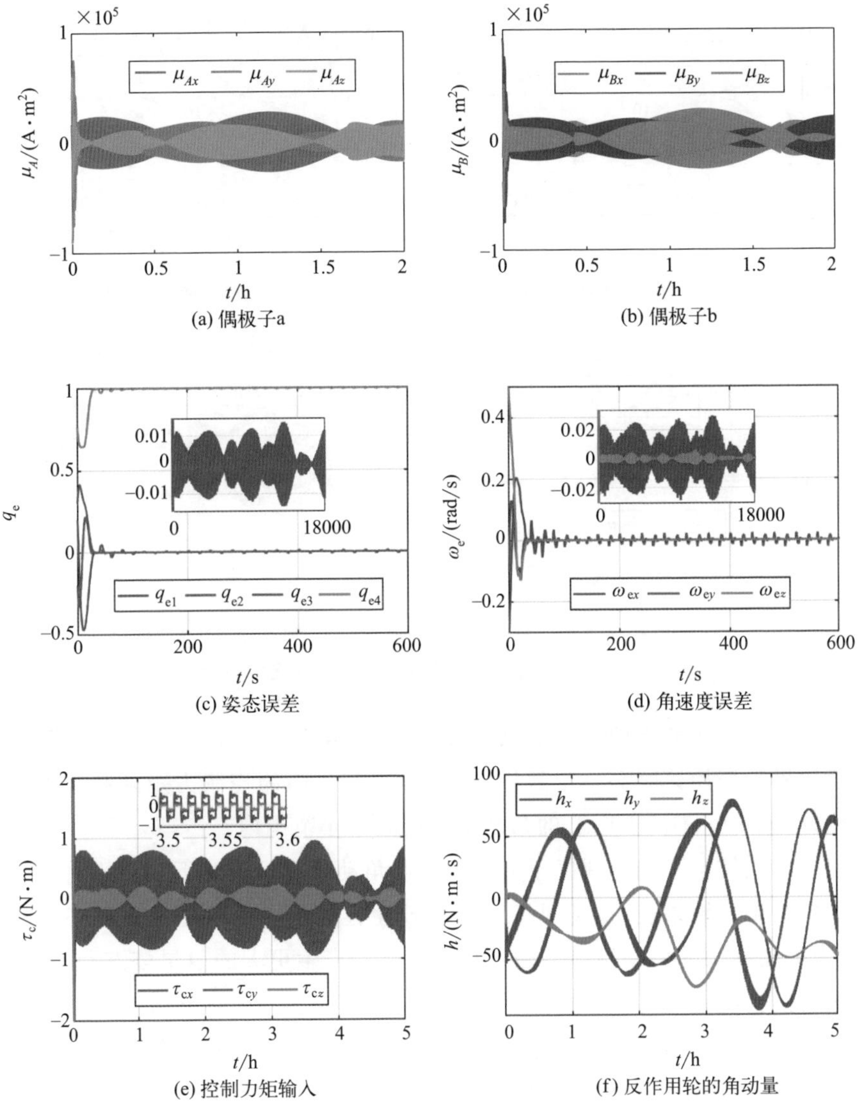

图 4.17　磁极反转(每 20s 切换一次)策略下的磁偶极子解和姿态跟踪控制

(4)频分策略

磁偶极子用载波电流调制，其中载波频率设置为 $\omega_f = 0.1\pi$。控制参数设置为

$\omega_{otj}=0.06$，$\omega_{ctj}=0.03$，$\omega_{oaj}=4$，$\omega_{caj}=0.7$，$j=1,2,3$。图 4.18 给出了相对平移状态跟踪误差和磁偶极子分配，其中图 4.18(d)所示的磁偶极子解是未乘以载波电流的磁偶极子。相对位置和相对速度误差在 210s 内收敛到一个包含 0 的小边界，这表明 ADRC 方案可以很好地估计和补偿分频策略产生的谐波扰动。

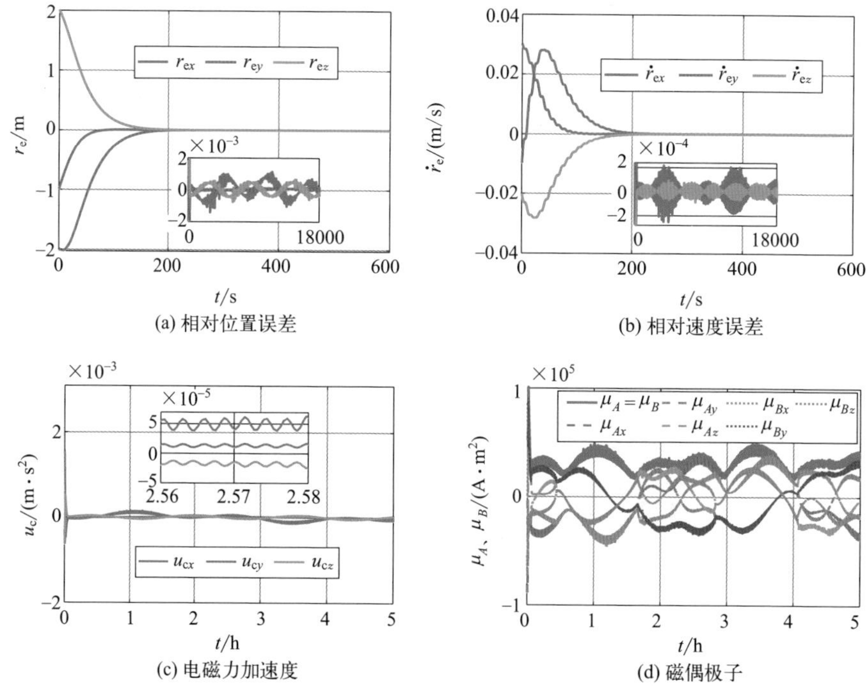

(a) 相对位置误差

(b) 相对速度误差

(c) 电磁力加速度

(d) 磁偶极子

图 4.18 相对平移状态和控制输入的跟踪误差

如图 4.19(a)和(b)所示，卫星 A 的姿态和角速度跟踪误差可以快速收敛，控制精度比极性切换策略高一个数量级。图 4.19(c)中的控制力矩随载波电流周期性变化，图 4.19(d)中卫星 A 的角动量长期处于小范围内。

表 4.1 比较了不同磁偶极子分配策略和角动量管理策略下相对平移和姿态运动的模拟结果。结果表明，磁偶极子的可微性有利于降低电磁卫星姿态的稳态误差，从而提高编队的控制性能。磁极切换策略会产生更大的卫星姿态稳态误差，因为磁极切换会使地磁场对电磁卫星的扰动力矩不连续，从而影响 LESO 估计外部扰动的能力。磁极切换策略和分频方法可以保证卫星的角动量长期保持在小范围内，显著提高反作用轮角动量的快速积累。此外，磁极切换频率也会影响卫星姿态的稳态误差和角动量积累。更频繁地切换将角动量保持在较小的范围内。分频方法不仅产生有效的电磁控制力，而且会产生随磁偶极子变化的干扰力，影响卫星相对位置的稳态误差。与磁极切换策略相比，降低了卫星相对位置的控制精度，同时提高了姿态的控制精度。

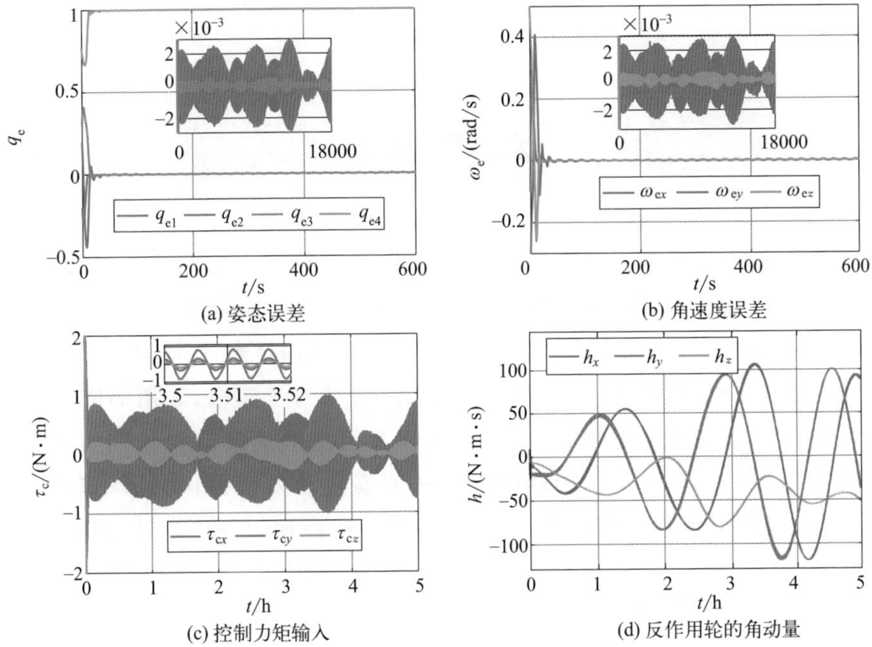

(a) 姿态误差　(b) 角速度误差

(c) 控制力矩输入　(d) 反作用轮的角动量

图 4.19　分频策略下的姿态跟踪误差和控制转矩输入

表 4.1　不同磁偶极子分配和角动量管理策略的仿真结果

<table>
<tr><th>策略</th><th>相对位置误差/m</th><th>相对速度误差/(m/s)</th><th>四元数误差</th><th>角速度误差/(rad/s)</th><th>角动量范围/(N·m·s)</th></tr>
<tr><td>能量优化</td><td rowspan="4">3.7×10^{-4}</td><td rowspan="4">3.5×10^{-7}</td><td>1.2×10^{-3}</td><td>5×10^{-4}</td><td>−2257～2455</td></tr>
<tr><td>可微磁矩解法</td><td>4×10^{-4}</td><td>1.5×10^{-5}</td><td>−2759～2998</td></tr>
<tr><td>磁极切换(间隔 100s)+能量优化</td><td>1.2×10^{-2}</td><td>2.4×10^{-2}</td><td>−207～187</td></tr>
<tr><td>磁极切换(间隔 20s)+能量优化</td><td>1.5×10^{-2}</td><td>3.0×10^{-2}</td><td>−87～74</td></tr>
<tr><td>频分法+能量优化</td><td>1.8×10^{-3}</td><td>2.1×10^{-4}</td><td>2.8×10^{-3}</td><td>2.9×10^{-3}</td><td>−117～106</td></tr>
<tr><td>频分法+可微磁矩解法</td><td>2.3×10^{-3}</td><td>2.0×10^{-4}</td><td>2.2×10^{-3}</td><td>2.4×10^{-3}</td><td>−114～109</td></tr>
</table>

参考文献[93]提出了在存在外部扰动的情况下,用于双航天器电磁编队重构的 θ-D 次优控制器,其相对位置和速度的稳态误差分别在 10^{-4}m 和 10^{-4}m/s 的量级。在我们的模拟工作中,相对位置和速度的稳态误差分别在 10^{-3}m 和 10^{-4}m/s 的数量级,特别是在非分频策略中,相对速度和位置的稳态误差分别是 10^{-4}m 和 10^{-7}m/s 数量级。此外,我们将电磁编队的控制扩展到六自由度控制。相对平移

控制和姿态控制都可以实现较高的控制精度，可以满足许多工程应用的要求。本章提出的不同控制策略可以应用于不同的场景。

本章小结

本章主要介绍了航天器电磁编队的六自由度控制。针对交会对接过程，基于对偶四元数建立了姿轨耦合模型，并设计了误差PD控制律。针对多航天器电磁编队的姿轨一体化控制，采用频分复用方法实现编队航天器动力学的解耦和电磁力/力矩的同时控制，基于对偶四元数进行动力学建模，采用ADRC方法实现了编队系统存在外界干扰、模型不确定性及卫星的速度旋量未知情况下的六自由度跟踪控制。针对双航天器电磁编队的姿轨动力学、角动量管理以及控制问题，采用姿轨分别建模与控制，并分析了磁极切换和频分法两种可行的角动量管理策略。

第 5 章

航天器电磁编队的欠驱动控制

考虑电磁力的各向异性，如两个平行的电磁线圈只能产生垂直于线圈平面的电磁力，而两个相互垂直的电磁线圈只能产生垂直于两线圈连线方向上的力且电磁力大小是两线圈平行时的一半。虽然为每个航天器配备三个互相正交的超导线圈，可以生成任意矢量方向的磁场，但是在编队构型的控制过程中，可能会出现某个方向上的电磁力难以满足所需的控制力的情况。另外，由于三维正交的超导线圈较大的质量会对航天器载荷产生一定的影响，尤其对于小型航天器，考虑每个航天器上仅安装两个正交线圈能有效增加编队系统的其他载荷的裕度。事实上，在局部-垂直-局部-地平线 LVLH 框架内，即使缺失径向或迹向推力，剩余两个方向的推力依然可以使航天器完成三维相对轨道运动[75,150-151]。在电磁编队控制中，通过减少控制自由度可以降低航天器间电磁力的耦合程度[152]，在确保构型控制的同时降低控制器的设计难度。针对此问题，本章将介绍在航天器电磁编队欠驱动控制方面的相关研究成果[153-154]。

5.1 电磁编队欠驱动控制可行性分析

关于欠驱动航天器编队控制的研究可以划分为姿态欠驱动[150]和轨道欠驱动[75,151]两类。其中姿态欠驱动是指当航天器缺失某个方向的推力时通过调整航天器的姿态使主推进器确保航天器完成三维轨道转移；而轨道欠驱动则是指在 LVLH 框架中，当径向或迹向推进器失效时，控制输入的自由度为 2、被控状态的自由度为 3 的欠驱动情形。关于两种欠驱动控制方法的文献综述在第 1 章概述部分已经给出，此处不再赘述，接下来回顾两种欠驱动情形的能控性与可行性。

假设领航航天器在一个近地球圆轨道上飞行，周围伴随着几个跟随航天器。定义第 i 个跟随航天器相对领航航天器的运动状态矢量为 $\boldsymbol{X}_i=[\boldsymbol{\rho}_i^{\mathrm{T}}\ \boldsymbol{v}_i^{\mathrm{T}}]^{\mathrm{T}}$，其中，$\boldsymbol{\rho}_i=[x_i\ y_i\ z_i]^{\mathrm{T}}$ 和 $\boldsymbol{v}_i=[\dot{x}_i\ \ \dot{y}_i\ \ \dot{z}_i]^{\mathrm{T}}$ 分别为相对位置和相对速度矢量，于是欠驱动动力学的表达式为[75]

$$\ddot{\boldsymbol{\rho}}_i=\boldsymbol{F}_1(\boldsymbol{\rho}_i,\boldsymbol{v}_i)+\overline{\boldsymbol{u}}_{ih},\quad i=1,2,\cdots,n;h=1,2 \tag{5.1}$$

$$\boldsymbol{F}(\boldsymbol{\rho}_i,\boldsymbol{n}_i)=\begin{bmatrix} f_{1x}\\ f_{1y}\\ f_{1z}\end{bmatrix}=\begin{bmatrix} 2u_i\dot{y}_i+\dot{u}_i^2x_i+\ddot{u}_iy_i+n_0^2R_l-n_{if}^2(R_l+x_i)\\ -2\dot{u}_l\dot{x}_i+\dot{u}_i^2y_i-\ddot{u}_ix_i-n_{if}^2y_i\\ -n_{if}^2z_i\end{bmatrix} \tag{5.2}$$

式中，$\overline{\boldsymbol{u}}_{ih}$ 为施加在第 i 个航天器上的控制输入，角标 $h=1$ 和 $h=2$ 分别表示欠径向和欠迹向驱动情形，即有 $\overline{\boldsymbol{u}}_{i1}=[0\ \ u_{iy}\ u_{iz}]^{\mathrm{T}}$ 和 $\overline{\boldsymbol{u}}_{i2}=[u_{ix}\ \ 0\ \ u_{iz}]^{\mathrm{T}}$。$n_0=\sqrt{\mu_{\mathrm{E}}/R_1^3}$ 为领航航天器的平均角速度，μ_{E} 为地球重力常量。为了便于控制器的设计，

式(5.1)通常被线性化为

$$\dot{\boldsymbol{X}}_i=\boldsymbol{A}\boldsymbol{X}_i+\boldsymbol{B}_{\mathrm{h}}\boldsymbol{u}_{i\mathrm{h}} \tag{5.3}$$

其中

$$\begin{cases}\boldsymbol{A}_1=\begin{bmatrix}\boldsymbol{A}_{11} & \boldsymbol{A}_{12}\\ \boldsymbol{A}_{13} & \boldsymbol{A}_{14}\end{bmatrix},\boldsymbol{A}_{11}=\mathbf{0}_{3\times 3},\boldsymbol{A}_{12}=\mathbf{I}_{3\times 3}\\ \boldsymbol{A}_{13}=\begin{bmatrix}3n_0^2 & 0 & 0\\ 0 & 0 & 0\\ 0 & 0 & -n_0^2\end{bmatrix},\boldsymbol{A}_{14}=\begin{bmatrix}0 & 2n_0 & 0\\ -2n_0 & 0 & 0\\ 0 & 0 & 0\end{bmatrix}\end{cases} \tag{5.4}$$

$$\boldsymbol{B}_1=\begin{bmatrix}0 & 0 & 0 & 0 & 0 & 1\\ 0 & 0 & 0 & 0 & 1 & 0\end{bmatrix}^{\mathrm{T}},\boldsymbol{B}_2=\begin{bmatrix}0 & 0 & 0 & 0 & 0 & 1\\ 0 & 0 & 0 & 1 & 0 & 0\end{bmatrix}^{\mathrm{T}} \tag{5.5}$$

式中，$\boldsymbol{u}_{i1}=[u_{iy}\ u_{iz}]^{\mathrm{T}}$，$\boldsymbol{u}_{i2}=[u_{ix}\ u_{iz}]^{\mathrm{T}}$。

基于线性系统理论，两种欠驱动情形下能控性矩阵的秩为[75]

$$\begin{cases}\mathrm{rank}(\boldsymbol{B}_1,\boldsymbol{A}_1\boldsymbol{B}_1,\cdots,\boldsymbol{A}_1^5\boldsymbol{B}_1)=6\\ \mathrm{rank}(\boldsymbol{B}_2,\boldsymbol{A}_1\boldsymbol{B}_2,\cdots,\boldsymbol{A}_1^5\boldsymbol{B}_2)=5\end{cases} \tag{5.6}$$

对于欠径向驱动情形，系统可控；而对于欠迹向驱动情形，系统不可控。再根据线性系统理论，不可控系统可以改写为部分可控和部分不可控子空间的形式，即

$$\dot{\overline{\boldsymbol{X}}}_{ic}=\overline{\boldsymbol{A}}_{\mathrm{cc}}\overline{\boldsymbol{X}}_{ic}+\overline{\boldsymbol{A}}_{\mathrm{cu}}\overline{X}_{i\mathrm{u}}+\overline{\boldsymbol{B}}_{\mathrm{c}}\boldsymbol{u}_{i2} \tag{5.7}$$

其中

$$\begin{cases}\overline{\boldsymbol{X}}_{ic}=[\dot{y}_i\quad z_i\quad y_i\quad \dot{x}_i\quad \dot{z}_i]^{\mathrm{T}}\\ \overline{X}_{i\mathrm{u}}=\dfrac{\dot{y}_i}{2n_0}+x_i\end{cases} \tag{5.8}$$

$$\begin{cases}\overline{\boldsymbol{A}}_{\mathrm{cc}}=\begin{bmatrix}0 & 0 & 0 & -2n_0 & 0\\ 0 & 0 & 0 & 0 & 1\\ 1 & 0 & 0 & 0 & 0\\ 2 & 0 & 0 & 0 & 0\\ 0 & -n_0^2 & 0 & 0 & 0\end{bmatrix},\overline{\boldsymbol{A}}_{\mathrm{cu}}=\begin{bmatrix}0\\ 0\\ 0\\ 3n_0^2\\ 0\end{bmatrix}\\ \overline{\boldsymbol{A}}_{\mathrm{uu}}=0,\overline{\boldsymbol{B}}_{\mathrm{c}}=[\mathbf{0}_{2\times 3}\quad \mathbf{I}_{2\times 2}]^{\mathrm{T}}\end{cases} \tag{5.9}$$

虽然欠迹向情形系统不可控，但是不可控的状态变量 $\overline{X}_{i\mathrm{u}}$ 与编队飞行自然轨道的稳定性条件 $2n_0x_i(t)+\dot{y}_i(t)=0$ 一致且保持为零[155]，即

$$\overline{X}_{i\mathrm{u}}(0)=x_i(0)+\frac{\dot{y}_i(0)}{2n_0}=\overline{X}_{i\mathrm{u}}(t_{if})=x_i(t_{if})+\frac{\dot{y}_i(t_{if})}{2n_0}=0 \tag{5.10}$$

根据上述理论可以得到结论:欠径向驱动情形下编队飞行控制是可控且可行的;欠迹向驱动情形下编队飞行控制虽不可控但条件可行,受限于式(5.10)。

对于欠法向驱动情形,系统能控性矩阵的秩为 4,系统不可控,且由于法向系统状态与另外两个方向系统状态是解耦的,该情形下径向和迹向推力只能使航天器进行平面运动。

5.2 欠驱动线性二次型调节器

5.2.1 LQR 控制权重间接估计法

线性二次调节器(Linear Quadratic Regulator,LQR)便于设计且可以通过最优时间、最优燃料、最优能量和轨迹跟踪四类性能指标获取最优控制序列,被广泛应用于理论研究和实际工程中。尽管目前多位学者都对权重整定进行了定性分析,但如何求取 LQR 中权重的取值依然是该方法的应用难点之一。

定义第 i 个跟随航天器相对于领航航天器的初始相对状态和期望相对状态分别为 $\boldsymbol{X}_i(t_{i0}=0)=\boldsymbol{X}_{ig}=[\boldsymbol{\rho}_{ig}^{\mathrm{T}}\ \boldsymbol{v}_{ig}^{\mathrm{T}}]^{\mathrm{T}}=[x_{ig}\ y_{ig}\ z_{ig}\ \dot{x}_{ig}\ \dot{y}_{ig}\ \dot{z}_{ig}]^{\mathrm{T}}$ 和 $\boldsymbol{X}_i(t=t_{if})=\boldsymbol{X}_{id}=[\boldsymbol{\rho}_{id}^{\mathrm{T}}\ \boldsymbol{v}_{id}^{\mathrm{T}}]^{\mathrm{T}}=[x_{id}\ y_{id}\ z_{id}\ \dot{x}_{id}\ \dot{y}_{id}\ \dot{z}_{id}]^{\mathrm{T}}$。通常采用自然编队构型验证航天器编队飞行的可行性,包括一般圆形轨道(General Circular Orbit,GCO)和投影圆形轨道(Projected Circular Orbit,PCO)[156],其动力学可以描述为

$$\begin{bmatrix} x_{ig} \\ y_{ig} \\ z_{ig} \end{bmatrix}=\frac{r_{ig}}{2}\begin{bmatrix} \sin(n_0t+\phi_{ig}) \\ 2\cos(n_0t+\phi_{ig}) \\ 2\sin(n_0t+\phi_{ig}) \end{bmatrix},\quad \begin{bmatrix} x_{id} \\ y_{id} \\ z_{id} \end{bmatrix}=\frac{r_{id}}{2}\begin{bmatrix} \sin(n_0t+\phi_{id}) \\ 2\cos(n_0t+\phi_{id}) \\ \sqrt{3}\sin(n_0t+\phi_{id}) \end{bmatrix} \tag{5.11}$$

式中,r_{id} 和 r_{ig} 分别为 GCO 和 PCO 的轨道半径;ϕ_{id} 和 ϕ_{ig} 分别为初始相角和期望相角。

在理想的无摄动环境中,不需要施加额外的控制以保持上述构型,即满足 $\dot{\boldsymbol{X}}_{id}=\boldsymbol{A}\boldsymbol{X}_{id}$,然而长期的外部扰动会改变航天器间的相对位置。定义第 i 个跟随航天器相对于领航航天器的相对状态误差矢量为 $\boldsymbol{e}_i=\boldsymbol{X}_i-\boldsymbol{X}_{id}=[\boldsymbol{e}_{i\rho}^{\mathrm{T}}\ \boldsymbol{e}_{iv}^{\mathrm{T}}]^{\mathrm{T}}$,其中 $\boldsymbol{e}_{i\rho}=[e_{ix}\ e_{iy}\ e_{iz}]^{\mathrm{T}}$,$\boldsymbol{e}_{iv}=[\dot{e}_{ix}\ \dot{e}_{iy}\ \dot{e}_{iz}]^{\mathrm{T}}$。于是,扰动下的编队飞行误差动力学可以构建为

$$\dot{\boldsymbol{e}}_i=\boldsymbol{A}_{\mathrm{h}}\boldsymbol{e}_i+\boldsymbol{B}_{\mathrm{h}}\boldsymbol{u}_{ih}+\boldsymbol{d}_i \tag{5.12}$$

式中,$\boldsymbol{A}_1=\boldsymbol{A}$;$\boldsymbol{A}_2=\overline{\boldsymbol{A}}_{\mathrm{cc}}$;$\boldsymbol{d}_i=\Delta\boldsymbol{f}_i(\boldsymbol{X}_i)+\overline{\boldsymbol{d}}_i=[\boldsymbol{0}_{1\times3}\ d_{ix}\ d_{iy}\ d_{iz}]^{\mathrm{T}}$,$\Delta\boldsymbol{f}(\boldsymbol{X}_i)=\boldsymbol{f}(\boldsymbol{X}_i)-\boldsymbol{A}_{\mathrm{h}}\boldsymbol{X}_i$ 为线性化误差;$\overline{\boldsymbol{d}}_i$ 为外部扰动。通常情况下,编队系统中成员之间的距离为

几千米，因此跟随航天器与领航航天器之间的扰动是有界的，即有 $0<\|\boldsymbol{d}_i\|\leqslant d_{im}$。

对于编队飞行问题，LQR 的性能函数通常选择

$$J_h=\int_{t_{i0}}^{t_{if}}(\boldsymbol{e}_{ih}^{\mathrm{T}}\boldsymbol{Q}_h\boldsymbol{e}_{ih}+\boldsymbol{u}_{ih}^{\mathrm{T}}\boldsymbol{R}_h\boldsymbol{u}_{ih})\mathrm{d}t,\quad h=1,2 \tag{5.13}$$

式中，$\boldsymbol{Q}_1\in\mathbb{R}^{6\times6}$，$\boldsymbol{Q}_2\in\mathbb{R}^{5\times5}$，$\boldsymbol{R}_1\in\mathbb{R}^{2\times2}$ 和 $\boldsymbol{R}_2\in\mathbb{R}^{2\times2}$ 为对角矩阵。给定矢量 $\boldsymbol{e}_{i1}=[e_{ix}\ e_{iy}\ e_{iz}\ \dot{e}_{ix}\ \dot{e}_{iy}\ \dot{e}_{iz}]^{\mathrm{T}}$ 和 $\boldsymbol{e}_{i2}=[\dot{e}_{iy}\ e_{iz}\ e_{iy}\ \dot{e}_{ix}\ \dot{e}_{iz}]^{\mathrm{T}}$，通过使用最优控制理论可以获得 LQR 的表达式为

$$\boldsymbol{u}_{ih}=-\boldsymbol{K}_h\boldsymbol{e}_{ih} \tag{5.14}$$

式中，$\boldsymbol{K}_1\in\mathbb{R}^{2\times6}$ 由矩阵 $\boldsymbol{A}$、$\boldsymbol{B}_1$、$\boldsymbol{Q}_1$ 和 $\boldsymbol{R}_1$ 决定；$\boldsymbol{K}_2\in\mathbb{R}^{2\times5}$ 由 $\overline{\boldsymbol{A}}_{cc}$、$\overline{\boldsymbol{B}}_c$、$\boldsymbol{Q}_2$ 和 $\boldsymbol{R}_2$ 决定。在 Matlab 软件中，可分别通过 lqr($\boldsymbol{A}$，$\boldsymbol{B}_1$，$\boldsymbol{Q}_1$，$\boldsymbol{R}_1$)命令和 lqr($\boldsymbol{A}_{cc}$，$\boldsymbol{B}_2$，$\boldsymbol{Q}_2$，$\boldsymbol{R}_2$)命令求取 $\boldsymbol{K}_1$ 和 $\boldsymbol{K}_2$ 的值。

然而，在应用 LQR 方法时必须应对一个棘手问题：如何调节权重矩阵 $\boldsymbol{Q}_h$ 和 $\boldsymbol{R}_h$ 使仿真结果满足理论或工程任务的指标要求？接下来给出一种间接估计控制权重 $\boldsymbol{R}_h$ 的方法。

对于航天器化学推进器、飞轮或电机等执行器，通常根据机械参数可以获知这些执行器可提供输入的量级或最大推力，即执行器可提供的最大机械力是受工程技术能力限制的，因此设计者可以提前预估执行器可提供的最大加速度为 $\boldsymbol{u}_{i\max}$。以欠径向驱动情形为例，将矢量 $\boldsymbol{e}_{i1}$ 扩展为矩阵形式

$$\boldsymbol{e}_{i1}'=\begin{bmatrix} e_{ix} & 0 & 0 & 0 & 0 & 0\\ 0 & e_{iy} & 0 & 0 & 0 & 0\\ 0 & 0 & e_{iz} & 0 & 0 & 0\\ 0 & 0 & 0 & \dot{e}_{ix} & 0 & 0\\ 0 & 0 & 0 & 0 & \dot{e}_{iy} & 0\\ 0 & 0 & 0 & 0 & 0 & \dot{e}_{iz}\end{bmatrix} \tag{5.15}$$

类似地，将欠径向情形下的控制输入 $\boldsymbol{u}_{i1}$ 扩展为矩阵

$$\boldsymbol{u}_{i1}'=\begin{bmatrix} 0 & 0 & 0 & 0 & u_{iy} & 0\\ 0 & 0 & 0 & 0 & 0 & u_{iz}\end{bmatrix} \tag{5.16}$$

根据最优控制理论，已知代数 Riccati 方程为

$$\boldsymbol{P}_1\boldsymbol{A}+\boldsymbol{A}^{\mathrm{T}}\boldsymbol{P}_1-\boldsymbol{P}_1\boldsymbol{B}_1\boldsymbol{R}_1^{-1}\boldsymbol{B}_1^{\mathrm{T}}\boldsymbol{P}_1+\boldsymbol{Q}_1=\boldsymbol{0} \tag{5.17}$$

式中，$\boldsymbol{P}_1\in\mathbb{R}^{6\times6}$ 为正定矩阵。已知推进器产生的推力量级为 $\boldsymbol{u}_{i\max}$，根据最优控制理论可以得到跟随航天器在目标函数式(5.13)下的最优控制律为

$$\boldsymbol{u}_{i\max}=-\boldsymbol{R}_1^{-1}\boldsymbol{B}_1^{\mathrm{T}}\boldsymbol{P}_1'\boldsymbol{e}_{i1}' \tag{5.18}$$

式中，$\boldsymbol{u}_{i\max}$、$\boldsymbol{B}_1$ 和 $\boldsymbol{e}_{i1}'$ 均为已知量。将式(5.18)代入式(5.17)中并乘以 $\boldsymbol{e}_{i1}'$ 的逆矩阵

可以得到一个新的 Riccati 方程

$$\boldsymbol{P}_1'\boldsymbol{A}+\boldsymbol{A}^{\mathrm{T}}\boldsymbol{P}_1'-\boldsymbol{P}_1'\boldsymbol{B}_1\boldsymbol{u}_{i\max}\boldsymbol{e}'^{-1}_{i1}+\boldsymbol{Q}_1=\boldsymbol{0} \tag{5.19}$$

这样根据式(5.19)可求得 $\boldsymbol{P}_1'$的值，此时式(5.18)中除了矩阵 $\boldsymbol{R}_1$ 外其他矩阵或矢量均已知，进而可以求取 $\boldsymbol{R}_1$ 的值，这样就完成了控制参数的预估，后续只需在该估计值基础上调节参数即可。

参数计算实例：假定 $\boldsymbol{Q}_1$ 的取值为 1×10^{-3} 量级，位置误差为 1×10^{3}m，速度误差为 1×10^{0}m/s，控制输入$\boldsymbol{u}_{i\max}$ 的输入饱和限制为 $1\times10^{-3}\mathrm{m/s^2}$ 量级，将这些参数代入式(5.18)可以求得控制权重 $\boldsymbol{R}_1$ 的取值约为 1×10^{8}，设计者后续只需在该值的基础上进一步调节参数 $\boldsymbol{R}_1$ 即可。

5.2.2 数值仿真与分析

为了验证理论分析的正确性，对两种欠驱动场景进行仿真实验。表 5.1 列出了两种情形下领航航天器的初始轨道元素，假设由三个跟随航天器组成的通信拓扑图是一个完整的无向图，即跟随航天器之间可以进行实时的无延迟通信。令 $r_{ig}=500\mathrm{m}$，$r_{id}=1000\mathrm{m}$，$\phi_{ig}(i=1,2,3)=0$、$\frac{2}{3}\pi$、$\frac{4}{3}\pi$，$\phi_{id}=0$、$\frac{2}{3}\pi$、$\frac{4}{3}\pi$。同时，采用文献[157]中的非线性 J_2 摄动模型和大气扰动模型为外部扰动。

表 5.1 虚拟领航航天器的轨道要素

轨道要素	数值
半长轴	6878137m
偏心率	0
轨道倾角	42°
升交点赤经	−60°
纬度幅角	30°

(1)欠径向驱动情形仿真

设定控制参数 $\boldsymbol{Q}_1=\mathrm{diag}(5\times10^{-3},5\times10^{-3},5\times10^{-3},1\times10^{-3},1\times10^{-3},1\times10^{-3})$和 $\boldsymbol{R}_1=\mathrm{diag}(1\times10^{8},1\times10^{8})$。图 5.1 为在 LQR 作用下三个跟随航天器的重构轨迹，可以发现，每个跟随航天器从初始位置 $f_i^{\circ}(i=1,2,3)$渐近飞行至目标位置 f_i^*。在上述轨道要素条件下，一个轨道周期(orbit)被定义为 $2\pi/n_0\approx5712\mathrm{s}$，在本章的仿真结果中横坐标将以轨道周期(orbit)为时间单位，且仿真的开始时间为 $t_{i0}=0$，截止时间 t_{if} 为 2.5 个轨道周期。鉴于三个跟随航天器的运动过程具有相似性，为了减少篇幅，此处仅给出跟随航天器 1 的运动情况，图 5.2 和图 5.3 分

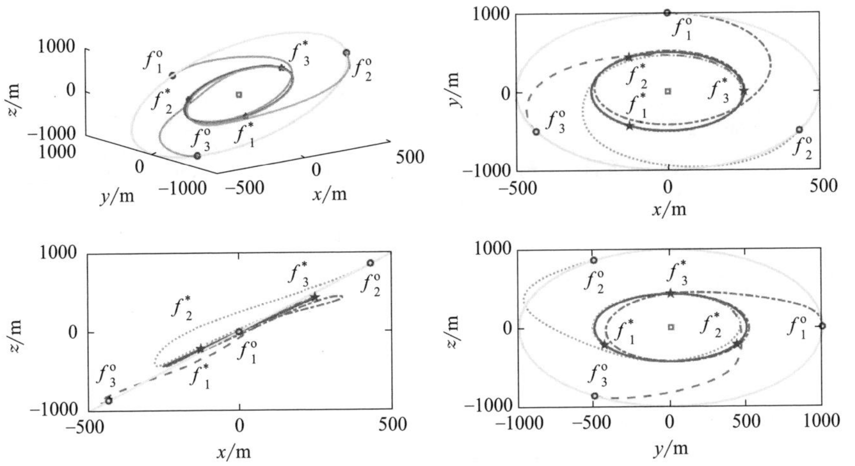

图 5.1　欠径向驱动情形下跟随航天器的重构轨迹

别描绘了跟随航天器 1 的相对位置和相对速度误差的时间历史，大约在一个轨道周期后系统状态将收敛至有界区域。由于扰动的影响导致系统状态无法完全收敛至期望位置，其中相对位置误差收敛于 10^0 m 的量级，相对速度误差收敛于 10^{-3} m/s 的量级。图 5.4 为 LQR 控制输入的时间历史，同样在大约一个轨道周期

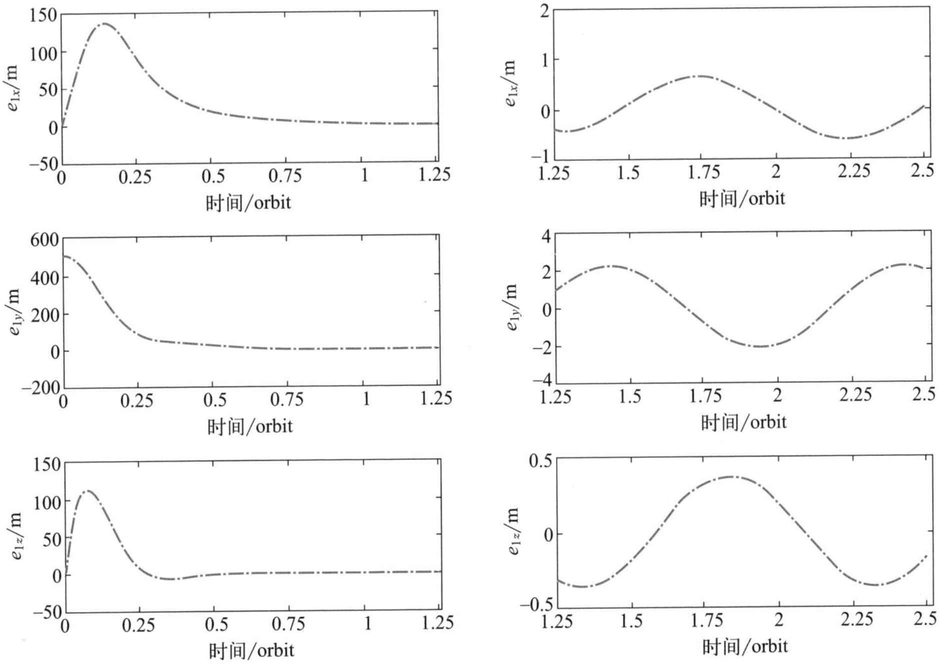

图 5.2　欠径向驱动情形下跟随航天器 1 相对位置误差时间历史

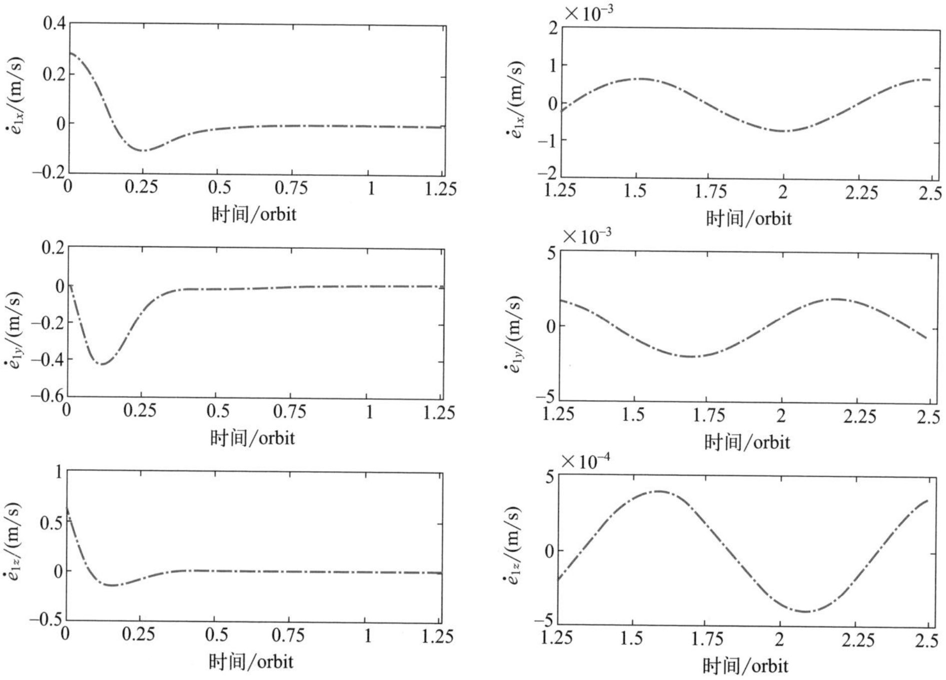

图 5.3 欠径向驱动情形下跟随航天器 1 相对速度误差时间历史

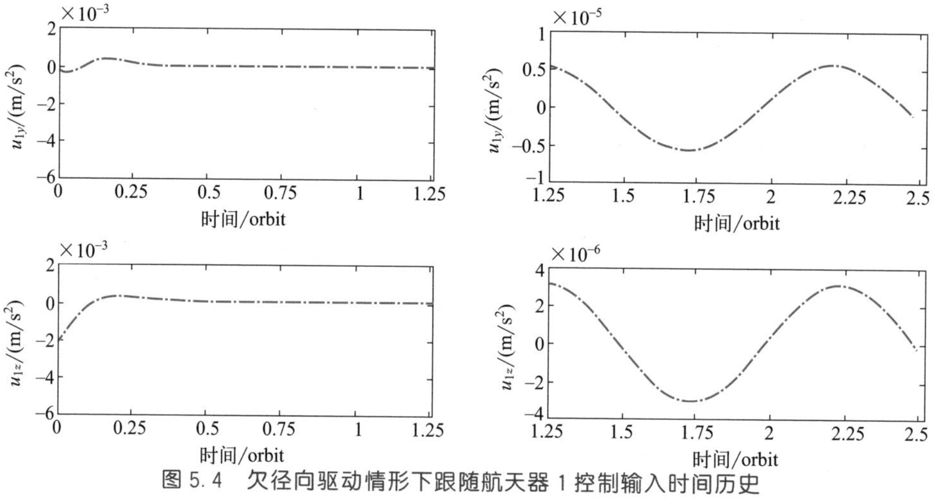

图 5.4 欠径向驱动情形下跟随航天器 1 控制输入时间历史

时收敛至 $10^{-6}\,\mathrm{m/s^2}$ 的量级。本节暂不对 LQR 进行定量分析，后续章节将以该控制方法作为对比实验之一，接下来进行欠迹向驱动情形下的仿真实验。

(2)欠迹向驱动情形仿真

在该情形下，设置参数 $\boldsymbol{Q}_2=\mathrm{diag}(1\times10^{-3},5\times10^{-3},5\times10^{-3},1\times10^{-3},1\times10^{-3})$ 和 $\boldsymbol{R}_2=\mathrm{diag}(3\times10^{8},3\times10^{8})$，领航航天器和跟随航天器的仿真条件与上节

相同。图 5.5 为重构轨迹，同样三个跟随航天器在大约一个轨道周期渐近运动至期望轨迹。图 5.6 和图 5.7 为相对位置和相对速度误差的时间历史，在大约一个轨

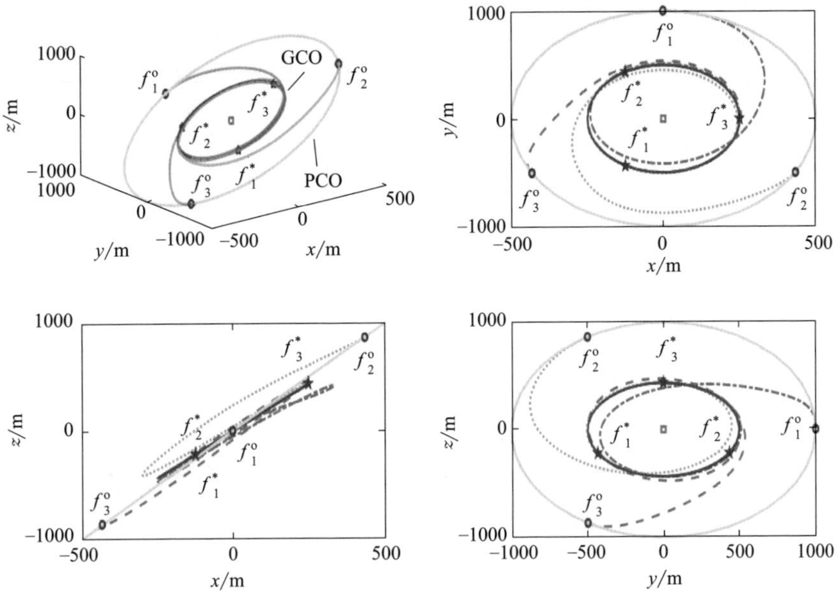

图 5.5 欠迹向驱动情形下跟随航天器的重构轨迹

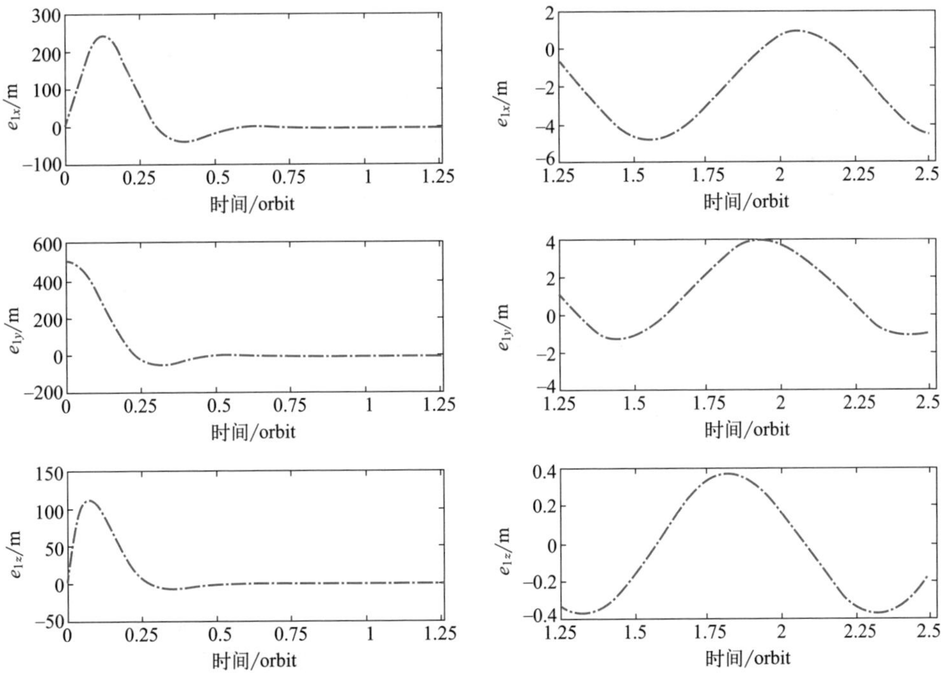

图 5.6 欠迹向驱动情形下跟随航天器 1 相对位置误差时间历史

道周期后收敛至有界区域，图 5.8 中径向和法向的控制输入也大约在一个轨道周期后收敛至零，从而验证了所设计 LQR 的有效性，具体的数值分析将在后续章节仿真实验中给出。

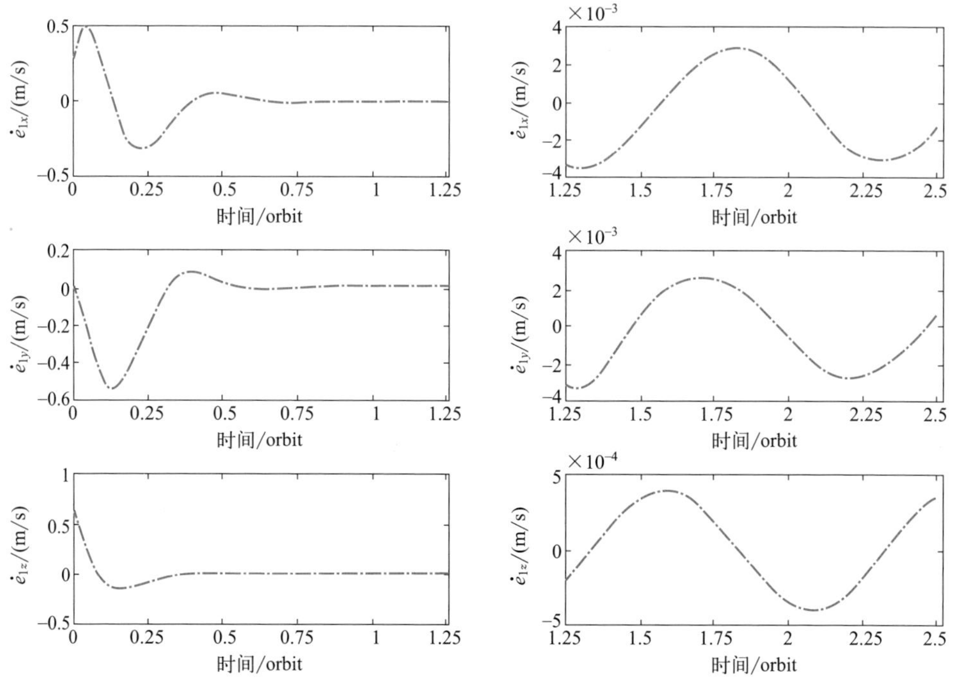

图 5.7　欠迹向驱动情形下跟随航天器 1 相对速度误差时间历史

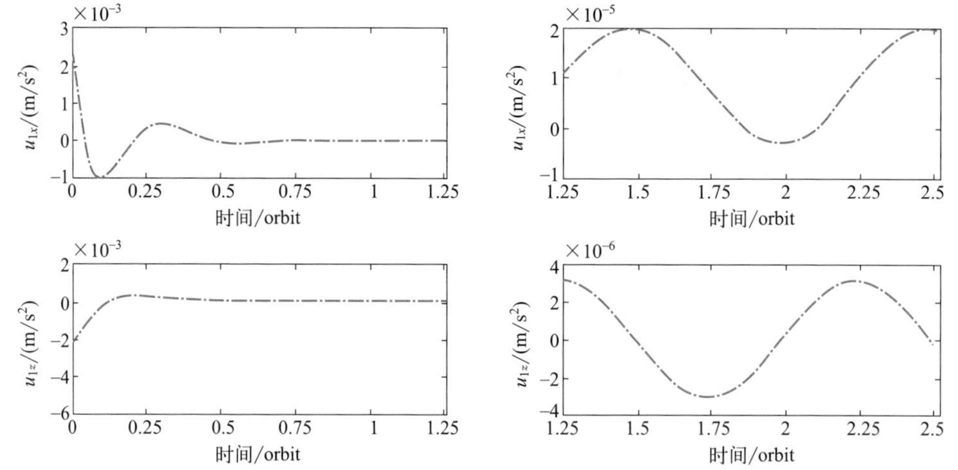

图 5.8　欠迹向驱动情形下跟随航天器 1 控制输入时间历史

5.3 欠驱动编队重构控制方法

5.3.1 径向欠驱动滑模控制

LQR 方法也存在无法应对外部扰动、控制精度较低和鲁棒性较差等缺点。而对于欠驱动编队重构问题，尽管文献[73,151,155,158,159]已经提供了较好的解决方案，且在仿真实验中控制器的各项性能指标也令人满意。然而，这些欠驱动方案存在一个潜在的问题，即为了简化控制器的推导预设了欠驱动线性变换矩阵中的某些参数，这种操作可能会限制系统状态之间的耦合关系并预先决定系统的稳定重构精度，从而影响控制器的通用性。合适的流程应当是根据任务要求和仿真实验调整控制参数[160-161]。因此，本节将针对两种欠驱动情形分别给出新的不依赖预定参数值的欠驱动编队重构控制方案。

欠驱动误差动力学是欠驱动控制器设计的基础，根据前面提到文献[151]中的结论，系统在欠径向驱动情形下是可控的，对于标称全驱动二阶系统，控制输入通常以加速度的形式作用于二阶状态。从相对轨道动力学的角度来看，由于径向和迹向状态（即 e_x，e_y，$\dot{e}_x$ 和 $\dot{e}_y$）是耦合的，因此迹向通道中的控制输入也可以驱动径向状态。在该意义下，可以通过将径向和迹向通道的相对误差状态置于一个通道中来构造欠驱动动力学，即通过线性变换将六阶误差动力学降为四阶，其中迹向的控制输入 u_{iy} 驱动径向和迹向的误差状态，而法向控制输入 u_{iz} 驱动法向的误差状态。本节给出了新的欠驱动误差动力学，将六阶误差动力学划分为两个三阶矢量，即 3+3 形式：

$$\begin{cases}\dot{\boldsymbol{e}}_{i1\rho}=\boldsymbol{A}_{11}\boldsymbol{e}_{i1\rho}+\boldsymbol{A}_{12}\boldsymbol{e}_{i1\mathrm{v}}\\ \dot{\boldsymbol{e}}_{i1\mathrm{v}}=\boldsymbol{A}_{13}\boldsymbol{e}_{i1\rho}+\boldsymbol{A}_{14}\boldsymbol{e}_{i1\mathrm{v}}+\boldsymbol{u}_{i1}+\boldsymbol{d}_{i1}\end{cases}\tag{5.20}$$

式中，$\boldsymbol{e}_{i1\rho}=[e_{ix}\ e_{iy}\ e_{iz}]^{\mathrm{T}}$，$\boldsymbol{e}_{i1\mathrm{v}}=[\dot{e}_{ix}\ \dot{e}_{iy}\ \dot{e}_{iz}]^{\mathrm{T}}$，$\boldsymbol{u}_{i1}=[0\ \ u_{i1y}\ u_{i1z}]^{\mathrm{T}}$，$\boldsymbol{d}_{i1}=[d_{ix}\ d_{iy}\ d_{iz}]^{\mathrm{T}}$ 的有界值为 $0<\|\boldsymbol{d}_{i1}\|\leqslant d_{i\mathrm{m}}$。

需要注意的是，$\boldsymbol{u}_{i1}\in\mathbb{R}^2$ 但是 $\boldsymbol{e}_{i1\rho}\in\mathbb{R}^3$ 且 $\boldsymbol{e}_{i1\mathrm{v}}\in\mathbb{R}^3$。于是执行两个 2×3 阶的线性变换矩阵以生成两个二阶变量 $\overline{\boldsymbol{e}}_{i1\rho}\in\mathbb{R}^2$ 和 $\overline{\boldsymbol{e}}_{i1\mathrm{v}}\in\mathbb{R}^2$：

$$\begin{cases}\overline{\boldsymbol{e}}_{i1\rho}=\boldsymbol{P}_{11}\boldsymbol{e}_{i1\rho}\\ \overline{\boldsymbol{e}}_{i1\mathrm{v}}=\boldsymbol{P}_{12}\boldsymbol{e}_{i1\mathrm{v}}\end{cases}\tag{5.21}$$

$$\boldsymbol{P}_{11}=\begin{bmatrix}a_1 & b_1 & 0\\ 0 & 0 & f_1\end{bmatrix},\quad \boldsymbol{P}_{12}=\begin{bmatrix}a_2 & b_2 & 0\\ 0 & 0 & f_2\end{bmatrix}\tag{5.22}$$

式中，a_1、b_1、f_1、a_2、b_2 和 f_2 为待设置的常数参数。通过线性变换矩阵 $\boldsymbol{P}_{11}$ 和 $\boldsymbol{P}_{12}$ 生成两个二阶的状态矢量，此时原本径向和迹向的状态变量被置于同一个通道，且变量$\overline{\boldsymbol{e}}_{i1\rho}$ 和$\overline{\boldsymbol{e}}_{i1\mathrm{v}}$ 的自由度与控制输入$\boldsymbol{u}_{i1}$ 的自由度相同。

接下来采用滑模控制方法设计欠驱动控制器，定义$\dot{\overline{\boldsymbol{e}}}_{i1\rho}:=\overline{\boldsymbol{e}}_{i1\mathrm{v}}$，则欠驱动滑模面可以设计为

$$\boldsymbol{s}_{i1}=\alpha_{1,1}\overline{\boldsymbol{e}}_{i1\rho}+\beta_{1,1}(\overline{\boldsymbol{e}}_{i1\rho})^{\frac{q_1}{p_1}}+\overline{\boldsymbol{e}}_{i1\mathrm{v}} \tag{5.23}$$

式中，$\alpha_{1,1}>0$ 和 $\beta_{1,1}>0$ 为常数；q_1 和 p_1 为奇数且满足 $p_1<q_1<2p_1$。接着对$\boldsymbol{s}_{i1}$ 求时间导数得到

$$\begin{aligned}\dot{\boldsymbol{s}}_{i1}&=\alpha_1\dot{\overline{\boldsymbol{e}}}_{i1\rho}+\beta_1 q_1/p_1(\overline{\boldsymbol{e}}_{i1\rho})^{\frac{q_1}{p_1}-1}\dot{\overline{\boldsymbol{e}}}_{i1\rho}+\dot{\overline{\boldsymbol{e}}}_{i1\mathrm{v}}\\&=\alpha_1\boldsymbol{P}_{11}(\boldsymbol{A}_{11}\boldsymbol{e}_{i1\rho}+\boldsymbol{A}_{12}\boldsymbol{e}_{i1\mathrm{v}})+\beta_1 q_1/p_1(\overline{\boldsymbol{e}}_{i1\rho})^{\frac{q_1}{p_1}-1}\boldsymbol{P}_{11}(\boldsymbol{A}_{11}\boldsymbol{e}_{i1\rho}+\boldsymbol{A}_{12}\boldsymbol{e}_{i1\mathrm{v}})\\&\quad+\boldsymbol{P}_{12}(\boldsymbol{A}_{13}\boldsymbol{e}_{i1\rho}+\boldsymbol{A}_{14}\boldsymbol{e}_{i1\mathrm{v}}+\boldsymbol{u}_{i1}+\boldsymbol{d}_{i1})\end{aligned} \tag{5.24}$$

定义$(\overline{\boldsymbol{e}}_{i1\rho})^{q_1/p_1-1}=[(\overline{e}_{i1\rho,1})^{q_1/p_1-1}\quad(\overline{e}_{i1\rho,2})^{q_1/p_1-1}]^{\mathrm{T}}=[p_{131}\quad p_{132}]^{\mathrm{T}}$，令$\dot{\boldsymbol{s}}_{i1}=0$，则可以得到等效控制律$\boldsymbol{u}_{i1,1}$

$$\boldsymbol{u}_{i1,1}=-\alpha_{1,1}\widetilde{\boldsymbol{P}}_{12}\boldsymbol{P}_{11}\boldsymbol{A}_{12}\boldsymbol{e}_{i1\mathrm{v}}-\beta_{1,1}q_1/p_1\widetilde{\boldsymbol{P}}_{12}\widetilde{\boldsymbol{P}}_{13}\boldsymbol{P}_{11}\boldsymbol{A}_{12}\boldsymbol{e}_{i1\mathrm{v}}-\widetilde{\boldsymbol{P}}_{12}\boldsymbol{P}_{12}(\boldsymbol{A}_{13}\boldsymbol{e}_{i1\rho}+\boldsymbol{A}_{14}\boldsymbol{e}_{i1\mathrm{v}}) \tag{5.25}$$

式中，$\widetilde{\boldsymbol{P}}_{12}=\mathrm{diag}(b_2^{-1},f_2^{-1})$，$\widetilde{\boldsymbol{P}}_{13}=\mathrm{diag}(p_{131},p_{132})$。在式(5.25)中，$\boldsymbol{P}_{12}$ 决定着$\overline{\boldsymbol{e}}_{i1\rho}$ 中系统状态的耦合关系，而 $\boldsymbol{P}_{11}$ 和 $\boldsymbol{P}_{12}$ 同时影响$\overline{\boldsymbol{e}}_{i1\mathrm{v}}$ 中系统状态的耦合关系，通过 6 个参数描述 6 个变量的耦合关系更有利于调试控制器性能。此外，滑模控制器还包含开关控制律

$$\boldsymbol{u}_{i1,2}=-k_{1,1}\boldsymbol{s}_{i1}-k_{2,1}\mathrm{sig}^{\gamma_1}(\boldsymbol{s}_{i1}) \tag{5.26}$$

式中，$\mathrm{sig}^{\gamma_1}(\boldsymbol{s}_{i1})=[|s_{i1,1}|^{\gamma_1}\mathrm{sgn}(s_{i1,1})\,|s_{i1,2}|^{\gamma_1}\mathrm{sgn}(s_{i1,2})]^{\mathrm{T}}$，$\mathrm{sgn}(\cdot)$为符号函数，参数 $k_{1,1}>0$，$k_{2,1}>0$ 和 $0<\gamma_1<1$ 为常数。这样径向推力缺失情形下的欠驱动控制器为

$$\boldsymbol{u}_{i1}=\boldsymbol{u}_{i1,1}+\boldsymbol{u}_{i1,2} \tag{5.27}$$

至此，就完成了欠驱动控制器的设计，在没有径向推力的情况下驱动跟随航天器从初始构型运动至期望构型。

假设 V 是一个正定函数且满足如下关系：

$$\dot{V}+\alpha_1 V+\alpha_2 V^{\alpha_3}\leqslant 0 \tag{5.28}$$

式中，$\alpha_1>0$、$\alpha_2>0$ 和 $0<\alpha_3<1$ 为常数。则 V 将在有限时间 $t_1>0$ 收敛至零，收敛时间表达式为

$$t_1 \leqslant \frac{1}{\alpha_1(1-\alpha_3)} \ln \frac{\alpha_1 V^{1-\alpha_3}(t_0)+\alpha_2}{\alpha_2} \tag{5.29}$$

对于误差动力学式(5.21)，已知滑模面和控制器分别设计为式(5.23)和式(5.27)，如果控制器参数满足条件：$b_1+2n_0a_2>0$，$a_1>0$ 和 $b_1<0$，则闭环系统将在有限时间收敛至期望构型，此时系统状态误差的收敛区域为

$$\begin{cases} \|\boldsymbol{s}_{i1}\| \leqslant \Delta_{s_{i1}}, & \|\bar{\boldsymbol{e}}_{i1\rho}\| \leqslant \Delta_{\bar{e}_{i1\rho}}, \quad \|\bar{\boldsymbol{e}}_{i1\mathrm{v}}\| \leqslant \Delta_{\bar{e}_{i1\mathrm{v}}} \\ |e_{i\mu}| \leqslant \Delta_{e_{i\mu}}, & |\dot{e}_{i\mu}| \leqslant \Delta_{\dot{e}_{i\mu}}, \quad \mu = x,y,z \end{cases} \tag{5.30}$$

式中，$\Delta_{s_{i1}}$、$\Delta_{\bar{e}_{i1\rho}}$、$\Delta_{\bar{e}_{i1\mathrm{v}}}$、$|e_{i\mu}| \leqslant \Delta_{e_{i\mu}}$ 和 $|\dot{e}_{i\mu}| \leqslant \Delta_{\dot{e}_{i\mu}}$ 的详细表达式将通过下面推导给出。

考虑 Lyapunov 函数 $V_1=\sum_{i=1}^{n} V_{i1}=\frac{1}{2}\sum_{i=1}^{n}\boldsymbol{s}_{i1}^{\mathrm{T}}\boldsymbol{s}_{i1}$，求 V_1 的时间导数并将式(5.23)和式(5.27)代入 $\dot{V}_1$ 中得到

$$\dot{V}_1=\sum_{i=1}^{n}\boldsymbol{s}_{i1}^{\mathrm{T}}(\boldsymbol{\zeta}_{i1}-k_{1,1}\boldsymbol{s}_{i1}-k_{2,1}\operatorname{sig}^{\gamma_1}(\boldsymbol{s}_{i1})) \tag{5.31}$$

式中，$\boldsymbol{\zeta}_{i1}=\boldsymbol{P}_{12}\boldsymbol{d}_{i1}$ 的有界值为 $\|\boldsymbol{\zeta}_{i1}\| \leqslant \zeta_{i\mathrm{m}}=\|\boldsymbol{P}_{12}\| d_{i\mathrm{m}}$。接着，式(5.31)可以转化为如下两种形式：

$$\begin{cases} \dot{V}_1+2k_{1,1}\sum_{i=1}^{n}V_{i1}+2^{\frac{\gamma_1+1}{2}}(k_{2,1}-\zeta_{i\mathrm{m}}\|\boldsymbol{s}_{i1}\|^{-\gamma_1})\sum_{i=1}^{n}V_{i1}^{\frac{\gamma_1+1}{2}} \leqslant 0 \\ \dot{V}_1+2(k_{1,1}-\zeta_{i\mathrm{m}}\|\boldsymbol{s}_{i1}\|^{-1})\sum_{i=1}^{n}V_{i1}+2^{\frac{\gamma_1+1}{2}}k_{2,1}\sum_{i=1}^{n}V_{i1}^{\frac{\gamma_1+1}{2}} \leqslant 0 \end{cases} \tag{5.32}$$

由于外部扰动的存在，闭环系统无法在有限时间收敛至零而是 $\boldsymbol{s}_{i1}=0$ 的一个邻域。当 $k_{2,1}-\zeta_{i\mathrm{m}}\|\boldsymbol{s}_{i1}\|^{-\gamma_1}>0$ 和 $k_{1,1}-\zeta_{i\mathrm{m}}\|\boldsymbol{s}_{i1}\|^{-1}>0$ 成立时，可以推导出系统轨迹将收敛至有界区域

$$\|\boldsymbol{s}_{i1}\| \leqslant \Delta_{s_{i1}}=\min\left\{\left(\frac{\zeta_{i\mathrm{m}}}{k_{2,1}}\right)^{\frac{1}{\gamma_1}}, \frac{\zeta_{i\mathrm{m}}}{k_{1,1}}\right\} \tag{5.33}$$

在航天器编队飞行的实际应用中，通常 $k_{2,1}$ 的取值约为 $k_{1,1}$ 取值的 0.1%，在该意义下，可知系统将在有限实际收敛至有界区域 $\Delta_{s_{i1}}=\frac{\zeta_{i\mathrm{m}}}{k_{1,1}}$。分析完闭环系统的收敛性后，接下来推导在欠驱动控制器作用下系统状态的稳定重构精度，将式(5.23)重写为

$$\alpha_{1,1}\bar{\boldsymbol{e}}_{i1\rho}+\beta_{1,1}\bar{\boldsymbol{e}}_{i1\rho}^{\frac{q_1}{p_1}}+\bar{\boldsymbol{e}}_{i1\mathrm{v}}=\boldsymbol{s}_{i1} \tag{5.34}$$

如果 $\alpha_{1,1}-\frac{\boldsymbol{s}_{i1}}{\bar{\boldsymbol{e}}_{i1\rho}}>0$ 或 $\beta_{1,1}-\frac{\boldsymbol{s}_{i1}}{\dot{\bar{\boldsymbol{e}}}_{i1\rho}^{\,q_1/p_1}}>0$ 成立，则 $\bar{\boldsymbol{e}}_{i1\rho}$ 和 $\dot{\bar{\boldsymbol{e}}}_{i1\rho}$ 将收敛至如下有界

区域：

$$\begin{cases}\|\bar{\boldsymbol{e}}_{i1\rho}\| \leqslant \Delta_{\bar{e}_{i1\rho}} = \max\left\{\dfrac{\Delta_{s_{i1}}}{\alpha_{1,1}}, \left(\dfrac{\Delta_{s_{i1}}}{\beta_{1,1}}\right)^{\frac{p_1}{q_1}}\right\} \\ \|\dot{\bar{\boldsymbol{e}}}_{i1\rho}\| \leqslant \Delta_{\dot{\bar{e}}_{i1\rho}} = |\alpha_{1,1}\Delta_{e_{i1\rho}} + \beta_{1,1}\Delta_{e_{i1\rho}} q_{\frac{1}{p_1}} - \Delta_{s_{i1}}|\end{cases} \tag{5.35}$$

进一步，式(5.21)的第一项也可以写成如下形式：

$$\bar{\boldsymbol{e}}_{i1\rho} = \begin{bmatrix}\bar{e}_{i1\rho,1} \\ \bar{e}_{i1\rho,2}\end{bmatrix} = \begin{bmatrix}a_1 e_{ix} + b_1 e_{iy} \\ f_1 e_{iz}\end{bmatrix} \tag{5.36}$$

从式(5.36)第二项可以得到关系 $\bar{e}_{i1\rho,2} = f_1 e_{iz}$，于是法向的相对位置误差可以写为

$$|e_{iz}| \leqslant \Delta_{e_{iz}} = \frac{|\bar{e}_{i1\rho,2}|}{|f_1|} \leqslant \frac{\|\bar{\boldsymbol{e}}_{i1\rho}\|}{|f_1|} \leqslant \frac{\Delta_{\bar{e}_{i1\rho}}}{|f_1|} \tag{5.37}$$

类似的方法，根据式(5.21)的第二项可以得到法向的相对速度误差将收敛至有界区域

$$|\dot{e}_{iz}| \leqslant \Delta_{\dot{e}_{iz}} = \frac{|\bar{e}_{i1\mathrm{v},2}|}{|f_2|} \leqslant \frac{\|\bar{\boldsymbol{e}}_{i1\mathrm{v}}\|}{|f_2|} \leqslant \frac{\Delta_{\bar{e}_{i1\mathrm{v}}}}{|f_2|} \tag{5.38}$$

接着定义 $\tilde{\boldsymbol{e}}_{i1\rho} = [e_{ix}\ e_{iy}\ e_{iz}\ \dot{e}_{ix}]^{\mathrm{T}}$ 和 $\tilde{\boldsymbol{P}}_{11} = [\tilde{\boldsymbol{P}}_{111}\quad \tilde{\boldsymbol{P}}_{112}]^{\mathrm{T}}$，其中 $\tilde{\boldsymbol{P}}_{111} = [a_1\ b_1\ 0\ a_2]$ 且 $\tilde{\boldsymbol{P}}_{112} = [0\ 0\ f_1\ 0]$，使用与文献[151]和[155]类似的方法可以通过另一个线性变换得到一个新的二阶状态变量

$$\bar{\tilde{\boldsymbol{e}}}_{i1\rho} = \tilde{\boldsymbol{P}}_{11}\tilde{\boldsymbol{e}}_{i1\rho} = \begin{bmatrix}a_1 e_{ix} + b_1 e_{iy} + a_2 \dot{e}_{ix} \\ f_1 e_{iz}\end{bmatrix} \tag{5.39}$$

根据式(5.37)与式(5.38)可知，线性化的相对状态矢量 $\bar{\boldsymbol{e}}_{i1\rho}$ 的收敛区域由 e_x、e_y 和 e_z 决定。而在文献[151]和[155]中给出的线性化的相对状态矢量则受 e_x、e_y、$\dot{e}_x$ 和 e_z 四个变量影响。在相同的参数条件下，本书给出的法向相对位置误差和相对速度误差的收敛区域（即 $\Delta_{e_{is}}$ 和 $\Delta_{\dot{e}_{is}}$）具有更小的上界。类似地，由于式(5.21)中的相对位置误差和速度误差是解耦的，则迹向相对状态误差的收敛区域的上界（即 $\Delta_{e_{is}}$ 和 $\Delta_{\dot{e}_{iz}}$）也小于文献[155]中给出的相对状态误差收敛区域的上界。对式(5.39)第一项求取时间导数可以得到等式

$$\dot{\tilde{e}}_{i1\rho,1} = a_1\dot{e}_{ix} + b_1\dot{e}_{iy} + a_2\ddot{e}_{ix} \tag{5.40}$$

式中，$|\dot{\tilde{e}}_{i1\rho,1}| \leqslant \Delta_{\dot{\tilde{e}}_{i1\rho,1}} = \Delta_{\bar{e}_{i1\rho}} + \Delta_{\bar{e}_{i1\mathrm{v}}}$。

接着将径向的误差动力学 $\ddot{e}_{ix} = 3n_0^2 e_{ix} + 2n_0\dot{e}_{iy} + d_{ix}$ 代入式(5.40)可以得到一个由变量 e_{ix} 构建的二阶系统

$$a_{11}\ddot{e}_{ix}+a_{12}\dot{e}_{ix}+a_{13}e_{ix}=\zeta_{i2} \tag{5.41}$$

式中，$a_{11}=b_1+2n_0a_2$，$a_{12}=2n_0a_1$，$a_{13}=-3n_0^2b_1$ 且 $\zeta_{i2}=2n_0\dot{\tilde{e}}_{i1\rho,1}+b_1d_{ix}$ 的有界值为 $|\zeta_{i2}|\leqslant\zeta_{in}=2n_0\Delta\dot{\tilde{e}}_{i1\rho,1}+|b_1|d_{im}$。根据线性系统理论中二阶系统稳定的充要条件[157]可知式(5.41)中的系数满足 $a_{11}=b_1+2n_0a_2>0$，$a_{12}=2n_0a_1>0$ 和 $a_{13}=-3n_0^2b_1>0$，于是式(5.41)也可以写为如下两种形式：

$$\begin{cases}a_{11}\ddot{e}_{ix}+a_{12}\dot{e}_{ix}+(a_{13}-\zeta_{i2}e_{ix}^{-1})e_{ix}=0\\a_{11}\ddot{e}_{ix}+(a_{12}-\zeta_{i2}\dot{e}_{ix}^{-1})\dot{e}_{ix}+a_{13}e_{ix}=0\end{cases} \tag{5.42}$$

当 $a_{12}-\zeta_{i2}\dot{e}_{ix}^{-1}>0$ 和 $a_{13}-\zeta_{i2}e_{ix}^{-1}>0$ 成立时，径向的相对位置误差和相对速度误差将分别收敛至如下有界区域：

$$|e_{ix}|\leqslant\Delta_{e_{ix}}=\frac{\zeta_{in}}{a_{13}} \tag{5.43}$$

$$|\dot{e}_{ix}|\leqslant\Delta_{\dot{e}_{ix}}=\frac{\zeta_{in}}{a_{12}} \tag{5.44}$$

结合式(5.39)、式(5.43)和式(5.44)，则可以得到迹向通道的相对位置和相对速度的稳定重构精度将分别收敛至有界区域：

$$|e_{iy}|\leqslant\Delta_{e_{iy}}=\frac{\Delta_{\tilde{e}_{i1\rho}}+|a_1|\Delta_{e_{ix}}}{|b_1|} \tag{5.45}$$

$$|\dot{e}_{iy}|\leqslant\Delta_{\dot{e}_{iy}}=\frac{\Delta_{\dot{e}_{i1\rho}}+|a_2|\Delta_{\dot{e}_{ix}}}{|b_2|} \tag{5.46}$$

如上述分析，式(5.21)表明矩阵 $\boldsymbol{P}_{11}$ 和 $\boldsymbol{P}_{12}$ 的参数(即 a_1、b_1、f_1、a_2、b_2 和 f_2)决定了系统状态间的耦合关系以及稳定重构精度。在实际应用中，我们通常根据控制器的性能要求和实验结果来调整这些参数。从这个意义上讲，预设控制参数的欠驱动控制方案可能会削弱闭环系统对不匹配扰动和模型不确定性的鲁棒性。

5.3.2　迹向欠驱动滑模控制

接下来设计欠迹向驱动情形下的控制器，该情形下系统只能提供五阶的可控状态变量，基于系统状态的固有耦合可构造五阶误差动力学

$$\begin{cases}\dot{\tilde{\boldsymbol{e}}}_{i2\rho}=\boldsymbol{A}_{21}\tilde{\boldsymbol{e}}_{i2\rho}+\boldsymbol{A}_{22}\boldsymbol{e}_{i2\mathrm{v}}+\boldsymbol{d}_{i2\rho}\\\dot{\boldsymbol{e}}_{i2\mathrm{v}}=\boldsymbol{A}_{23}\boldsymbol{e}_{i2\rho}+\boldsymbol{A}_{24}\boldsymbol{e}_{i2\mathrm{v}}+\boldsymbol{u}_{i2}+\boldsymbol{d}_{i2\mathrm{v}}\end{cases} \tag{5.47}$$

其中

$$\boldsymbol{A}_{21}=\begin{bmatrix}0&0&0\\1&0&0\\0&0&0\end{bmatrix},\quad \boldsymbol{A}_{22}=\begin{bmatrix}-2n_0&0\\0&0\\0&1\end{bmatrix}$$
$$\boldsymbol{A}_{23}=\begin{bmatrix}3n_0^2&2n_0&0\\0&0&-n_0^2\end{bmatrix},\quad \boldsymbol{A}_{24}=\begin{bmatrix}0&0\\0&0\end{bmatrix} \tag{5.48}$$

式中，$\boldsymbol{e}_{i2\rho}=[e_{ix}\ \dot{e}_{iy}\ e_{iz}]^{\mathrm{T}}$，$\tilde{\boldsymbol{e}}_{i2\rho}=[\dot{e}_{iy}\ e_{iy}\ e_{iz}]^{\mathrm{T}}$，$\boldsymbol{e}_{i2\mathrm{v}}=[\dot{e}_{ix}\ \dot{e}_{iz}]^{\mathrm{T}}$，$\boldsymbol{u}_{i2}=[u_{ix}\ u_{iz}]^{\mathrm{T}}$，$\boldsymbol{d}_{i2\rho}=[d_{iy}\ 0\ 0]^{\mathrm{T}}$，$\boldsymbol{d}_{i2\mathrm{v}}=[d_{ix}\ d_{iz}]^{\mathrm{T}}$。由于$\boldsymbol{u}_{i2}\in\mathbb{R}^2$ 且 $\boldsymbol{e}_{i2\mathrm{v}}\in\mathbb{R}^2$，而$\tilde{\boldsymbol{e}}_{i2\rho}\in\mathbb{R}^3$。对矢量$\tilde{\boldsymbol{e}}_{i2\rho}$执行线性变换使其降为二阶变量

$$\bar{\boldsymbol{e}}_{i2\rho}=\boldsymbol{P}_{21}\tilde{\boldsymbol{e}}_{i2\rho}=\begin{bmatrix}a_3&b_3&0\\0&0&f_3\end{bmatrix}\tilde{\boldsymbol{e}}_{i2\rho} \tag{5.49}$$

式中，a_3、b_3 和 f_3均为常数。

接着设计如下欠驱动滑模面：

$$\begin{aligned}\boldsymbol{s}_{i2}&=\alpha_{1,2}\bar{\boldsymbol{e}}_{i2\rho}+\beta_{1,2}(\bar{\boldsymbol{e}}_{i2\rho})^{\frac{q_2}{p_2}}+\dot{\bar{\boldsymbol{e}}}_{i2\rho}\\&\approx\alpha_{1,2}\bar{\boldsymbol{e}}_{i2\rho}+\beta_{1,2}(\bar{\boldsymbol{e}}_{i2\rho})^{\frac{q_2}{p_2}}+\boldsymbol{P}_{21}(\boldsymbol{A}_{21}\tilde{\boldsymbol{e}}_{i2\rho}+\boldsymbol{A}_{22}\boldsymbol{e}_{i2\mathrm{v}})\end{aligned} \tag{5.50}$$

式中，$\alpha_{1,2}>0$ 和 $\beta_{1,2}>0$ 为常数；q_2 和 p_2 为奇数且满足 $p_2<q_2<2p_2$。令 $\dot{s}_{i2}=0$，定义$(\bar{\boldsymbol{e}}_{i2\rho})^{q_2/p_2-1}=[p_{221}\ p_{222}]^{\mathrm{T}}$，该情形下的等效控制律$\boldsymbol{u}_{i2,1}$为

$$\begin{aligned}\boldsymbol{u}_{i2,1}=&-\left(\alpha_{1,2}\widetilde{\boldsymbol{P}}_{21}+\frac{\beta_{1,2}q_2}{p_2\widetilde{\boldsymbol{P}}_{21}\widetilde{\boldsymbol{P}}_{22}}\right)\boldsymbol{P}_{21}(\boldsymbol{A}_{21}\tilde{\boldsymbol{e}}_{i2\rho}+\boldsymbol{A}_{22}\boldsymbol{e}_{i2\mathrm{v}})\\&-\widetilde{\boldsymbol{P}}_{21}\boldsymbol{P}_{21}\boldsymbol{A}_{21}(\boldsymbol{A}_{21}\boldsymbol{e}_{i2\rho}+\boldsymbol{A}_{22}\boldsymbol{e}_{i2\mathrm{v}})-\widetilde{\boldsymbol{P}}_{21}\boldsymbol{P}_{21}\boldsymbol{A}_{22}(\boldsymbol{A}_{23}\boldsymbol{e}_{i2\rho}+\boldsymbol{A}_{24}\boldsymbol{e}_{i2\mathrm{v}})\end{aligned} \tag{5.51}$$

同样，开关控制设置为$\boldsymbol{u}_{i2,2}=-k_{1,2}\boldsymbol{s}_{i2}-k_{2,2}\,\mathrm{sig}^{\gamma_2}(\boldsymbol{s}_{i2})$，其中 $k_{1,2}>0$，$k_{2,2}>0$ 和 $0<\gamma_2<1$ 为常数。于是缺失迹向推力情形下的欠驱动控制器可以设计为

$$\boldsymbol{u}_{i2}=\boldsymbol{u}_{i2,1}+\boldsymbol{u}_{i2,2} \tag{5.52}$$

接下来继续讨论该欠驱动情形下闭环系统的收敛性。

对于欠驱动误差动力学式(5.47)，给定式(5.50)滑模面和式(5.52)控制器，如果控制器参数满足条件 $b_3/a_3>0$，则系统将在有限时间收敛至期望构型，且系统状态误差的收敛区域可以表示为

$$\begin{cases}\|\boldsymbol{s}_{i2}\|\leqslant\Delta_{s_{i2}},\quad \|\bar{\boldsymbol{e}}_{i2\rho}\|\leqslant\Delta_{e_{i2\rho}},\quad \|\dot{\bar{\boldsymbol{e}}}_{i2\rho}\|\leqslant\Delta_{\dot{e}_{i2\rho}}\\|\boldsymbol{e}_{i\mu}|\leqslant\Delta_{e_{i\mu}},\quad |\dot{\boldsymbol{e}}_{i\mu}|\leqslant\Delta_{\dot{e}_{i\mu}},\quad \mu=x,y,z\end{cases} \tag{5.53}$$

式中，$\Delta_{s_{i2}}$、$\Delta_{e_{i2\rho}}$、$\Delta_{\dot{e}_{i2\rho}}$、$|e_{i\mu}|\leqslant\Delta_{e_{i\mu}}$ 和$|\dot{e}_{i\mu}|\leqslant\Delta_{\dot{e}_{i\mu}}$ 的详细表达式见下面推导。

与 5.3.1 节类似，首先考虑一个 Lyapunov 函数：$V_2=\sum_{i=1}^{n}V_{i2}=\frac{1}{2}\sum_{i=1}^{n}\boldsymbol{s}_{i2}^{\mathrm{T}}\boldsymbol{s}_{i2}$，接

着对 V_2 求时间导数得到

$$\dot{V}_2=\sum_{i=1}^{n}\boldsymbol{s}_{i2}^{\mathrm{T}}[\boldsymbol{H}_{i2}-k_{1,2}\boldsymbol{s}_{i2}-k_{2,2}\operatorname{sig}^{\gamma_2}(\boldsymbol{s}_{i2})] \tag{5.54}$$

式中，$\boldsymbol{H}_{i2}=(\alpha_{1,2}\widetilde{\boldsymbol{P}}_{21}+\beta_{1,2}\frac{q_2}{p_2}\widetilde{\boldsymbol{P}}_{21}\widetilde{\boldsymbol{P}}_{22})\boldsymbol{P}_{21}\boldsymbol{d}_{i2\rho}+\widetilde{\boldsymbol{P}}_{21}\boldsymbol{P}_{21}(\boldsymbol{A}_{22}\boldsymbol{d}_{i2\mathrm{v}}+\boldsymbol{A}_{21}\boldsymbol{d}_{i2\rho}+\dot{\boldsymbol{d}}_{i2\rho})$的有界值为$\|\boldsymbol{H}_{i2}\|\leqslant\zeta_{i\mathrm{p}}$。类似地，$\boldsymbol{s}_{i2}$ 的有界区域可以表示为

$$\|\boldsymbol{s}_{i2}\|=\Delta_{s_{i2}}=\min\left\{\left(\frac{\zeta_{i\mathrm{p}}}{k_{2,2}}\right)^{\frac{1}{\gamma_2}},\frac{\zeta_{i\mathrm{p}}}{k_{1,2}}\right\} \tag{5.55}$$

接着将式(5.50)重写为 $\alpha_{1,2}\bar{\boldsymbol{e}}_{i2\rho}+\beta_{1,2}\bar{\boldsymbol{e}}_{i2\rho}^{\frac{q_2}{p_2}}+\dot{\boldsymbol{e}}_{i2\rho}+\boldsymbol{\zeta}_{i4}=\boldsymbol{s}_{i2}$，其中$\boldsymbol{\zeta}_{i4}=-\boldsymbol{P}_{21}\boldsymbol{d}_{i2\rho}$的有界值为$\|\boldsymbol{\zeta}_{i4}\|\leqslant\zeta_{i\mathrm{q}}=\|\boldsymbol{P}_{21}\|d_{i\mathrm{m}}$。如果 $\alpha_{1,2}-\frac{\boldsymbol{s}_{i2}}{\bar{\boldsymbol{e}}_{i2\rho}}>0$ 或 $\beta_{1,2}-\frac{\boldsymbol{s}_{i2}}{\bar{\boldsymbol{e}}_{i2\rho}^{\frac{q_2}{p_2}}}>0$ 成立，$\bar{\boldsymbol{e}}_{i2\rho}$ 和$\dot{\boldsymbol{e}}_{i2\rho}$ 将分别收敛至如下有界区域：

$$\begin{cases}\|\bar{\boldsymbol{e}}_{i2\rho}\|\leqslant\Delta_{\bar{e}_{i2\rho}}=\max\left\{\dfrac{\Delta_{s_{i2}}+\zeta_{i\mathrm{q}}}{\alpha_{1,2}},\left(\dfrac{\Delta_{s_{i2}}+\zeta_{i\mathrm{q}}}{\beta_{1,2}}\right)^{\frac{p_2}{q_2}}\right\}\\ \|\dot{\boldsymbol{e}}_{i2\rho}\|\leqslant\Delta_{\dot{e}_{i2\rho}}=\left|\alpha_{1,2}\Delta_{e_{i2\rho}}+\dfrac{\beta_{1,2}\Delta_{e_{i2\rho}}q_2}{p_2}-\Delta_{s_{i2}}\right|\end{cases} \tag{5.56}$$

进一步，根据式(5.49)可以得到法向通道的相对位置和相对速度误差将收敛至如下有界区域：

$$\begin{cases}|e_{iz}|\leqslant\Delta_{e_{iz}}=\dfrac{|\bar{e}_{i2\rho,2}|}{|f_3|}\leqslant\dfrac{\|\bar{\boldsymbol{e}}_{i2\rho}\|}{|f_3|}\leqslant\dfrac{\Delta_{\bar{e}_{i2\rho}}}{|f_3|}\\ |\dot{e}_{iz}|\leqslant\Delta_{\dot{e}_{iz}}=\dfrac{|\dot{e}_{i2\rho,2}|}{|f_3|}\leqslant\dfrac{\|\dot{\boldsymbol{e}}_{i2\rho}\|}{|f_3|}\leqslant\dfrac{\Delta_{\dot{e}_{i2\rho}}}{|f_3|}\end{cases} \tag{5.57}$$

尽管 $f_3=1$ 符合系统状态的正则变换，然而适当地增加 f_3 的值可以降低系统法向状态收敛区域的上界。此外，不同于欠径向驱动情形下的二阶系统，此处可以构建一个受线性变换矩阵参数影响且与迹向状态相关的一阶系统

$$\dot{e}_{iy}+a_{21}e_{iy}=\zeta_{i5} \tag{5.58}$$

式中，$a_{21}=b_3/a_3$，$\zeta_{i5}=\bar{e}_{i2\rho,1}/a_3$ 的有界值为$|\zeta_{i5}|\leqslant\zeta_{i\mathrm{r}}=\Delta_{e_{i2\rho}}/|a_3|$。根据线性系统理论中一阶系统稳定的充要条件可以得到 $a_{21}=b_3/a_3>0$ 成立。在该情形下，当 $a_{21}-\zeta_{i5}e_{iy}^{-1}>0$ 和 $1-\zeta_{i5}\dot{e}_{iy}^{-1}>0$ 成立时，迹向的相对位置和相对速度误差将收敛至

$$\begin{cases}|e_{iy}|\leqslant\Delta_{e_{iy}}=\dfrac{\zeta_{i\mathrm{r}}}{a_{21}}\\ |\dot{e}_{iy}|\leqslant\Delta_{\dot{e}_{iy}}=\zeta_{i\mathrm{r}}\end{cases} \tag{5.59}$$

进一步，参考文献[155]的方法，对迹向的动力学 $\ddot{e}_{iy}=-2n_0\dot{e}_{ix}+d_{iy}$ 进行积分得到

$$\dot{e}_{iy}(t_{if})-\dot{e}_{iy}(t_{i0})=-2n_0e_{ix}(t_{if})-(-2n_0e_{ix}(t_{i0}))+\int_{t_{i0}}^{t_{if}}[d_{iy}(\tau)]\,\mathrm{d}\tau \tag{5.60}$$

定义 $\zeta_{i6}(t)=\int_{t_{i0}}^{t_{if}}[d_{iy}(\tau)]\,\mathrm{d}\tau$ 为从外部扰动 t_{i0} 到 t_{if} 的累积，于是式(5.60)可以化简为

$$\dot{e}_{iy}(t)=-2n_0e_{ix}(t)+\zeta_{i6} \tag{5.61}$$

则径向通道的相对位置误差可以表示为

$$|e_{ix}|\leqslant\Delta_{e_{ix}}\leqslant\frac{|\dot{e}_{iy}|+|\zeta_{i6}|}{2n_0}=\frac{\Delta_{\dot{e}_{iy}}+\zeta_{is}}{2n_0} \tag{5.62}$$

接着将迹向的动力学代入式(5.58)可以得到径向相对速度误差的收敛区域

$$|\dot{e}_{ix}|\leqslant\Delta_{\dot{e}_{ix}}=\frac{d_{i\mathrm{m}}+a_{21}\Delta_{\dot{e}_{iy}}+\dfrac{\Delta_{\dot{e}_{i2p}}}{|a_3|}}{2n_0} \tag{5.63}$$

通过上述推导，我们证明了欠迹向驱动情形下系统的有限时间收敛性，并得到式(5.57)、式(5.59)、式(5.62)和式(5.63)所示的系统状态稳定重构精度。

5.3.3 数值仿真与分析

采用与5.2节相同的实验条件进行仿真实验，两种情况下的滑模控制参数如表5.2所示。此外，为了验证所设计控制器的性能，引入5.2节的LQR和文献[155]中的终端滑模控制器(Terminal Sliding Mode Controller，TSMC)进行对比实验，TSMC的详细推导和控制参数可参考文献[155]，本节不再赘述。

表5.2 控制器参数

欠驱动情形	参数值
$u_{ix}=0$	$\alpha_{1,1}=2.7\times10^{-3}$，$\beta_{1,1}=2\times10^{-7}$，$q_1=11$，$p_1=9$，$k_{1,1}=3.4\times10^{-3}$，$k_{2,1}=6\times10^{-6}$，$k_{3,1}=7\times10^{-4}$，$\gamma_1=0.5$，$a_1=6.17\times10^{-2}$，$b_1=-1.31\times10^{-2}$，$f_1=5\times10^{-3}$，$a_2=8.6$，$b_2=2.5116$，$f_2=1.6667$
$u_{iy}=0$	$\alpha_{1,2}=3\times10^{-3}$，$\beta_{1,2}=2\times10^{-7}$，$q_2=11$，$p_2=9$，$k_{1,2}=3\times10^{-3}$，$k_{2,2}=10^{-6}$，$\gamma_2=0.167$，$a_3=-0.4$，$b_3=-451.76$，$f_3=1$

(1)欠径向驱动情形仿真

图 5.9 为三个跟随航天器在控制器式(5.27)作用下的重构轨迹，与 5.2 节的运动情况类似，三个跟随航天器均在迹向和法向控制输入的作用下从初始构型飞行至期望构型。图 5.10～图 5.12 展示了三种控制器的相对位置误差、相对速度误差和控制输入的时间历史。

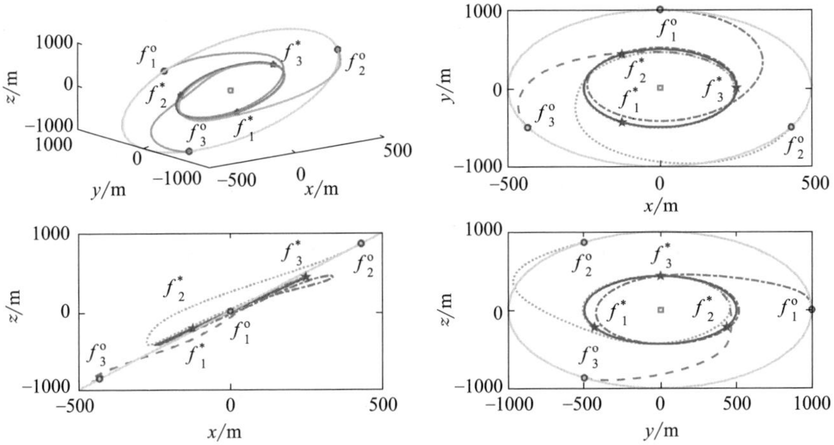

图 5.9　欠径向驱动情形下跟随航天器的重构轨迹

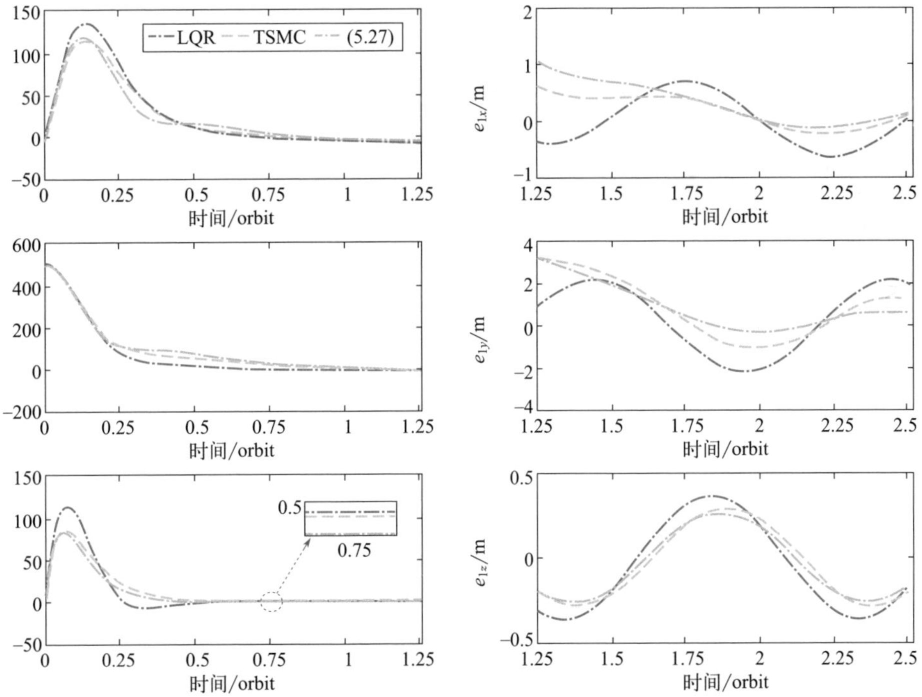

图 5.10　跟随航天器 1 的相对位置误差时间历史

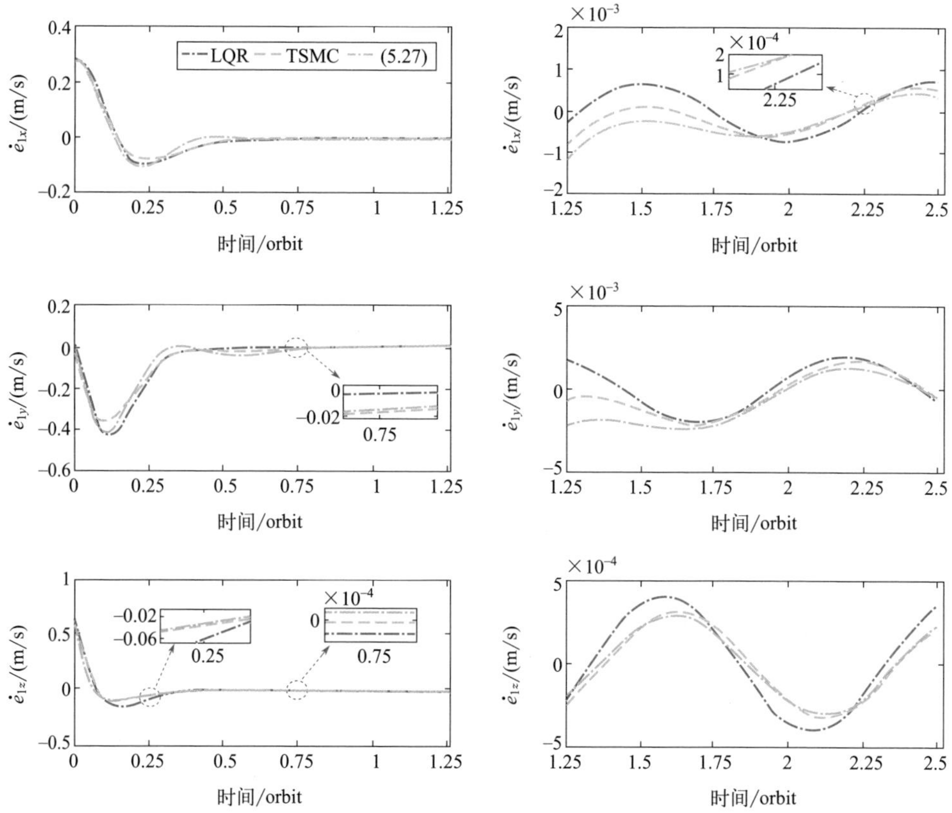

图 5.11 跟随航天器 1 的相对速度误差时间历史

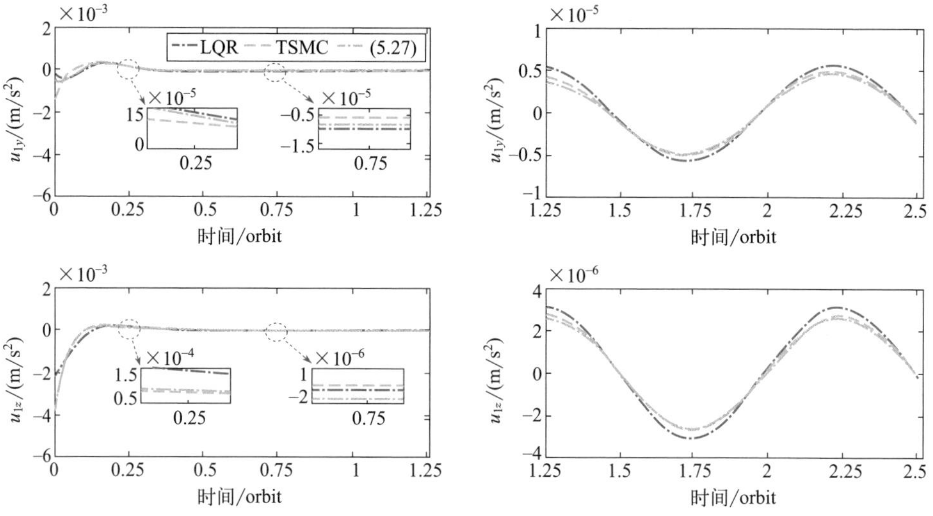

图 5.12 跟随航天器 1 的控制输入时间历史

为了定性分析控制器的性能，定义 $e_{ip}=(e_{ix}^2+e_{iy}^2+e_{iz}^2)^{1/2}$ 为相对位置误差，将第 i 个跟随航天器的稳定时间 t_{is} 定义为 $\boldsymbol{e}_{i\rho}$ 到达并保持在 5m 内的时间，将稳定后相对距离误差定义为 $d_{is}=\dfrac{\left\| \int_{t_{is}}^{t_{if}} e_{\rho}(t)\mathrm{d}t \right\|}{t_{if}-t_{is}}$，并通过 $\Delta V_{\mathrm{m}}=\int_{t_0}^{t_f}\|\boldsymbol{u}_i\|\mathrm{d}t$ 计算每个跟随航天器的速度增量。表 5.3 给出了欠径向驱动情形下三种控制器的定量结果：与 LQR 相比，控制器式(5.27)具有更好的控制精度；与 TSMC 相比，本书提出的控制方案可以通过调整线性变换矩阵中的参数(即 $\boldsymbol{P}_{11}$ 和 $\boldsymbol{P}_{12}$)来适当地提高控制精度，同时也验证了所给的误差动力学模型的正确性。

表 5.3 欠径向驱动情形下控制器的性能指标

性能指标	控制器	跟随航天器 1	跟随航天器 2	跟随航天器 3
t_{is}/orbit	LQR	0.78	0.84	0.68
	TSMC	0.93	0.90	0.46
	控制器式(5.27)	0.93	0.89	0.46
d_{is}/m	LQR	2.11	1.86	1.24
	TSMC	1.47	1.59	0.91
	控制器式(5.27)	1.41	1.39	0.91
ΔV_{m}/(m/s)	LQR	1.02	1.25	1.92
	TSMC	1.07	2.04	2.33
	控制器式(5.27)	1.07	2.04	2.33

(2)欠迹向驱动情形仿真

对于欠迹向驱动的情形，领航航天器与跟随航天器的仿真条件与上述场景相同。使用表 5.3 中列出的参数，仿真结果如图 5.13～图 5.16 所示。其中，图 5.13 展示了三个跟随航天器的重构轨迹，图 5.14～图 5.16 为三种控制器下相对位置误差、相对速度误差和控制输入的时间历史。采用与上述情景相同的性能指标进行定量分析，结果如表 5.4 所示。可得出类似的结论，本书所设计控制器式(5.52)的控制精度优于 LQR 和 TSMC。

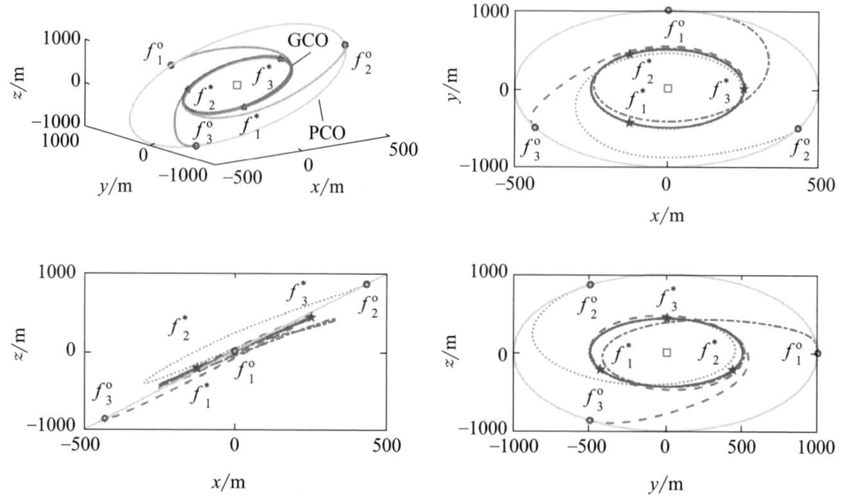

图 5.13 欠迹向驱动情形下跟随航天器的重构轨迹

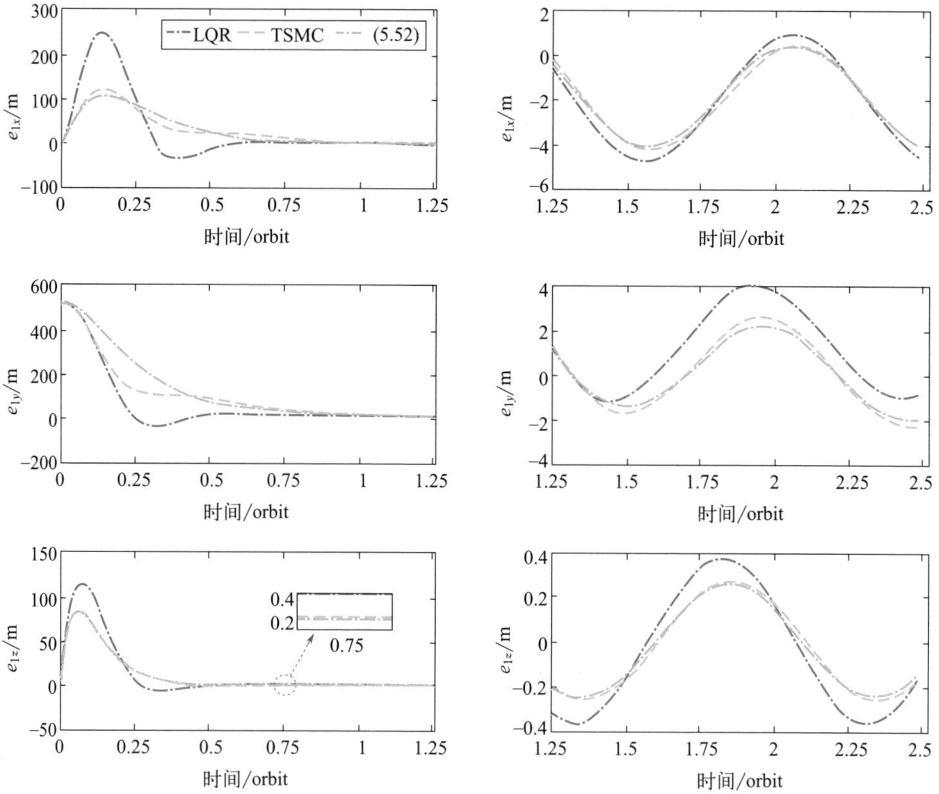

图 5.14 跟随航天器 1 的相对位置误差时间历史

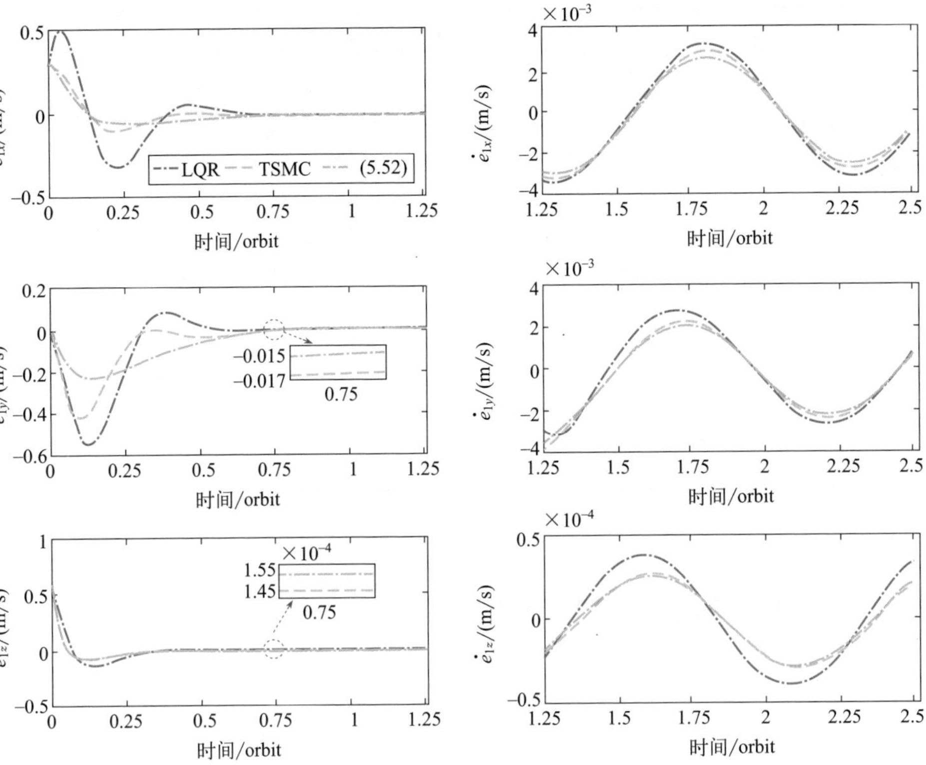

图 5.15 跟随航天器 1 的相对速度误差时间历史

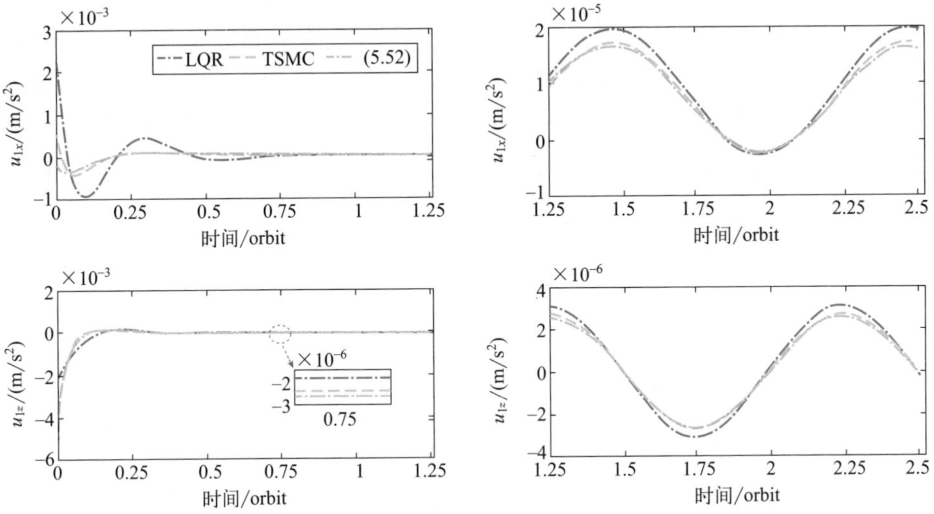

图 5.16 跟随航天器 1 的控制输入时间历史

表 5.4 欠迹向驱动情形下控制器的性能指标

性能指标	控制器	跟随航天器 1	跟随航天器 2	跟随航天器 3
t_{is}/orbit	LQR	0.64	0.74	0.71
	TSMC	0.81	0.86	0.95
	控制器式(5.52)	0.80	0.85	0.94
d_{is}/m	LQR	2.83	2.34	2.91
	TSMC	1.97	2.03	2.64
	控制器式(5.52)	1.91	2.01	2.51
ΔV_m/(m/s)	LQR	1.04	1.27	1.71
	TSMC	1.10	1.37	1.75
	控制器式(5.52)	1.10	1.37	1.75

5.4 欠驱动编队悬停控制方法

5.4.1 悬停位置可行解

编队悬停可定义为:跟随航天器相对于领航航天器保持恒定的相对位置,从而处于平衡状态。与编队重构[75]和卫星星座[162]相比,编队悬停策略更利于空间探索,可提供更高分辨率的观测和测量精度[158-159]。为了与领航航天器保持相对静止,跟随航天器需提供连续的开环推力以抵消相对于领航航天器的加速度,因此,悬停轨道通常是非开普勒轨道[163]。鉴于欠径向情形下悬停位置可行解为欠迹向情形下可行解的子集,且控制器的设计可参考 5.3 节相关内容,接下来将仅给出欠迹向驱动情形下可行位置分析、控制器设计与系统收敛性分析。

在 LVLH 框架中,根据编队悬停的定义,悬停状态矢量满足$\dot{\boldsymbol{X}}_i=[\dot{\boldsymbol{\rho}}_i^{\mathrm{T}}\ \ \dot{\boldsymbol{v}}_i^{\mathrm{T}}]^{\mathrm{T}}=[\dot{x}_i\ \dot{y}_i\ \dot{z}_i\ \ddot{x}_i\ \ddot{y}_i\ \ddot{z}_i]^{\mathrm{T}}=[\boldsymbol{0}_{1\times 6}]^{\mathrm{T}}$。在全驱动情形下,跟随航天器需要提供连续的开环推力来维持所指定的相对状态,由于失去了径向或迹向方向的推力,来自另外两个通道的推力无法确保跟随航天器在任意相对位置悬停,即跟随航天器的悬停位置受欠驱动动力学限制。

对于欠迹向驱动的情形,已知初始相对速度为$\boldsymbol{v}_i(t_{i0})=\boldsymbol{v}_{ig}=[\dot{x}_{ig}\ \dot{y}_{ig}\ \dot{z}_{ig}]^{\mathrm{T}}$,初始相对加速度为$\ddot{\boldsymbol{\rho}}_i(t_{i0})=\boldsymbol{\rho}_{ig}=[0\ 0\ 0]^{\mathrm{T}}$,则初始位置$\boldsymbol{\rho}_{ig}$的可行解可以表达为

$$\boldsymbol{\Lambda}_{i1}=(\boldsymbol{\Lambda}_{i11}\cup\boldsymbol{\Lambda}_{i12})\cap\boldsymbol{\Lambda}_{i13} \tag{5.64}$$

式中,$\boldsymbol{\Lambda}_{i11}$、$\boldsymbol{\Lambda}_{i12}$ 和$\boldsymbol{\Lambda}_{i13}$ 的表达式可见下面推导。

由于领航航天器飞行在圆形轨道上,即有 $\dot{u}_l=n_0$ 和 $\ddot{u}_l=0$。已知$\overline{\boldsymbol{u}}_{i2}=[u_{ix}\ 0\ u_{iz}]^{\mathrm{T}}$,将初始状态矢量 $\boldsymbol{X}_{ig}=[\boldsymbol{\rho}_{ig}^{\mathrm{T}}\ \boldsymbol{v}_{ig}^{\mathrm{T}}]^{\mathrm{T}}=[x_{ig}\ y_{ig}\ z_{ig}\ \dot{x}_{ig}\ \dot{y}_{ig}\ \dot{z}_{ig}]^{\mathrm{T}}$ 和期望状态矢量 $\boldsymbol{X}_{id}=[\boldsymbol{\rho}_{id}^{\mathrm{T}}\ \boldsymbol{v}_{id}^{\mathrm{T}}]^{\mathrm{T}}=[\mathbf{0}_{1\times 6}]^{\mathrm{T}}$ 代入非线性轨道动力学式(5.12)得到

$$\begin{cases}-2n_0\dot{y}_{ig}+(n_{if}^2-n_0^2)(x_{ig}-x_{id})=u_{ix}(t_{i0})\\2n_0\dot{x}_{ig}+(n_{if}^2-n_0^2)(y_{ig}-y_{id})=0\\n_{if}^2(z_{ig}-z_{id})=u_{iz}(t_{i0})\end{cases}\tag{5.65}$$

对于初始状态 $\dot{x}_{ig}=0$,根据式(5.65)的第二项可以导出$(n_{if}^2-n_0^2)(y_{ig}-y_{id})=0$。如果 $n_{if}^2-n_0^2=0$ 成立,根据关系式 $n_0=\sqrt{\dfrac{\mu_e}{R_1^3}}$ 和 $n_{if}=\sqrt{\dfrac{\mu_e}{R_{if}^3}}$ 可以导出

$$R_{if}^2=R_1^2\tag{5.66}$$

由于 $R_{if}^2=(R_1+x_{ig})^2+y_{ig}^2+z_{ig}^2=x_{ig}^2+y_{ig}^2+z_{ig}^2+2R_1x_{ig}+R_1^2=R_1^2$,则可以推导出一个非线性可行解

$$\boldsymbol{\Lambda}_{i11}=\{\boldsymbol{\rho}_{ig}\mid 2R_1x_{ig}+\|\boldsymbol{\rho}_{ig}\|^2=0\}\tag{5.67}$$

如果 $y_{ig}-y_{id}=0$ 成立,则可以解出另一个可行解

$$\boldsymbol{\Lambda}_{i12}=\{\boldsymbol{\rho}_{ig}\mid y_{ig}=y_{id}\}\tag{5.68}$$

进一步,由式(5.20)可知动力学中还存在一个线性条件,即 $\dot{y}_{ig}/(2n_0)+x_{ig}=\dot{y}_{id}/(2n_0)+x_{id}=0$。已知 $\dot{y}_{ig}\neq 0$ 和 $\dot{y}_{id}=0$,则可以推导出一个线性可行解的表达式为

$$\boldsymbol{\Lambda}_{i13}=\left\{\boldsymbol{\rho}_{ig}\mid x_{ig}=x_{id}-\frac{\dot{y}_{ig}}{2n_0}\right\}\tag{5.69}$$

联立式(5.67)~式(5.69),则初始位置可行解可以构建为式(5.64)。

在圆轨道上,由于在悬停过程中领航航天器的轨道角速度保持不变,因此求解方程$(n_{if}^2-n_0^2)(y_{ig}-y_{id})=0$ 也可以推导出 $R_{if}^2=(R_1+x_{id})^2+y_{id}^2+z_{id}^2$ 和 $y_{ig}-y_{id}=0$。类似地,可以由上述方程推导出两个期望位置的可行解,即$\boldsymbol{\Lambda}_{i21}=\{\boldsymbol{\rho}_{id}\mid 2R_1x_{id}+\|\boldsymbol{\rho}_{id}\|^2=0\}$和$\boldsymbol{\Lambda}_{i22}=\{\boldsymbol{\rho}_{id}\mid y_{id}=y_{ig}\}$。根据式(5.20)还能推导出期望位置的线性可行解:$\boldsymbol{\Lambda}_{i23}=\{\boldsymbol{\rho}_{id}\mid x_{id}=x_{ig}+\dot{y}_{ig}/(2n_0)\}$。因此,期望位置的可行集合可以总结为$\boldsymbol{\Lambda}_{i2}=(\boldsymbol{\Lambda}_{i21}\cup\boldsymbol{\Lambda}_{i22})\cap\boldsymbol{\Lambda}_{i23}$。

5.4.2 基于扰动观测器的悬停控制

不同于 5.3 节的欠驱动编队重构问题,跟随航天器需要提供连续的开环推力来维持与领航航天器的相对几何关系。首先求解开环推力的表达式,由于$\dot{\boldsymbol{X}}_{id}=0$ 和 $\boldsymbol{B}_2^{\mathrm{T}}\boldsymbol{B}_2=\mathbf{I}_{2\times 2}$ 成立,因此在期望位置$\boldsymbol{\rho}_{id}$ 处的连续开环推力可以通过式(5.12)求

解得到

$$\boldsymbol{u}_{id}=\boldsymbol{B}_2^{\mathrm{T}}(\boldsymbol{A}_2\boldsymbol{X}_{id}+\Delta\widetilde{\boldsymbol{F}}_i(\boldsymbol{X}_{id})) \tag{5.70}$$

定义 $\boldsymbol{e}_i=\boldsymbol{X}_i-\boldsymbol{X}_{id}$ 为状态误差，$\boldsymbol{u}_i=\boldsymbol{U}_i-\boldsymbol{u}_{id}$ 为控制输入误差，则欠驱动编队悬停误差动力学可以构建为

$$\dot{\boldsymbol{e}}_i=\boldsymbol{A}\boldsymbol{e}_i+\boldsymbol{B}\boldsymbol{u}_i+\boldsymbol{d}_i \tag{5.71}$$

式中，$\boldsymbol{d}_i=\Delta\widetilde{\boldsymbol{F}}_i(\boldsymbol{X}_i)-\Delta\widetilde{\boldsymbol{F}}_i(\boldsymbol{X}_{id})+\widetilde{\boldsymbol{d}}_i=[\boldsymbol{0}_{1\times 3}\ d_y\ d_x\ d_z]^{\mathrm{T}}$，其有界值为 $\|\boldsymbol{d}_i\|\leqslant d_{im}$。类似于 5.3 节，欠驱动误差动力学可以表示为

$$\begin{cases}\dot{\widetilde{\boldsymbol{e}}}_{i\rho}=\boldsymbol{A}_{11}\widetilde{\boldsymbol{e}}_{i\rho}+\boldsymbol{A}_{12}\boldsymbol{e}_{iv}+\boldsymbol{d}_{i\rho}\\ \dot{\boldsymbol{e}}_{iv}=\boldsymbol{A}_{13}\boldsymbol{e}_{i\rho}+\boldsymbol{A}_{14}\boldsymbol{e}_{iv}+\boldsymbol{u}_i+\boldsymbol{d}_{iv}\end{cases} \tag{5.72}$$

其中

$$\begin{cases}\boldsymbol{A}_{11}=\begin{bmatrix}0&1&0\\0&0&0\\0&0&0\end{bmatrix},\boldsymbol{A}_{12}=\begin{bmatrix}0&0\\-2n_0&0\\0&1\end{bmatrix}\\ \boldsymbol{A}_{13}=\begin{bmatrix}2n_0&3n_0^2&0\\0&0&\\0&0&-n_0^2\end{bmatrix},\boldsymbol{A}_{14}=[\boldsymbol{0}_{2\times 2}]\end{cases} \tag{5.73}$$

式中，$\boldsymbol{e}_{i\rho}=[\dot{e}_{iy}\ e_{ix}\ e_{iz}]^{\mathrm{T}}$，$\widetilde{\boldsymbol{e}}_{i\rho}=[e_{iy}\ \dot{e}_{iy}\ e_{iz}]^{\mathrm{T}}$，$\boldsymbol{e}_{iv}=[\dot{e}_{ix}\ \dot{e}_{iz}]^{\mathrm{T}}$，$\boldsymbol{u}_i=[u_{ix}\ u_{iz}]^{\mathrm{T}}$，$\boldsymbol{d}_{i\rho}=[0\ d_{iy}\ 0]^{\mathrm{T}}$，$\boldsymbol{d}_{iv}=[d_{ix}\ d_{iz}]^{\mathrm{T}}$。

值得注意的是，矢量$\boldsymbol{u}_i\in\mathbb{R}^2$，$\widetilde{\boldsymbol{e}}_{i\rho}\in\mathbb{R}^3$ 且 $\boldsymbol{e}_{iv}\in\mathbb{R}^2$，为了使 $\widetilde{\boldsymbol{e}}_{i\rho}$ 的自由度与$\boldsymbol{u}_i$ 的自由度一致，对 $\widetilde{\boldsymbol{e}}_{i\rho}$ 执行类似 5.3 节的线性变换：

$$\overline{\boldsymbol{e}}_{i\rho}=\boldsymbol{P}_{11}\widetilde{\boldsymbol{e}}_{i\rho} \tag{5.74}$$

其中

$$\boldsymbol{P}_{11}=\begin{bmatrix}a_1&b_1&0\\0&0&f_1\end{bmatrix} \tag{5.75}$$

式中，a_1、b_1 和 f_1 为待设置的常数。

接着，对 $\overline{\boldsymbol{e}}_{i\rho}$ 求时间导数得到：$\dot{\overline{\boldsymbol{e}}}_{i\rho}=\boldsymbol{P}_{11}\dot{\widetilde{\boldsymbol{e}}}_{i\rho}=\boldsymbol{P}_{11}(\boldsymbol{A}_{11}\widetilde{\boldsymbol{e}}_{i\rho}+\boldsymbol{A}_{12}\boldsymbol{e}_{iv}+\boldsymbol{d}_{i\rho})$。可以发现，通过使用线性变换矩阵 $\boldsymbol{P}_{11}$，迹向状态误差矢量与径向状态误差矢量处于同一通道内。由于迹向控制输入的缺失，扰动也不再通过原来的通道进入系统而是从迹向状态和径向通道进入系统。同时，两个通道的匹配扰动不是简单地相加而是乘以一些矩阵然后相加，由此产生了不匹配扰动。值得注意的是，推导闭环控制器时需求取不匹配扰动的上界，进而需要计算上述矩阵的诱导范数，也就是说，这些诱导范数将原匹配扰动放大了一定倍数从而影响系统的控制精度。文献[73]中提

到了这个问题，并引入了一个扰动观测器来观察不匹配扰动的真实值，然而观测误差为零的强假设和稳定悬停精度为零的结论并不适合实际工程应用。

假设外部扰动 $\boldsymbol{d}_i(t)$ 和其导数 $\dot{\boldsymbol{d}}_i(t)$ 均有界，分别满足 $\|\boldsymbol{d}_i\| \leqslant d_{im}$ 和 $\|\dot{\boldsymbol{d}}_i(t)\| \leqslant d_{if}$[164]。定义 $\boldsymbol{z}_{i1}$、$\boldsymbol{z}_{i2}$ 和 $\boldsymbol{z}_{i3}=\hat{\boldsymbol{d}}_i$ 分别为 $\boldsymbol{x}_{i1}=\boldsymbol{\rho}_i$，$\boldsymbol{x}_{i2}=\boldsymbol{v}_i$ 和 $\boldsymbol{x}_{i3}=\boldsymbol{d}_i$ 的估计值，则可以构造如下有限时间收敛状态观测器：

$$\begin{cases}\dot{\boldsymbol{z}}_{i1}=\boldsymbol{z}_{i2}-\kappa_{11}\operatorname{sig}^{\frac{\kappa_{14}+1}{2}}(\boldsymbol{\varepsilon}_{i1})\\ \dot{\boldsymbol{z}}_{i2}=\boldsymbol{z}_{i3}-\kappa_{12}\operatorname{sig}^{\frac{\kappa_{14}+1}{2}}(\boldsymbol{\varepsilon}_{i1})+\widetilde{\boldsymbol{U}}_i\\ \dot{\boldsymbol{z}}_{i3}=-\kappa_{13}\operatorname{sig}^{\kappa_{14}}(\boldsymbol{\varepsilon}_{i1})\end{cases} \tag{5.76}$$

式中，$\dot{\boldsymbol{\varepsilon}}_{i1}=\boldsymbol{\varepsilon}_{i2}-\kappa_{11}\operatorname{sig}^{\frac{\kappa_{14}+1}{2}}(\boldsymbol{\varepsilon}_{i1})$，$\dot{\boldsymbol{\varepsilon}}_{i2}=\boldsymbol{\varepsilon}_{i3}-\kappa_{12}\operatorname{sig}^{\frac{\kappa_{14}+1}{2}}(\boldsymbol{\varepsilon}_{i1})$，$\dot{\boldsymbol{\varepsilon}}_{i3}=-\kappa_{13}\operatorname{sig}^{\frac{\kappa_{14}+1}{2}}(\boldsymbol{\varepsilon}_{i1})-\dot{\boldsymbol{x}}_{i3}$，矢量 $\boldsymbol{\varepsilon}_{i1}=\boldsymbol{z}_{i1}-\boldsymbol{x}_{i1}$，$\boldsymbol{\varepsilon}_{i2}=\boldsymbol{z}_{i2}-\boldsymbol{x}_{i2}$，$\boldsymbol{\varepsilon}_{i3}=\boldsymbol{z}_{i3}-\boldsymbol{x}_{i3}$ 其有界值为 $\|\boldsymbol{\varepsilon}_{i3}\| \leqslant \varepsilon_{im}=\|\hat{\boldsymbol{d}}_i-\boldsymbol{d}_i\|$，参数 $\kappa_{11}>0$，$\kappa_{12}>0$，$\kappa_{13}>0$ 和 $0<\kappa_{14}<1$ 为观测增益。

进一步假设每个跟随航天器都能准确地获得自己的位置和速度信息，且跟随航天器间可以进行无延迟通信，因此只需要通过观测器估计外部扰动 $\boldsymbol{d}_i$ 及其时间导数 $\dot{\boldsymbol{d}}_i$。接着设计一个非奇异快速终端滑模控制器（Non-singular Fast Terminal Sliding Mode Controller，NFTSMC），其滑模面为

$$\boldsymbol{s}_i=\alpha_1\bar{\boldsymbol{e}}_{i\rho}+\chi_1\dot{\bar{\boldsymbol{e}}}_{i\rho}+\beta_1\dot{\boldsymbol{e}}_{i\rho}^{\frac{q_1}{p_1}} \tag{5.77}$$

式中，$\alpha_1>0$，$\chi_1>0$ 和 $\beta_1>0$ 为常数，q_1 和 p_1 为奇数且满足 $p_1<q_1<2p_1$。

令 $\dot{\boldsymbol{s}}_i=0$，可以求取等效控制律 $\boldsymbol{u}_{i1}$

$$\begin{aligned}\boldsymbol{u}_{i1}=&-\boldsymbol{S}^{-1}\boldsymbol{H}_i-\boldsymbol{S}^{-1}\{\chi_1\boldsymbol{P}_{11}[\chi_1^{-1}\alpha_1(\boldsymbol{A}_{11}\tilde{\boldsymbol{e}}_{i\rho}+\boldsymbol{A}_{12}\boldsymbol{e}_{iv})\\&+\boldsymbol{A}_{11}(\boldsymbol{A}_{11}\tilde{\boldsymbol{e}}_{i\rho}+\boldsymbol{A}_{12}\boldsymbol{e}_{iv})+\boldsymbol{A}_{12}\boldsymbol{A}_{13}\boldsymbol{e}_{i\rho}]\\&+\widetilde{\boldsymbol{P}}_{11}\boldsymbol{P}_{11}[\boldsymbol{A}_{11}(\boldsymbol{A}_{11}\tilde{\boldsymbol{e}}_{i\rho}+\boldsymbol{A}_{12}\boldsymbol{e}_{iv})+\boldsymbol{A}_{12}\boldsymbol{A}_{13}\boldsymbol{e}_{i\rho}]\}\end{aligned} \tag{5.78}$$

式中，$\overline{\boldsymbol{P}}_{11}=\beta_1 q_1/p_1(\boldsymbol{P}_{11}(\boldsymbol{A}_{11}\tilde{\boldsymbol{e}}_{i\rho}+\boldsymbol{A}_{12}\boldsymbol{e}_{iv}))^{(q_1/p_1)-1}=[p_{11}\ p_{12}]^{\mathrm{T}}$，$\widetilde{\boldsymbol{P}}_{11}=\operatorname{diag}(p_{11},p_{12})$，$\boldsymbol{S}=\chi_1\boldsymbol{P}_{11}\boldsymbol{A}_{12}+\widetilde{\boldsymbol{P}}_{11}\boldsymbol{P}_{11}\boldsymbol{A}_{12}$，$\boldsymbol{H}_i=\chi_1\boldsymbol{P}_{11}(\alpha_1\chi_1^{-1}\hat{\boldsymbol{d}}_{i\rho}+\boldsymbol{A}_{11}\hat{\boldsymbol{d}}_{i\rho}+\dot{\hat{\boldsymbol{d}}}_{i\rho}+\boldsymbol{A}_{12}\hat{\boldsymbol{d}}_{iv})+\widetilde{\boldsymbol{P}}_{11}\boldsymbol{P}_{11}(\boldsymbol{A}_{11}\hat{\boldsymbol{d}}_{i\rho}+\boldsymbol{A}_{12}\hat{\boldsymbol{d}}_{iv}+\dot{\hat{\boldsymbol{d}}}_{i\rho})$，矢量 $\hat{\boldsymbol{d}}_{i\rho}$、$\dot{\hat{\boldsymbol{d}}}_{i\rho}$ 和 $\hat{\boldsymbol{d}}_{iv}$ 分别为 $\boldsymbol{d}_{i\rho}$、$\dot{\boldsymbol{d}}_{i\rho}$ 和 $\boldsymbol{d}_{iv}$ 的估计值。

随后设置与 5.3 节类似的开关控制：$\boldsymbol{u}_{i2}=-k_{11}\boldsymbol{s}_i-k_{21}\operatorname{sig}^{\gamma_1}(\boldsymbol{s}_i)$，其中 $k_{11}>0$，$k_{21}>0$ 和 $0<\gamma_1<1$ 为控制参数。则在欠迹向驱动情形下基于扰动观测器的非奇异快速终端滑模控制器（Disturbances Observer-based NFTSMC，DO-NFTSMC）可以表示为

$$\boldsymbol{u}'_i=\boldsymbol{u}_{i1}+\boldsymbol{u}_{i2}+\boldsymbol{u}_{id} \tag{5.79}$$

不同于 DO-NFTSMC，NFTSMC 仅使用不匹配扰动的有界值，设计过程与上述类似，且扰动观测器作用下闭环系统的收敛性与上节类似，本节不再呈现。

5.4.3　欠驱动同步控制方法

5.2 节设计的 DO-NTSMC 只考虑单个跟随航天器的欠驱动悬停控制，而没有考虑跟随航天器之间的同步运动控制。在队形保持控制的研究中，通常用跟随航天器间的位置误差来刻画成员之间的同步运动，这种将位置误差直接反馈给控制器的操作可能导致跟随航天器速度的剧烈变化，因此使用位置误差和速度误差来表征同步误差更为合适。

为了衡量跟随航天器运动的同步性，引入类滑模同步误差$\boldsymbol{s}_{i1}-\boldsymbol{s}_{j1}$ 概念[165-167]，其中$\boldsymbol{s}_{i1}$ 和$\boldsymbol{s}_{j1}$ 分别为第 i 个和第 j 个跟随航天器的滑模面，将同步项表示为相邻两个跟随航天器的滑动面误差之和：

$$\boldsymbol{u}_{i1,3}=-k_{3,1}\sum_{j=1}^{n}w_{ij}(\boldsymbol{s}_{i1}-\boldsymbol{s}_{j1}) \tag{5.80}$$

式中，$k_{3,1}>0$ 为参数，w_{ij} 为矩阵 $\boldsymbol{W}$ 中的一个元素。在本节中，假设领航航天器为虚拟航天器，周围伴随 n 个跟随航天器，在由 n 个跟随航天器组成的无向图中，矩阵 $\boldsymbol{W}\in\mathbb{R}^{n\times n}$、$\boldsymbol{D}\in\mathbb{R}^{n\times n}$ 和 $\boldsymbol{L}\in\mathbb{R}^{n\times n}$ 分别表示邻接矩阵、度矩阵和拉普拉斯矩阵。值得注意的是，拉普拉斯矩阵为半正定矩阵，其相关性质可参考文献[168]。

结合式(5.79)和式(5.80)可以得到同步控制器(Synchronization Controller，SC)为

$$\boldsymbol{u}_i=\boldsymbol{u}_{i1}+\boldsymbol{u}_{i2}+\boldsymbol{u}_{i3}+\boldsymbol{u}_{id} \tag{5.81}$$

在同步控制的作用下，每个跟随航天器的控制回路不仅接收自身的反馈，还接收其他跟随航天器的信号进行轨迹跟踪；换言之，同步控制考虑了滑动面误差收敛至零以及这些滑动面误差如何收敛到零。接下来证明一个新的与同步控制相关的等式，该等式将被用于后续的系统收敛性分析。

定义 $\boldsymbol{F}=[\boldsymbol{s}_1^{\mathrm{T}}\boldsymbol{s}_2^{\mathrm{T}}\cdots\ \boldsymbol{s}_n^{\mathrm{T}}]^{\mathrm{T}}$，其满足等式

$$\sum_{i=1}^{n}\sum_{j=1}^{n}\boldsymbol{s}_i^{\mathrm{T}}w_{ij}(\boldsymbol{s}_i-\boldsymbol{s}_j)=\boldsymbol{F}^{\mathrm{T}}\boldsymbol{L}\boldsymbol{F} \tag{5.82}$$

已知 $\boldsymbol{D}=\mathrm{diag}(d_{11},d_{22},\cdots,d_{nn})$ 和 $\boldsymbol{L}=\boldsymbol{D}-\boldsymbol{W}$，其中 $d_{ii}(i=1,\cdots,n)$ 为正定对角 $\boldsymbol{D}$ 内的元素，式(5.82)的右式可以被分解为如下元素形式：

$$\begin{aligned}\boldsymbol{F}^{\mathrm{T}}\boldsymbol{L}\boldsymbol{F}&=\|\boldsymbol{s}_1\|^2d_{11}+\|\boldsymbol{s}_2\|^2d_{22}+\cdots+\|\boldsymbol{s}_n\|^2d_{nn}\\&\quad-[\boldsymbol{s}_1^{\mathrm{T}}(\boldsymbol{s}_2w_{21}+\cdots+\boldsymbol{s}_nw_{n1})+\boldsymbol{s}_2^{\mathrm{T}}(\boldsymbol{s}_1w_{12}+\cdots+\boldsymbol{s}_nw_{n2})\\&\quad+\cdots+\boldsymbol{s}_n^{\mathrm{T}}(\boldsymbol{s}_1w_{1n}+\boldsymbol{s}_2w_{2n}+\cdots+\boldsymbol{s}_{n-1}w_{n-1})]\end{aligned} \tag{5.83}$$

由于 $d_{ii}=\sum_{j=1}^{n}w_{ij}$ 和 $w_{ij}(i=j)=0$，式(5.83)可以被进一步化简

$$
\begin{aligned}
\boldsymbol{F}^{\mathrm{T}}\boldsymbol{L}\boldsymbol{F} = & \|\boldsymbol{s}_1\|^2\left(\sum_{j=1}^{n} w_{ij}\right) + \cdots + \|\boldsymbol{s}_n\|^2\left(\sum_{j=1}^{n} w_{nj}\right) - [\boldsymbol{s}_1^{\mathrm{T}}(\boldsymbol{s}_2 w_{21} + \cdots + \boldsymbol{s}_n w_{n1}) \\
& + \cdots + \boldsymbol{s}_n^{\mathrm{T}}(\boldsymbol{s}_1 w_{1n} + \cdots + \boldsymbol{s}_{n-1} w_{n-1})] \\
= & (w_{12}\|\boldsymbol{s}_1\|^2 - w_{12}\boldsymbol{s}_1^{\mathrm{T}}\boldsymbol{s}_2) + \cdots + (w_{1n}\|\boldsymbol{s}_1\|^2 - w_{1n}\boldsymbol{s}_1^{\mathrm{T}}\boldsymbol{s}_n) \\
& + \cdots + (w_{nn-1}\|\boldsymbol{s}_n\|^2 - w_{nn-1}\boldsymbol{s}_n^{\mathrm{T}}\boldsymbol{s}_{n-1}) \\
= & \boldsymbol{s}_1^{\mathrm{T}}[w_{12}(\boldsymbol{s}_1 - \boldsymbol{s}_2)] + \boldsymbol{s}_1^{\mathrm{T}}[w_{13}(\boldsymbol{s}_1 - \boldsymbol{s}_3)] + \cdots \\
& + \boldsymbol{s}_n^{\mathrm{T}}[w_{n1}(\boldsymbol{s}_n - \boldsymbol{s}_1)] + \cdots + \boldsymbol{s}_n^{\mathrm{T}}[w_{n(n-1)}(\boldsymbol{s}_n - \boldsymbol{s}_{n-1})]
\end{aligned} \tag{5.84}
$$

进一步,式(5.82)的左式具有如下表达形式:

$$
\begin{aligned}
\sum_{i=1}^{n}\sum_{j=1}^{n}\boldsymbol{s}_i^{\mathrm{T}} w_{ij}(\boldsymbol{s}_i - \boldsymbol{s}_j) = & \boldsymbol{s}_1^{\mathrm{T}}[w_{12}(\boldsymbol{s}_1 - \boldsymbol{s}_2)] + \boldsymbol{s}_1^{\mathrm{T}}[w_{13}(\boldsymbol{s}_1 - \boldsymbol{s}_3)] + \cdots \\
& + \boldsymbol{s}_1^{\mathrm{T}}[w_{1n}(\boldsymbol{s}_1 - \boldsymbol{s}_n)] + \cdots + \boldsymbol{s}_2^{\mathrm{T}}[w_{2n}(\boldsymbol{s}_2 - \boldsymbol{s}_n)] + \cdots \\
& + \boldsymbol{s}_n^{\mathrm{T}}[w_{n1}(\boldsymbol{s}_n - \boldsymbol{s}_1)] + \cdots + \boldsymbol{s}_n^{\mathrm{T}}[w_{n(n-1)}(\boldsymbol{s}_n - \boldsymbol{s}_{n-1})]
\end{aligned} \tag{5.85}
$$

于是可得式(5.84)=式(5.85),即式(5.82)成立。

需要注意的是,式(5.82)不同于编队保持理论中常用到的均方一致性公式 $\boldsymbol{F}^{\mathrm{T}}\boldsymbol{L}\boldsymbol{F} = \frac{1}{2}\sum_{i,j=1}^{n} w_{ij}\|(\boldsymbol{s}_i - \boldsymbol{s}_j)\|^2$。

假设 $\boldsymbol{M} \in \mathbb{R}^{n\times n}$ 为正定矩阵,$\lambda_{\max}(\boldsymbol{M})$和 $\lambda_{\min}(\boldsymbol{M})$分别为矩阵 $\boldsymbol{M}$ 的最大特征值和最小非零特征值。定义 $\boldsymbol{P} = [\boldsymbol{p}_1^{\mathrm{T}}\boldsymbol{p}_2^{\mathrm{T}}\cdots\ \boldsymbol{p}_n^{\mathrm{T}}]^{\mathrm{T}}$,其满足如下不等式[169]:

$$
\lambda_{\min}(\boldsymbol{M})\sum_{k=1}^{n}\|\boldsymbol{p}_k\|^2 \leqslant \boldsymbol{P}^{\mathrm{T}}\boldsymbol{M}\boldsymbol{P} \leqslant \lambda_{\max}(\boldsymbol{M})\sum_{k=1}^{n}\|\boldsymbol{p}_k\|^2 \tag{5.86}
$$

接下来,讨论闭环系统的收敛性,特别是同步控制对系统状态误差的影响。

对于欠驱动误差动力学式(5.72),已知滑模面和控制器分别设计为式(5.77)和式(5.81)。当$\frac{b_1}{a_1}>0$ 成立时,系统将在有限时间内收敛到期望的悬停位置,稳定悬停精度可表示为

$$
\|\boldsymbol{s}_i\| \leqslant \Delta_{s_i},\ |e_{i\mu}| \leqslant \Delta_{e_{i\mu}},\quad \mu = x, y, z \tag{5.87}
$$

其中,Δ_{s_i} 和 $\Delta_{e_{i\mu}}$ 的详细表达式将在下面详细推导。

将式(5.81)代入$\boldsymbol{s}_i$ 的时间导数可以导出

$$
\dot{\boldsymbol{s}}_i = \boldsymbol{f}_i + \boldsymbol{g}_i + \boldsymbol{\Delta}_i \tag{5.88}
$$

式中,$\boldsymbol{f}_i = -k_{11}\boldsymbol{s}_i - k_{21}\mathrm{sig}^{\gamma_1}(\boldsymbol{s}_i)$,$\boldsymbol{g}_i = -k_{31}\sum_{j=1}^{n} w_{ij}(\boldsymbol{s}_i - \boldsymbol{s}_j)$,$\boldsymbol{\Delta}_i = \boldsymbol{H}_i - \boldsymbol{\delta}_i = \boldsymbol{H}_i - \chi_1\boldsymbol{P}_{11}(\alpha_1\chi_1^{-1}\boldsymbol{d}_{i\rho} + \boldsymbol{A}_{11}\boldsymbol{d}_{i\rho} + \dot{\boldsymbol{d}}_{i\rho} + \boldsymbol{A}_{12}\boldsymbol{d}_{iv}) + \widetilde{\boldsymbol{P}}_{11}\boldsymbol{P}_{11}(\boldsymbol{A}_{11}\boldsymbol{d}_{i\rho} + \boldsymbol{A}_{12}\boldsymbol{d}_{iv} + \dot{\boldsymbol{d}}_{i\rho})$为观测误差,其有界值为$\|\boldsymbol{\Delta}_i\| \leqslant \Delta_{im} = \|\boldsymbol{H}_i - \boldsymbol{\delta}_i\|$。

考虑 Lyapunov 函数 $V_i=\sum_{i=1}^{n}V_{i1}=\frac{1}{2}\sum_{i=1}^{n}\boldsymbol{s}_i^{\mathrm{T}}\boldsymbol{s}_i$ 并对其求取时间导数得到如下不等式：

$$\dot{V}_i\leqslant\sum_{i=1}^{n}\Delta_{im}\|\boldsymbol{s}_i\|-\sum_{i=1}^{n}k_{11}\|\boldsymbol{s}_i\|^2-\sum_{i=1}^{n}k_{21}\|\boldsymbol{s}_i\|^{\gamma_1+1}-k_{31}\boldsymbol{F}^{\mathrm{T}}\boldsymbol{L}\boldsymbol{F}\tag{5.89}$$

通过类似的方法，当 $k_{21}-(2V_i)^{-\frac{(\gamma_1)}{2}}\Delta_{im}>0$ 和 $p_{11}-(2V_i)^{-\frac{1}{2}}\Delta_{im}>0$ 成立时，其中 $p_{11}=k_{11}+k_{31}\lambda_{\min}(\boldsymbol{L})$，$\boldsymbol{s}_i$ 将收敛到如下有界区域：

$$\|\boldsymbol{s}_i\|\leqslant\Delta_{s_i}=\min\{(k_{21}^{-1}\Delta_{im})^{\frac{1}{\gamma_1}},p_{11}^{-1}\Delta_{im}\}\tag{5.90}$$

式(5.90)表明控制参数 k_{31} 和拉普拉斯矩阵的最小非零特征值 $\lambda_{\min}(\boldsymbol{L})$ 也会影响系统的稳定重构精度。

接着，根据式(5.77)，系统动力学方程可以写为：$\alpha_1\bar{\boldsymbol{e}}_{i\rho}+\chi_1\dot{\boldsymbol{e}}_{i\rho}+\beta_1\dot{\boldsymbol{e}}_{i\rho}^{q_1/p_1}-\boldsymbol{\zeta}_{i1}=\boldsymbol{\zeta}_i$，其中，$\|\boldsymbol{\zeta}_i\|<\Delta_{s_i}$ 且 $\boldsymbol{\zeta}_{i1}=\chi_1\boldsymbol{P}_{11}\ \hat{\boldsymbol{d}}_{i\rho}+\beta_1(\dot{\boldsymbol{e}}_{i\rho})^{q_1/p_1}-\beta_1[\boldsymbol{P}_{11}(\boldsymbol{A}_{11}\bar{\boldsymbol{e}}_{i\rho}+\boldsymbol{A}_{12}\boldsymbol{e}_{iv})]^{q_1/p_1}$ 的有界值为 $\|\boldsymbol{\zeta}_{i1}\|\leqslant\zeta_{iq}$。当 $\chi_1-\dfrac{\zeta_{i1}+\zeta_i}{\bar{e}_{i\rho}}>0$ 和 $\beta_1-\dfrac{\zeta_{i1}+\zeta_i}{\bar{e}_{i\rho}q_1/p_2}>0$ 成立时，$\dot{\boldsymbol{e}}_{i\rho}$ 和 $\bar{\boldsymbol{e}}_{i\rho}$ 将分别收敛至如下有界区域：

$$\|\dot{\boldsymbol{e}}_{i\rho}\|\leqslant\Delta_{\bar{e}_{i\rho}}=\max\{\chi_1^{-1}(\Delta_{s_i}+\zeta_{iq}),(\beta_1^{-1}(\Delta_{s_i}+\zeta_{iq}))^{\frac{p_1}{q_1}}\}\tag{5.91}$$

$$\|\bar{\boldsymbol{e}}_{i\rho}\|\leqslant\Delta_{\bar{e}_{i\rho}}=|\Delta_{s_i}+\zeta_{iq}-\chi_1\Delta_{\dot{e}_{i\rho}}-\beta_1\Delta_{\dot{e}_{i\rho}}^{\frac{q_1}{p_1}}|\tag{5.92}$$

进一步求解法向、迹向和径向相对位置的稳定悬停精度：

$$|e_{iz}|\leqslant\Delta_{e_{iz}}=|f_1|^{-1}|\bar{e}_{i\rho,2}|\leqslant|f_1|^{-1}\Delta_{\bar{e}_{i\rho}}\tag{5.93}$$

$$\begin{cases}|e_{iy}|\leqslant\Delta_{e_{iy}}=a_{11}\zeta_{ir}\\|\dot{e}_{iy}|\leqslant\Delta_{\dot{e}_{iy}}=\zeta_{ir}\end{cases}\tag{5.94}$$

$$|e_{ix}|\leqslant\Delta_{e_{ix}}=(2n_0)^{-1}(\Delta_{\dot{e}_{iy}}+\zeta_{is})\tag{5.95}$$

上述推导表明系统状态的稳定悬停精度均受同步控制的影响，详细的推导过程可以参考 5.3.2 节内容，本节不再给出具体的推导过程。

5.4.4 数值仿真与分析

为了验证 DO-NFTSMC 和 SC 的有效性，开展如下仿真实验，其中领航航天器的轨道要素如表 5.2 所示，同样考虑了 J_2 和大气阻力为外部扰动并引入 5.2 节给出的 LQR 和文献[73]设计的非奇异终端滑模控制器(Non-singular Terminal Sliding Mode Controller，NTSMC)进行对比实验。

图 5.17 给出非线性初始位置可行解的仿真结果，改变某个变量（如 y）将生成不同的可行解。接着通过线性模型式（5.69）给出本节欠驱动编队悬停仿真实验的初始位置和期望位置，如表 5.5 所示，其中 $n_0 \approx 1.1\times10^{-3}$。而控制参数选择如下：$\alpha_1=3\times10^{-3}$，$\chi_1=\beta_1=0.5$，$q_1=11$，$p_1=9$，$k_{11}=3\times10^{-3}$，$k_{21}=1\times10^{-6}$，$a_1=-0.4$，$b_1=-454.5$，$f_1=1$，$\kappa_{11}=20$，$\kappa_{12}=850$，$\kappa_{13}=950$，$\kappa_{14}=0.4$。

表 5.5 跟随航天器的初始和期望状态

相对状态	跟随航天器 1	跟随航天器 2	跟随航天器 3
$\boldsymbol{v}_{ig}$/(m/s)	$[0\ 200n_0\ 0]^T$	$[0\ 200n_0\ 0]^T$	$[0\ 200n_0\ 0]^T$
$\boldsymbol{\rho}_{ig}$/m	$[1100\ 400\ 500]^T$	$[1200\ 380\ 450]^T$	$[1300\ 360\ 400]^T$
$\boldsymbol{\rho}_{id}$/m	$[1200\ 0\ 0]^T$	$[1300\ 0\ 0]^T$	$[1400\ 0\ 0]^T$

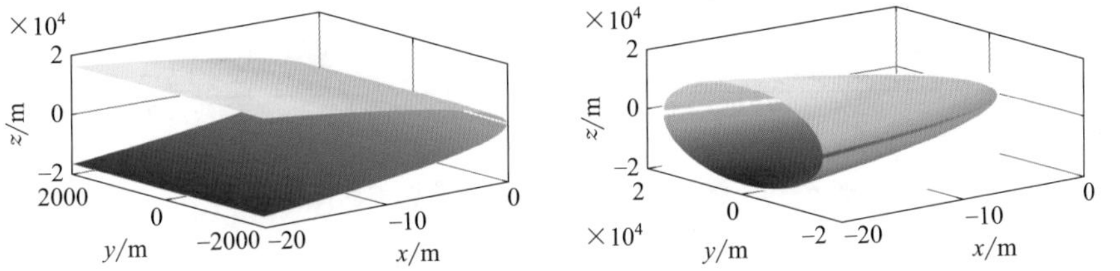

图 5.17 非线性可行解

图 5.18 为三个跟随航天器的悬停轨迹，每个跟随航天器在 SC 的作用下从初始悬停位置飞行至期望悬停位置。以跟随航天器 1 为例，图 5.19～图 5.21 刻画了在四种控制器作用下的相对位置误差、相对速度误差和控制输入的时间历史。在 5.3 节定义的控制器性能定性指标基础上，定义 $t_d=\max|t_{is}-t_{js}|$ 为跟随航天器

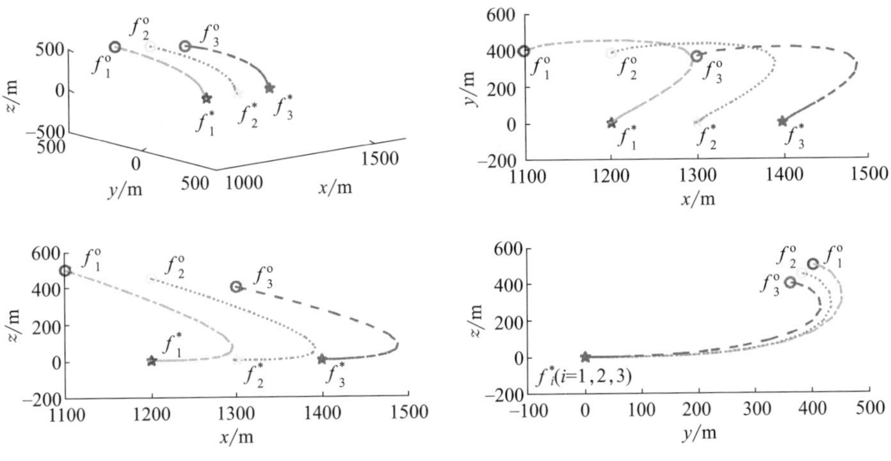

图 5.18 欠迹向驱动情形下跟随航天器的悬停轨迹

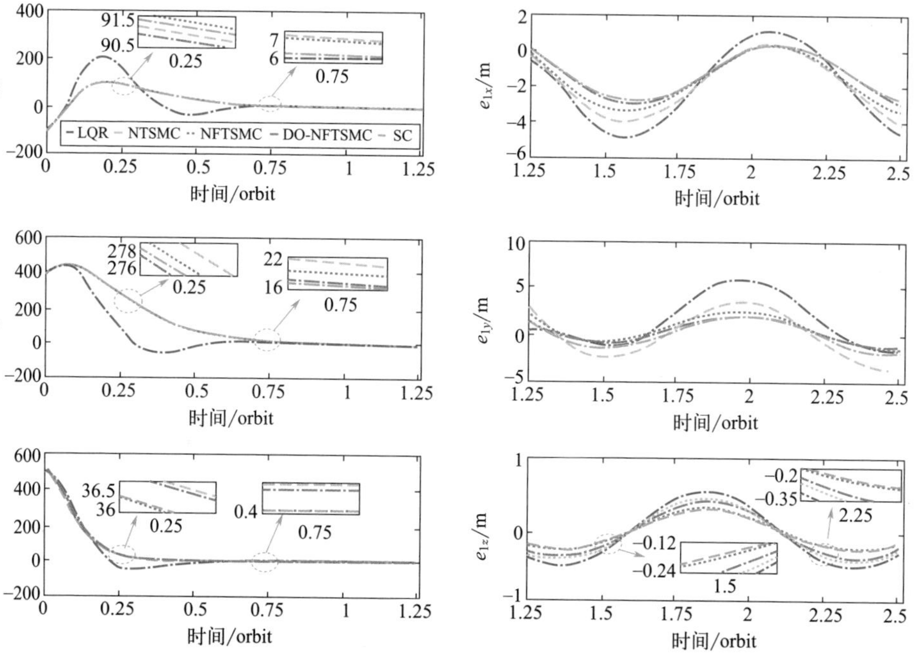

图 5.19 跟随航天器 1 相对位置误差时间历史

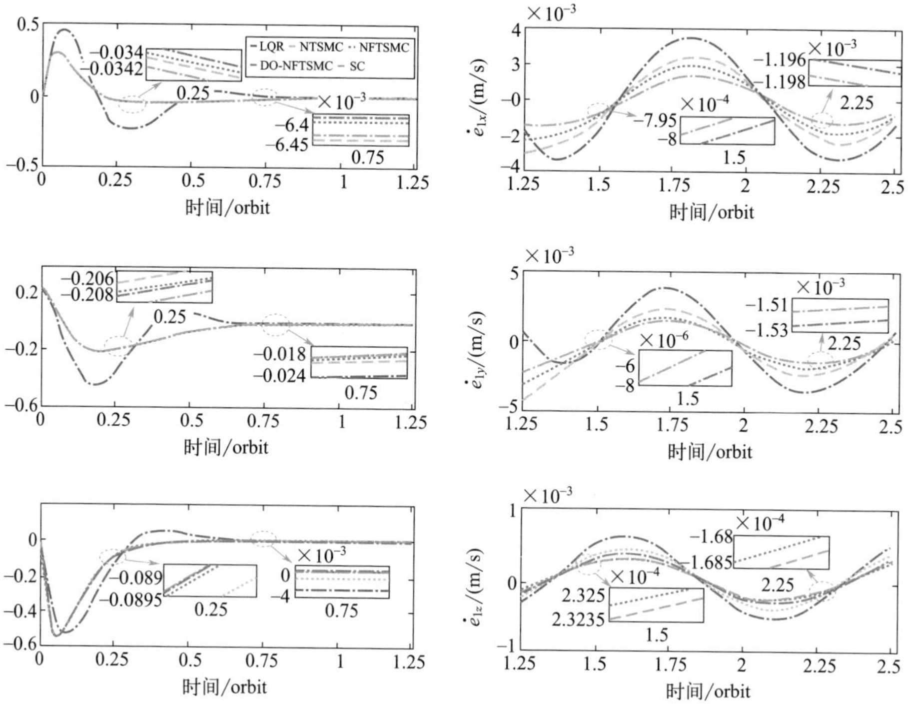

图 5.20 跟随航天器 1 相对速度误差时间历史

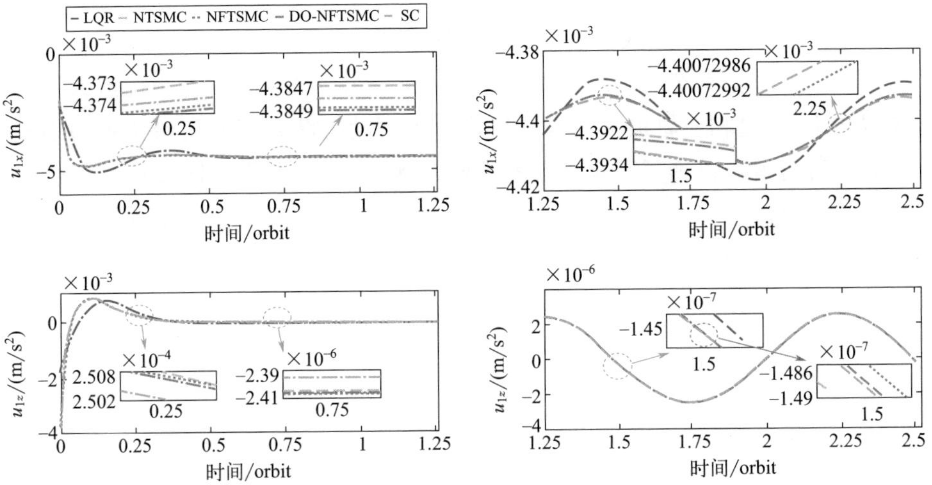

图 5.21　跟随航天器 1 控制输入时间历史

中最大稳定时间与最小稳定时间的差值，用于衡量跟随航天器间的同步性。表 5.6 给出了量化分析结果，可以发现，LQR 的稳定时间和速度增量小于其他控制器，而 DO-NFTSMC 和 SC 较其他三种控制器具有更好的控制精度，通过扰动观测器可以实时估计不匹配扰动的真实值，从而提高系统的稳定悬停精度，而 SC 在维持控制精度性能的基础上可以加强跟随航天器的同步性能。

表 5.6　五种控制器的性能指标

控制器	t_{is}/orbit	d_{is}/m	ΔV_m/(m/s)	t_d/orbit
LQR	0.77	3.61	76.19	0.06
NTSMC	1.08	3.35	76.36	0.14
NFTSMC	1.10	3.31	76.36	0.13
DO-NFTSMC	1.10	3.02	76.36	0.17
SC	1.09	2.95	76.36	0.02

本章小结

本章探讨了电磁力航天器编队欠驱动控制方法，利用最优控制理论设计欠驱动 LQR 并基于 Riccati 方程给出了一种权重矩阵间接估计法计算 LQR 的控制权重。对于两种欠驱动编队控制情形提出了不依赖预设参数的欠驱动控制方案，基于 Lyapunov 的方法表明线性变换矩阵中的参数决定了系统的收敛性且通过调节参数可以降低系统状态收敛区域的上界。分析了欠驱动动力学对跟随航天器可悬停位置约束，通过相对轨道动力学推导迹向欠驱动编队悬停的初始位置和期望悬停位置的可行解。讨论了同步项对系统收敛性的影响，并指出同步控制不会影响闭环系统的收敛性，且拉普拉斯矩阵的最小非零特征值可以减小系统轨迹和降低系统状态收敛区域的上界。

第 6 章

基于端口哈密顿动力学的航天器编队动力学建模

6.1 端口哈密顿力学基础

6.1.1 端口哈密顿系统简介

面对工程领域中复杂系统建模与控制的挑战，传统的基于微分或差分方程的方法虽然在过去取得了显著成就，但其适应复杂系统的能力受到限制。这主要是因为这些方法难以充分揭示系统内部的物理结构，特别是在识别互联子系统间的连接、动力系统内部的结构以及非线性子系统间相互作用的细节上存在困难。此外，在涉及多个领域系统中，维持子系统结构的一致性增加了复杂性，尤其是在大规模、高度互动和多领域融合的系统处理上，传统理论的局限性更为明显。为了有效地理解和控制这些系统，需要采用更先进和综合的方法，包括跨学科合作、新理论与技术的发展以及对现有控制理论的扩展与改进。这不仅有助于克服现有方法的局限，还能提高控制系统的精度和效率，推动工程技术的持续发展。

端口哈密顿系统理论则是将物理系统建模和分析中的不同条件结合在一起形成的理论。首先，从建模的角度来看，它源于 Henry Paynter 开创的基于端口的建模理论。历史上，基于端口的建模方法伴随着一个富有洞察力的图形注释，强调物理系统的结构是由捕捉它们之间能量流的连接的理想组件的集合。与化学物种类似，这些连接被称为键，由此产生的图被称为键合图(Bond Graph)[170]。键合图的基本思想是任何物理系统模型可以通过一组简单互联的元素描述，而且每个元素都具有特定的性能，实现对能量储存、耗散、转换和传递的描述。键合图专注于能量守恒物理系统的网络表示的数学描述。键合图方法是图形化的，其结果键合图模型代表了基于能量流的多端口系统。这项技术的一个重要特点是，用一组符号画出物理系统的图片，取代了描述物理系统的方程的烦琐任务。一旦得到了键合图，我们就可以开始分析它，并推导适合数值模拟的方程。这些任务可以自动化完成。基于端口的建模可以被视为物理系统网络建模中跨变量和贯穿变量理论的进一步抽象。受电路理论的启发，键上的能量流动由成对的变量表示，其乘积等于功率。这类变量对(在不同的物理域中)的典型例子是电压和电流、速度和力、流量和压力等。在 Golo 等的文献中可以找到键合图模型的端口哈密顿公式[171]。在目前大多数物理系统的建模和仿真方法中，使用某种网络表示来明确所考虑的物理系统模型是一组相互关联的基本概念。这种建模方式有几个优点。从物理的角度来看，通常很自然地将系统视为功能组件的组合，可能来自不同的领域(机械、电气等)。关于子系统的知识可以存储在库中,并且可以在以后的场合重复使用。由于这种模块化,建模过程可以以迭代的方式进行,并且可以通过添加其他子系统来逐步完善模型。此外,Golo 提出的方法适用于一般控制设计,可以通过添加其他子系统或控制设备来改善系统的整体性能。从系统理论的角度来看,这种模块化方法强调了对具有外部变量的系统模型的需要。

端口哈密顿系统理论的第二个起源是几何力学。在数学物理学的这一分支中,经典力学的哈密顿公式是以几何的方式形式化的。几何力学的基本范式是使用具有辛或泊松结构的状态空间(通常是系统的相空间),以及表示能量的哈密顿函数,以无坐标的方式表示哈密顿动力学。这种几何方法为分析哈密顿系统的复杂动力学行为提供了一种优雅而强大的理论,以透明的方式展示了它们的内在特征,如对称性和守恒量。Bullo 等在文献[172]中介绍了基于微分几何方法在非线性控制和机械系统分析中的应用,以及这些方法统一的地方,即机械系统的控制。微分几何工具在机械系统分析中的应用有着悠久的历史和相对较新的非线性控制历史,Bullo 总结了这两个主题领域之间自然数学共性的结果。此外,Olver 解释了连续对称群在物理上重要的微分方程组中的广泛应用[173],全面地介绍了连续对称群在物理上重要的微分方程组中的应用。特别是微分方程对称群的显式计算及其在微分方程积分中的应用,包括欧拉-拉格朗日方程或哈密顿系统的特殊技术,还有一些微分不变量和具有指定对称群的方程的构造、偏微分方程的群不变解以及守恒定律与对称群之间的联系。同时,详细讨论了对称群概念的推广及其在守恒定律、完全可积系统和孤立子方程中的应用。Olver 补充了许多关于经典力学和流体力学的重要例子,将无穷维哈密顿系统成功地引入端口哈密顿框架中。

端口哈密顿系统框架的第三个发展是系统和控制理论,强调动态系统与环境的相互作用是开放的(如通过输入和输出),并且容易受到控制相互作用的影响。控制系统的物理子类的描述和分析植根于电网综合理论,它的几何公式由 Brockett 首创[174];后续 van der Schaft 等对其又进行了发展等[175],特别是关于非线性机械系统的分析和控制(如具有非完整运动学约束)。端口哈密顿系统理论与几何力学的一个主要区别在于,对于端口哈密顿系统,潜在的几何结构不一定是相空间的辛结构,而是由系统的互联结构决定的。从这种意义上说,端口哈密顿系统理论本质上融合了几何和网络理论。合适的几何对象可能是狄拉克结构的概念,Weinstein 在文献[176]中对此进行了探索;Courant[177] 和 Dorfman [178]同时推广了辛和泊松结构。van der Schaft 和 Maschke 在文献[179]中首次认识到狄拉克结构对基于端口的建模和分析的几何理论的有效性;除此之外,还引出了哈密顿微分代数方程的理论。van der Schaft 和 Maschke 首次探讨了分布参数情况的扩展[180]。狄拉克结构的一个关键性质是,狄拉克结构组成仍然是狄拉克结构。这具有关键的结果，即端口哈密顿系统(通过其外部端口)的功率守恒互联再次是端口哈密顿系统。端口哈密顿系统理论在几何力学方面的另一个主要扩展是包含了能量耗散元素，这在经典哈密顿系统中基本上是不存在的。与分析动力学中的哈密顿系统相比，大大拓宽了端口哈密顿系统的适用范围。事实上，基于端口的建模和端口哈密顿系统的框架是工程许多领域中遇到的复杂物理系统建模的一般理论。此外，由于其强调能量和功率是不同物理领域之间的通用语，端口哈密顿系统理论非常适合对多物理系统进行系统的数学处理，即包含来自不同物理领域(机械、电磁、液压、化学等)的子系统的系统。

目前该理论已经扩展到处理耗散系统和利用边界能量流偏微分方程描述的系统，利用无限维结构，或狄拉克斯-托克斯结构获取系统的能量控制律。当系统模型使用基于端口哈密顿系统框架建模时，许多新的控制理论正在逐步发展。

6.1.2 端口哈密顿系统定义

对于输入/输出的哈密顿系统，其广义的形式为

$$\begin{cases}\dot{\boldsymbol{q}}=\dfrac{\partial \boldsymbol{H}}{\partial p}(q,p), \quad (q,p)=(q_1,\cdots,q_k,p_1,\cdots,p_k)\\ \dot{\boldsymbol{p}}=-\dfrac{\partial \boldsymbol{H}}{\partial q}(q,p)+\boldsymbol{B}(q)\boldsymbol{u}, \quad \boldsymbol{u}\in\mathbb{R}^m\\ \boldsymbol{y}=\boldsymbol{B}^{\mathrm{T}}(q)\dfrac{\partial \boldsymbol{H}}{\partial p}(q,p)(=\boldsymbol{B}^{\mathrm{T}}(q)\dot{q}), \quad \boldsymbol{y}\in\mathbb{R}^m\end{cases} \tag{6.1}$$

其中，$\boldsymbol{B}(q)$为输入力矩阵；$\boldsymbol{B}(q)\boldsymbol{u}$ 表示由控制输入 $\boldsymbol{u}$ 产生的广义力。

根据输出方程的形式 $\boldsymbol{y}=\boldsymbol{B}^{\mathrm{T}}(q)\dot{\boldsymbol{q}}$，可以得到能量平衡式

$$\boldsymbol{H}(q(t_1),p(t_1))=\boldsymbol{H}(q(t_0),p(t_0))+\int_{t_0}^{t_1}\boldsymbol{u}^{\mathrm{T}}(t)\boldsymbol{y}(t)\mathrm{d}t \tag{6.2}$$

其微分形式为

$$\frac{\mathrm{d}\boldsymbol{H}}{\mathrm{d}t}(q(t),p(t))=\boldsymbol{u}^{\mathrm{T}}(t)\boldsymbol{y}(t) \tag{6.3}$$

若 $\boldsymbol{H}$ 非负或有下界，式(6.1)描述的哈密顿系统是保守状态空间系统。

将其进一步扩展，在局部坐标系下可表示为

$$\begin{cases}\dot{\boldsymbol{x}}=\boldsymbol{J}(\boldsymbol{x})\dfrac{\partial \boldsymbol{H}}{\partial \boldsymbol{x}}(x)+\boldsymbol{g}(\boldsymbol{x})\boldsymbol{u}, \quad \boldsymbol{x}\in\boldsymbol{X},\boldsymbol{u}\in\mathbb{R}^m\\ \boldsymbol{y}=\boldsymbol{g}^{\mathrm{T}}(\boldsymbol{x})\dfrac{\partial \boldsymbol{H}}{\partial \boldsymbol{x}}(x), \quad \boldsymbol{y}\in\mathbb{R}^m\end{cases} \tag{6.4}$$

$\boldsymbol{J}(\boldsymbol{x})$为 $n\times n$ 反对称矩阵，满足矩阵中每一个元素都是 $\boldsymbol{x}$ 的光滑函数。

$$\boldsymbol{J}(\boldsymbol{x})=-\boldsymbol{J}^{\mathrm{T}}(\boldsymbol{x}) \tag{6.5}$$

$\boldsymbol{x}=(x_1,\cdots,x_n)$是 n 维空间流形 $\boldsymbol{X}$ 的局部坐标，根据式(6.5)，可以很简单地计算

$$\boldsymbol{H}(\boldsymbol{x}(t_1))=\boldsymbol{H}(\boldsymbol{x}(t_0))+\int_{t_0}^{t_1}\boldsymbol{u}^{\mathrm{T}}(t)\boldsymbol{y}(t)\mathrm{d}t \tag{6.6}$$

如果 $H\geqslant 0$，那么式(6.4)为保守系统。当式(6.4)中的 $\boldsymbol{J}$ 满足条件式(6.5)时，称系统(6.4)为结构矩阵 $\boldsymbol{J}$ 的端口受控哈密顿系统。

很多情况下，结构矩阵 $\boldsymbol{J}(\boldsymbol{x})$满足“可积性”的条件，即

$$\sum_{l=1}^{n}\left[J_{lj}(x)\frac{\partial J_{ik}}{\partial x_l}(x)+J_{li}(x)\frac{\partial J_{kj}}{\partial x_l}(x)+J_{lk}(x)\frac{\partial J_{ji}}{\partial x_l}(x)\right]=0 \tag{6.7}$$

此时，根据 Darboux 定理得出，在任一点 x_0 附近，矩阵 $\boldsymbol{J}(\boldsymbol{x})$的秩为一常数，具有 $n=2k+l$ 维的局部坐标，即

$$\tilde{\boldsymbol{x}}=(q,p,s)=(q_1,\cdots,q_k,p_1,\cdots,p_k,s_1,\cdots,s_l) \tag{6.8}$$

矩阵 $\boldsymbol{J}(\boldsymbol{x})$在局部坐标系下的形式为

$$\boldsymbol{J}=\begin{bmatrix}0 & I_k & 0\\ -I_k & 0 & 0\\ 0 & 0 & 0\end{bmatrix} \tag{6.9}$$

式中，坐标(q,p,s)为正则坐标；$\boldsymbol{J}(\boldsymbol{x})$为 Poisson 结构矩阵，在正则坐标系下方程非常接近标准哈密顿系统。

6.1.3　端口哈密顿系统特性

端口受控的哈密顿系统可通过具有三元组$(\boldsymbol{J},\boldsymbol{g},\boldsymbol{H})$的状态空间流形 $\boldsymbol{X}$ 定义。其中，$(\boldsymbol{J}(\boldsymbol{x}),\boldsymbol{g}(\boldsymbol{x}))$，$\boldsymbol{x}\in\boldsymbol{X}$ 反映了系统的互联结构，$\boldsymbol{g}(\boldsymbol{x})$反映了系统的端口特性。$\boldsymbol{H}:\boldsymbol{X}\rightarrow\boldsymbol{R}$ 定义了系统储存的能量。

端口受控的哈密顿系统的一个基本特性是能量平衡特性，即

$$\frac{\mathrm{d}\boldsymbol{H}}{\mathrm{d}t}(\boldsymbol{x}(t))=\boldsymbol{u}^{\mathrm{T}}(t)\boldsymbol{y}(t) \tag{6.10}$$

物理上它对应于内部互联结构是能量守恒的这一事实，$\boldsymbol{u}$，$\boldsymbol{y}$ 为通过 $\boldsymbol{g}(\boldsymbol{x})$定义的端口能量变量，这样 $\boldsymbol{u}^{\mathrm{T}}\boldsymbol{y}$ 即为外部供给的能量。这样，如果哈密顿函数 H 非负，那么系统为保守系统，具有保守系统的所有特性。

另外，与一般的保守系统相比较，端口受控哈密顿系统概念要更强，从其中的系统结构矩阵 $\boldsymbol{J}(\boldsymbol{x})$能够直接得到关于系统动态特性的信息。其中，一种非常重要的动态特性称为 Casimir 函数，是与哈密顿函数 $\boldsymbol{H}$ 无关的动态不变集。

关于动态不变集，考虑偏微分方程组

$$\frac{\partial^{\mathrm{T}}\boldsymbol{C}}{\partial\boldsymbol{x}}(\boldsymbol{x})\boldsymbol{J}(\boldsymbol{x})=0,\quad \boldsymbol{x}\in\boldsymbol{X} \tag{6.11}$$

式中，$\boldsymbol{C}:\boldsymbol{X}\rightarrow\boldsymbol{R}$ 为未知的光滑函数。如果式(6.11)存在解 $\boldsymbol{C}$，则 $\boldsymbol{C}$ 沿着端口受控哈密顿系统的解曲线对时间的求导满足

$$\frac{\mathrm{d}\boldsymbol{C}}{\mathrm{d}t}=\frac{\partial^{\mathrm{T}}\boldsymbol{C}}{\partial\boldsymbol{x}}(\boldsymbol{x})\boldsymbol{J}(\boldsymbol{x})\frac{\partial\boldsymbol{H}}{\partial\boldsymbol{x}}(\boldsymbol{x})+\frac{\partial^{\mathrm{T}}\boldsymbol{C}}{\partial\boldsymbol{x}}(\boldsymbol{x})\boldsymbol{g}(\boldsymbol{x})\boldsymbol{u}=\frac{\partial^{\mathrm{T}}\boldsymbol{C}}{\partial\boldsymbol{x}}(\boldsymbol{x})\boldsymbol{g}(\boldsymbol{x})\boldsymbol{u} \tag{6.12}$$

则不论 $\boldsymbol{H}$ 函数具体形式如何，函数 $\boldsymbol{C}(\boldsymbol{x})$ 沿着端口受控哈密顿系统的解曲线保持定常。

如果系统存在 Casimir 函数，可以得到描述系统稳定性的一些结论。

若 $C_1,\cdots,C_r$ 为 Casimir 函数，则当 $u=0$ 时，有 $\frac{\mathrm{d}H}{\mathrm{d}t}=0$，且对任意函数 H_a：$R^r\rightarrow R$ 存在

$$\frac{\mathrm{d}}{\mathrm{d}t}(H+H_a(C_1,\cdots,C_r))(\boldsymbol{x}(t))=0 \tag{6.13}$$

因而即使 $\boldsymbol{H}$ 在平衡点 $\boldsymbol{x}^*\in\boldsymbol{X}$ 处不是正定的，仍然可以通过适当地选择 H_a，使 $H+H_a(C_1,\cdots,C_r)$ 在 $\boldsymbol{x}^*$ 点处正定，这样便可选择 $H+H_a$ 作为系统的 Lyapunov 函数，这种稳定性分析方法称为能量 Casimir 方法。

更具体地，标准的输入-输出端口受控哈密顿系统结构可以描述为

$$\dot{\boldsymbol{x}}=(\boldsymbol{J}(\boldsymbol{x})-\boldsymbol{R}(\boldsymbol{x}))\nabla\boldsymbol{H}(\boldsymbol{x})+\boldsymbol{g}(\boldsymbol{x})\boldsymbol{u},\quad \boldsymbol{x}\in\mathbb{R}^n,\boldsymbol{u}\in\mathbb{R}^m \tag{6.14}$$

$$\boldsymbol{y}=\boldsymbol{g}^{\mathrm{T}}(\boldsymbol{x})\nabla\boldsymbol{H}(\boldsymbol{x}),\quad \boldsymbol{y}\in\mathbb{R}^m \tag{6.15}$$

式中，x、y、u 和 $\boldsymbol{g}(\boldsymbol{x})$ 分别是系统的状态、输出、控制信号和输入矩阵；$\boldsymbol{J}(\boldsymbol{x})$ 是一个斜对称矩阵，即 $\boldsymbol{J}(\boldsymbol{x})=-\boldsymbol{J}^{\mathrm{T}}(\boldsymbol{x})$；$\boldsymbol{R}(\boldsymbol{x})$ 是对于 $\boldsymbol{x}$ 的半正定矩阵。在式(6.14)中，$\boldsymbol{J}(\boldsymbol{x})$ 和 $\boldsymbol{R}(\boldsymbol{x})$ 分别称为互联矩阵和阻尼矩阵，$\boldsymbol{H}(\boldsymbol{x})$ 是哈密顿函数，并且 $\nabla\boldsymbol{H}(\boldsymbol{x})$ 表示其偏导数向量。

若哈密顿函数 H 有下界，那么端口受控的耗散哈密顿系统必然无源，通过引入反馈环节，使得系统获得渐近稳定，并在需要的时候借助能量 Casimir 方法，将哈密顿函数修正为 $H+H_a$，实现系统稳定。

6.2 近地轨道航天器编队端口哈密顿动力学建模

6.2.1 坐标系定义

编队飞行动力学的基本坐标系涉及航天器固定旋转局部垂直局部水平坐标系 LVLH、地心惯性坐标系 ECI。坐标系的详细定义详见 2.1 节。

6.2.2　编队运动相对动力学建模

考虑一个包括领航者航天器 s_0 和跟随航天器 s_j 的系统，如图 6.1 所示，定义 ECI 坐标系下领航航天器坐标为 $\boldsymbol{Q}_0=[X_0,Y_0,Z_0]^{\mathrm{T}}$，跟随航天器坐标为 $\boldsymbol{Q}_j=[X_j,Y_j,Z_j]^{\mathrm{T}}$，LVLH 坐标系下领航航天器坐标为 $\boldsymbol{q}_0=[r_0,0,0]^{\mathrm{T}}$，跟随航天器坐标为 $\boldsymbol{q}_j=[x_j,y_j,z_j]^{\mathrm{T}}$。

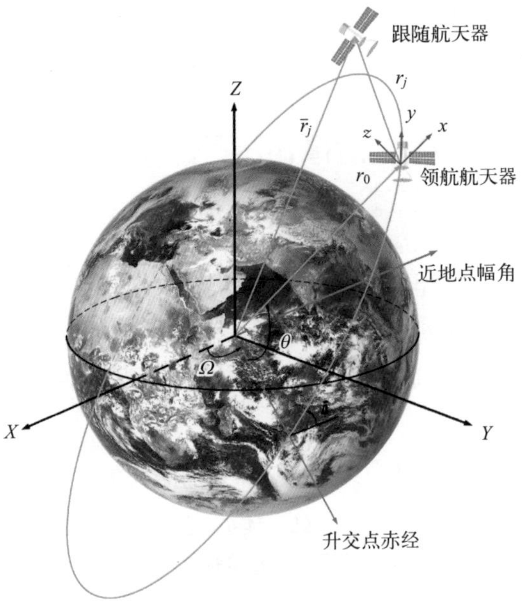

图 6.1　坐标系示意图

考虑跟随航天器，其动能可表示为

$$\mathcal{T}(\boldsymbol{Q}_j,\dot{\boldsymbol{Q}}_j)=\frac{1}{2}\|\dot{\boldsymbol{Q}}_j\|^2 \tag{6.16}$$

受 J_2 摄动影响下的势能可表示为

$$\mathcal{U}_j(\boldsymbol{Q}_j)=-\frac{\mu}{r_j}\left[1-\frac{J_2}{2}\times\frac{R_e^2}{r_j^2}\left(3\frac{Z_j^2}{r_j^2}-1\right)\right] \tag{6.17}$$

则拉格朗日函数可写为

$$\mathcal{L}(\boldsymbol{Q}_j,\dot{\boldsymbol{Q}}_j)=\mathcal{T}_j-\mathcal{U}_j \tag{6.18}$$

为了在 LVLH 坐标系中描述跟随航天器 s_j 的动力学，需要在 LVLH 和 ECI 框架之间进行以下坐标变换，LVLH 到 ECI 的转换由式(6.19)给出。

$$\boldsymbol{C}=\begin{bmatrix} c_{\Omega}c_{\theta}-s_{\Omega}s_{\theta}c_{i} & -c_{\Omega}s_{\theta}-s_{\Omega}c_{\theta}c_{i} & s_{\Omega}s_{i} \\ s_{\Omega}c_{\theta}+c_{\Omega}s_{\theta}c_{i} & -s_{\Omega}s_{\theta}+c_{\Omega}c_{\theta}c_{i} & -c_{\Omega}s_{i} \\ s_{\theta}s_{i} & c_{\theta}s_{i} & c_{i} \end{bmatrix} \tag{6.19}$$

式中，$s_{\theta}=\sin\theta$，$c_{\theta}=\cos\theta$，其余下标如 Ω、i 同样为对应的三角函数；Ω 为升交点赤经；θ 为近地点幅角；i 为领航者 s_0 轨道倾角。

$\boldsymbol{C}$ 为正交矩阵，即 $\boldsymbol{C}^{\mathrm{T}}\boldsymbol{C}=\mathbf{I}_3$，通过对公式两侧求导，可以得到 $\dot{\boldsymbol{C}}^{\mathrm{T}}\boldsymbol{C}+\boldsymbol{C}^{\mathrm{T}}\dot{\boldsymbol{C}}=\mathbf{0}_3$，这证明 $\dot{\boldsymbol{C}}^{\mathrm{T}}\boldsymbol{C}$ 是斜对称矩阵。因此，可以定义斜对称矩阵函数 $\boldsymbol{S}:(\theta,\dot{\theta},i,\dot{i},\dot{\Omega})\in\mathbb{R}\rightarrow\mathbb{R}^{3\times3}$。

$$\boldsymbol{S}(\theta,\dot{\theta},i,\dot{i},\dot{\Omega})=\boldsymbol{C}^{\mathrm{T}}\dot{\boldsymbol{C}}=\begin{bmatrix} 0 & -1 & 0 \\ 1 & 0 & 0 \\ 0 & 0 & 0 \end{bmatrix}\dot{\theta}+$$

$$\begin{bmatrix} 0 & -\cos i & \cos\theta\sin i \\ \cos i & 0 & -\sin\theta\sin i \\ -\cos\theta\sin i & \sin\theta\sin i & 0 \end{bmatrix}\dot{\Omega}+\begin{bmatrix} 0 & 0 & -\sin\theta \\ 0 & 0 & -\cos\theta \\ \sin\theta & \cos\theta & 0 \end{bmatrix}\dot{i} \tag{6.20}$$

在未受扰动轨道中，轨道参数是恒定的，矩阵的最后两项等于零，因此可简记为 $\boldsymbol{S}(\dot{\theta})$。

那么坐标在 ECI 坐标系与 LVLH 坐标系的转换关系为

$$\boldsymbol{Q}_j=\boldsymbol{C}\boldsymbol{q}_j \tag{6.21}$$

因此，在 LVLH 坐标系下可将航天器动能描述为

$$\mathcal{T}(\boldsymbol{q}_j,\dot{\boldsymbol{q}}_j)=\frac{1}{2}\|\dot{\boldsymbol{Q}}_j\|^2=\frac{1}{2}\|(\dot{\boldsymbol{q}}_0+\dot{\boldsymbol{q}}_j)+\boldsymbol{S}(\dot{\theta})(\boldsymbol{q}_0+\boldsymbol{q}_j)\|^2 \tag{6.22}$$

航天器势能可描述为

$$\mathcal{U}_j(\boldsymbol{q}_j)=-\frac{\mu}{r_j}\left[1-\frac{J_2}{2}\times\frac{R_{\mathrm{E}}^2}{r_j^2}\left(3\frac{(\boldsymbol{C}(z_0+z_j))^2}{r_j^2}-1\right)\right] \tag{6.23}$$

式中，R_{E} 为地球半径；$r_j=\|\boldsymbol{q}_0+\boldsymbol{q}_j\|_2$。

那么在 LVLH 坐标系下，拉格朗日方程可以写为

$$\begin{aligned}\mathcal{T}(\boldsymbol{q}_j,\dot{\boldsymbol{q}}_j)=\mathcal{T}_j-\mathcal{U}_j=&\frac{1}{2}\|(\dot{\boldsymbol{q}}_0+\dot{\boldsymbol{q}}_j)+\boldsymbol{S}(\dot{\theta})(\boldsymbol{q}_0+\boldsymbol{q}_j)\|^2\\&+\frac{\mu}{r_j}\left[1-\frac{J_2}{2}\times\frac{R_{\mathrm{e}}^2}{r_j^2}\left(3\frac{(\boldsymbol{C}(z_0+z_j))^2}{r_j^2}-1\right)\right]\end{aligned} \tag{6.24}$$

选择 $\boldsymbol{q}_j$ 作为广义位置坐标变量，根据勒让德变换 $\boldsymbol{p}_j=\dfrac{\partial\boldsymbol{L}}{\partial\boldsymbol{q}_j}=\dot{\boldsymbol{q}}_j+\dot{\boldsymbol{q}}_0+\boldsymbol{S}(\dot{\theta})(\boldsymbol{q}_j+\boldsymbol{q}_0)$，领航航天器与跟随航天器之间的相对动力学可以通过欧拉-拉格朗日方程求出，即

$$
\begin{aligned}
&\frac{\mathrm{d}}{\mathrm{d}t}\left(\frac{\partial \mathcal{L}_j}{\partial \dot{\boldsymbol{q}}_j}\right)-\frac{\partial \mathcal{L}_j}{\partial \boldsymbol{q}_j}=\boldsymbol{u}_j \\
&\Rightarrow \ddot{\boldsymbol{q}}_j+\ddot{\boldsymbol{q}}_0+\dot{\boldsymbol{S}}(\dot{\theta})(\boldsymbol{q}_j+\boldsymbol{q}_0)+\boldsymbol{S}(\dot{\theta})(\dot{\boldsymbol{q}}_j+\dot{\boldsymbol{q}}_0) \\
&-\boldsymbol{S}^{\mathrm{T}}(\dot{\theta})(\dot{\boldsymbol{q}}_j+\dot{\boldsymbol{q}}_0)-\boldsymbol{S}^{\mathrm{T}}(\dot{\theta})\boldsymbol{S}(\dot{\theta})(\boldsymbol{q}_j+\boldsymbol{q}_0)+\nabla_{\boldsymbol{q}_j}\mathcal{U}_j=\boldsymbol{u}_j
\end{aligned}
\tag{6.25}
$$

整理可得

$$
\begin{bmatrix}\dot{\boldsymbol{q}}_j\\ \dot{\boldsymbol{p}}_j\end{bmatrix}=\begin{bmatrix}\boldsymbol{p}_j-\dot{\boldsymbol{q}}_0-\boldsymbol{S}(\dot{\theta})(\boldsymbol{q}_j+\boldsymbol{q}_0)\\ -\boldsymbol{S}(\dot{\theta})(\dot{\boldsymbol{q}}_j+\dot{\boldsymbol{q}}_0)-\boldsymbol{S}^{\mathrm{T}}(\dot{\theta})\boldsymbol{S}(\dot{\theta})(\boldsymbol{q}_j+\boldsymbol{q}_0)-\nabla_{\boldsymbol{q}_j}\mathcal{U}_j\end{bmatrix}+\begin{bmatrix}\boldsymbol{0}\\ \mathbf{I}_3\end{bmatrix}\boldsymbol{u}_j
\tag{6.26}
$$

$$
\begin{bmatrix}\dot{\boldsymbol{q}}_j\\ \dot{\boldsymbol{p}}_j\end{bmatrix}=\begin{bmatrix}\boldsymbol{0}_3 & \mathbf{I}_3\\ -\mathbf{I}_3 & \boldsymbol{0}_3\end{bmatrix}\begin{bmatrix}\dfrac{\partial \boldsymbol{H}}{\partial \boldsymbol{q}_j}\\ \dfrac{\partial \boldsymbol{H}}{\partial \boldsymbol{p}_j}\end{bmatrix}+\begin{bmatrix}\boldsymbol{0}\\ \mathbf{I}_3\end{bmatrix}\boldsymbol{u}_j
\tag{6.27}
$$

此处哈密顿函数由拉格朗日方程得出

$$
\boldsymbol{H}=\frac{1}{2}\boldsymbol{p}_j^{\mathrm{T}}\boldsymbol{p}_j-\boldsymbol{p}_j^{\mathrm{T}}\dot{\boldsymbol{q}}_0-\boldsymbol{p}_j^{\mathrm{T}}\boldsymbol{S}(\dot{\theta})(\boldsymbol{q}_j+\boldsymbol{q}_0)+\mathcal{U}_j(\boldsymbol{q}_j+\boldsymbol{q}_0)
\tag{6.28}
$$

式(6.26)即为近地航天器编队端口哈密顿动力学形式[181]。

6.3　日地 L2 点航天器编队端口哈密顿动力学建模

6.3.1　圆形限制性三体问题

圆形限制性三体问题模型(Circular Restricted Three-Body Problem，CRTBP)是航天器深空探测轨道动力学研究中应用较为广泛的模型，它为复杂的太阳系动力学系统提供了简单又不失精确性的合理近似。

航天器在日地系统中受其他天体的影响非常小，因此可以只考虑由日、地和航天器构成的三体问题，同时为了简化模型，减弱月球的影响，将地月系统视为一体，并统称为地球。相对太阳和地球而言，航天器的质量通常很小，远不足以影响日地系统的运动，太阳地球质量远大于航天器，从而系统退化为限制性三体问题。进一步，我们假设太阳和地球围绕它们的质心做匀速圆周运动(实际上地球公转轨道的偏心率仅为 0.0167 左右，非常接近正圆轨道)，于是得到著名的圆形限制性三体问题(CRTBP)模型。

$$\begin{cases}\ddot{X}-2\dot{Y}=X-(1-\mu)\dfrac{X+\mu}{R_1^3}-\mu\dfrac{X-1+\mu}{R_2^3}\\ \ddot{Y}+2\dot{X}=Y-(1-\mu)\dfrac{Y}{R_1^3}-\mu\dfrac{Y}{R_2^3}\\ \ddot{Z}=\left(\dfrac{1-\mu}{R_1^3}-\dfrac{\mu}{R_2^3}\right)Z\end{cases}\tag{6.29}$$

式中，$R_1=\sqrt{(X+\mu)+Y^2+Z^2}$，$R_2=\sqrt{(X-1+\mu)+Y^2+Z^2}$，$\mu=3.003490055444426\times10^{-6}$ 为 CRTBP 系统中日地质量比。

将动力学方程式(6.29)进一步化简，定义一个仅与位置相关的广义势能函数 U

$$U=\frac{1}{2}(X^2+Y^2)+\frac{1-\mu}{R_1}+\frac{\mu}{R_2}\tag{6.30}$$

方程式(6.29)可以改写为如下形式：

$$\begin{cases}\ddot{X}-2\dot{Y}=\dfrac{\partial U}{\partial X}\\ \ddot{Y}+2\dot{X}=\dfrac{\partial U}{\partial Y}\\ \ddot{Z}=\dfrac{\partial U}{\partial Z}\end{cases}\tag{6.31}$$

方程式(6.31)是建立在转动坐标系的转角域 θ 上的相对运动方程。对于 CRTBP，动坐标系的转动角速度 $\dfrac{d\theta}{dt}=\omega$ 为常值，时间和转角域有显式关系 $\theta=\omega t$。

对方程式(6.31)做如下分析，分别将 $\dot{X}$、$\dot{Y}$、$\dot{Z}$ 乘以方程两边并将其累加得到

$$\dot{X}\ddot{X}+\dot{Y}\ddot{Y}+\dot{Z}\ddot{Z}=\dot{X}\frac{\partial U}{\partial X}+\dot{Y}\frac{\partial U}{\partial Y}+\dot{Z}\frac{\partial U}{\partial Z}\tag{6.32}$$

由于伪势能函数 U 不显含时间，所以对式(6.32)积分得到

$$2U-V^2=C\tag{6.33}$$

式中，$V^2=\dot{X}^2+\dot{Y}^2+\dot{Z}^2$，$C$ 为积分常数，称为 Jacobi 积分常数。

Jacobi 积分常数表示了航天器的引力势能和动能之和的一个特征量，在没有其他摄动、干扰因素以及主动控制时 Jacobi 积分保持恒定。当式(6.33)中 $V=0$ 时，航天器速度为零，此时对于任意给定的 Jacobi 积分常数 C 存在 $2U=C$，动能全部转化为势能，势能处于极大值。这表示空间中的一个零速度曲面。由于 V^2 不可能小于零，所以航天器不能到达 $2U<C$ 的空间，零速度曲面将航天器所在的空间分为可达区和禁止区。

根据方程式(6.29)，系统中存在一些可以使第三个物体达到平衡状态的点，称为拉格朗日点。CRTBP 中存在五个拉格朗日点。五个点中的三个，即 L1、L2 和

L3 可以使用代数方程计算(图 6.2)：

$$X-(X-\mu)\frac{X+\mu}{R_1^3}-\mu\frac{X-1+\mu}{R_2^3}=0 \tag{6.34}$$

$$Y=0 \tag{6.35}$$

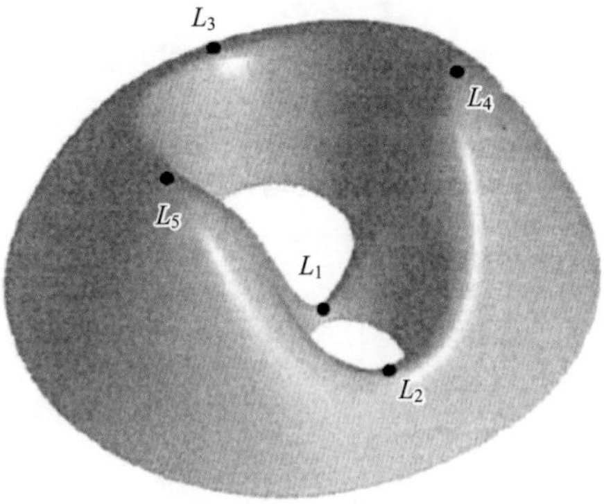

图 6.2　引力势函数

由于在拉格朗日点附近运行并不稳定，一般在 CTRBP 中以 Lissajous 或 Halo 等轨道作为参考轨道来研究编队问题。

6.3.2　编队系统相对运动动力学建模

假设太阳质量是 m_1，地球质量为 m_2，航天器质量为 m_3，且 $m_1>m_2\gg m_3$。日地系统做匀速圆周运动的平均角速度为 $\omega=\sqrt{G(m_1+m_2)/R^3}$，$R$ 是日地系统平均距离，G 是万有引力常数，那么在日地旋转坐标系 $O_oX_oY_oZ_o$ 中太阳的坐标为 $(d_1,0,0)$，地球的坐标为 $(d_2,0,0)$。

现在，我们考虑一个包括领航航天器 s_0 和跟随航天器 s_j 的系统。旋转坐标系下主星位置坐标为 $\boldsymbol{q}_0=(x_0,y_0,z_0)^{\mathrm{T}}$，主星本体从星的位置坐标为 $\boldsymbol{q}_j=(x_j,y_j,z_j)^{\mathrm{T}}$，旋转坐标系下航天器坐标可以表示为

$$\boldsymbol{r}=[(x_0+x_j),(y_0+y_j),(z_0+z_j)]^{\mathrm{T}} \tag{6.36}$$

航天器在惯性坐标系 $O_iX_iY_iZ_i$ 中的速度 $\boldsymbol{v}_j$ 可以表示为

$$\boldsymbol{v}_j=\dot{\boldsymbol{r}}+\boldsymbol{\omega}\times\boldsymbol{r}=\begin{bmatrix}(\dot{x}_0+\dot{x}_j)-(y_0+y_j)\omega\\(\dot{y}_0+\dot{y}_j)+(x_0+x_j)\omega\\\dot{z}_0+\dot{z}_j\end{bmatrix} \tag{6.37}$$

根据航天器的速度 $\boldsymbol{v}_j$，航天器的动能可以表示为

$$T=\frac{1}{2}\{[(\dot{x}_0+\dot{x}_j)-(y_0+y_j)\omega]^2+[(\dot{y}_0+\dot{y}_j)+(x_0+x_j)\omega]^2+(\dot{z}_0+\dot{z}_j)\}^2 \tag{6.38}$$

由于势能与坐标系选取无关,以无穷远处为势能原点,航天器在日地系统中的引力势能 V 可以表示为

$$V=-\frac{Gm_1}{r_1}-\frac{Gm_2}{r_2} \tag{6.39}$$

式中

$$r_1=\sqrt{(x_0+x_j-d_1)^2+(y_0+y_j)^2+(z_0+z_j)^2}$$

$$r_2=\sqrt{(x_0+x_j-d_2)^2+(y_0+y_j)^2+(z_0+z_j)^2}\text{。}$$

定义拉格朗日函数 $L=T-V$,不考虑外部主动力时,根据欧拉-拉格朗日方程,以相对位置 q_j 作为基底坐标,得到

$$\frac{\mathrm{d}}{\mathrm{d}t}\left(\frac{\partial \boldsymbol{L}}{\partial \dot{\boldsymbol{q}}_j}\right)-\frac{\partial \boldsymbol{L}}{\partial \boldsymbol{q}_j}=\boldsymbol{0} \tag{6.40}$$

代入拉格朗日函数,得到航天器在 CRTBP 下的动力学方程

$$\begin{cases}(\ddot{x}_0+\ddot{x}_j)-2(\dot{y}_0+\dot{y}_j)\omega-(x_0+x_j)\omega^2=-\dfrac{\partial V}{\partial x_j}\\(\ddot{y}_0+\ddot{y}_j)+2(\dot{x}_0+\dot{x}_j)\omega-(y_0+y_j)\omega^2=-\dfrac{\partial V}{\partial y_j}\\\ddot{z}_0+\ddot{z}_j=-\dfrac{\partial V}{\partial z_j}\end{cases} \tag{6.41}$$

根据勒让德变换,选取基底坐标 $\boldsymbol{p}_j=\dfrac{\partial \boldsymbol{L}}{\partial \dot{\boldsymbol{q}}_j}$,得到哈密顿函数

$$H=\boldsymbol{p}_j^{\mathrm{T}}\cdot\dot{\boldsymbol{q}}_j-L=\frac{1}{2}\boldsymbol{p}_j^{\mathrm{T}}\boldsymbol{p}_j+\boldsymbol{p}_j^{\mathrm{T}}\begin{bmatrix}\omega(y_0+y_j)-\dot{x}_0\\-\omega(x_0+x_j)-\dot{y}_0\\-\dot{z}_0\end{bmatrix}+V \tag{6.42}$$

则相对动力学方程可以表述为

$$\begin{bmatrix}\dot{\boldsymbol{q}}_j\\\dot{\boldsymbol{p}}_j\end{bmatrix}=\begin{bmatrix}\boldsymbol{0}&\mathbf{I}_3\\-\mathbf{I}_3&\boldsymbol{0}\end{bmatrix}\nabla_x H(x) \tag{6.43}$$

设 $\boldsymbol{J}=\begin{bmatrix}\boldsymbol{0}&\mathbf{I}_3\\-\mathbf{I}_3&\boldsymbol{0}\end{bmatrix}$,$\boldsymbol{R}=\boldsymbol{0}_{6\times6}$

由于 CRTBP 不考虑空气阻力等能量耗散,$\boldsymbol{R}$ 为零矩阵。这导致了系统的能量守恒,反映在下面的等式中:

$$\begin{aligned}\frac{\mathrm{d}H(x)}{\mathrm{d}t}&=\nabla_x^{\mathrm{T}}H(x)\cdot\frac{\mathrm{d}x}{\mathrm{d}t}=\nabla_x^{\mathrm{T}}H(x)\cdot[\boldsymbol{J}-\boldsymbol{R}]\nabla_x H(x)\\&=\nabla_x^{\mathrm{T}}H(x)\cdot[-\boldsymbol{R}]\nabla_x H(x)=0\end{aligned} \tag{6.44}$$

6.4 基于无源控制的航天器编队队形重构

6.4.1 基于互联和阻尼分配无源性的控制方法

与传统的基于卡西米尔的控制方法一样，能量整形-耗散方法的一个主要缺点是 PDE 的可解性，这也受到耗散障碍的阻碍。通过基于互联和阻尼分配无源性的控制（Interconnection and Damping Assignment Passivity-Based Control，IDA-PBC）方法，对能量整形-耗散方法进行了推广，从而避开了耗散障碍。

6.4.2 控制系统设计

对于一个端口哈密顿系统，基于互联和阻尼分配无源性控制的设计目标是获得以下形式的闭环系统

$$\dot{\boldsymbol{x}}=(\boldsymbol{J}_{\mathrm{d}}(x)-\boldsymbol{R}_{\mathrm{d}}(x))\nabla H_{\mathrm{d}}(x) \tag{6.45}$$

而对于轨迹追踪问题，Yaghmaei 提出了针对轨迹追踪的基于互联和阻尼分配无源性的跟踪控制（Traking Interconnection and Damping Assignment Passivity-Based Control，tIDA-PBC）方法[182]。

考虑一个端口哈密顿系统式(6.45)，式中 $\boldsymbol{J}_{\mathrm{d}}(x)$ 是一个斜对称矩阵[即 $\boldsymbol{J}_{\mathrm{d}}(x)=-\boldsymbol{J}_{\mathrm{d}}^{\mathrm{T}}(x)$]，$\boldsymbol{R}_{\mathrm{d}}(x)$ 是对于 x 的半正定矩阵，那么 $\mathbf{A}_{\mathrm{d}}=\boldsymbol{J}_{\mathrm{d}}-\boldsymbol{R}_{\mathrm{d}}$ 是一个 Hurwitz 矩阵。假设存在正常数 $0<\alpha_1<\alpha_2$ 使得 $H_{\mathrm{d}}(x,t)$ 满足条件 $\alpha_1\mathbf{I}\prec\nabla^2 H_{\mathrm{d}}(x,t)\prec\alpha_2\mathbf{I}$，$\forall x\in\dot{D}_0$，其中，$D_0$ 是 $\mathbb{R}^n$ 的开子集。如果矩阵(6.46)在某个正常数的虚轴上没有特征值，那么系统式(6.45)在 D_0 的开子集上是收缩的。

$$\boldsymbol{N}=\begin{bmatrix}\boldsymbol{A}_{\mathrm{d}} & \eta\boldsymbol{A}_{\mathrm{d}}\boldsymbol{A}_{\mathrm{d}}^{\mathrm{T}}\\ -(\eta+\in)\mathbf{I} & -\boldsymbol{A}_{\mathrm{d}}^{\mathrm{T}}\end{bmatrix} \tag{6.46}$$

式中，$\eta\triangleq1-\dfrac{\alpha_1}{\alpha_2}$。

对于满足以上条件的系统，如果匹配方程式(6.47)成立，即

$$\boldsymbol{g}^{\perp}(x)((\boldsymbol{J}(x)-\boldsymbol{R}(\boldsymbol{x}))\nabla H(x))=\boldsymbol{g}^{\perp}(x)((\boldsymbol{J}_{\mathrm{d}}(x)-\boldsymbol{R}_{\mathrm{d}}(x))\nabla H_{\mathrm{d}}(x)) \tag{6.47}$$

式中，$\boldsymbol{g}^{\perp}$ 是 $\boldsymbol{g}$ 的满秩左零化矩阵。

那么对于满足方程式(6.48)的可行轨迹 $\boldsymbol{x}^{\star}(t)$ 有

$$(\boldsymbol{J}_{\mathrm{d}}-\boldsymbol{R}_{\mathrm{d}})\nabla H_{\mathrm{d}}(\boldsymbol{x},\boldsymbol{x}^{\star}(t))\big|_{\boldsymbol{x}^{\star}(t)}=\dot{\boldsymbol{x}}^{\star}(t) \tag{6.48}$$

存在控制器

$$\boldsymbol{u}=(\boldsymbol{g}^{\mathrm{T}}(x)\boldsymbol{g}(x))^{-1}\boldsymbol{g}^{\mathrm{T}}(x)((\boldsymbol{J}_{\mathrm{d}}(x)-\boldsymbol{R}_{\mathrm{d}}(x))\nabla H_{\mathrm{d}}(x)-(\boldsymbol{J}(x)-\boldsymbol{R}(x))\nabla H(x)) \tag{6.49}$$

可以将系统稳定在平衡点 $\boldsymbol{x}^{\star}$ 处，形成的闭环系统形式为

$$\dot{\boldsymbol{x}}=(\boldsymbol{J}_{\mathrm{d}}(x)-\boldsymbol{R}_{\mathrm{d}}(x))\nabla H_{\mathrm{d}}(x) \tag{6.50}$$

6.4.3 近地轨道航天器编队控制

将相对运动动力学的解析解应用于轨迹设计的定义中，简化未扰动 HCW 方程的自由力解，为近圆轨道编队设计提供参考轨迹。跟随航天器 s_j 消除长期漂移项的影响后的周期性轨迹解析解为

$$\boldsymbol{r}_{\mathrm{ref}}(t)=\begin{bmatrix}x_j(t)\\y_j(t)\\z_j(t)\end{bmatrix}=\begin{bmatrix}c_{1j}\cos(n_0t+\alpha_{0j})\\-2c_{1j}\sin(n_0t+\alpha_{0j})+c_{2j}\\c_{3j}\cos(n_0t+\beta_{0j})\end{bmatrix}$$

$$\dot{\boldsymbol{r}}_{\mathrm{ref}}(t)=\begin{bmatrix}-c_{1j}n_0\sin(n_0t+\alpha_{0j})\\-2c_{1j}n_0\cos(n_0t+\alpha_{0j})\\-c_{3j}n_0\sin(n_0t+\beta_{0j})\end{bmatrix}$$

式中，α_{0j} 和 β_{0j} 是通常相等的面内和面外相角，参数 c_{1j}、c_{2j} 和 c_{3j} 是确定轨迹构型的积分常数。在 PCO 编队构型中，可取 $c_{1j}=d_{\mathrm{ref}}/2$，$c_{2j}=0$，$c_{3j}=d_{\mathrm{ref}}$，$d_{\mathrm{ref}}=\sqrt{y_j^2+z_j^2}$。

轨道参数设置如表 6.1 所示。

表 6.1 仿真轨道参数

参数	数值
r_0	6778.137km
e	0
i	60°
w	90°
Ω	0°
v	0°

对于系统式(6.27)，设计闭环系统互联矩阵和耗散矩阵形式为

$$\boldsymbol{J}_{\mathrm{d}}=\begin{bmatrix}\boldsymbol{0}_{3\times3} & \mathbf{I}_{3\times3}\\-\mathbf{I}_{3\times3} & \widetilde{\boldsymbol{A}}_{22}\end{bmatrix}$$

$$\boldsymbol{R}_{\mathrm{d}}=\begin{bmatrix}\boldsymbol{0}_{3\times3} & \boldsymbol{0}_{3\times3}\\\boldsymbol{0}_{3\times3} & \widetilde{\boldsymbol{R}}\end{bmatrix},\quad \widetilde{\boldsymbol{R}}>0$$

参数 $\widetilde{\boldsymbol{A}}_{22}=\begin{bmatrix}0 & -2.11 & 0\\ 2.11 & 0 & 1.47\\ 0 & -1.47 & 0\end{bmatrix}$，$\widetilde{\boldsymbol{R}}=\begin{bmatrix}3.44 & 2.11 & 0\\ 2.11 & 20 & 2.53\\ 0 & 2.53 & 50\end{bmatrix}$，$\boldsymbol{K}_j=\mathrm{diag}(15,15,10)$。

闭环系统哈密顿函数形式为

$$H_{\mathrm{d}}=\frac{1}{2}\boldsymbol{p}_j^{\mathrm{T}}\boldsymbol{p}_j-\frac{1}{2}\boldsymbol{p}_j^{\mathrm{T}}(\boldsymbol{S}(\dot{\theta})(\boldsymbol{q}_j+\boldsymbol{q}_0)+[\dot{\boldsymbol{r}}_0,\quad 0,\quad 0]^{\mathrm{T}})$$
$$+\frac{1}{2}(\boldsymbol{q}_j-\boldsymbol{L}_j)^{\mathrm{T}}\boldsymbol{K}_j(\boldsymbol{q}_j-\boldsymbol{L}_j),\quad \boldsymbol{K}_j>0$$

其中，$\boldsymbol{L}_j$ 需满足式(6.48)。

得到控制器形式为

$$\boldsymbol{u}_j=-\boldsymbol{K}_j(\boldsymbol{q}_j-\boldsymbol{L}_j)+(\widetilde{\boldsymbol{A}}_{22}-\widetilde{\boldsymbol{R}})\boldsymbol{p}_j-\boldsymbol{S}^{\mathrm{T}}(\dot{\theta})\boldsymbol{p}_j+\frac{\mu}{r_j^3}(\boldsymbol{q}_j+\boldsymbol{q}_0)$$
$$+\frac{3\mu J_2R_{\mathrm{e}}^2}{2r_j^7}[-5\varphi_z^2(\boldsymbol{q}_j+\boldsymbol{q}_0)+2\varphi_z r_j^2\boldsymbol{\alpha}+r_j^2(\boldsymbol{q}_j+\boldsymbol{q}_0)]$$

式中，$\boldsymbol{\alpha}=[s_\theta s_i,\quad c_\theta c_i,\quad c_i]^{\mathrm{T}}$。

在数值仿真中，将领航航天器和跟随航天器分别设置在环形近地轨道(LEO)上，轨道高度 400km，轨道倾角为 60°，考虑 J_2 摄动，形成半径 2km 的 PCO 编队保持，其结果如图 6.3 所示。

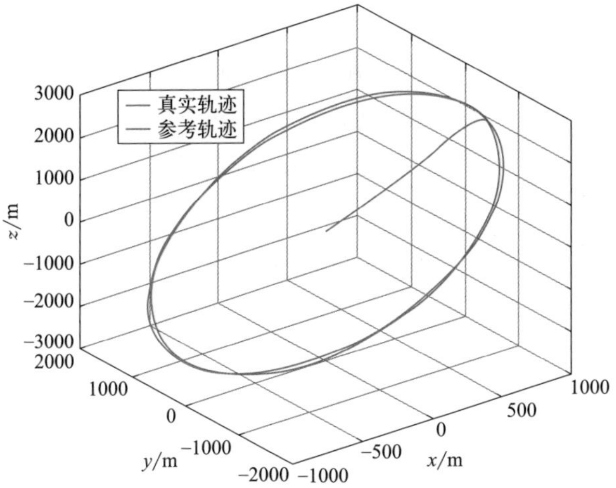

图 6.3 PCO 编队保持仿真图

6.4.4 日地 L2 点航天器编队控制

对于式(6.43)，设计闭环系统互联矩阵和耗散矩阵形式为

$$\boldsymbol{J}_{\mathrm{d}}=\begin{bmatrix}\mathbf{0}_{3\times 3} & \mathbf{I}_{3\times 3}\\ -\mathbf{I}_{3\times 3} & \mathbf{0}_{3\times 3}\end{bmatrix}$$

$$\boldsymbol{R}_{\mathrm{d}}=\begin{bmatrix}\mathbf{0}_{3\times 3} & \mathbf{0}_{3\times 3}\\ \mathbf{0}_{3\times 3} & \widetilde{\boldsymbol{R}}\end{bmatrix},\quad \widetilde{\boldsymbol{R}}>0$$

闭环哈密顿函数形式为

$$H_{\mathrm{d}}=\frac{1}{2}\boldsymbol{p}_j^{\mathrm{T}}\boldsymbol{p}_j+\boldsymbol{p}_j^{\mathrm{T}}\begin{bmatrix}\omega(y_0+y_j)-\dot{x}_0\\ -\omega(x_0+x_j)-\dot{y}_0\\ -\dot{z}_0\end{bmatrix}+\frac{1}{2}(\boldsymbol{q}_j-\boldsymbol{L}_j)^{\mathrm{T}}\boldsymbol{K}_j(\boldsymbol{q}_j-\boldsymbol{L}_j),\quad \boldsymbol{K}_j>0$$

通过设置，$\boldsymbol{L}_j$ 使闭环系统满足式(6.44)的要求。

那么得到控制器形式为

$$\boldsymbol{u}=(\boldsymbol{g}^{\mathrm{T}}(x)\boldsymbol{g}(x))^{-1}\boldsymbol{g}^{\mathrm{T}}(x)((\boldsymbol{J}_{\mathrm{d}}(x)-\boldsymbol{R}_{\mathrm{d}}(x))\nabla H_{\mathrm{d}}(x)-(\boldsymbol{J}(x)-\boldsymbol{R}(x))\nabla H(x)$$

为了验证端口哈密顿系统日地L2点编队控制算法的正确性和有效性，基于该动力学进行日地L2点航天器编队飞行的位置机动和保持数值仿真。

设领航航天器处于日地L2平动点附近的Lissajous参考轨道上，其他跟随航天器分别位于以领航航天器为中心的正方形的四个顶点上，如图6.4所示。仿真过程中将构成编队的正方形从原始边长5km扩大到10km，并最终保持位置稳定。

在日地旋转坐标系中，领航航天器初始位置状态设为

$$\boldsymbol{q}_0=\begin{bmatrix}87028.508409\\ -24739.513629\\ -229951.974656\end{bmatrix}\mathrm{km}$$

初始速度为

$$\dot{\boldsymbol{q}}_0=\begin{bmatrix}-8.985877\\ -121.605675\\ 9.457953\end{bmatrix}\mathrm{m/s}$$

由于四个航天器具有类似的情况，这里以跟随航天器 A 为例，跟随航天器 A 的初始和期望的相对速度均设为0，初始位置设置为 $\boldsymbol{q}_{jA}=[-2.5\sqrt{2}\quad 2.5\sqrt{2}\quad 0]^{\mathrm{T}}\mathrm{km}$，期望的相对位置为 $\boldsymbol{q}_{jAd}=[-5\sqrt{2}\quad 5\sqrt{2}\quad 0]^{\mathrm{T}}\mathrm{km}$，控制器中参数选择 $\widetilde{\boldsymbol{R}}=\begin{bmatrix}100 & 10.55 & 0\\ 10.55 & 100 & 12.65\\ 0 & 12.65 & 100\end{bmatrix}$，$\boldsymbol{K}_j=\mathrm{diag}(1.5,1.5,1)$，编队系统仿真结果如图6.5所示。

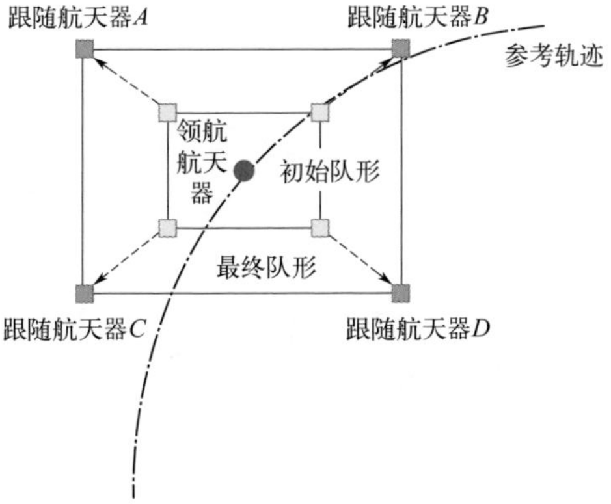

图 6.4　L2 点编队仿真示意图

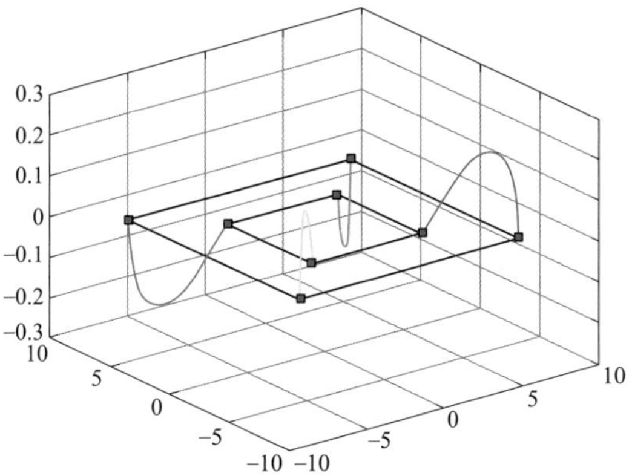

图 6.5　L2 点编队重构结果图

本 章 小 结

本章主要介绍了端口哈密顿系统以及航天器编队的端口哈密顿系统动力学建模和控制方法。针对航天器近地轨道飞行以及日地 L2 点飞行，分别建立了端口哈密顿动力学模型。设计了基于 tIDA-PBC 方法的控制器，并针对圆形 PCO 编队进行了仿真验证。仿真结果表明，该动力学模型避免了线性化，实现了较为精确的动力学建模，且该控制方法能够有效控制航天器相对位置。基于 tIDA-PBC 方法，对日地 L2 点的编队重构问题进行了仿真验证。仿真结果表明，该方法能够针对日地 L2 点端口哈密顿动力学模型实现控制，能够有效实现航天器在 L2 点的编队重构任务。

第 7 章

深空探测航天器编队自主相对导航

航天器编队飞行是一种复杂且需要高精度协调的空间任务，实现高精度的编队控制需要精确的相对导航技术，基于相对测量的自主相对导航技术是解决航天器编队高精度相对导航的主要技术手段。

相对导航是指通过测量两个航天器之间的距离、方位、相对位置和速度等信息来获取它们的相对运动状态。在实际应用中，通常使用雷达、激光雷达、光学相机或者其他传感器来实现相对测量。

相对测量的结果会通过航天器的导航系统进行处理和分析，以产生导航解算结果。这些结果再配合预定的编队飞行方案和反馈控制策略，用于指导和控制航天器的运动，使其能够按照预定的编队飞行方案进行飞行。

航天器编队的自主飞行有明显的优点，例如，减少对地面导航系统的依赖，提高编队飞行的自主性和精度，提高任务执行的效率和灵活性。然而，这种技术也面临着一些挑战，如相对测量设备的精度和稳定性，反馈控制系统的设计和实现，以及领航航天器的选择和备份等问题。但随着技术的不断发展和进步，这些问题都有望得到有效解决。

基于相对测量的航天器编队自主导航技术在未来的空间任务中将发挥越来越重要的作用。目前，已经有一些实际的空间任务开始尝试使用这种技术，随着技术的不断发展和改进，相信未来会有更多的空间任务采用这种技术。

7.1 航天器编队自主相对导航概述

航天器编队自主导航是一种在无人干预的情况下，通过航天器上搭载的设备和运行的算法，使航天器编队能够在轨自主地、精准地确定自身位置、姿态以及相对位置和姿态的技术。航天器确定自身绝对位置、姿态称为绝对导航，确定相对位置和姿态称为相对导航。

在深空探测中，航天器编队任务的执行面临着许多挑战。

① 通信延迟：随着航天器离地球越来越远，与地球之间的通信延迟时间也会增加，这对于需要实时控制的编队飞行来说是一个严重的挑战。因此，航天器需要具备自主导航和决策的能力，以处理可能的问题和任务。

② 能源限制：深空探测器的能源通常有限，需要在保证航天器正常运行的同时尽可能地节省能源。因此，航天器编队自主导航的算法和策略需要在有效性和能效之间进行平衡。

③ 环境不确定性：深空环境中有许多未知和不确定的因素，如小行星和尘埃，这些都可能影响航天器的导航。因此，航天器编队自主导航需要具备一定的环境

感知和适应能力。

④ 编队控制复杂性：航天器编队由多个航天器组成，需要进行精确的协同控制，以保证编队的稳定性和任务的完成。这对于导航算法和控制系统的设计提出了很高的要求。

总的来说，深空探测任务对航天器编队自主导航提出迫切需求，航天器编队自主导航是一个既复杂又充满挑战的技术领域，需要在理论研究和实际应用中不断探索和进步。

航天器编队自主导航技术对于提高航天器任务执行的灵活性、可靠性，降低运行成本，提高航天器编队的协同能力，以及应对突发情况等方面具有重要作用。

具体而言，在航天器编队飞行过程中，自主导航技术可以帮助航天器在长时间内不依赖地面控制系统的支持，仅通过星间测距、星光角距测量以及星间数据交换等获得信息，完成自身位置、姿态信息的解算，支撑编队的相对定位与构型维持，这将极大地提高任务执行的灵活性和可靠性，尤其是在一些对编队构型具有高精度要求的深空探测任务中，仅通过地面测控将难以完成任务，编队自主导航技术将不可或缺。同时，由于自主导航技术减少了对地面控制系统的依赖，可以降低地面系统的工作负担，从而节省运行成本。

当遭遇地面控制系统故障、通信链路中断等突发状况时，尤其是后者，在深空探测任务中出现的可能性非常大，这些情形同样要求航天器具备一定的自主导航能力，从而提高航天器在面临突发情况时的生存能力，确保任务的顺利完成。总而言之，航天器编队自主导航技术将为未来深空探索提供有力支撑，既可缓解深空任务存在的通信距离远、时延大、不稳定等问题，也为编队构型的高精度需求提供保证，从而能够执行更为复杂的任务。

7.2 基于相对测量的航天器编队自主导航

7.2.1 相对测量技术在编队自主导航中的应用

相对测量技术是航天器编队自主导航的关键技术之一，测量数据主要被用来估计航天器之间的相对位置和相对速度，从而确定航天器的运动状态和轨道。在实际操作中，通常使用雷达、激光测距仪、星敏感器等设备进行相对测量。这些设备可以提供高精度的距离和角度数据，从而使我们能够精确地估计航天器的相对位置关系。

在航天器编队自主导航中，相对测量技术被广泛应用。通过实时地测量和处理航天器之间的相对位置和速度数据，可以计算出航天器的运动轨迹，预测其未来的位置，从而实现精确的航天器控制。此外，相对测量数据还可以用于故障检测和故障恢复。例如，如果一个航天器的运动状态突然改变，我们可以通过比较它的相对位置和速度数据，快速地发现并处理这个问题。

尽管相对测量技术在航天器编队自主导航中发挥了重要作用，但它也面临着一些挑战。首先，测量误差是一个无法避免的问题，为了减小误差的影响，需要设计高效的数据处理算法，如滤波和数据融合等，以提高数据的精度和可靠性。其次，航天器的相对运动会导致测量数据不断变化，这对于数据处理和控制算法来说是一个挑战。为了解决这个问题，需要设计能够适应动态环境的算法，如基于预测模型的控制算法等。

在深空环境中，还需要考虑到各种可能的干扰因素，如太阳辐射、小行星和尘埃等，这需要在设计航天器和测量设备时，要有足够的防护措施。深空环境对航天器编队自主导航的影响主要体现在以下几个方面。

① 极端温度：深空环境的温度变化很大，可能会影响航天器上的设备和材料的性能，特别是对电子设备和测量设备的影响最大。

② 微重力：在深空环境中，航天器是在微重力或零重力的条件下飞行，这对航天器的运动控制和稳定性提出了很高的要求。

③ 高辐射环境：深空环境的辐射强度很高，可能会对航天器的电子设备造成损害，甚至可能导致设备的失效。

在深空环境中，实现航天器编队的自主飞行需要多个环节。首先，可以使用雷达、激光测距仪等设备进行相对测量。然后，可以利用航天器上的处理器和算法对测量数据进行处理，计算出航天器的运动状态和预测轨迹。最后，可以根据计算结果，控制航天器的推进器，进行精确的运动控制。在这个过程中，还需要考虑到深空环境的特殊性，如通信延迟、能源限制、环境不确定性等，并设计相应的解决方案。

在实际的深空探测任务中，航天器编队飞行技术已经得到了广泛的应用。例如，在 NASA 的"磁场和等离子体科学"(MMS)任务中，4 个航天器以编队飞行的方式，成功地对地球的磁层中进行了精密测量。在未来，随着技术的发展，我们期待看到更多的航天器编队自主导航的应用，如在火星、木星等行星探测任务中，甚至在更远的太阳系外探测任务中。

尽管航天器编队自主导航技术已经取得了很大的进步，但仍然需要不断地改进现有技术，并探索新的技术和方法。例如，可以进一步优化相对测量和数据处理算法，以提高数据的精度和可靠性；也可以探索新的测量设备和方法，如基于量子技术的测量设备，或基于机器学习的数据处理算法等。此外，还需要考虑如何更好地适应深空环境，如如何设计更耐辐射、更耐高温的设备，或如何设计更节能的控制策略等。

在深空探测任务中，航天器编队自主导航的安全性和可靠性至关重要。为了保证安全性，需要设计鲁棒的控制系统，以应对可能的故障和异常情况。还需要设计有效的故障检测和故障恢复机制，以及应急控制策略。为了保证可靠性，需要对航天器和设备进行严格的测试和验证，确保它们在深空环境中可以正常工作。此外，还需要通过冗余设计，提高系统的容错性。

7.2.2 基于相对测量的深空探测航天器编队自主相对导航

(1)相对导航技术框架

在近地轨道，基于相对距离测量的方法可以实现一对地球轨道主从航天器(即领航航天器与非领航航天器)之间可靠的相对导航。即使量测量较少，量测精度较低，滤波结果也能够收敛。这是由于滤波结果受到非线性的地球轨道相对运动方程的约束，其运动轨迹不仅要符合量测值，同时要符合相对运动方程的解，这样的强约束导致滤波结果容易收敛。而对于深空探测任务，主从航天器(本章以下内容中简称为主星与从星)之间的相对运动方程更接近线性，对滤波结果约束较弱，仅通过某一从星与主星之间测距进行相对导航的方法容易导致滤波误差发散，尤其当从星与主星距离较远时，可能会产生多组同时符合量测值与相对运动方程解的结果。传统的去中心化方法，结合所有从星的相对运动方程，每个从星都对全局状态信息进行估计，能够有效解决滤波误差容易发散的问题。但是在传统的去中心化方法中，当编队规模较大时，全局状态维度过高，每一次估计的计算量较大，因此，本节介绍一种仅采用局部测量信息的分布式导航方法，不仅具有较低的状态估计维度，同时可通过数据融合保持较高的估计精度[135]。

不失一般性，以一个 4 星编队为例介绍提出的分布式自主导航方法。在编队中两两之间存在测量关系，其示意图如图 7.1(a)所示。

本书主要研究航天器编队的相对导航问题，假设主星的状态信息已知。在此假设下，如果采用集中式方法，每颗星都要进行 18 维全局状态估计，且随着编队成员的增加，待估计状态数线性增加。针对此问题，提出了一种采用局部测量信息的导航方法，如图 7.1(b)～图 7.1(d)所示，每颗从星选择主星和另一颗从星组成三角量测构型，量测值为三颗星相互的测距值。由于主星的状态信息可视为已知量，故每次只需估计两颗从星的状态信息。在此模型中，每颗从星的状态信息都可能被估计多次，可采用信息融合方法获取最终状态信息。

在实际场景中，当存在更多的从星时，可采用如下策略进行量测构型生成：每

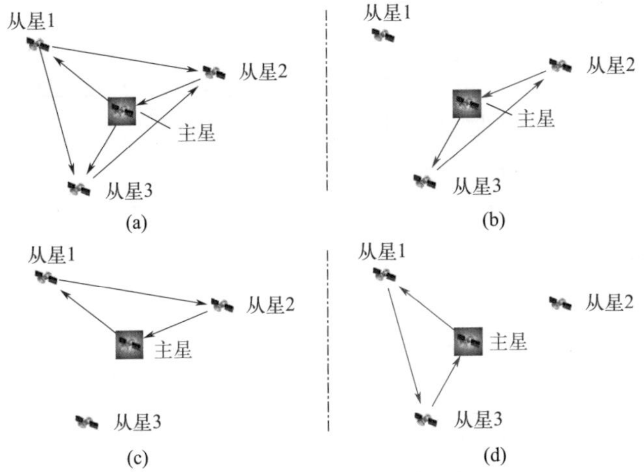

图 7.1 编队量测构型示意图

颗从星与自己最近的从星以及主星生成三角量测构型。如果两颗从星互相选择，则其中一颗选择其他从星生成量测构型。如从星 i 与从星 j 互为最近邻星，当从星 i 选择了从星 j 后，从星 j 则不能选择从星 i，只能选择离自己次近的从星 k。以上策略可以保证所有航天器都至少有一次状态估计。当完成滤波后，每颗从星收集关于自身的状态估计信息，如果信息组数大于或等于 2 组，则对多组信息进行融合，从而完成对自身状态的估计；如果某航天器收集的关于自身的信息组数小于 2 组，则该航天器在自身未选择的航天器中再选一颗最近的，生成量测构型，对自身再进行一次状态估计，从而得到 2 组估计值，进行信息融合。

本节的算法可总结如下：

步骤 1 通过通信协商形成三角测量划分，原则是各个航天器不选择重复的三角形；

步骤 2 根据测量构型，分别进行测量和状态估计；

步骤 3 对多组估计数据融合，得到最终结果；

步骤 4 与邻居的拓扑关系是否改变，如改变转到步骤 1，如未改变转到步骤 2。

以图 7.1 所示的构型为例，提出的航天器编队分布式自主导航的全部过程如图 7.2 所示。每颗从星都得到了多组状态估计，通过信息融合，可以得到每颗从星较高精度的状态估计。

(2)深空探测航天器编队相对运动模型

地球轨道航天器编队通常采用 C-W 方程作为相对运动方程。但是对于深空任务，C-W 方程通常不再适用。考虑到在深空任务中，主星和从星所处空间的引

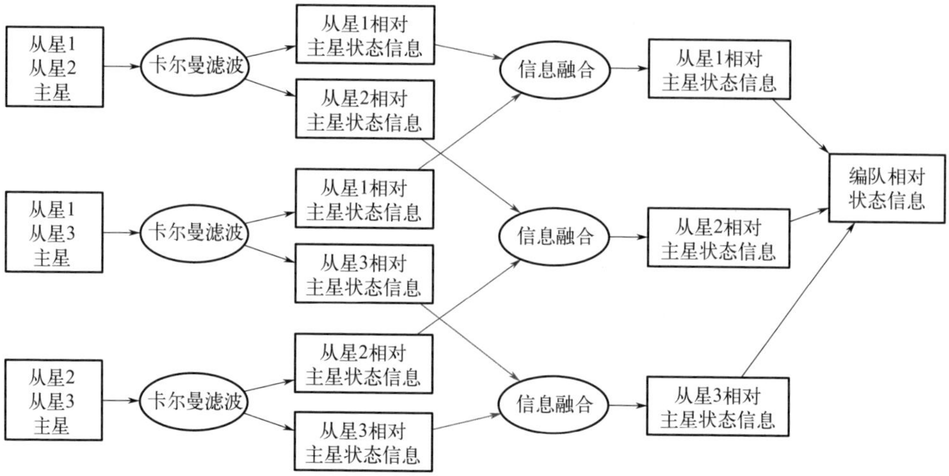

图 7.2 编队状态估计流程

力梯度较小，可假设编队间航天器的相对运动不受约束，只受牛顿第二定律的作用。

令从星 i 相对于主星的状态信息为

$$\boldsymbol{X}_i(k)=[x_i \quad y_i \quad z_i \quad \dot{x}_i \quad \dot{y}_i \quad \dot{z}_i]^{\mathrm{T}}, \quad i=1,2,3 \tag{7.1}$$

令间隔时间为 ΔT，受牛顿第二定律作用，短时相对匀速运动可描述为

$$\boldsymbol{X}_i(k+1)=\boldsymbol{\Phi}\boldsymbol{X}_i(k)+\boldsymbol{\Gamma}\boldsymbol{W}_i(k), \quad i=1,2,3 \tag{7.2}$$

式中，$\boldsymbol{W}_i(k)$ 为噪声序列；$\boldsymbol{\Phi}$ 与 $\boldsymbol{\Gamma}$ 为状态转移矩阵，可以表示为

$$\boldsymbol{\Phi}=\begin{bmatrix} \mathbf{I}_{3\times3} & \Delta T\,\mathbf{I}_{3\times3} \\ \mathbf{0}_{3\times3} & \mathbf{I}_{3\times3} \end{bmatrix} \tag{7.3}$$

$$\boldsymbol{\Gamma}=\begin{bmatrix} \dfrac{\Delta T^2}{2}\mathbf{I}_{3\times3} \\ \Delta T\,\mathbf{I}_{3\times3} \end{bmatrix} \tag{7.4}$$

式中，$\mathbf{I}_{3\times3}$ 为三阶单位阵。

令本体坐标系下从星 i 的转动速度为$\boldsymbol{\omega}_i$，主星的转动速度为$\boldsymbol{\omega}_{\mathrm{c}}$，则从星 i 相对于主星有

$$\boldsymbol{\omega}_i-\boldsymbol{M}_i\boldsymbol{\omega}_{\mathrm{c}}=\boldsymbol{R}_z(\psi_i)\boldsymbol{R}_y(\theta_i)\boldsymbol{R}_x(\phi_i)\begin{bmatrix}\dot{\phi}_i\\0\\0\end{bmatrix}+\boldsymbol{R}_z(\psi_i)\boldsymbol{R}_y(\theta_i)\begin{bmatrix}0\\\dot{\theta}_i\\0\end{bmatrix}+\boldsymbol{R}_z(\psi_i)\begin{bmatrix}0\\0\\\dot{\psi}_i\end{bmatrix} \tag{7.5}$$

式中，ϕ_i、θ_i、ψ_i 为从星 i 相对于主星本体坐标系的三轴欧拉角；$\dot{\phi}_i$、$\dot{\theta}_i$、$\dot{\psi}_i$ 为三轴欧拉角速率；$\boldsymbol{R}_z(\psi_i)$、$\boldsymbol{R}_y(\theta_i)$、$\boldsymbol{R}_x(\phi_i)$为相应的姿态矩阵。

矩阵$\boldsymbol{M}_i$ 为

$$\boldsymbol{M}_i=\boldsymbol{R}_z(\psi_i)\boldsymbol{R}_y(\theta_i)\boldsymbol{R}_x(\phi_i) \tag{7.6}$$

根据式(7.5)和式(7.6)可以得到从星 i 相对于主星的欧拉角速度为

$$\begin{bmatrix}\dot{\phi}_i\\ \dot{\theta}_i\\ \dot{\psi}_i\end{bmatrix}=\boldsymbol{f}(\phi_i,\theta_i,\psi_i)\cdot(\boldsymbol{\omega}_i-\boldsymbol{M}_i\boldsymbol{\omega}_c) \tag{7.7}$$

式中，$\boldsymbol{f}(\phi_i,\theta_i,\psi_i)$是与从星 i 相对于主星本体坐标系的欧拉角相关的矩阵，可由式(7.5)求得。

(3)航天器编队相对量测模型

量测模型的示意图如图 7.3 所示，每两颗航天器之间通过收发天线进行测距，结合天线的本体系安装位置，可以建立量测方程。

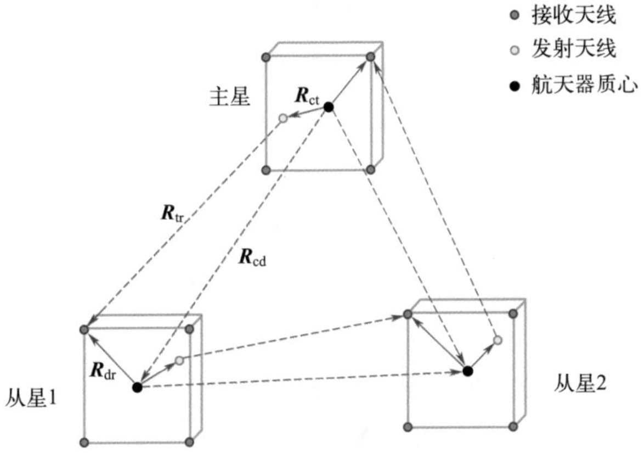

图 7.3　量测模型示意图

图中，$\boldsymbol{R}_{cd}$ 为惯性系下从星 1 相对于主星的位置；$\boldsymbol{R}_{ct}$ 为主星本体系下发射天线的安装位置；$\boldsymbol{R}_{dr}$ 为从星 1 本体系下某一接收天线的安装位置；$\boldsymbol{R}_{tr}$ 为从星接收天线与主星发射天线在主星本体坐标系的距离矢量。

量测量为发射天线与接收天线之间的距离，可以得到量测量为

$$|\boldsymbol{R}_{tr}|=\|-\boldsymbol{R}_{ct}+\boldsymbol{M}_{ci}\boldsymbol{R}_{cd}+\boldsymbol{M}_{cd}\boldsymbol{R}_{dr}\|_2 \tag{7.8}$$

式中，$\boldsymbol{M}_{ci}$ 为主星相对于惯性系的姿态矩阵；$\boldsymbol{M}_{cd}$ 为主星相对于从星的姿态矩阵。

其余量测量计算方式同理，不同航天器间相对的姿态矩阵可通过转换计算得到。量测量可用下式描述：

$$\boldsymbol{Z}=\boldsymbol{h}(\boldsymbol{X}_{\text{form}},\boldsymbol{\phi}_{\text{form}},\boldsymbol{\theta}_{\text{form}},\boldsymbol{\psi}_{\text{form}})+\boldsymbol{V} \tag{7.9}$$

式中，$\boldsymbol{X}_{\text{form}}$ 为构成量测几何中的 2 颗从星状态信息；$\boldsymbol{V}$ 为量测噪声；$\boldsymbol{h}(\cdot)$为量测方程；$\boldsymbol{\phi}_{\text{form}}$、$\boldsymbol{\theta}_{\text{form}}$、$\boldsymbol{\psi}_{\text{form}}$ 分别为构成量测几何中的 3 颗航天器姿态角信息。

(4)导航算法具体实施流程

根据惯性姿态已知的假设，将姿态角信息作为相对导航的输入量。令由从星 1、从星 2、主星组成的编队状态为

$$\boldsymbol{X}_{12}(k)=\begin{bmatrix}\boldsymbol{X}_1(k)\\ \boldsymbol{X}_2(k)\end{bmatrix} \tag{7.10}$$

式中，$\boldsymbol{X}_1(k)$与 $\boldsymbol{X}_2(k)$如式(7.1)所示。由式(7.2)得到编队的运动学方程为

$$\boldsymbol{X}_{12}(k+1)=\begin{bmatrix}\boldsymbol{\Phi} & \boldsymbol{0}\\ \boldsymbol{0} & \boldsymbol{\Phi}\end{bmatrix}\boldsymbol{X}_{12}(k)+\begin{bmatrix}\boldsymbol{\Gamma} & \boldsymbol{0}\\ \boldsymbol{0} & \boldsymbol{\Gamma}\end{bmatrix}\boldsymbol{W}_{12}(k) \tag{7.11}$$

式中，$\boldsymbol{W}_{12}$ 为从星 1 和从星 2 运动中的过程噪声。

令编队中的航天器姿态矩阵为$\boldsymbol{M}_{1i}$、$\boldsymbol{M}_{2i}$、$\boldsymbol{M}_{ci}$，分别代表从星 1、从星 2 和主星的本体坐标系相对于惯性系的姿态。由$\boldsymbol{M}_{1i}$、$\boldsymbol{M}_{2i}$、$\boldsymbol{M}_{ci}$ 可以得到

$$\begin{cases}\boldsymbol{M}_{21}=\boldsymbol{M}_{2i}\boldsymbol{M}_{1i}^{\mathrm{T}}\\ \boldsymbol{M}_{1\mathrm{c}}=\boldsymbol{M}_{1i}\boldsymbol{M}_{ci}^{\mathrm{T}}\\ \boldsymbol{M}_{2\mathrm{c}}=\boldsymbol{M}_{2i}\boldsymbol{M}_{ci}^{\mathrm{T}}\end{cases} \tag{7.12}$$

式中，$\boldsymbol{M}_{21}$ 为从星 2 本体系相对于从星 1 本体系的姿态矩阵；$\boldsymbol{M}_{1\mathrm{c}}$ 为从星 1 本体系相对于主星本体系的姿态矩阵；$\boldsymbol{M}_{2\mathrm{c}}$ 为从星 2 本体系相对于主星本体系的姿态矩阵。

结合式(7.9)，编队的量测方程可以表示为

$$\boldsymbol{Z}_{12}=\boldsymbol{h}(\boldsymbol{X}_{12},\boldsymbol{M}_{1i},\boldsymbol{M}_{2i},\boldsymbol{M}_{ci})+\boldsymbol{V}_{12} \tag{7.13}$$

式中，$\boldsymbol{V}_{12}$ 为从星 1、从星 2 和主星组成编队的量测噪声。

无迹卡尔曼滤波(UKF)算法在处理非线性模型时精度更高，计算量更小。每一组编队都通过对式(7.11)和式(7.12)采用 UKF 算法进行状态估计。计算结束后，每颗从星都有 2 组估计值。令由从星 1、从星 2、主星组成的编队中，第 k 步估计误差均方差阵为 $\boldsymbol{P}_{12}$，从星 1 的状态估计值为$\hat{\boldsymbol{X}}_{12}^{1}$；令由从星 1、从星 3、主星组成的编队中，第 k 步估计误差均方差阵为 $\boldsymbol{P}_{13}$，从星 1 的状态估计值为$\hat{\boldsymbol{X}}_{13}^{1}$。$\boldsymbol{P}_{12}$、$\boldsymbol{P}_{13}$ 可写为

$$\boldsymbol{P}_{12}=\begin{bmatrix}\boldsymbol{P}_{12}^{xx} & \boldsymbol{P}_{12}^{xy}\\ \boldsymbol{P}_{12}^{yx} & \boldsymbol{P}_{12}^{yy}\end{bmatrix} \tag{7.14}$$

$$\boldsymbol{P}_{13}=\begin{bmatrix}\boldsymbol{P}_{13}^{xx} & \boldsymbol{P}_{13}^{xy}\\ \boldsymbol{P}_{13}^{yx} & \boldsymbol{P}_{13}^{yy}\end{bmatrix} \tag{7.15}$$

设计信息融合方式为

$$\begin{cases}\hat{\boldsymbol{X}}_1^{--}(k)=\boldsymbol{\Phi}\hat{\boldsymbol{X}}_1(k-1)\\ \boldsymbol{P}_1^{--}(k)=\boldsymbol{\Phi}\boldsymbol{P}_1(k-1)\boldsymbol{\Phi}^{\mathrm{T}}+\boldsymbol{\Gamma}\boldsymbol{Q}_1\boldsymbol{\Gamma}^{\mathrm{T}}\\ \boldsymbol{K}_1=\boldsymbol{P}_1^{--}(k)(\boldsymbol{P}_{12}^{xx}+\boldsymbol{P}_1^{--}(k))^{-1}\\ \hat{\boldsymbol{X}}_1^{-}(k)=\hat{\boldsymbol{X}}_1^{--}(k)+\boldsymbol{K}_1(\hat{\boldsymbol{X}}_{12}^{1}-\hat{\boldsymbol{X}}_1^{--}(k))\\ \boldsymbol{P}_1^{-}(k)=(\mathbf{I}-\boldsymbol{K}_1)\boldsymbol{P}_1^{--}(k)\\ \boldsymbol{K}_2=\boldsymbol{P}_1^{-}(k)(\boldsymbol{P}_{13}^{xx}+\boldsymbol{P}_1^{-}(k))^{-1}\\ \hat{\boldsymbol{X}}_1(k)=\hat{\boldsymbol{X}}_1^{-}(k)+\boldsymbol{K}_2(\hat{\boldsymbol{X}}_{13}^{1}-\hat{\boldsymbol{X}}_1^{-}(k))\\ \boldsymbol{P}_1(k)=(\mathbf{I}-\boldsymbol{K}_2)\boldsymbol{P}_1^{-}(k)\end{cases} \tag{7.16}$$

式中，$\hat{\boldsymbol{X}}_1$ 为主滤波器中的滤波结果。$\boldsymbol{Q}_1$ 的表达式为

$$E\left[\boldsymbol{W}_1\boldsymbol{W}_1^{\mathrm{T}}\right]=\boldsymbol{Q}_1\delta \tag{7.17}$$

从星 1 的整个滤波过程可以用图 7.4 流程图表示。从星 2 和从星 3 的计算过程与从星 1 相同。

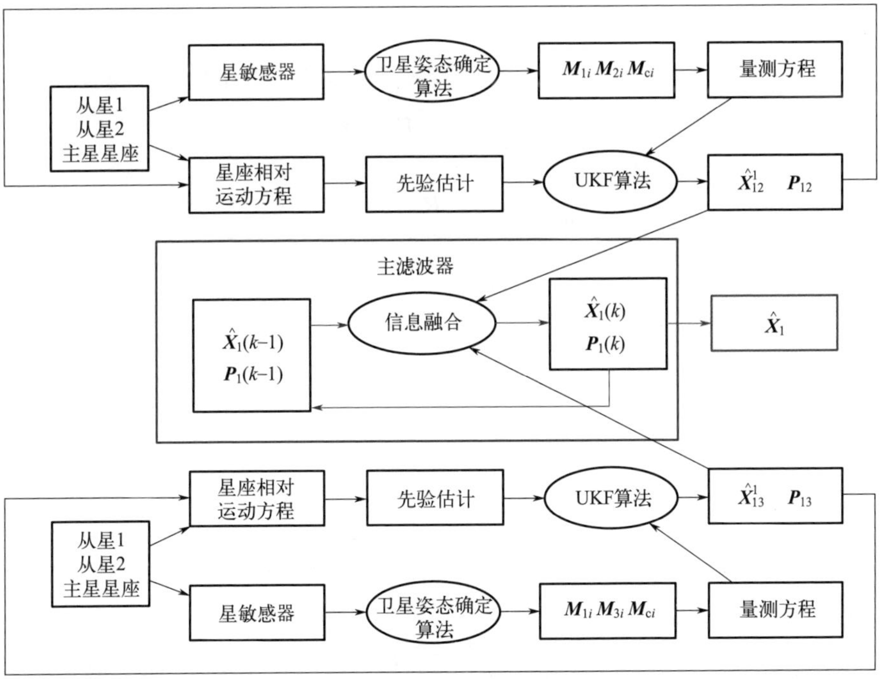

图 7.4　从星 1 滤波算法流程图

7.3 航天器编队相对导航仿真分析

7.3.1 深空探测仿真场景想定

在仿真实验与分析中，将过程噪声设为 $1\mathrm{mm/s^2}(1\sigma)$，三轴姿态角估计精度设置为 $10''(1\sigma)$，分别将量测噪声设置为 $5\mathrm{mm}(1\sigma)$ 和 $1\mathrm{mm}(1\sigma)$。仿真中滤波周期为 1s，共仿真 10000 个步长。同时，令天线安装示意图如图 7.5 所示。

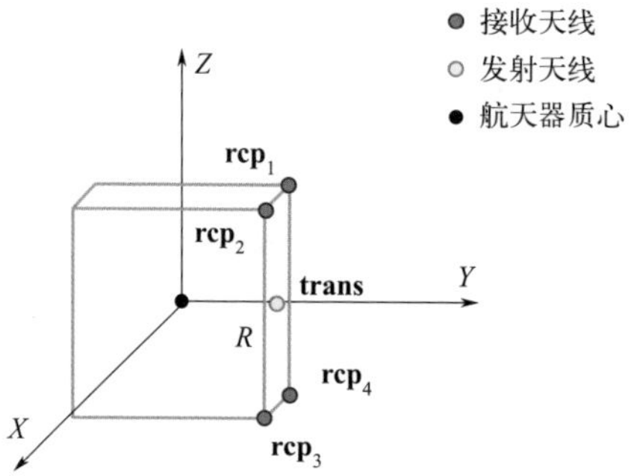

图 7.5 天线安装示意图

令卫星模型为立方体，边长为 R，则接收天线在本体系下的安装位置分别为

$$\begin{cases} \mathbf{rcp}_1 = \begin{bmatrix} -\dfrac{R}{2} & \dfrac{R}{2} & \dfrac{R}{2} \end{bmatrix}^{\mathrm{T}} \\ \mathbf{rcp}_2 = \begin{bmatrix} \dfrac{R}{2} & \dfrac{R}{2} & \dfrac{R}{2} \end{bmatrix}^{\mathrm{T}} \\ \mathbf{rcp}_3 = \begin{bmatrix} \dfrac{R}{2} & \dfrac{R}{2} & -\dfrac{R}{2} \end{bmatrix}^{\mathrm{T}} \\ \mathbf{rcp}_4 = \begin{bmatrix} -\dfrac{R}{2} & \dfrac{R}{2} & -\dfrac{R}{2} \end{bmatrix}^{\mathrm{T}} \end{cases} \tag{7.18}$$

发射天线在本体系下的安装位置为

$$\mathbf{trans} = \begin{bmatrix} 0 & \dfrac{R}{2} & 0 \end{bmatrix}^{\mathrm{T}} \tag{7.19}$$

在仿真分析时，通过改变 R 的值，可以研究基线距离对相对导航精度的影响。同时，通过减少接收天线数量，可以研究量测值数量对相对导航精度的影响。

在静态条件下，当航天器的惯性姿态已知时，在式(7.8)中，唯一的未知项为三维列向量 $\boldsymbol{R}_{\mathrm{cd}}$，因此求解该三维向量至少需要 3 个量测值。而在本书使用的量测构型中，静态条件下共有两个航天器共六维未知项,因此,至少需要 6 个量测值。即在量测构型的编队中,每两颗航天器之间只要有 2 个量测值,就可以实现静态条件下的相对位置确定。因此,在以下仿真分析中选择航天器两两间产生的量测值个数大于 2。

在仿真中分别令主星、从星 1、从星 2、从星 3 的旋转角速度为

$$\begin{cases}\boldsymbol{\omega}_c=[-0.002\text{rad/s} \quad 0.001\text{rad/s} \quad 0.001\text{rad/s}]^T \\ \boldsymbol{\omega}_1=[0.005\text{rad/s} \quad 0.004\text{rad/s} \quad 0.003\text{rad/s}]^T \\ \boldsymbol{\omega}_2=[0.002\text{rad/s} \quad -0.001\text{rad/s} \quad 0.002\text{rad/s}]^T \\ \boldsymbol{\omega}_3=[0.001\text{rad/s} \quad 0.001\text{rad/s} \quad 0.003\text{rad/s}]^T\end{cases} \tag{7.20}$$

令从星 1、从星 2、从星 3 相对于主星的位置速度初始值为

$$\begin{cases}\boldsymbol{X}_1=[-200\text{m} \quad -300\text{m} \quad -300\text{m} \quad 0.1\text{m/s} \quad 0 \quad 0]^T \\ \boldsymbol{X}_2=[-300\text{m} \quad -200\text{m} \quad -300\text{m} \quad 0 \quad 0.1\text{m/s} \quad 0]^T \\ \boldsymbol{X}_3=[-300\text{m} \quad -300\text{m} \quad -250\text{m} \quad 0 \quad 0 \quad 0.05\text{m/s}]^T\end{cases} \tag{7.21}$$

仿真中令初始位置误差为 5m,初始速度误差为 0.01m/s。

7.3.2 仿真实验结果

令量测精度为 1mm(1σ),R 为 12m,每个航天器安装 4 根接收天线,每两颗卫星之间产生 8 个量测量,滤波结果和局部放大图如图 7.6 所示。由图 7.6 可以得

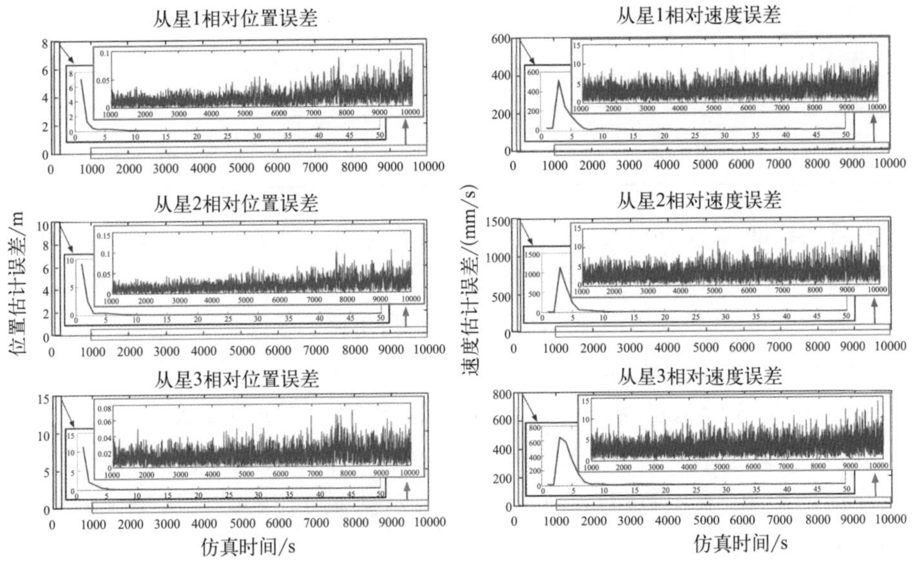

图 7.6　量测噪声 1mm 时的从星估计误差

到，位置估计误差大约为 0.05m，速度估计误差约为 5mm/s。随着时间增加，由于航天器之间的距离增加，滤波精度下降。

在实际编队中，航天器之间的距离通常保持在 100～1000m。仿真中，在初始相对速度与噪声的影响下，航天器间的距离变化如图 7.7 所示。

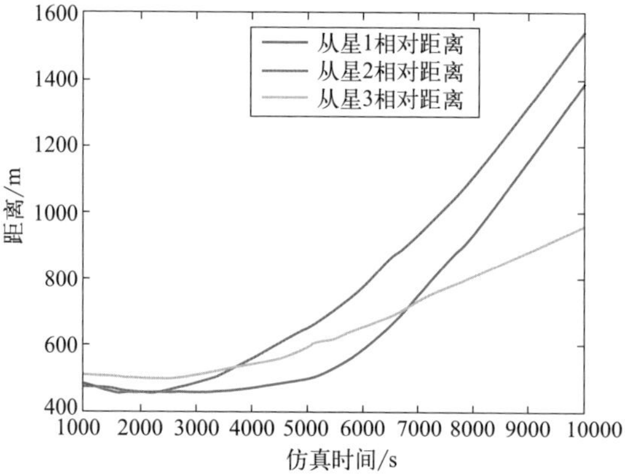

图 7.7 从星与主星间的距离变化

第 10000 个仿真步长时航天器间的距离如表 7.1 所示。由表可以得到，仿真模型与实际编队情形相似，因此图中的滤波精度具有参考价值。

表 7.1 第 10000 个仿真步长时航天器间距

	主星	从星 1	从星 2	从星 3
主星	—	1389m	1543m	957m
从星 1		—	2513m	1237m
从星 2			—	2421m
从星 3	957m			—

令量测精度为 5mm(1σ)，每个航天器安装 4 根接收天线，滤波结果和局部放大图如图 7.8 所示。由图 7.8 可以得到，位置估计误差大约为 0.1m，速度估计误差大约为 10mm/s，相较于图 7.7，滤波精度有所下降。

分别在 1mm(1σ)和 5mm(1σ)量测精度下，设置不同的天线距离与不同数量的接收天线，3 颗从星相对位置估计的估计均方差分别如表 7.2、表 7.3 和图 7.9、图 7.10 所示，其中 DN 表示每两颗航天器之间的量测值个数，R 表示天线之间的距离，表中数组(a，b，c)分别表示从星 1、从星 2、从星 3 的位置估计均方差。

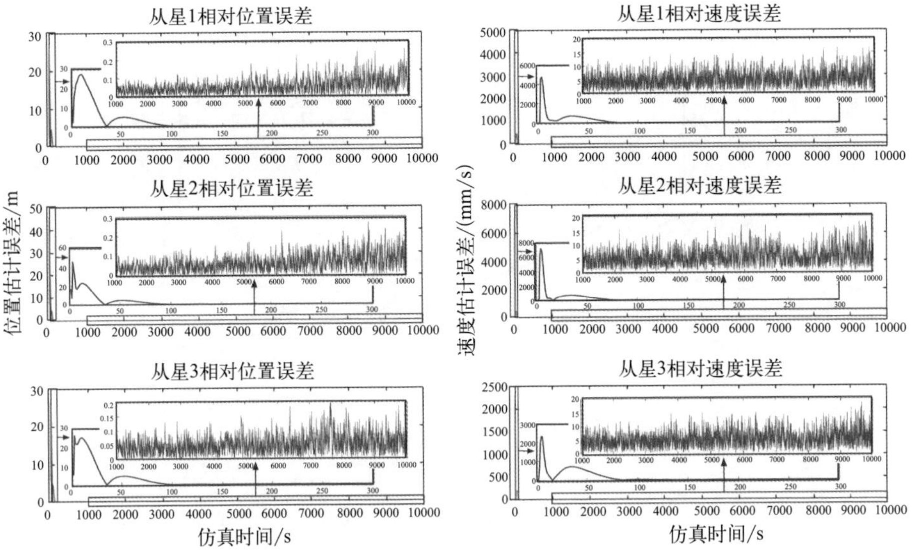

图 7.8　量测噪声 5mm 时的从星估计误差

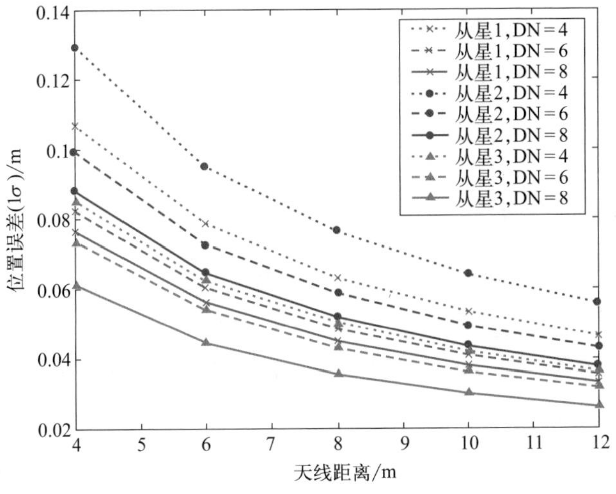

图 7.9　量测噪声 1mm 时位置估计均方差曲线

表 7.2　量测噪声 1mm 时位置估计均方差　　单位：m

DN	*R*=4m	*R*=6m	*R*=8m	*R*=12m
DN=4	(0.107,0.129,0.085)	(0.079,0.095,0.062)	(0.063,0.076,0.050)	(0.046,0.056,0.036)
DN=6	(0.082,0.099,0.073)	(0.060,0.073,0.054)	(0.048,0.058,0.043)	(0.035,0.043,0.031)
DN=8	(0.076,0.088,0.061)	(0.056,0.064,0.044)	(0.045,0.052,0.036)	(0.033,0.038,0.026)

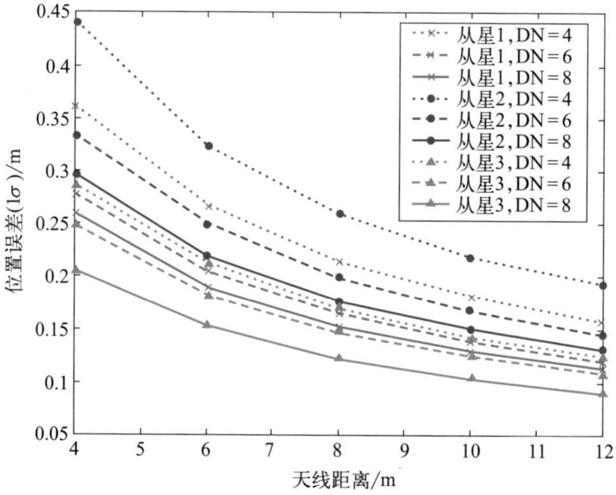

图 7.10 量测噪声 5mm 时位置估计均方差曲线

表 7.3 量测噪声 5mm 时位置估计均方差 单位:m

DN	R=4m	R=6m	R=8m	R=12m
DN=4	(0.362,0.440,0.287)	(0.266,0.323,0.211)	(0.214,0.259,0.170)	(0.158,0.190,0.125)
DN=6	(0.277,0.335,0.248)	(0.204,0.246,0.183)	(0.164,0.198,0.147)	(0.121,0.146,0.108)
DN=8	(0.258,0.297,0.206)	(0.190,0.218,0.151)	(0.153,0.176,0.122)	(0.112,0.129,0.089)

7.3.3 实验结果分析

从仿真结果可以看出,随着编队中航天器间的量测数据增加,航天器上测量点间基线距离增加,滤波精度将会提高,同时量测精度直接影响状态估计精度。

在本章的仿真条件下,当编队规模在 1km 以内,量测精度达到 1mm(1σ)时,相位位置估计的均方误差通常可以达到厘米量级。当量测精度为 5mm(1σ)时,相对位置估计的均方误差通常在 0.1~0.3m。同时,对大量仿真数据进行分析得到,接收天线间的距离 R 与量测值量测精度为滤波误差的可解耦项。其余条件保持不变,仅改变接收天线间的距离 R,可以得到表 7.4 所示结果。

表 7.4 不同天线距离下的滤波误差比例

R/m	1	2	4	6	8	10	12
n_1	1	0.592	0.349	0.257	0.206	0.174	0.151

表 7.4 中,n_1 为相应 R 值下的滤波误差与 R 值为 1m 下的滤波误差的比值。

通过拟合，可以得到

$$n_1=\left(\frac{1}{R}\right)^{0.76} \tag{7.22}$$

表 7.4 中的原始数据和拟合数据的曲线如图 7.11 所示。

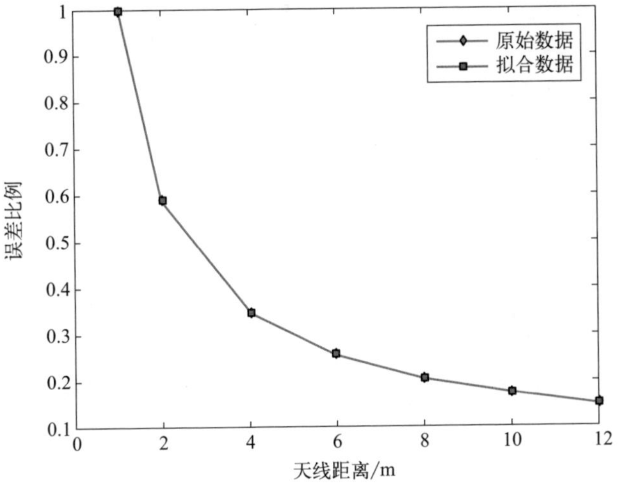

图 7.11　滤波误差与天线距离的关系拟合图

其余条件保持不变，仅改变量测精度，可以得到表 7.5 所示结果。

表 7.5　不同量测噪声下的滤波误差比例

σ/mm	1	5	10	15	20	30
n_2	1	3.42	5.76	7.82	9.71	13.17

表 7.5 中，σ 为量测噪声标准差，n_2 为相应 σ 值下的滤波误差与 σ 值为 1mm 下的滤波误差的比值。通过拟合，可以得到

$$n_2=\sigma^{0.76} \tag{7.23}$$

表 7.5 中的原始数据和拟合数据的曲线如图 7.12 所示。

联立式(7.22)和式(7.23)，可以得到滤波误差同天线距离 R 及量测噪声的标准差 σ 之间的关系为

$$\varepsilon=F(\text{others})\left(\frac{\sigma}{R}\right)^{0.76} \tag{7.24}$$

式中，ε 为估计误差；$F(\text{others})$ 为与其他项（如卫星运动状态，天线数量等）有关的数值。

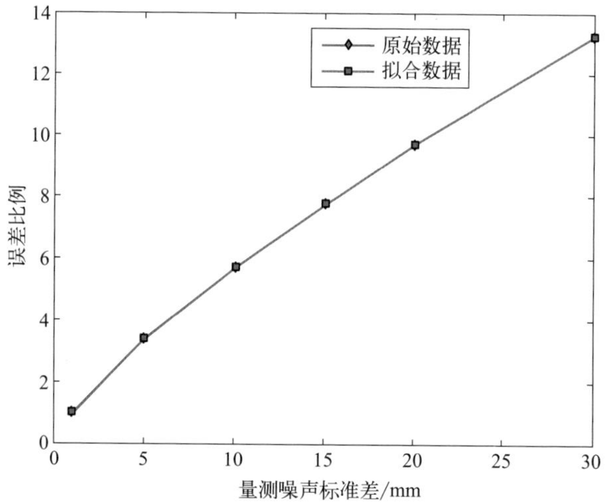

图 7.12　滤波误差与量测噪声的关系拟合图

通过式(7.24)可以快速求出在其他项不变时，不同量测精度及不同天线距离下的估计误差。

本章小结

航天器编队自主导航技术对于完成深空探测航天器任务具有重要作用。本章介绍了仅通过航天器编队之间的相对距离测量，实现高精度的编队自主相对导航的方法。具体地，介绍了一种基于局部测量信息的分布式自主导航方法，通过生成测量构型、滤波、融合三个步骤来确定从星相对于主星的状态信息。只采用局部测量信息降低了估计状态的维度，提高了计算效率，同时通过信息的融合提高状态估计的精度。本章还对影响相对导航精度的因素进行了研究分析，得到以下结论：

① 量测值的数量越多，滤波误差越小，相对导航精度越高。但误差的下限值受多方面因素影响，当每对航天器间的测量值大于 4 个时，对于精度的提升效果不明显，因此，使用本方法进行相对导航时，建议安装 4 个接收天线。

② 在相同安装构型下，接收天线间的距离越远，即测量点间的基线越大，会有更高的相对导航精度，基线距离为滤波误差的可解耦项，本章给出了拟合经验公式。

③ 随着编队中航天器的距离增加，相对导航精度将会下降。当航天器之间的距离在 500m 以内时，通常可以保持 0.01m(1σ)左右的位置估计误差；当航天器之

间的距离增加到 1000m 左右时，位置估计误差逐渐上升至 0.03m(1σ)。

④ 测距精度将直接影响最终的相对状态估计精度，测距精度为滤波误差的可解耦项，本章给出了拟合经验公式。

本章介绍了只使用航天器编队之间的相对距离测量实现自主导航的方法，事实上，一些相对测角技术也可以被用来进一步提升编队相对导航的精度，感兴趣的读者可开展相关研究与探索。

第 8 章

地面实验系统与仿真软件设计

航天器电磁编队中电磁力及电磁力矩与卫星的位置及姿态存在深度耦合，具有极强的非线性，尤其在实际系统存在噪声的情况下，目前建立的耦合模型并不能完全表征实际系统的特性，仅采用数字仿真的方式难以真正对实现电磁编队所采用的技术和方法进行检验验证。考虑到实际空间航天器电磁编队实验所花费的高昂代价，在地面建立半物理的实验系统并模拟电磁编队卫星运行环境，是一种现实可行的验证手段，可在一定范围内（二维空间）对电磁编队的动力学模型、控制方法、编队协同机制及协同控制方法进行仿真实验，以验证相关理论及方法的有效性和技术可行性。

本章主要介绍航天器电磁编队的地面实验系统设计和电磁仿真软件设计与分析。通过建立电磁编队地面仿真实验系统（图 8.1），可以方便地对电磁编队动力学与控制方法进行物理、半物理仿真分析与验证，为电磁编队飞行提供丰富的实验数据和决策依据，能够保证空间飞行任务的可靠性，以最大程度地降低飞行任务的风险和成本。

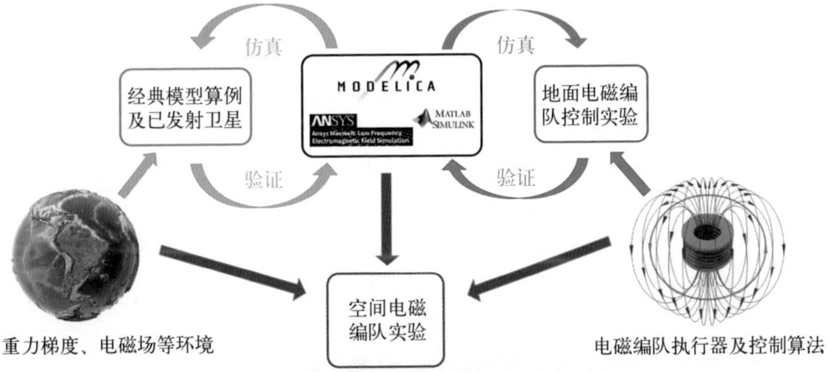

图 8.1 电磁编队地面实验系统示意图

8.1 地面实验系统软硬件设计

根据电磁编队地面实验需求，地面物理实验系统由卫星模拟器分系统、超导电磁线圈分系统、气浮平台分系统以及室内定位分系统组成。其中，花岗岩气浮平台是气浮高精度零重力模拟实验的基础，主要用于支撑卫星模拟器，减少由于卫星模拟器在基座上运动而产生的摩擦阻力，模拟卫星在空间的动力学环境。卫星模拟器由气足支撑，通过推力装置运行于气浮台上。多个安装有超导电磁线圈的卫星模拟器组成编队，对近距离电磁编队控制理论和控制方法进行仿真和验证。另外，为了实现高精度的卫星电磁编队控制算法验证，需要建立高精度的外部测量基准以及其他辅助设备，包括辅助电源、高精度测力装置、高精度时间同步模块等。地面物理实验系统组成如图 8.2 所示。

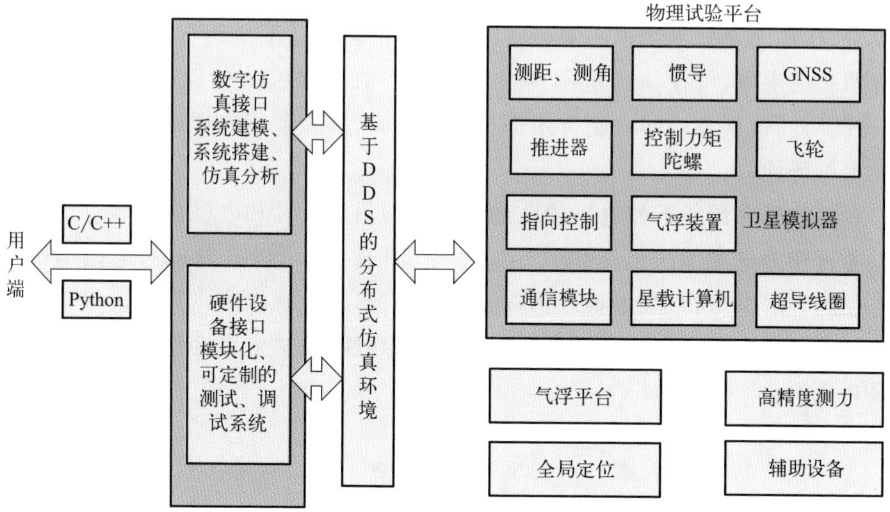

图 8.2　地面物理实验系统组成

研制地面物理实验系统的总体目标包括：多线圈耦合电磁场模型验证、中远场电磁模型验证以及电磁编队控制算法验证。

为实现上述实验目标，基于二维气浮平台的多自由度控制实验系统总体框图如图 8.3 所示。首先组成卫星编队的卫星模拟器运行在二维气浮平台上，靠气浮

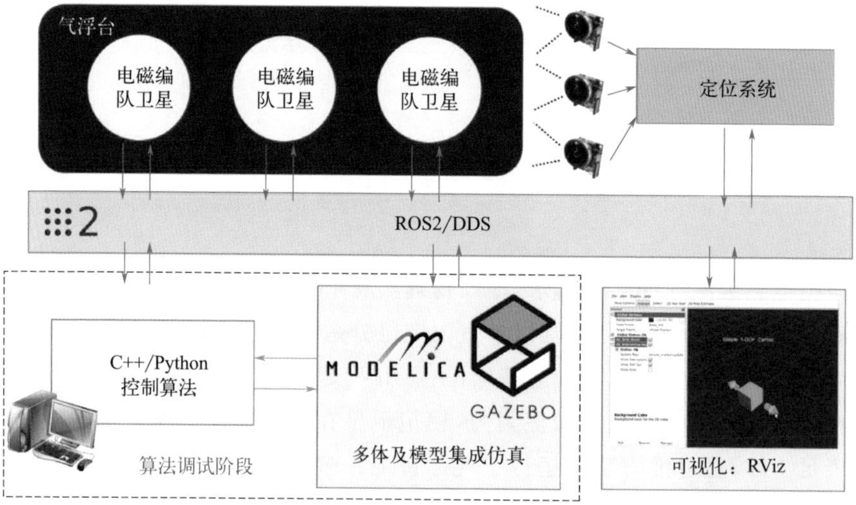

图 8.3　地面实验系统总体方案框图

悬浮，可以自由无摩擦地进行二维运动；高精度测量系统及室内定位系统可以对卫星模拟器进行 mm 级、角分级的位姿确定；卫星模拟器通过通信协议与上位机进行通信；上位机接收卫星模拟器与高精度测量定位系统数据，驱动电磁编队控制算法，实现卫星模拟器的位姿控制，并通过可视化界面将仿真控制的结果显示出来。

8.1.1　卫星模拟器分系统

卫星模拟器使用基于对称安装方式的冷气推进组作为执行机构，首先给出整个模拟器系统的组成，如表 8.1 所示。

表 8.1　卫星模拟器系统主要组成部分

设备	子系统	系统组成
卫星模拟器分系统	位姿控制子系统	执行机构主控板
		推力器模块
		驱动板模块
		CAN 总线
		无线通信模块
	电源子系统	DC/DC 模块
		电池模块
	供气子系统	气足
		气源供气模块
	综合管理子系统	综合控制系统

根据方案设计来划分，卫星模拟器分系统可以分为位姿控制子系统、电源子系统、供气子系统、综合管理子系统组成。

整个模拟器的设计图如图 8.4 所示，根据工作条件及外部接口约束，平台整体分三层：

① 下层用于安装气浮轴承子系统、气源供气子系统和电源子系统，以保证储气瓶的充/放气方便，减少多余的气路布置，并降低平台重心；

② 中层用于安装动量交换子系统、位姿控制子系统；

③ 上层安装电源子系统、无线通信子系统、室内定位分系统中的定位标志以及超导电磁线

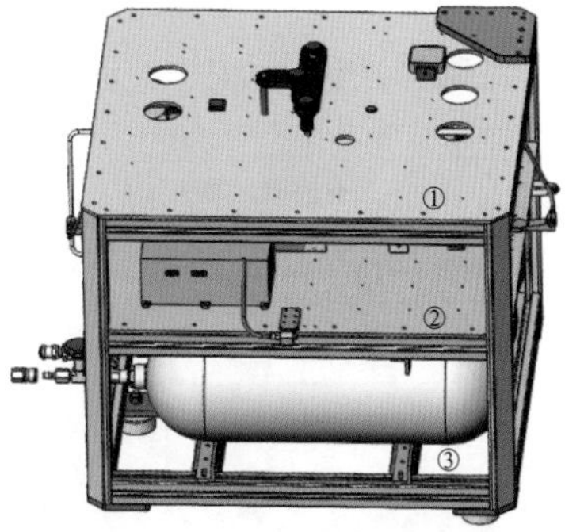

图 8.4　卫星模拟器整体结构

圈等，以满足气浮平台的功能特性需求。

(1)位姿控制子系统

位姿控制子系统由工业控制计算机和驱动板组成，使用 xPC 目标快速原型化环境实时仿真系统构建。MATLAB/xPC 目标快速原型化环境是基于 RTW 体系架构并且能够使 PC 机变成一个实时操作系统的产品，它能够在 PC 机上实时运行与物理系统连接的 Simulink 模型，在 MATLAB/Simulink 环境下的半实物实时仿真系统中起到快速原型化及硬件在线仿真与测试的作用。xPC 目标采用双机模式，通过以太网连接来实现相互通信。xPC 目标可将标准的 PC 机转变成一个实时系统，实现半实物仿真平台的搭建。该实时仿真系统具有成本较低、参数调整方便、性能较高、可视性好和开发周期短等优点。

xPC 目标实时仿真系统由 1 台宿主机、1 台目标机、接口设备及两台 PC 机之间的网络连接构成，如图 8.5 所示。

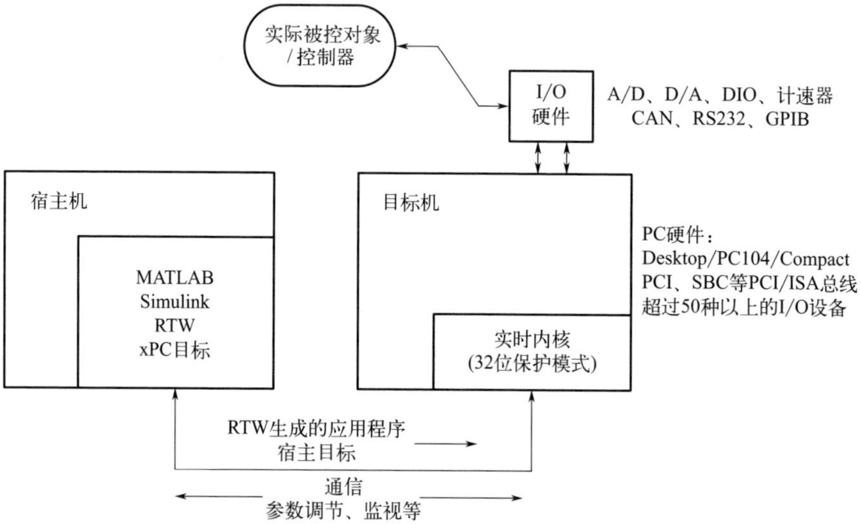

图 8.5 xPC 目标快速原型化环境

控制算法流程如图 8.6 所示。

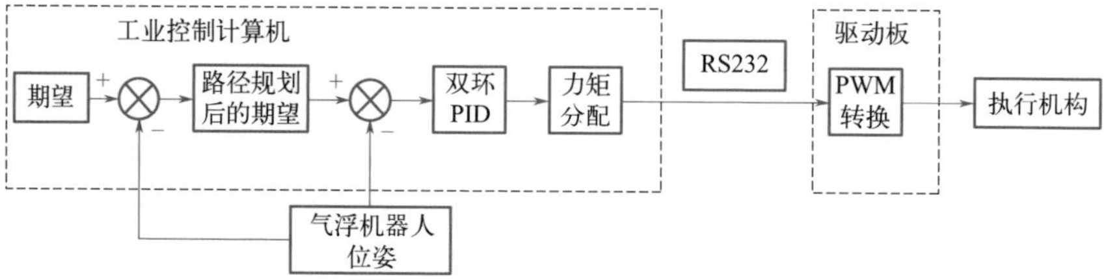

图 8.6 控制算法流程

当输入期望时,系统结合卫星模拟器当前的位姿信息做出路径规划,再应用双环比例积分微分(PID)控制律求解出控制量,然后应用力矩分配算法,将控制量分配到每个执行机构上,最后通过串口将每个执行机构的控制量输出给驱动板。驱动板通过串口将工业控制计算机的控制信号转换为脉宽调制(PWM)信号以驱动执行机构。

由于控制步进电机、喷气电磁阀和磁力矩器这三种执行机构没有集成的控制器,因此需要进行单独设计。具体实现如下:xPC 依据当前姿态与任务解算出三种执行机构对应的控制指令,通过 CAN 总线,根据总线协议将指令下发至控制器。控制器通过对应的驱动板分别控制步进电机和电磁阀;通过 UART 串行端口将指令下发给子控制模块,并由直流电机驱动板控制磁力矩器。结构如图 8.7 所示。

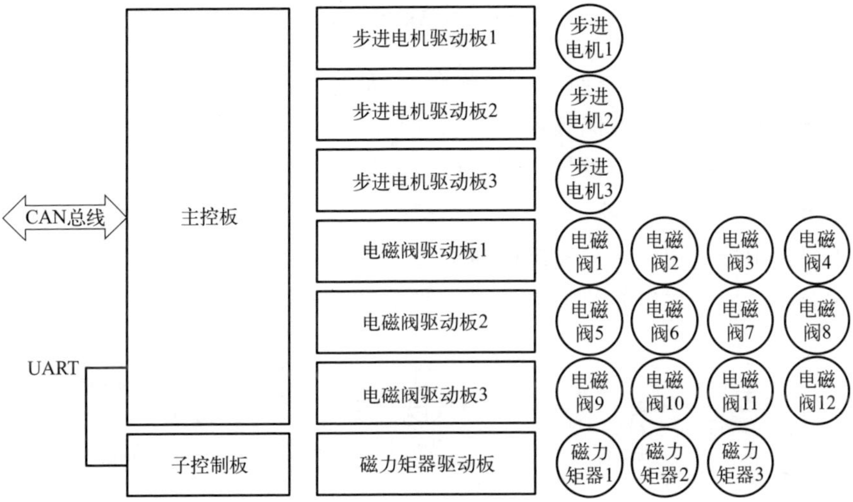

图 8.7 控制板结构

图 8.7 中,主控板以 C8051F040 为核心,采用 CAN 2.0B 总线协议与 xPC 通信。当 xPC 下发步进电机步进指令时,主控板通过数字端口向三个步进电机驱动板提供脉冲信号,从而实现对卫星模拟器上三个轴的步进电机的步进方向与步数的控制。当 xPC 下发喷气指令时,主控板解码指令,根据需要的占空比使用片载可编程计数阵列生成对应的 PWM 信号,输入电磁阀驱动板,控制对应电磁阀的通断,从而执行 xPC 下发的喷气指令。当 xPC 下发磁力矩器的电压指令时,由于片载资源有限,于是通过 UART 串口将指令转发给子控制器,由子控制板生成 PWM 信号,输入磁力矩器驱动板中,产生对应的电压。

(2)供气子系统

气源供气子系统由充气开关、高压气瓶、高低压气路、一级减压阀、低压气容、二级减压阀、气浮轴承(气足)和执行机构(冷气推力组)组成,如图 8.8 所示。

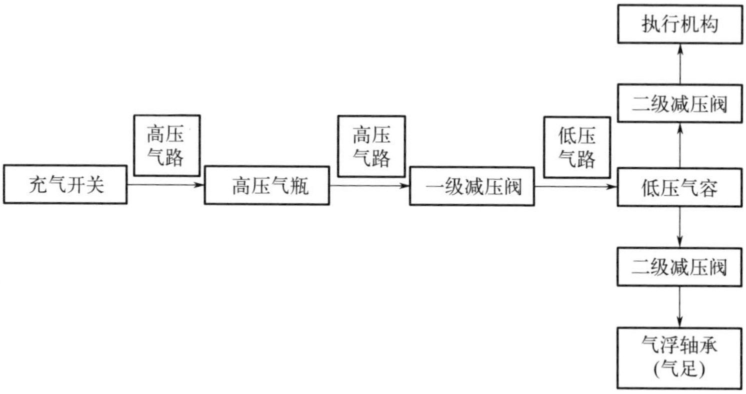

图 8.8 供气系统示意图

充气开关开启时,外界向高压气瓶充气;充气开关关闭时,高压气瓶经过气路及一级减压阀向低压气容供气,低压气容经过二级减压阀分别向气浮轴承(气足)和执行机构(冷气推力组)供气。可使用高压气瓶或外界气源供气,压缩气体经过气压调节器,最终由气足喷出。

卫星模拟器采用气足与气浮球轴承统一供气,喷气机构单独供气。下面将对其各部分供气原理加以介绍。卫星模拟器喷气机构供气系统设计如图 8.9 所示,

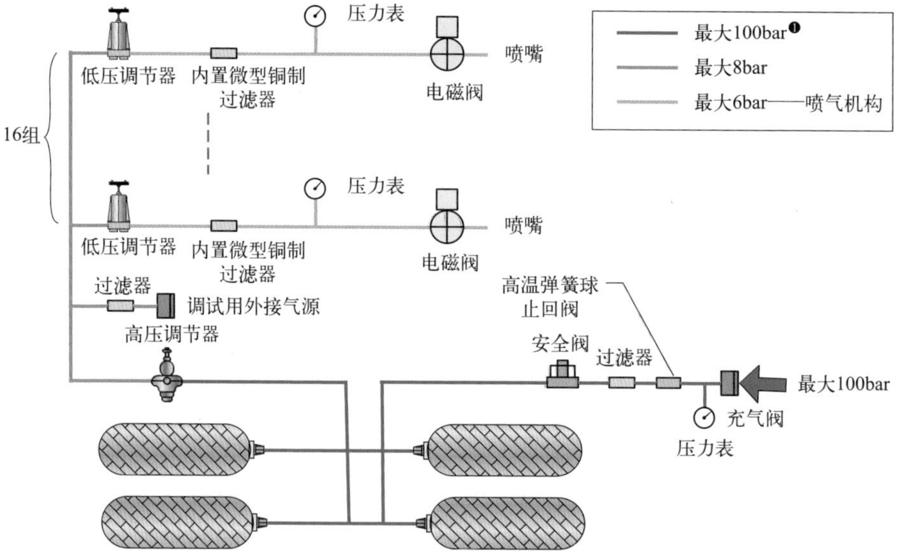

图 8.9 模拟器喷气机构供气

❶ 1bar=0.1MPa。

喷气机构正常工作时,压缩空气由气瓶组(4 个 12L 高压复合气瓶)经过高压降压为 0.8MPa,再经过低压调节器降压为 0～0.6MPa,调节为所需要的供气压力。最后经过电磁阀控制其通断,再经过一级过滤最终供气给喷气机构。高压气瓶充气时高压调节器关闭,使气瓶中气源与供气管路隔离。充气气源首先经过充气阀,然后是止回阀,经过过滤器给高压气瓶充气。卫星模拟器气足与气浮球轴承供气原理都与上面过程相似,原理如图 8.9 所示。

卫星模拟器采用气足与气浮球轴承统一供气,如图 8.10 所示。气浮球轴承与气足虽然采用同一气瓶供气,但是分别有各自控制气路通断的截止阀,可实现模拟器不同工作状态的转换。气源供气子系统设计图如图 8.11 所示。

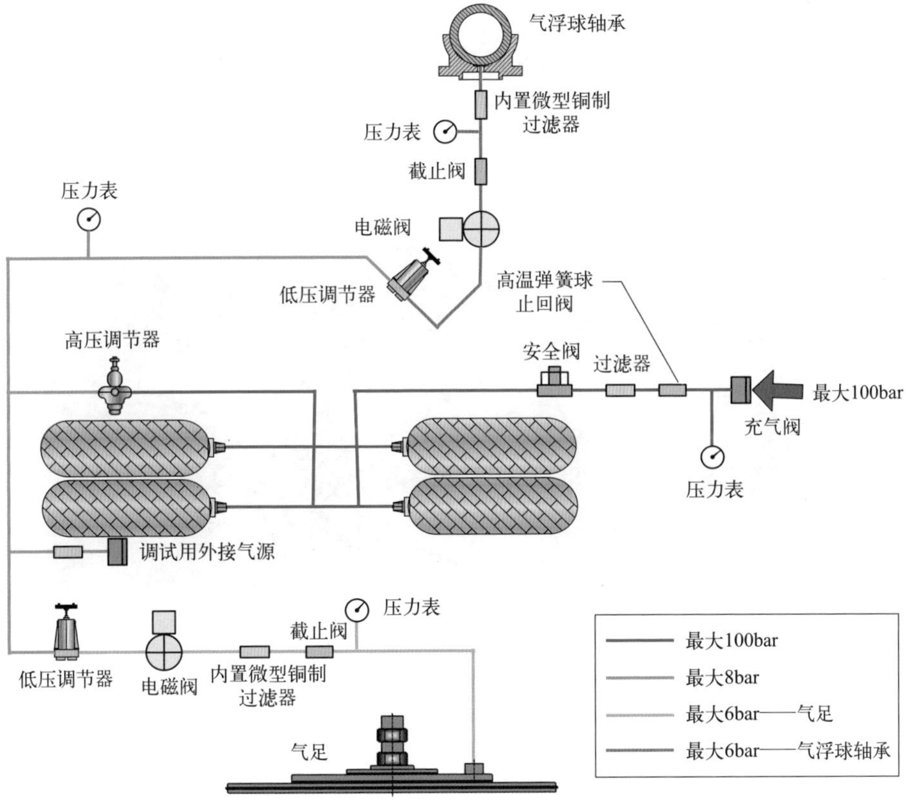

图 8.10 气足与气浮球轴承供气

气浮轴承子系统即气足,采用 7075 航空铝研制,表面硬质氧化,通过表面处理增加硬度并防锈。采用宝石节流孔,在气压为 0.2MPa 的情况下,耗气量仅为 0.5L/min。高压气源气体经过气足的节流小孔流入气足下端面与高精度大理石平台间的间隙,形成一层气膜,从而产生向上的作用力,使安装于气足上的气浮台系统悬浮,达到近似为零的失重状态。由于气足下端面气膜的存在,使得卫星模拟

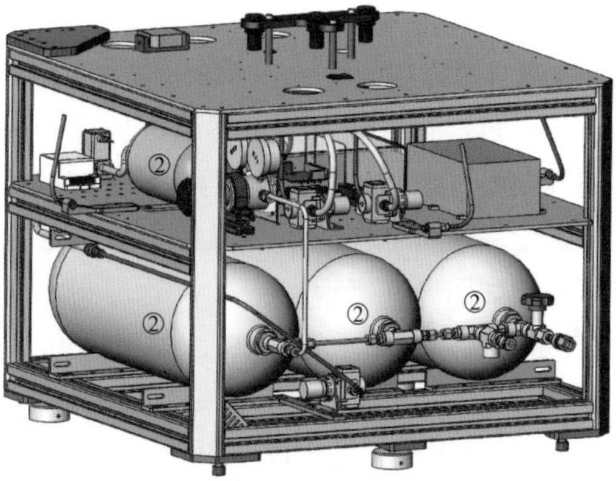

图 8.11 气源供气子系统设计图

器可实现三自由度运动,并通过精确调整平台的平面度降低重力干扰。气浮轴承子系统(气足)实物图如图 8.12 所示。每个气足承载能力为 15kg,系统有 3 个气足,如图 8.13 所示,三个气浮轴承(气足)通过自适应水平保持装置与气浮模拟器底部相连接。

图 8.12 气足实物图

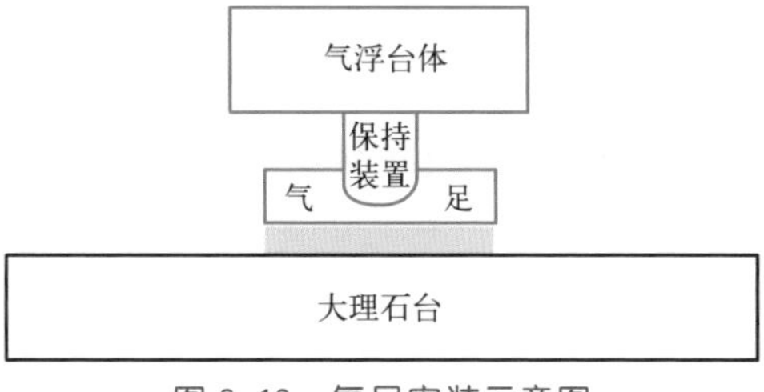

图 8.13 气足安装示意图

其中,浅蓝色部分为气膜,自适应水平保持装置能使气足下表面始终与大理石台上表面保持平行,同时保证气浮台体的稳定。

气足的结构数据如下：气足半径 $R=100\text{mm}$，每个气足上节流孔的数目为 $n=10$，节流孔直径 $d=0.25\text{mm}$，气膜厚度为 $h=0.003\text{mm}$。输入气体压力为 0.3～0.6MPa。根据气足承载计算软件，可以计算出不同压力下气足的承载能力，其结果归纳于表 8.2。

表 8.2　不同输入压力下气足的质量流量和承载能力

输入压力/MPa	0.3	0.4	0.5
承载能力/N	5407	6190	6730

本节主要分析了模拟器上气足的工作原理，对其一些主要参数的工程计算方法进行了推导，并计算得出了在不同输入压力下气足的质量流量和承载能力，由表 8.2 知，气足承载能力能够满足使用要求。

(3)综合管理子系统

综合管理子系统（宿主机）运行 xPC 目标快速原型化环境方案的宿主机-目标机“双机”模式，编辑 Simulink 代码，通过无线传输子系统将代码下载到目标机中执行，并可以实时修改 Simulink 代码中的控制参数、发出位置指令。

如图 8.14 所示，第一行为气浮模拟器的位置指令，图中指令为令气浮模拟器到达(−600,600)坐标点，姿态角为 0°。

第二行为气浮模拟器执行机构使能指令，当此指令为 1 时，执行机构开始工作，当此指令为 0 时，执行机构立即停止。

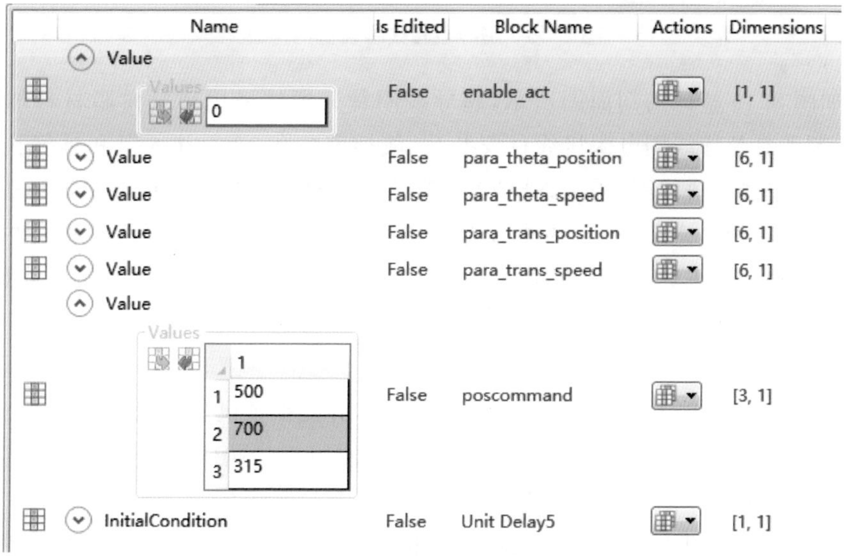

图 8.14　气浮模拟器控制界面

8.1.2 超导电磁线圈分系统

超导电磁线圈分系统主要由超导线圈模块、电源模块、无线通信模块及监测保护模块组成。其中，超导线圈模块由线圈骨架、超导线圈、不锈钢杜瓦容器组成，并且在骨架、容器间填充隔热 EVA（乙烯-乙酸乙烯酯共聚物）。该装置的整体结构组成如图 8.15 所示。

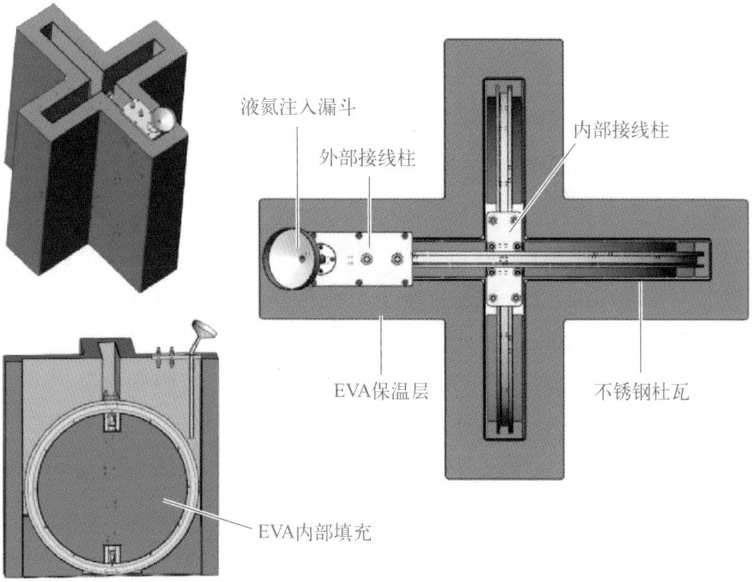

图 8.15 超导电磁线圈装置结构图

如图 8.15 整体的剖面图所示，超导线圈骨架通体采用环氧树脂材料加工而成，并预留有超导线圈电源接线柱安装孔、航插安装孔、液氮注入口和排气孔。超导线圈为单线双饼线圈，采用 YBCO 高温超导带材绕制。不锈钢杜瓦通体为 304 不锈钢材质，用于盛装液氮。型材支架顶部有安装孔，可固定超导线圈骨架并对不锈钢杜瓦和隔热 EVA 起到支撑固定作用。隔热 EVA 包覆在不锈钢杜瓦表面，起到很好的保温作用，可延长工作时间。填充 EVA 对超导线圈起到保护和缓冲的作用，同时又能减小不锈钢杜瓦的容积。

根据实验需求，电流源输出应不小于 60A，并能保证供电时间大于 30min。离线电源总体设计采用磷酸铁锂电池进行供电，使用正弦逆变器将锂电池的直流输出转化为交流 220V，用于给电流源供电。

箱体内部主要由磷酸铁锂电池组、保护板、逆变器以及无线通信及控制模块组成，如图 8.16 所示。磷酸铁锂电池组由四块单体电池串联组成，配有四串磷酸铁锂电池保护板。前后面板装有电量显示、AC电压显示、充电接口和AC输出插座。箱体外部外挂两组(共四个)200A继电器以及一个100A电流源。

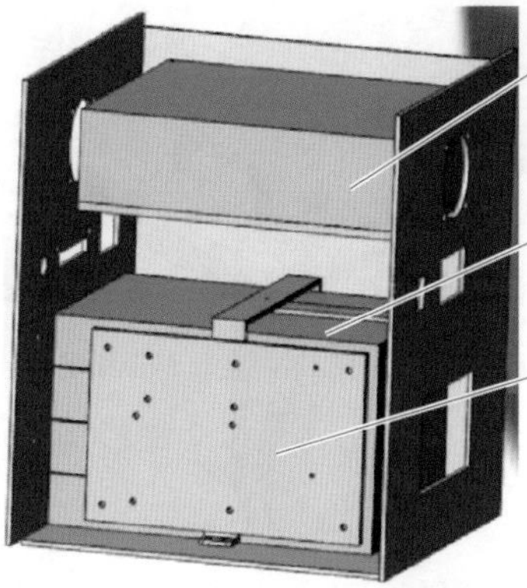

图8.16 箱体内部结构

离线电流源箱体内置无线通信及控制采集模块,该模块可监测线圈电压、液面高度电源输出电流等信息,同时用于远程连接上位机控制离线电源的输出。本系统无线通信模块采用CC3000配合Arduino完成与上位机的信息接收与发送。AD/DA模块配有AD1256采集各类物理量信号,DAC8532用于控制电流源的输出电压与电流。无线通信及控制模块还可以通过控制两组继电器实现远程切换反转线圈电流,无须人工手动干预。

监测保护系统是上位机软件,主要实现系统信息监控、连接无线通信模块、失超保护以及电源参数设置功能。监测保护系统主要实现无线通信功能、线圈电压监测与图像显示功能、失超保护功能、线圈电流控制与图像显示功能、磁场反向功能以及液面监测功能。

(1)超导线圈子系统

线圈骨架通体采用环氧树脂材料,在低温下具有良好的性能,同时又能保证强度。线圈骨架总重约6kg,内部接线柱用于线圈的串联或并联接线。如图8.17所示,环氧线圈骨架主要包括提手、8芯航插、电流接线柱、线圈固定环、液氮注入口、排气口、传感器安装孔。其中,8芯航插有2芯用于超导线圈电压监测,3芯用于PT100监测液位,3芯为预留;电流接线设计通流为直流200A,内部连接超导线圈,外部可连接直流电源用于给超导线圈供电;液氮注入口可放置漏斗用于注入液氮,排气口用于排出气体防止注入液氮时液氮喷溅;传感器安装孔在超导线圈上方,可安装PT100等传感器用于监测线圈温度或液氮液位;线圈固定环(图示为局部剖面)为环氧树脂材质,可辅助固定超导线圈防止松脱。

如图8.18所示,该装置的不锈钢杜瓦采用304不锈钢材质,内尺寸为643mm×

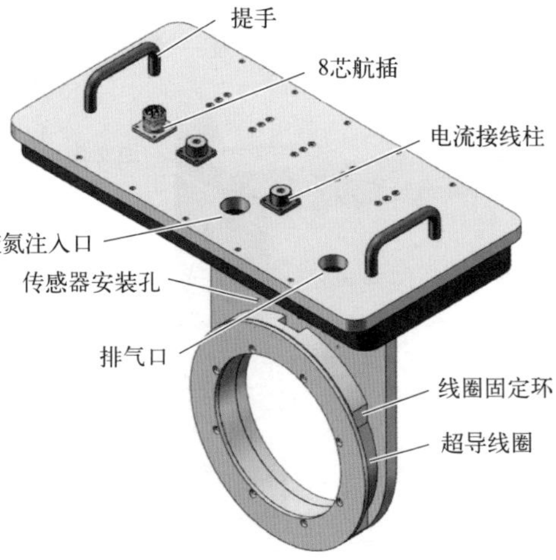

图 8.17 环氧线圈骨架

568mm×650mm(长×宽×高),壁厚 1mm。杜瓦总容积约 31L,正常工作时,除去线圈骨架、线圈以及填充 EVA 后的容积约为 18L。杜瓦外壁包覆有 EVA 保温材料,可有效延长工作时间。不锈钢杜瓦容器参数如表 8.3 所示。

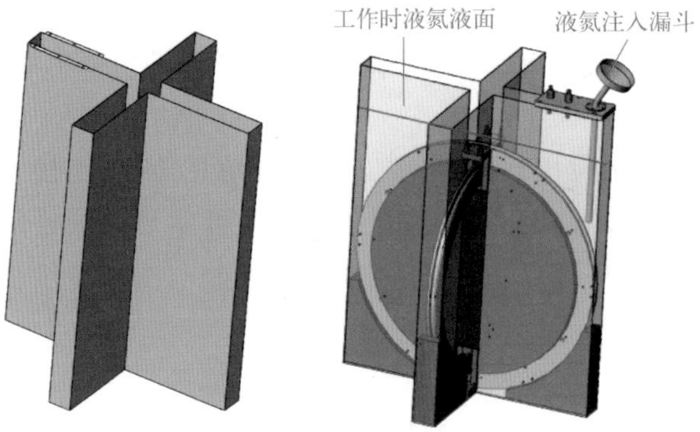

图 8.18 不锈钢杜瓦容器

表 8.3 不锈钢杜瓦容器参数

尺寸	643mm×568mm×650mm
重量	9.5kg
总容积	31L
工作容积	18L
液氮漏斗距底部高度	760mm
工作时液氮液面距离杜瓦顶部	50mm

不锈钢杜瓦容器与底座连接方式如图8.19所示，使用角铝固定，角铝底部固定到平台上，侧面紧贴EVA保温层外壁。

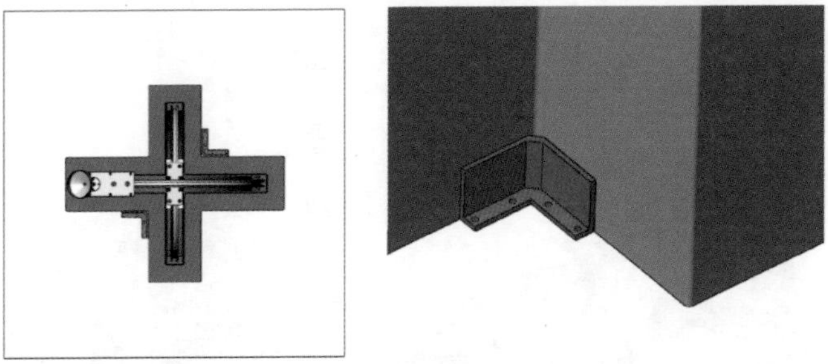

图8.19 不锈钢杜瓦容器连接示意图

该装置的大小超导线圈均为单线双饼超导线圈，使用YBCO第二代高温超导带材绕制而成。图8.20所示为线圈简图，线圈内径为400mm，外径为450mm，每饼匝数为40匝，总匝数为80匝，线圈设计通流大于60A。正交线圈组如图8.21所示。

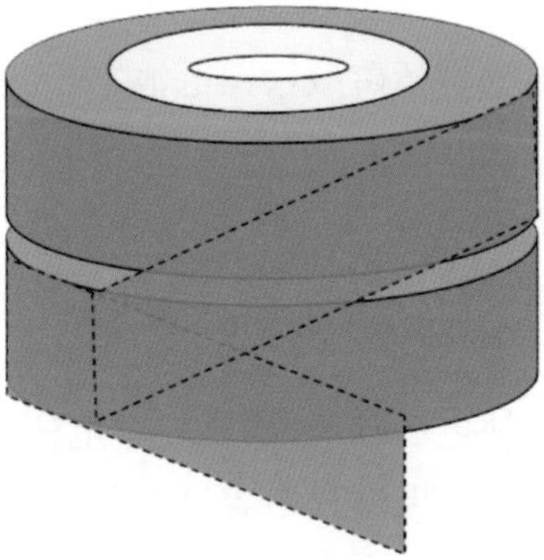

图8.20 单线双饼超导线圈

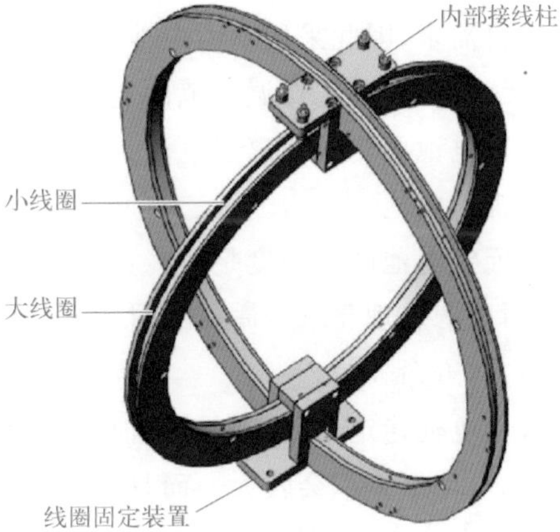

图8.21 正交线圈组

超导电磁线圈参数如表8.4所示。

表8.4 超导电磁线圈参数

部位	内径/mm	外径/mm
小线圈	400	430
大线圈	475	505
小线圈骨架	380	450
大线圈骨架	455	525

线圈接线方式如图 8.22 所示，先使用内部接线柱将两个线圈的电流引线连接，再与外部接线柱连接。

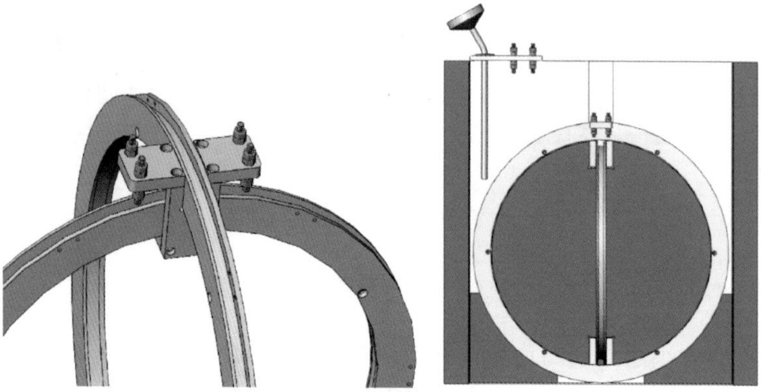

图 8.22 线圈接线柱示意图

(2)电源子系统

鉴于电源输出电流将达到 60A，电池组需要输出较高的功率，普通锂电池很难满足项目需求，因此采用动力电池作为供电电池。动力电池优点在于比能量大、寿命长、无记忆效应、工作温度范围宽。

动力电池主要以锂离子电池为主，主流动力电池包括磷酸铁锂电池、三元锂电池以及镍氢电池。

三元锂电池能量密度是三者中最高的，但是同电压下需要较多的电池进行串并联，对电源管理要求较高。同时三元锂电池稳定性较其他两者较差，受循环衰减影响较重，寿命较短。

镍氢电池稳定性比三元锂电池高，但是单体电池电压较低，需要较多电池进行串并连，电池组体积会较大。而且镍氢电池在循环充放电过程中容量会出现衰减，过度地充电或者放电都可能加剧电池的容量损耗。磷酸铁锂电池稳定性最好，同时不会受到循环充放影响使用寿命。磷酸铁锂电池安全性也是三种电池中最好的，更适合使用。

磷酸铁锂电池选择单体 3.7V、50A・h 电池，该型号电池最大放电电流可达 3C[1]，完全能够满足需要。磷酸铁锂电池组需要使用保护板来保证充放电时各个电池电压一致性，经过调研采用峰值 120A 的四路磷酸铁锂电池保护板进行电池组充放电管理。

[1] C 表示电池充放电能力倍率。1C 表示 1h 完全放电时电流强度，3C 即表示 20min 可以完成电池的放电。

电池充电系统采用外置 14.6V 磷酸铁锂充电器为系统进行充电。保护板内置四路均衡，可以在充电时对四块单体磷酸铁锂电池进行电压均衡，保证电池一致性，提高电池组使用寿命。充电器配备 14.6V 自启停功能，可以防止电池组充电电压过高。在保护板以及充电接口间串联库仑计用于监测电池容量。库仑计可以通过监测流经库仑计的电流，测定电池容量，并将信息显示在显示屏中，便于使用者随时了解电池电量以及剩余可用时间。

(3)无线通信及控制子系统

无线通信模块主要用于与上位机软件进行无线通信，接收命令以及上传采集数据。

无线通信主要采用 CC3000 模块，使用 TCP 协议通过路由器与上位机构建连接通道。CC3000 作为一种易于集成、简单实用的无线宽带设备，是德州仪器专为降低物联网门槛而设计的 WiFi 功能模组。CC3000 相比普通 WiFi 模块功耗更低，集成 Arduino Leonardo 主控芯片，可以更简单地实现无线远程控制，并且可以在本地端存储命令。例如失超保护命令集成在 Arduino 端，只需在开始设定失超保护电压，Arduino 便可以通过 A/D 模块进行持续监控，即使意外断开与上位机连接，仍可以进行保护操作，避免因网络连接问题导致事故发生。

系统采用 TCP 协议与 CC3000 进行数据通信，其中上位机作为服务端，CC3000 作为客户端。上位机与可控电源中间需通过路由器进行中转。上位机可通过无线连接路由器，也可以通过以太网线与路由器连接。基于可靠性等原因，更推荐使用有线连接上位机。

控制模块采用 AD1256 配合 DAC8532 实现数据采集以及控制输出。同时，Arduino 控制两组继电器实现电流反转操作。控制模块均通过 SPI 通信与无线控制模块连接。

采集系统使用 AD1256 24bit 高精度 ADC，输入信号均为差分输入，可以对线圈电压、输出电流、液面高度进行监测，实时反馈至上位机软件界面中，方便操作人员掌握更多信息。

控制系统分为电源控制和继电器控制两部分。电流源输出电压以及电流均可由 0～5V 电压控制，通过无线控制模块接收到的上位机命令，解析出设定的电压与电流值，发送至 D/A 模块，并输出至电源控制引脚，改变电源输出值。电流反转功能主要通过两组继电器实现，每组继电器包含两个 200A 继电器。通过切换两组继电器通断实现电流反向输出，进而实现线圈磁场反转。

(4)监测保护子系统

AD1256 采集超导线圈电压后，将数据编译进数据包中，经由上位机进行数据解析处理，将各个线圈电压数据展示在软件界面中。各线圈电压数据均可图形化展示,方便操作者直观了解电压变化。

软件连接线圈后,可以设置各个线圈的失超电压。此时上位机将失超电压分别发送至相应客户端中,客户端会存储失超电压值。若 AD1256 采集到的线圈电压超过设定值,Arduino 会自动将输出电流设定为 0A,保护线圈防止失超。同时,上位机软件线圈电压字体会变为红色,提示操作者线圈失超。若再次启动,则需要重新设置电源的电压与电流。

AD1256 采集到分流器电压数据后,将数据编译进数据包中,经由上位机进行数据解析处理,将线圈电流展示在软件界面中。各线圈电流数据均可图形化展示,方便操作者直观了解电流变化。监测保护子系统软件界面如图 8.23 所示。

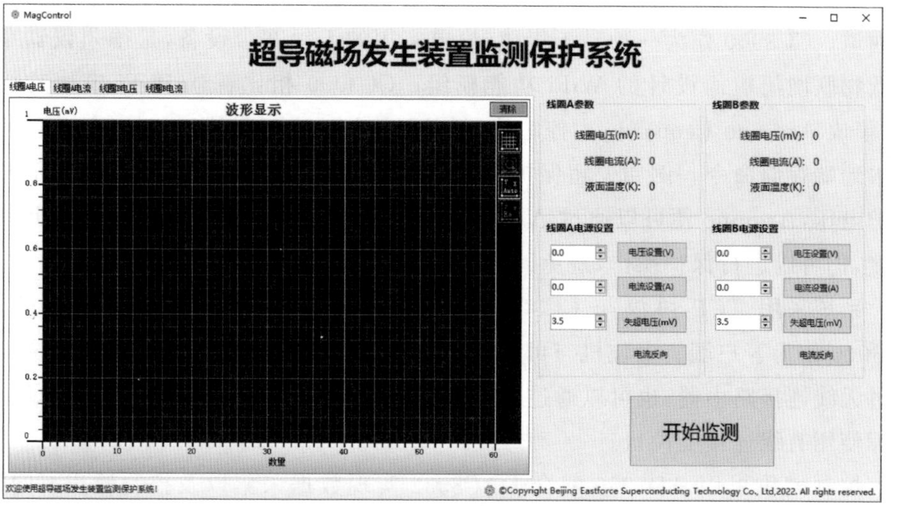

图 8.23 监测保护子系统软件界面

超导磁场反向主要通过切换继电器使输出电流正负极反向,来使线圈磁场反向。本功能使用两组(共 4 个)200A 常开继电器,来实现切换电流正负极,具体原理参考图 8.24。

超导线圈上方放置有一个 PT100 温度传感器,通过采集其电阻值可以得到 PT100 温度值。当软件界面中温度低于 80K 时,认为液面已经浸没线圈。当温升高于 80K 时,界面温度值文字会变为红色,提示操作人员液面过低,需要添加液氮。

8.1.3 气浮平台分系统

搭载超导电磁线圈的卫星模拟器编队需要在花岗岩气浮平台上运动,由于每个气足浮起的高度均很小,因此气浮系统对气浮平台的光滑度、平整度和弯曲度都有着非常高的要求。由前面的计算可得模拟器之间产生的电磁力大小在百毫牛量

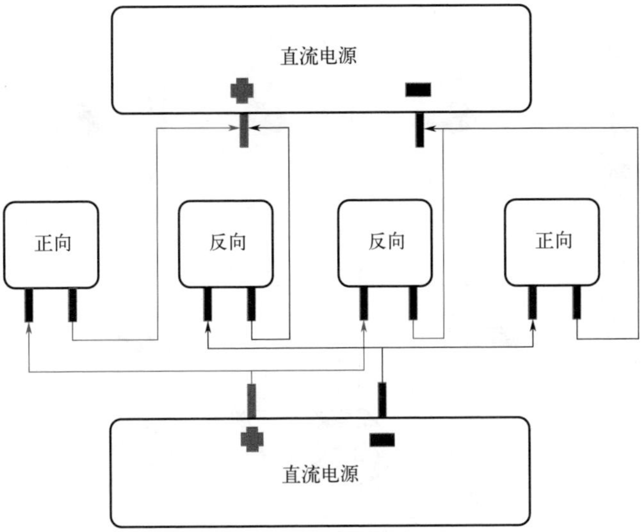

图 8.24 超导磁场反向功能监测

级，如果气浮平台的光滑度、平整度和弯曲度达不到要求，模拟器将达不到可控要求。为了保证良好的气浮效果，气浮平台的平面度需$<0.05\mathrm{mm/m^2}$，表面粗糙度需$<8\mu\mathrm{m}$。

8.1.4 室内定位分系统

综合考虑定位精度、对卫星模拟器的影响、灵活性、可拓展性、是否易于搭建以及成本因素，选用多目视觉定位方案作为电磁编队半物理实验系统的室内位姿测量系统。该方案的优点为灵活性强、成本低、定位精度较高，数量可扩展且方便灵活。卫星模拟器仅需粘贴纸质二维码标签，质量轻且无须供电，对模拟器影响小。

室内位姿测量系统设计方案如图 8.25 所示。室内位姿测量系统由数量若干的单目黑白相机及 AprilTag 二维码标签、定位信息计算节点以及运行标定及控制界面程序的终端计算机组成。AprilTag 标签与卫星模拟器做刚性固定，并测量其安装矩阵。首先对单目相机进行标定，相机畸变等内参使用张正友标定法进行标定，外参以外侧数据为基准，以最小二乘法标定相机外参。测量定位时，单目相机采集 AprilTag 标签图像，并在边缘计算节点识别分割二维码标签图像，得到标签角点的像素坐标。接着计算出标签的单应矩阵，并根据事先标定好的相机内外参数解算 AprilTag 标签的位置与姿态。然后边缘计算节点将各自可见域内标签的定位结果数据通过 DDS 消息中间件，以话题形式广播。边缘计算节点融合计算重叠可见视域中的 AprilTag 标签的位姿信息，并通过标签相对于卫星模拟器的安装矩阵，最终计算得到全局一致的卫星模拟器位姿信息。

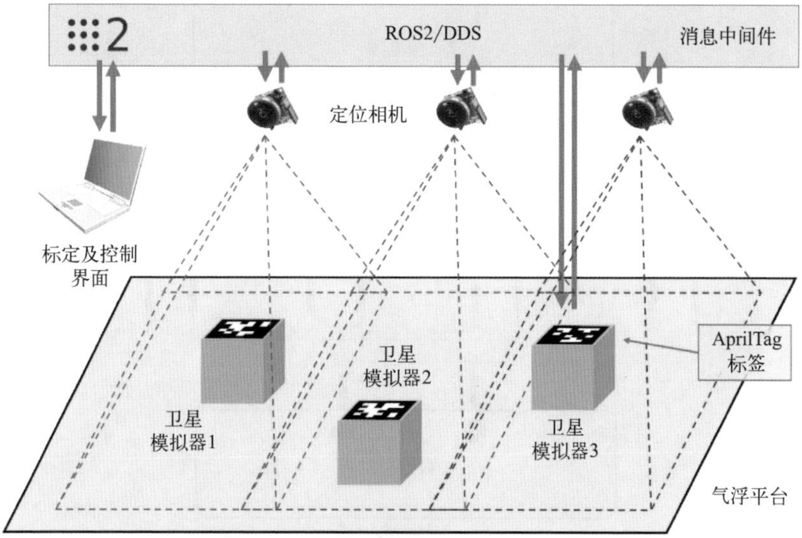

图 8.25 室内位姿测量系统方案示意图

测量得到的卫星模拟器位姿信息包括其测得时间、平面 x 轴、y 轴位置、Yaw 轴偏航姿态，以及定位精度、卫星模拟器数量等其他信息。室内位姿测量系统（图 8.26）的位姿信息可通过 ROS2/DDS 话题形式输出，同时提供 Websocket 网络接口。卫星模拟器可不经过上位机中转，直接从 DDS 话题获取自身位姿信息。

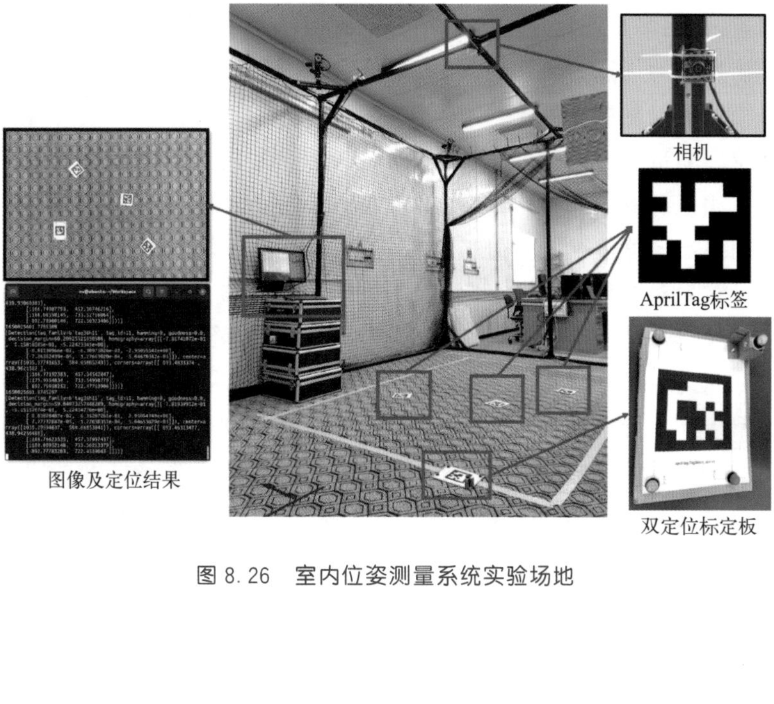

图 8.26 室内位姿测量系统实验场地

经测试,室内位姿测量系统位置定位误差优于1cm,即绝对位置定位精度为±10mm(3σ)。

8.2 多维超导电磁场建模与仿真软件

大尺度高精度电磁编队系统的主星、子星、伺服机构、作动器以及环境等之间相互干扰,是一个多物理领域强耦合的系统,且电流、力矩、振动与温度之间的干扰机理复杂,空间环境的特殊性造成了地面实验验证困难,需要开发数字仿真系统对模型和算法进行充分验证。

多维超导电磁场建模与数值仿真计算方法包括高精度的有限元方法和实时计算的解析方法两种,其中有限元方法是常用的仿真方法。有限元方法已经应用于众多工程领域,例如结构、流体、运动、电磁等领域。有限元方法计算通电线圈的受力,具有精度高、通用性强的优点,配合控制算法能更真实地对系统进行模拟。其缺点是计算量大且计算时间长,很难达到实时性的要求,对计算机性能要求较高。而解析方法具有一定的精度,计算速度快,可用于对运动电磁编队的实时电磁力计算。

多维超导线圈电磁建模与仿真实现方案框图如图8.27所示。每组多维超导线圈为图中的一个框。每组线圈分别建立电气模型、电磁力/电磁转矩模型、相对运动模型,并辅以坐标系转换。其中电磁力/电磁转矩模型用有限元法和解析法两种方法进行建模和仿真,解析法模型在Portunus中通过C-interface按照C语言形式建立在Portunus平台上,采用有限元法在定制开发的电磁场计算程序中进行建模和仿真。

最终有限元法、解析法电磁力/电磁转矩模型统一集成在Portunus平台上。每个卫星包含相互正交的三个线圈,且每个线圈分别对应一个电压方程,由此描述卫星线圈电流的响应并等效为一个磁偶极子;每个卫星实体通过接口获得阵列中其他卫星的位置和磁偶极矩矢量信息,用于计算卫星受其他星的作用力和力矩。在此,电磁力和电磁力矩也可以选择使用EasiMotor有限元求解核计算,如图8.27中蓝色框表示。得到的电磁力通过相对轨道动力学方程计算卫星的相对坐标;得到的力矩输入姿态动力学方程得到卫星的姿态四元数。各星体之间通过设定所需的输入接口进行信息交互,每个元件对应一个卫星实体,输入接口包括控制器电压(电气接口),其他卫星的坐标和磁偶极矩等,输出接口包括卫星相对坐标和姿态等;输入、输出量均可通过Simulink接口和Simulink中的控制模型进行联合仿真。

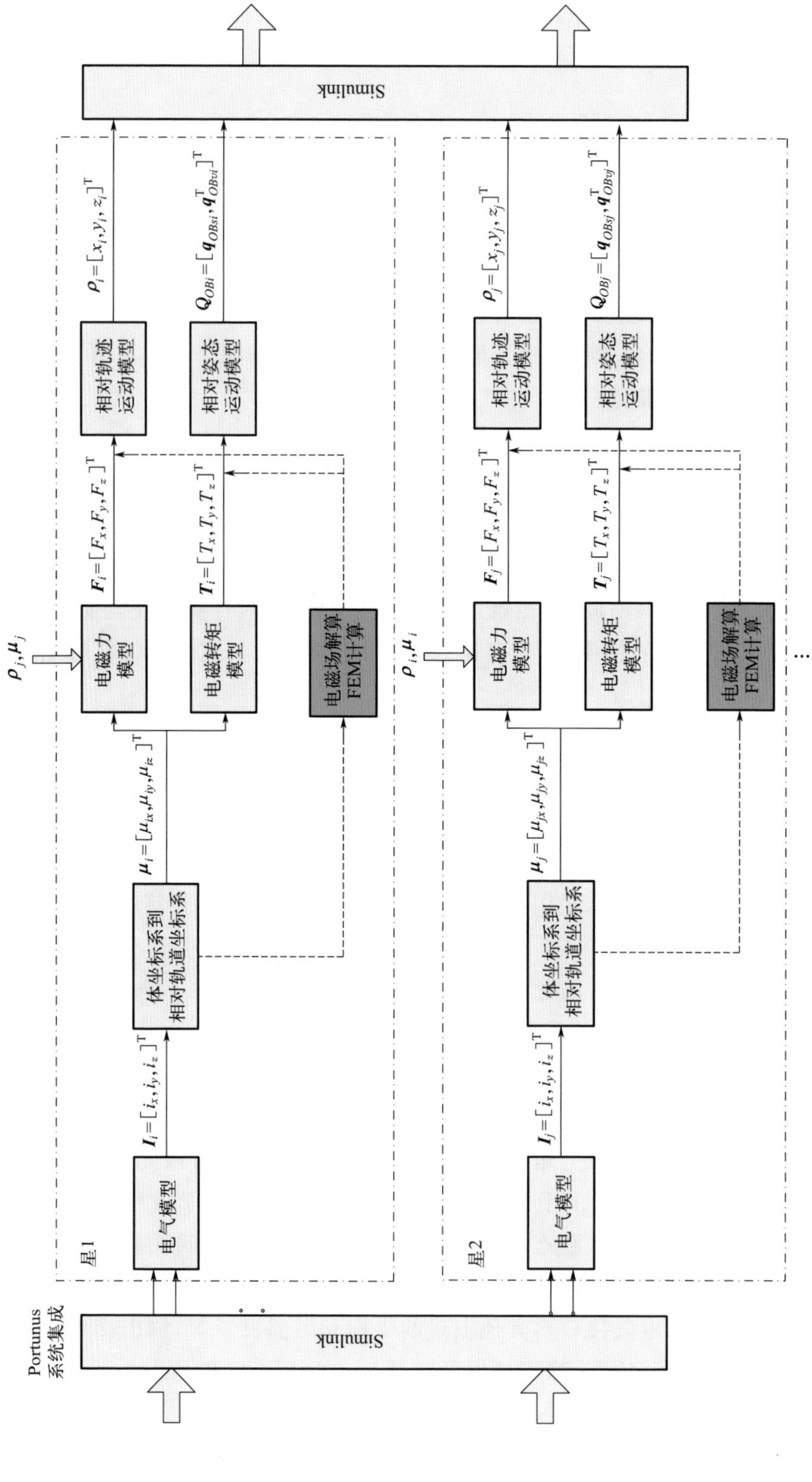

图 8.27 多维超导线圈电磁建模原理框图

8.2.1 有限元法建模

电磁编队的动力学原理可以简化为多套三维通电线圈间的电磁力问题，即三维通电线圈产生空间磁场的矢量叠加对某一通电线圈的作用力。有限元法在三维空间有限元网格上求解电磁场麦克斯韦方程组，各电流微元的空间磁场是线性叠加关系，认为空间环境是一个均匀介质，忽略同一介质磁导率的变化。有限元法可以建立通电线圈的精确三维几何模型，近场、中场的空间磁场分布受通电线圈形状、尺寸的影响较大，通电线圈近场有限元模型计算精确较高。随着电磁场尺寸的减小，有限元法的计算速度也越来越高。有限元建模是在仿真模型中对实体模型的材料属性、激励属性、边界属性三个方面进行描述，在三维电磁场仿真软件中(EasiMotor 或其他)，根据线圈外径、线圈内径、线圈匝数、材料等参数建立单个竖直线圈、两两正交竖直线圈组成的线圈组三维有限元模型。

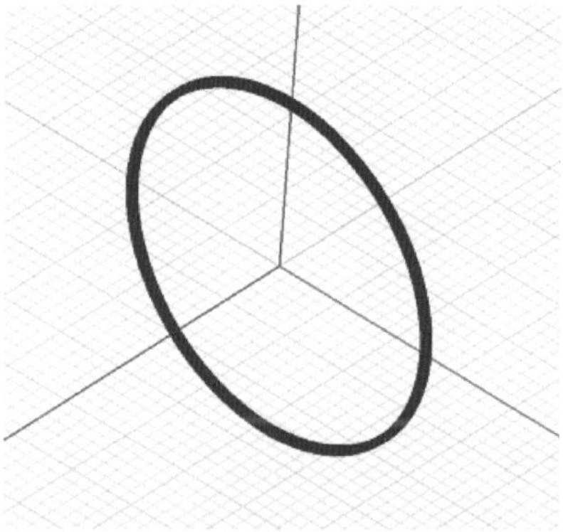

图 8.28 单线圈磁场仿真模型

多维超导线圈电磁计算程序为定制开发的电磁场计算程序，输入为线圈尺寸、位置、姿态和电流，输出为电磁力和电磁转矩。多维超导线圈磁控编队控制环路，除了电磁计算程序外，还需配合控制电路、控制算法、运动方程等构成。

单线圈磁场仿真模型如图 8.28 所示。

材料是超导体，空间为真空。在线圈内施加恒定电流，如图 8.29 所示。

在有限元软件内设置网格和边界，如图 8.30 所示。

Name	Value	Unit	Evaluated Va...
Name	Current1		
Type	Current		
Current	2000	A	2000A
IsSolid	Stranded		
Direction	Point into termin...		

图 8.29 单线圈仿真电流设置

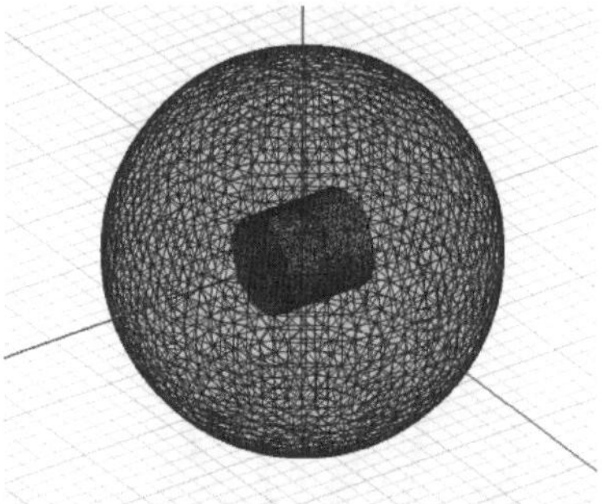

图 8.30 单线圈磁场仿真网格和边界设置

求解得到场结果，如图 8.31 所示。

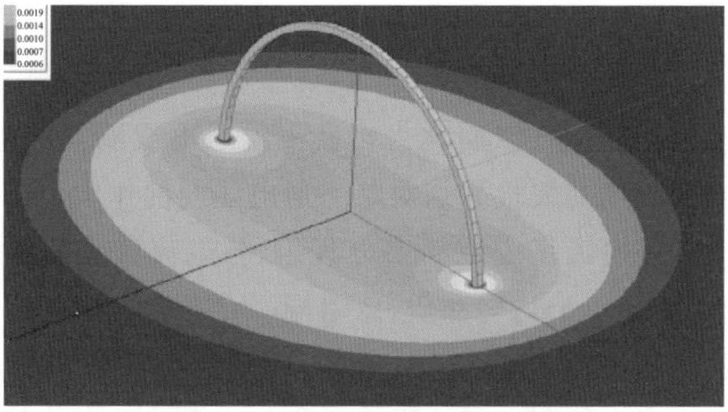

图 8.31 单线圈磁场仿真结果图

从场结果可以得到求解区域内任意的场结果，如轴线上的磁密值，如图 8.32 所示。

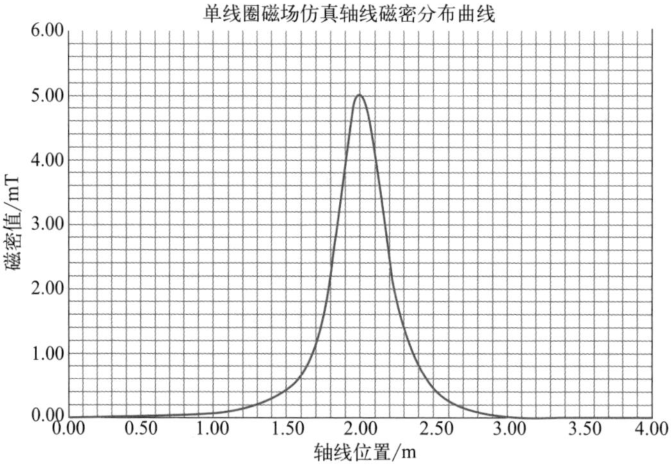

图 8.32 单线圈磁场仿真轴线磁密值

两正交线圈磁场仿真模型如图 8.33 所示。

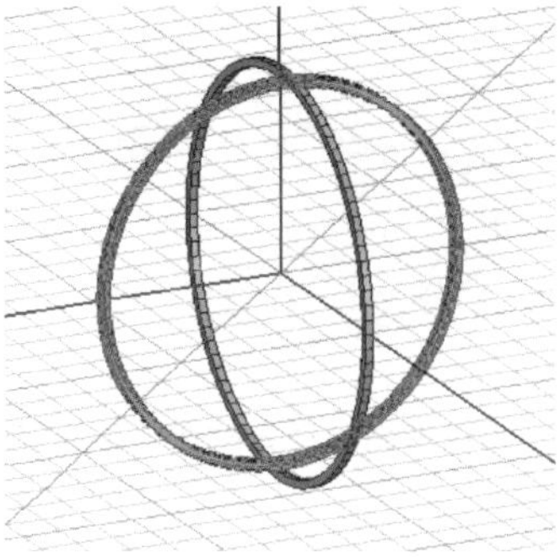

图 8.33 两正交线圈仿真模型

材料是超导体，空间材料是真空，电流源激励，如图 8.34 所示。

场结果如图 8.35 所示。

交线圈轴线上磁密分布如图 8.36 所示。

当存在多个线圈时，线圈的磁场相互作用而产生电磁力和电磁转矩，模型建立方法和单个线圈相同，需要对线圈的位置，姿态进行描述。两个一维超导线圈有限元模型如图 8.37 所示，通过计算即可获得线圈的作用力和力矩，计算结果如表 8.5 所示。

Name	Value	Unit	Evaluated Va...
Name	Current1		
Type	Current		
Current	1414	A	1414A
IsSolid	Stranded		
Direction	Point into termin...		

图 8.34　两正交线圈磁场仿真电流设置

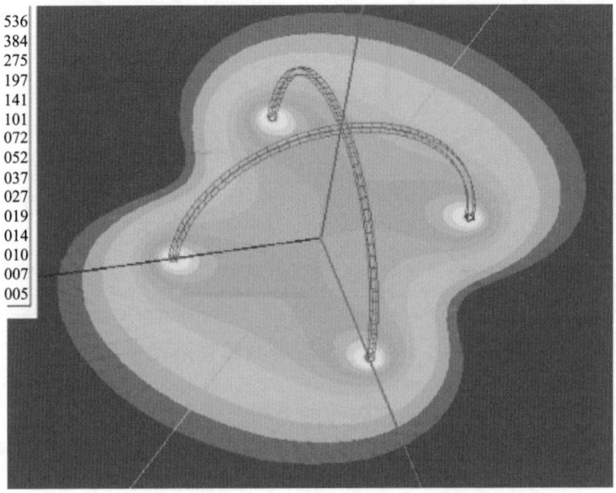

图 8.35　两正交线圈磁场仿真结果图

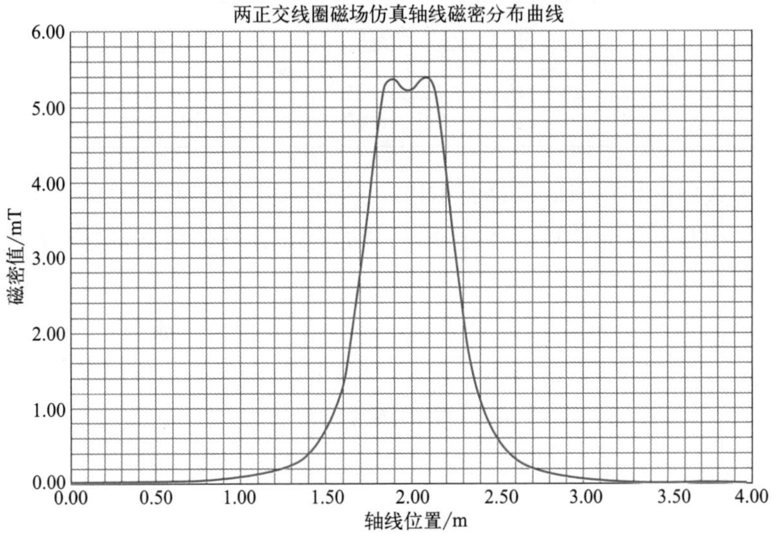

图 8.36　两正交线圈磁场仿真轴线磁密分布

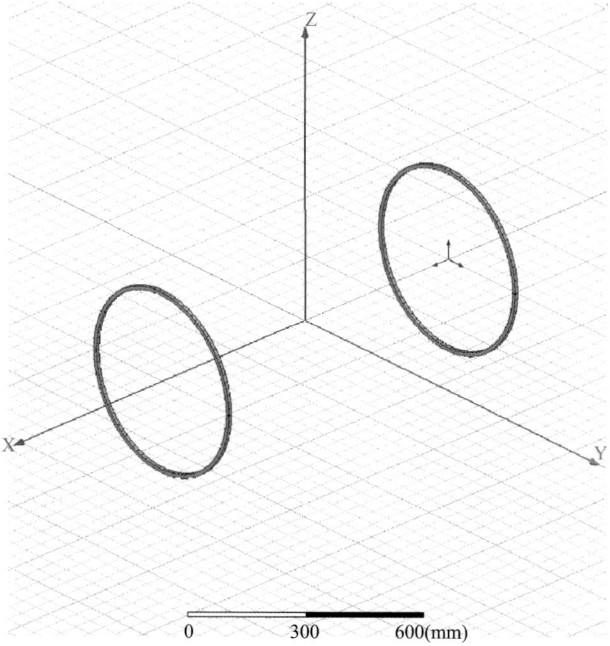

图 8.37 两个一维超导线圈有限元模型

表 8.5 线圈间作用力和力矩计算结果

参数	线圈 1	线圈 2
FX	0.069598	−0.069283
FY	−0.00042289	-1.3839×10^{-5}
FZ	8.9747×10^{-5}	−0.00021866
MAGF	0.069599	0.069284
TZ	0.00011275	0.00012014

理论上线圈的作用力应该是大小相等、方向相反的一对力，结果中力的大小稍有不同的原因是有限元计算的残差造成，通过优化计算的网格，可以减小残差，使得力的数值接近。

该模型利用三维静磁场软件仿真完成，后续可编译成为一个可执行文件(.exe)，该文件可被 C 语言、脚本语言、m 文件等调用，输入为线圈尺寸、相对位置、通入电流，结果为磁场场强图、电磁力、电磁转矩。

8.2.2 解析法建模

(1)电磁场模型

根据电路基本定律，每个线圈的电压方程可描述为

$$U=Ri+L\frac{\mathrm{d}i}{\mathrm{d}t} \tag{8.1}$$

式中，U 为线圈两端电压；R 为线圈等效电阻；L 为线圈电感。

根据恒定磁场的基本方程之一，$\nabla\cdot\boldsymbol{B}=0$，磁感应强度 $\boldsymbol{B}$ 的散度恒等于零。

$\nabla=\frac{\partial}{\partial x}\mathbf{i}+\frac{\partial}{\partial x}\mathbf{j}+\frac{\partial}{\partial x}\mathbf{k}$ 为哈密顿算子，由矢量分析可知，对于任意一个矢量 $\boldsymbol{A}$，总有 $\nabla\cdot(\nabla\times\boldsymbol{A})=0$。因此，引入矢量磁位 $\boldsymbol{A}$，使得

$$\boldsymbol{B}=\nabla\times\boldsymbol{A} \tag{8.2}$$

由安培环路定律的微分形式 $\nabla\times\boldsymbol{H}=\boldsymbol{J}$，在线性媒质中 $\boldsymbol{B}=\mu_0\cdot\boldsymbol{H}$，则有 $\nabla\times\boldsymbol{B}=\mu_0\cdot\boldsymbol{J}$，可得矢量磁位的泊松方程为

$$\nabla^2\boldsymbol{A}=-\mu_0\cdot\boldsymbol{J} \tag{8.3}$$

式中，$\mu_0=4\pi\times10^{-7}\,\mathrm{T\cdot m/A}$ 为真空磁常数；$\boldsymbol{J}$ 为电流密度矢量。

矢量磁位的泊松方程的解为

$$\boldsymbol{A}=\frac{\mu_0}{4\pi}\int_V\frac{\boldsymbol{J}}{\boldsymbol{r}}\mathrm{d}V \tag{8.4}$$

式中，$\boldsymbol{r}$ 为场位置和源位置之间的距离。则有

$$\boldsymbol{B}=\nabla\times\frac{\mu_0}{4\pi}\int_V\frac{\boldsymbol{J}}{\|\boldsymbol{\rho}_j-\boldsymbol{\rho}_i\|}\mathrm{d}V \tag{8.5}$$

式中，$\boldsymbol{\rho}_j$ 为场位置矢量；$\boldsymbol{\rho}_i$ 为源位置矢量。

由 $\nabla\times\frac{\boldsymbol{J}}{\boldsymbol{r}}=(\nabla\cdot\frac{1}{\boldsymbol{r}})\times\boldsymbol{J}=-\frac{\boldsymbol{r}}{\|\boldsymbol{r}\|^3}\times\boldsymbol{J}$，可得

$$\boldsymbol{B}=\frac{\mu_0}{4\pi}\int_V\frac{\boldsymbol{J}\times(\boldsymbol{\rho}_j-\boldsymbol{\rho}_i)}{\|\boldsymbol{\rho}_j-\boldsymbol{\rho}_i\|^3}\mathrm{d}V \tag{8.6}$$

式(8.6)即为毕奥-萨法尔定律。精确磁密模型根据毕奥-萨法尔可通过多重积分得到，但该模型形式非解析，只能通过数值求解得到，在理论分析与设计阶段应用更为普遍的是具有解析形式的远场电磁力/力矩模型。如图 8.38 所示，电磁场源为通电 i 的线圈，线圈半径为 a，$\boldsymbol{\rho}_i$ 为线圈上的某一点场矢量，$\boldsymbol{\rho}_j$ 为空间上某一点场矢量，两点之间的距离为 r。

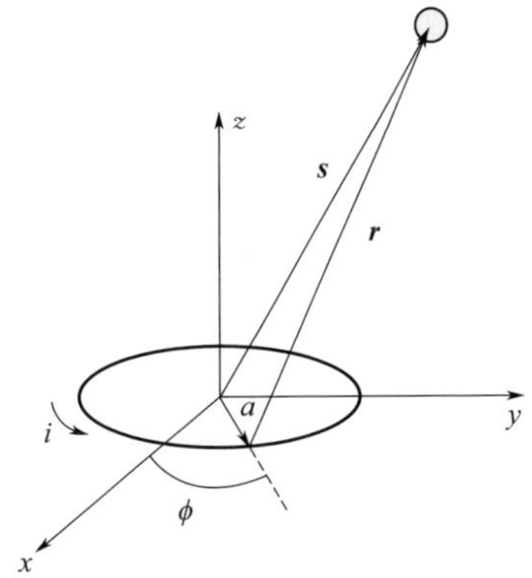

图 8.38 电磁场源位置示意图

式(8.6)的计算涉及线圈详细的几何尺寸，每一步都要执行积分运算，计算量较大，不适合于工程直接应用。考虑场位置 r 远大于电流环半径 a，将式(8.6)在电流环半径 $a=0$ 处做泰勒

展开可得

$$\mathbf{A}(x)=\frac{\mu_0}{4\pi}\int \boldsymbol{J}(x')\left[\frac{1}{R}-x'\cdot\nabla\frac{1}{R}+HOT\right]\mathrm{d}V' \tag{8.7}$$

式(8.7)开展式中,第一项为 0,表示磁场展开式不含磁单极项,第二项代表磁偶极矩产生的矢势

$$\mathbf{A}^1(x)=\frac{\mu_0}{4\pi}\int \boldsymbol{J}(x')x'\cdot\nabla\frac{1}{R}\mathrm{d}V' \tag{8.8}$$

定义磁偶极矩矢量为

$$\boldsymbol{\mu}=\frac{1}{2}\int_V \boldsymbol{\rho}\times\boldsymbol{J}(\rho)\mathrm{d}V \tag{8.9}$$

则

$$\mathbf{A}=\frac{\mu_0}{4\pi}\times\frac{\boldsymbol{\mu}\times\boldsymbol{r}}{|\boldsymbol{r}|^3} \tag{8.10}$$

对于电流环,有磁偶极矩矢量

$$\boldsymbol{\mu}=NIA\mathbf{n} \tag{8.11}$$

式中,$\mathbf{n}$ 表示电流环包围曲面的单位法向量。由此可得

$$B=\frac{\mu_0}{4\pi}\left(\frac{3\boldsymbol{r}\cdot(\boldsymbol{\mu}\cdot\boldsymbol{r})}{|\boldsymbol{r}|^5}-\frac{\boldsymbol{\mu}}{|\boldsymbol{r}|^3}\right) \tag{8.12}$$

式中,$|\boldsymbol{r}|=|\boldsymbol{r}_{ij}|=|\boldsymbol{\rho}_j-\boldsymbol{\rho}_i|$为两航天器之间的距离。式(8.12)成立的条件是场位置远大于源位置。

(2)电磁力和电磁力矩模型

采用远距假设,考虑两个线圈,在线圈 2 处由线圈 1 所产生的磁势为

$$\boldsymbol{U}_{21}=-\boldsymbol{\mu}_2\cdot\boldsymbol{B}_1 \tag{8.13}$$

由线圈 1 施加给线圈 2 的作用力可表示为

$$\boldsymbol{F}_{21}=-\nabla\boldsymbol{U}_{21}=\nabla(\boldsymbol{\mu}_2\cdot\boldsymbol{B}_1) \tag{8.14}$$

计算可得

$$\begin{aligned}\boldsymbol{F}_{21}&=\boldsymbol{F}(\boldsymbol{\mu}_2,\boldsymbol{\mu}_1)\\&=-\frac{3\boldsymbol{\mu}_0}{4\pi}\left(-\frac{\boldsymbol{\mu}_1\cdot\boldsymbol{\mu}_2}{|\boldsymbol{r}|^5}\boldsymbol{r}-\frac{\boldsymbol{\mu}_1\cdot\boldsymbol{r}}{|\boldsymbol{r}|^5}\boldsymbol{\mu}_2-\frac{\boldsymbol{\mu}_2\cdot\boldsymbol{r}}{|\boldsymbol{r}|^5}\boldsymbol{\mu}_1+5\frac{(\boldsymbol{\mu}_1\cdot\boldsymbol{r})(\boldsymbol{\mu}_2\cdot\boldsymbol{r})}{|\boldsymbol{r}|^7}\boldsymbol{r}\right)\end{aligned} \tag{8.15}$$

电磁力矩可表示为

$$\begin{aligned}\boldsymbol{T}_{21}&=\boldsymbol{T}(\boldsymbol{\mu}_2,\boldsymbol{\mu}_1)=\boldsymbol{\mu}_2\times\boldsymbol{B}_1\\&=\frac{\boldsymbol{\mu}_0}{4\pi}\left(\boldsymbol{\mu}_2\times\left(\frac{3\boldsymbol{r}(\boldsymbol{\mu}_1\cdot\boldsymbol{r})}{|\boldsymbol{r}|^5}-\frac{\boldsymbol{\mu}_1}{|\boldsymbol{r}|^3}\right)\right)\end{aligned} \tag{8.16}$$

航天器间电磁力/力矩具有叠加效应，对于由 N 颗航天器组成的电磁编队，作用于航天器 i 上的电磁力/力矩是其他所有 $N-1$ 个磁偶极子与之相互作用产生的电磁力/力矩的矢量和。

$$\boldsymbol{F}_i=\sum_{j=1,j\neq i}^{N}\boldsymbol{F}_{ij} \tag{8.17}$$

$$\boldsymbol{T}_i=\sum_{j=1,j\neq i}^{N}\boldsymbol{T}_{ij} \tag{8.18}$$

若需产生大小、方向自由可调的电磁力，要求磁偶极矩矢量可自由调节，对应于 360°可自由旋转的线圈。实际中每个航天器采用三轴正交线圈通过控制各个线圈的电流，将方向固定但大小可调的三个正交磁偶极矩矢量合成等效为一个大小、方向均可自由调节的磁偶极矩矢量，即

$$\boldsymbol{\mu}_i=\boldsymbol{\mu}_{i1}+\boldsymbol{\mu}_{i2}+\boldsymbol{\mu}_{i3} \tag{8.19}$$

电磁力模型中可控自由分量有 6 个，而输出的电磁力为 3 维矢量，表明输入存在冗余，可取磁偶极矩 1 始终对准磁偶极矩 2，可以简化电磁力的计算，当确定磁偶极矩 1 的大小后，电磁力和磁偶极矩 2 一一对应，以上过程为磁偶极矩定向配置。

(3)远距模型修正

式(8.15)为远距模型，由远距假设条件支撑，忽略超导线圈尺寸。很明显，当两个超导线圈之间的距离与半径相当，特别是当距离小于半径的 4 倍时，远距假设将带来较大误差。为了减小近距误差，在式(8.7)中取前三项，推导可得

$$\begin{aligned}\boldsymbol{B}=\frac{\mu_0}{4\pi}\Bigg\{&\left[\frac{3}{|\boldsymbol{r}|^5}+\frac{45a^2}{8|\boldsymbol{r}|^7}-\frac{105a^2(\boldsymbol{n}\cdot\boldsymbol{r})^2}{8|\boldsymbol{r}|^9}\right]\boldsymbol{r}(\boldsymbol{\mu}\cdot\boldsymbol{r})\Bigg\}\\&-\left[\frac{1}{|\boldsymbol{r}|^3}+\frac{9a^2}{8|\boldsymbol{r}|^5}-\frac{45a^2(\boldsymbol{n}\cdot\boldsymbol{r})^2}{8|\boldsymbol{r}|^7})\boldsymbol{\mu}\right]\end{aligned} \tag{8.20}$$

则电磁力

$$\begin{aligned}\boldsymbol{F}_{21}=&\frac{3\mu_0}{4\pi}\left[\frac{\boldsymbol{\mu}_1\cdot\boldsymbol{\mu}_2}{|\boldsymbol{r}|^5}\boldsymbol{r}-\frac{\boldsymbol{\mu}_1\cdot\boldsymbol{r}}{|\boldsymbol{r}|^5}\boldsymbol{\mu}_2-\frac{\boldsymbol{\mu}_2\cdot\boldsymbol{r}}{|\boldsymbol{r}|^5}\boldsymbol{\mu}_1-5\frac{(\boldsymbol{\mu}_1\cdot\boldsymbol{r})(\boldsymbol{\mu}_2\cdot\boldsymbol{r})}{|\boldsymbol{r}|^7}\boldsymbol{r}\right]\\&+\frac{\mu_0}{4\pi}\left[\frac{45a^2}{8|\boldsymbol{r}|^7}-\frac{105a^2(\boldsymbol{n}\cdot\boldsymbol{r})^2}{8|\boldsymbol{r}|^9}\right][(\boldsymbol{\mu}_2\cdot\boldsymbol{r})\boldsymbol{\mu}_1+(\boldsymbol{\mu}_1\cdot\boldsymbol{r})\boldsymbol{\mu}_2]\\&+\frac{\mu_0}{4\pi}(\boldsymbol{\mu}_2\cdot\boldsymbol{r})(\boldsymbol{\mu}_1\cdot\boldsymbol{r})\left\{-\frac{315a^2\boldsymbol{r}}{8|\boldsymbol{r}|^9}-\frac{105a^2}{8}\left[\frac{2(\boldsymbol{n}\cdot\boldsymbol{r})\boldsymbol{n}}{|\boldsymbol{r}|^9}-\frac{9\boldsymbol{r}(\boldsymbol{n}\cdot\boldsymbol{r})^2}{|\boldsymbol{r}|^{11}}\right]\right\}\\&+\frac{\mu_0}{4\pi}(\boldsymbol{\mu}_1\cdot\boldsymbol{\mu}_2)\left\{\frac{45a^2\boldsymbol{r}}{8|\boldsymbol{r}|^7}+\frac{45a^2}{8}\left[\frac{2(\boldsymbol{n}\cdot\boldsymbol{r})\boldsymbol{n}}{|\boldsymbol{r}|^7}-\frac{7\boldsymbol{r}(\boldsymbol{n}\cdot\boldsymbol{r})^2}{|\boldsymbol{r}|^9}\right]\right\}\end{aligned} \tag{8.21}$$

其右端第一项为式(8.15)，剩余部分为引入的三阶项带来的修正项。

(4)多维超导电磁场建模与仿真

用于求解电磁场的 Maxwell 方程可表示为

$$\boldsymbol{\nabla}\times\boldsymbol{\mu}^{-1}\ \boldsymbol{\nabla}\times\boldsymbol{u}+\kappa\boldsymbol{u}=\boldsymbol{J}$$

式中，$\boldsymbol{u}$ 是矢量磁位，不同的 κ 值可表示不同的类型。根据变分原理，可得到上述方程的变分形式如下：

$$\int_{\Omega}\boldsymbol{\mu}^{-1}\ \boldsymbol{\nabla}\times\boldsymbol{u}\cdot\boldsymbol{\nabla}\times\boldsymbol{v}\,\mathrm{d}x+\int_{\Omega}\kappa\boldsymbol{u}\cdot\boldsymbol{v}\,\mathrm{d}x$$
$$=\int_{\Omega}\boldsymbol{J}\cdot\boldsymbol{v}\,\mathrm{d}x+\int_{\Gamma_N}\boldsymbol{H}_t\cdot\boldsymbol{v}_t\,\mathrm{d}s,\quad \forall\,\boldsymbol{v}\in\boldsymbol{V}_{h,p}(T_h)$$

式中，$\boldsymbol{v}$ 表示解空间的试探函数。

将整个求解区域的矢量磁位函数表示成各单元形函数 ψ_i 的线性组合形式：

$$\boldsymbol{u}(x,y,z)=\sum_{i=1}^{N_{\mathrm{dof}}}\alpha_i\boldsymbol{\psi}_i$$

式中，N_{dof} 为总的自由度；α_i 为电磁场有限元计算中待求解的系数。将该线性组合方程代入前面的变分方程中，并化简可得到在整个求解区域的离散形式方程组：

$$\sum_{i=1}^{N_{\mathrm{dof}}}\left(\int_{\Omega}\boldsymbol{\mu}^{-1}\ \boldsymbol{\nabla}\times\boldsymbol{\psi}_i\cdot\boldsymbol{\nabla}\times\boldsymbol{\psi}_j\,\mathrm{d}x+\int_{\Omega}\kappa\boldsymbol{\psi}_i\cdot\boldsymbol{\psi}_j\,\mathrm{d}x\right)\alpha_i$$
$$=\int_{\Omega}\boldsymbol{J}\cdot\boldsymbol{\psi}_j\,\mathrm{d}x+\int_{\Gamma_N}\boldsymbol{H}_t\cdot\boldsymbol{\psi}_{jt}\,\mathrm{d}s,\ j=1,2\cdots,N$$

简单起见，可以写成矩阵格式如下：

$$(\boldsymbol{K}+\boldsymbol{A})\alpha=\boldsymbol{K}\alpha+\boldsymbol{A}\alpha=\boldsymbol{B}$$

有限元计算中，逐个网格单元计算单元的分块系数矩阵，再根据网格单元在整个求解模型中的位置关系，累加到上述方程的总系数矩阵，最后求解总的线性方程组，得到的解就是各单元形函数的系数 α_i，由此可还原出求解区域内矢量磁位 $\boldsymbol{u}$ 的空间分布，然后再通过后处理计算得到磁密的分布以及电磁转矩等参数。

按前面介绍的矢量磁位和磁密的关系，空间任意点 $P(x,y,z)$ 的磁密可以由以下方法计算：

① 首先确定点在哪个单元内。

② 然后在这个单元内按以下公式计算：

$$\boldsymbol{B}^e=\boldsymbol{\nabla}\times\boldsymbol{u}=\boldsymbol{\nabla}\times(\boldsymbol{u}_e+\boldsymbol{u}_s+\boldsymbol{u}_b)\sum_{i=1}^{N_T}\alpha_i^e\ \boldsymbol{\nabla}\times\boldsymbol{\psi}_i$$

计算得到磁密后，再根据下面磁场强度和磁密的关系式，可以很容易得到磁场强度的结果：

$$\boldsymbol{H}=\frac{1}{\mu}\boldsymbol{B}$$

当单元的磁导率是线性的情况下，直接取材料的磁导率计算。如果磁导率是非线性的情况，则需要先根据磁密幅值 $\boldsymbol{B}_{\mathrm{m}}=|\boldsymbol{B}|$，在磁化曲线上查找计算磁导率 μ 再计算。

电磁力和电磁转矩计算采用虚位移法的原理，即

$$\boldsymbol{F}=\frac{\partial \boldsymbol{W}'_m}{\partial s}=\frac{\boldsymbol{W}'_{m1}-\boldsymbol{W}'_{m0}}{s_1-s_0}$$

$$\boldsymbol{T}_m=p\ \frac{\partial \boldsymbol{W}'_m}{\partial \theta}=p\ \frac{\boldsymbol{W}'_{m1}-\boldsymbol{W}'_{m0}}{\theta_1-\theta_0}$$

式中，$\boldsymbol{W}'_{m0}$ 和 $\boldsymbol{W}'_{m1}$ 分别为虚位移前后的磁共能值；s_0 和 s_1 分别为虚位移前后的部件的位置；θ_0 和 θ_1 分别为虚位移前后的部件的角度。

由此可见，经典虚位移法需要计算两次磁场计算，并求出各单元的场值和磁共能，再进一步算出总的磁共能，然后再利用上式算出电磁力和电磁转矩。而实际上当发生微小位移时，大部分的单元形状保持不变，所以仅计算畸变单元中有关的量和积分即可，计算量少，精度高。这就是局部雅可比导数方法的原理，通过对形函数求导，可以在只计算一次场结果的情况下得到电磁转矩结果，节省计算时间。

以电磁力计算为例，电磁力在 s 方向的分量可表示为

$$\begin{aligned}\boldsymbol{F}_s&=-\frac{\partial \boldsymbol{W}_m}{\partial s}\\&=-\frac{\partial}{\partial s}\left[\int_0^{\boldsymbol{B}}\boldsymbol{H}\cdot \mathrm{d}\boldsymbol{B}\right]\mathrm{d}\Omega\\&=-\frac{\partial}{\partial s}\sum_{e=1}^{E}\int_{V_e}\left[\int_0^{\boldsymbol{B}}\boldsymbol{H}\cdot \mathrm{d}\boldsymbol{B}\right]\mathrm{d}\Omega_e\end{aligned}$$

为了简化计算，采用等参变换的方式，把单元从全局坐标转换到参考坐标系中进行计算，假设局部坐标系和全局坐标系等参变换矩阵的雅可比矩阵为 $\boldsymbol{J}_{\mathrm{e}}$，雅可比矩阵行列式为 $|\boldsymbol{J}_{\mathrm{e}}|$，则经过等参变换，电磁力计算式可变为

$$\boldsymbol{F}_S=\sum_{e=1}^{E}\int_{v_e}\left[-\boldsymbol{H}_{\mathrm{e}}^{\mathrm{T}}\ \frac{\partial \boldsymbol{B}_{\mathrm{e}}}{\partial s}-\left(\int_0^{B}\boldsymbol{H}\cdot \mathrm{d}\boldsymbol{B}\right)|\boldsymbol{J}_{\mathrm{e}}|^{-1}\ \frac{\partial |\boldsymbol{J}_{\mathrm{e}}|}{\partial s}\right]\mathrm{d}\Omega_e$$

这里等参变换矩阵的雅可比矩阵为 $\boldsymbol{J}_{\mathrm{e}}$，雅可比矩阵行列式为 $|\boldsymbol{J}_{\mathrm{e}}|$，很容易根据单元顶点坐标计算得到，因此根据各形变单元的磁密、磁场强度和单元坐标，就可以计算电磁力的结果。

电磁转矩的计算类似，把上面公式中对 $\boldsymbol{s}$ 方向求偏导改成对旋转角度求偏导即可。

由 8.2.2 节各模型公式可知，每个卫星模型均可分别列写其电压方程、电磁力和电磁力矩方程、相对轨迹运动方程和相对姿态运动方程，解析后的方程均为代数微分方程组，同时包含一个电气接口。可以利用 Portunus 对每颗卫星进行建模实现，其实现框图如图 8.27 所示。

Portunus 是系统集成的平台工具，可以实现多学科多物理场的系统仿真。其强大的求解核可实现电气、机械、控制、热等多领域模型的数模混合仿真分析。工具提供的同 EasiMotor 的有限元联合仿真接口，同 Simulink 的数据交换接口以及标准的 FMI 仿真接口等可以实现同各学科专业工具的联合仿真。工具也提供开放的二次开发接口，如 C-interface、VHDL 等软硬件描述语言可以方便地扩展定制化的模型库等。

Portunus 的 C-interface 可将所需模型的按照 C 语言形式集成到 Portunus 平台中，该接口提供了用户接口扩展的类接口，通过编写各成员函数代码可以灵活地控制和使用 Portunus 的求解核，控制仿真的进程并处理数据流。

图 8.27 中各解析模型中相关的代数微分方程组均采用 C-interface 实现，编辑工具为 VCStudio，通过 VCStudio 编译后作为元件被 Portunus 调用。每个卫星包含相互正交的三个线圈，且每个线圈分别对应一个电压方程，由此描述卫星线圈电流的响应并等效为一个磁偶极子；每个卫星实体通过接口获得阵列中其他卫星的位置和磁偶极矩矢量信息，用于计算卫星受其他星的作用力，并用于计算卫星的相对坐标；通过力矩得到卫星的本体坐标系运动特性和卫星的动力学特性。各星体之间通过设定所需的输入接口进行信息交互，每个元件对应一个卫星实体，输入接口包括控制器电压(电气接口)、其他卫星的坐标和磁偶极矩等，输出接口包括卫星相对坐标和姿态等；输入、输出量均可通过 Simulink 接口和 Simulink 中的控制模型进行联合仿真。

8.2.3 模型校核方法

(1)电磁场精度校核

以两个一维超导线圈为对象进行仿真和测试。仿真和测试工况如下：

① 线圈：半径 0.25m；横截面为正方形，边长 0.05m；线圈总电流 2000A；

② 中场：两线圈中心距 1.0m，即线圈半径的 4 倍；

③ 远场：两线圈中心距 2.5m，即线圈半径的 10 倍。

当两线圈中心距是半径的 5 倍以上，定义为远场；当两线圈中心距小于 5 倍线圈半径时，定义为中场。根据有限元空间电磁场测试结果可知，远场两线圈中点位置的磁感应强度与地磁场大小相近，再远的距离对工程应用意义不大，而且实物测试难度和成本急剧上升。因此，本测试中场取两线圈中心距为半径的 4 倍，远场取两线圈中心距为半径的 10 倍。

中场、远场测试均选取三个典型位置进行测试和仿真，分别为：两线圈所在平面平行、所在平面垂直和位于同一个平面内。

1)中场

位置 1：两个超导线圈所在平面平行，两个超导线圈轴线重合，如图 8.39 所示。

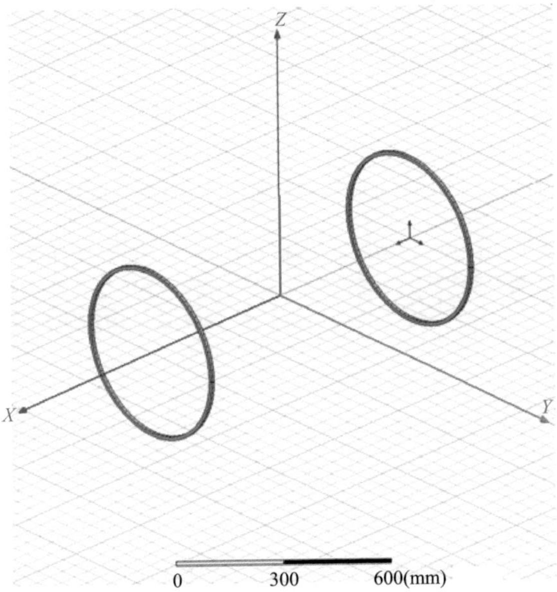

图 8.39　中场两线圈所在平面平行轴线重合有限元计算

设置：线圈直径 500mm，线圈截面是 5mm×5mm 正方形，两线圈轴在同一直线上，中心距离 1000mm，每线圈总电流 2000A，电流产生的磁矩方向相同。有限元计算结果如表 8.6 所示。

表 8.6　中场两线圈所在平面平行轴线重合有限元计算结果

参数	线圈 1	线圈 2
FX	0.069598	−0.069283
FY	−0.00042289	-1.3839×10^{-5}
FZ	8.9747×10^{-5}	−0.00021866
MAGF	0.069599	0.069284
TZ	0.00011275	0.00012014

解析法计算结果如图 8.40 和表 8.7 所示。

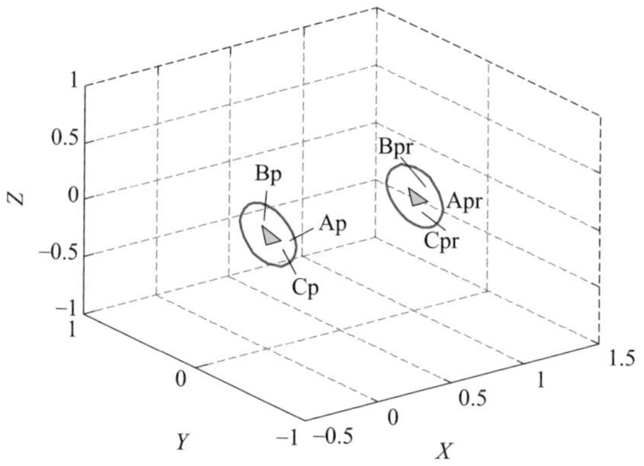

图 8.40 中场两线圈所在平面平行轴线重合解析法计算

表 8.7 中场两线圈所在平面平行轴线重合解析法计算结果

参数	线圈 1	线圈 2
FX	−0.0925274	0.0925274
FY	0	0
FZ	0	0
MAGF	−0.0925274	0.0925274
TZ	0	0

以有限元结果为基准，解析法计算出的电磁力结果要大 33%。

位置 2：两个超导线圈所在平面垂直，且其中一个超导线圈中点位于另外一个超导线圈所在平面，如图 8.41 所示。

设置：线圈直径 500mm，线圈截面是 5mm×5mm 正方形，两线圈轴互相垂直，中心距离 1000mm，每线圈总电流 2000A，电流产生的磁矩方向相同。有限元计算结果如表 8.8 所示。

表 8.8 中场两线圈所在平面垂直有限元计算结果

参数	线圈 1	线圈 2
FX	0.00024487	−0.00050776
FY	−0.044396	0.04453
FZ	-3.5545×10^{-5}	7.3176×10^{-5}
MAGF	0.0044463	0.04533
TZ	−0.015421	−0.028723

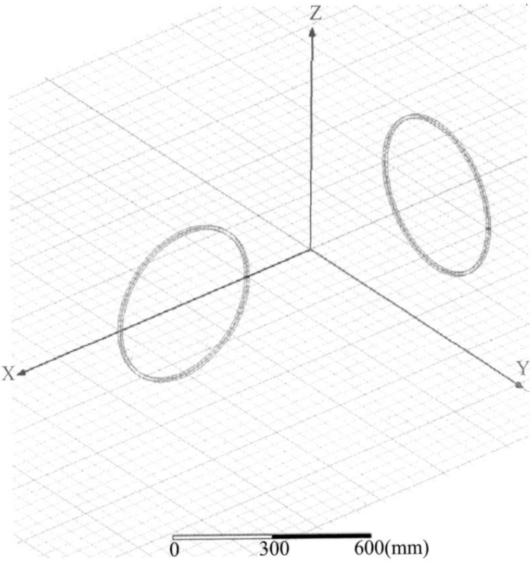

图 8.41　中场两线圈所在平面垂直有限元计算

解析法计算结果如图 8.42 所示、表 8.9 所示。

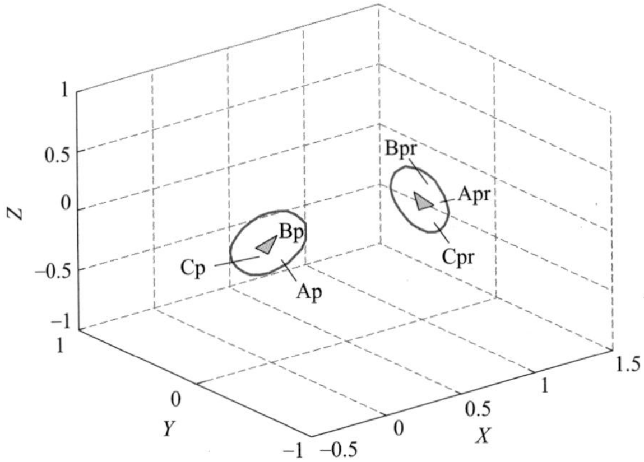

图 8.42　中场两线圈所在平面垂直解析法计算

表 8.9　中场两线圈所在平面垂直解析法计算结果

参数	线圈 1	线圈 2
FX	0	0
FY	−0.0462646	0.0462646
FZ	0	0
MAGF	0.0462646	0.0462646
TZ	0.0154215	0.0308431

以有限元结果为基准，解析法结果电磁力计算精度优于4.2%，转矩计算精度优于7.4%。

位置3：两个超导线圈位于同一个平面，如图8.43所示。

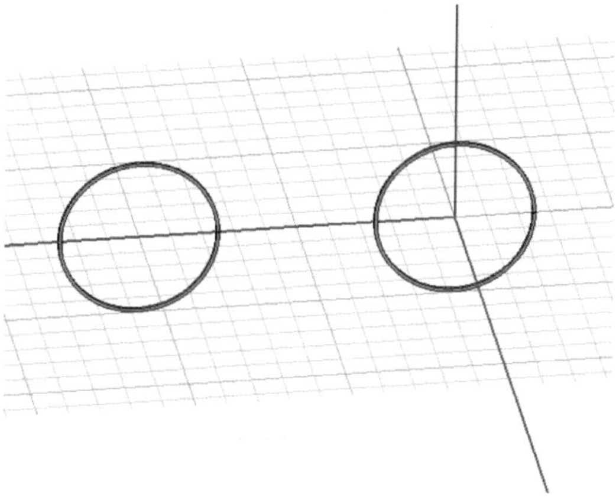

图8.43 中场两线圈位于同一个平面有限元计算

设置：线圈直径500mm，线圈截面是5mm×5mm正方形，两线圈轴平行，中心距离1000mm，每线圈总电流2000A，电流产生的磁矩方向相同。有限元计算结果如表8.10所示。

表8.10 中场两线圈位于同一个平面有限元计算结果

参数	线圈1	线圈2
FX	−0.05692	0.05655
FY	0.0004266	0.0001306
FZ	−0.0001103	0.0002541
MAGF	0.05692	0.05655
TZ	−0.0001563	0.0001367

解析法计算结果如图8.44、表8.11所示。

表8.11 中场两线圈位于同一个平面解析法计算结果

参数	线圈1	线圈2
FX	0.0462655	−0.0462655
FY	0	0
FZ	0	0
MAGF	0.0462655	0.0462655
TZ	0	0

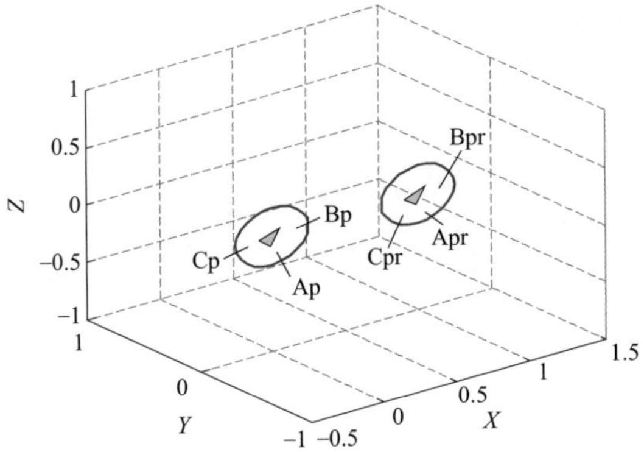

图 8.44 中场两线圈位于同一个平面解析法计算

以有限元结果为基准，解析法计算结果误差小于 18.7%。

测量实际的两个一维超导线圈之间的电磁力与模型结算结果进行比较，中场模型误差低于 10%，远场模型误差低于 20%。

2)远场

状态 1 设置：线圈直径 500mm，线圈截面是 5mm×5mm 正方形，两线圈轴线处于同一直线上，中心距离 2500mm，每线圈总电流 2000A，计算范围半径 8000mm。有限元计算如图 8.45、表 8.12 所示。

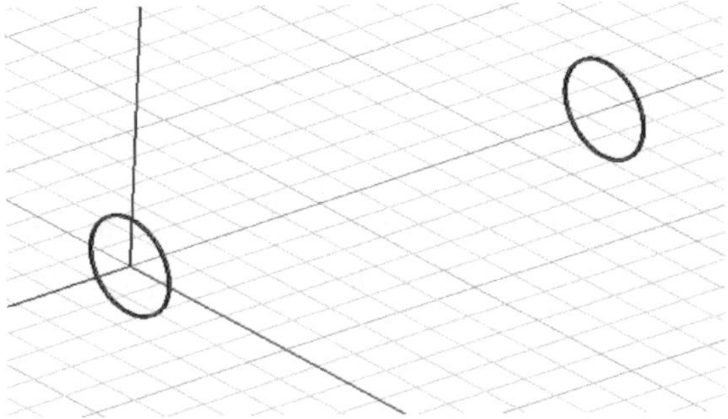

图 8.45 远场两线圈所在平面平行轴线重合有限元计算

表 8.12 远场两线圈所在平面平行轴线重合有限元计算结果

参数	线圈 1	线圈 2
FX	0.002264	−0.002205
FY	4.363×10^{-6}	9.385×10^{-5}
FZ	1.18×10^{-5}	9.578×10^{-6}
MAGF	0.002264	0.0022073
TZ	-1.885×10^{-5}	-4.961×10^{-6}

解析法计算结果如图 8.46、表 8.13 所示。

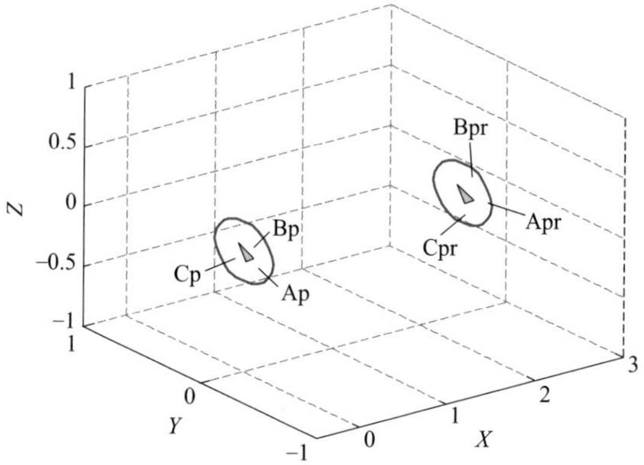

图 8.46 远场两线圈所在平面平行轴线重合解析法计算

表 8.13 远场两线圈所在平面平行轴线重合解析法计算

参数	线圈 1	线圈 2
FX	−0.0023687	0.0023687
FY	0	0
FZ	0	0
MAGF	0.0023687	0.0023687
TZ	0	0

以有限元结果为基准，解析法结果计算精度优于 4.6%。

状态 2 设置：线圈直径 500mm，线圈截面是 5mm×5mm 正方形，两线圈所在平面垂直，中心距离 2500mm，每线圈总电流 2000A，计算范围半径 8000mm。有限元计算如图 8.47、表 8.14 所示。

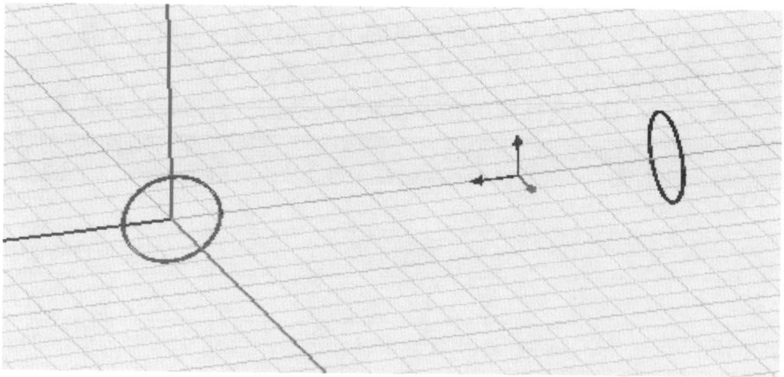

图 8.47 远场两线圈所在平面垂直有限元计算

表 8.14 远场两线圈所在平面垂直有限元计算结果

参数	线圈 1	线圈 2
FX	8.446×10^{-5}	0.0001167
FY	−0.001084	0.001065
FZ	8.332×10^{-5}	1.217×10^{-5}
MAGF	0.001090	0.001071
TZ	−0.0009531	−0.001847

解析法计算结果如图 8.48、表 8.15 所示。

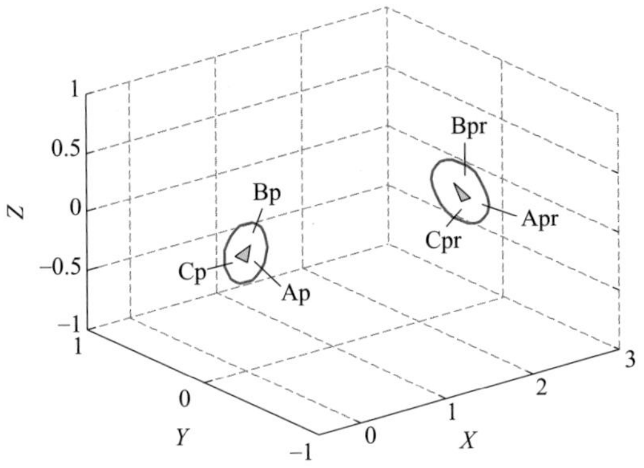

图 8.48 远场两线圈所在平面垂直解析法计算

表 8.15 远场两线圈所在平面垂直解析法计算结果

参数	线圈 1	线圈 2
FX	0	0
FY	−0.00118437	0.00118437
FZ	0	0
MAGF	0.00118437	0.00118437
TZ	0.000986978	0.00197396

以有限元结果为基准，解析法电磁力结果计算精度优于 9.2%，转矩结果计算精度优于 6.9%。

状态 3 设置：线圈直径 500mm，线圈截面是 5mm×5mm 正方形，两线圈位于同一平面，中心距离 2500mm，每线圈总电流 2000A，计算范围半径 8000mm。有限元计算如图 8.49、表 8.16 所示。

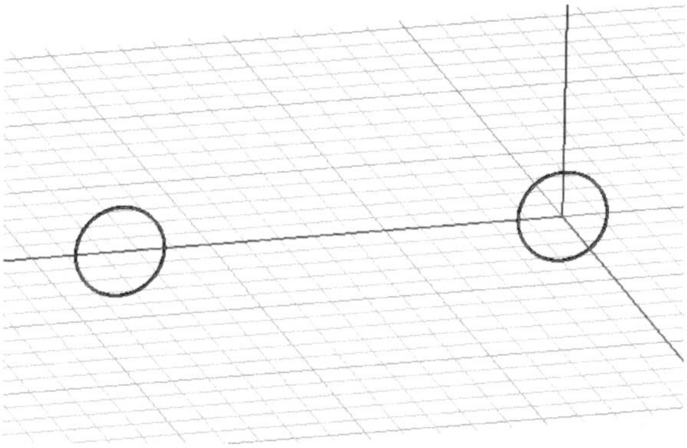

图 8.49 远场两线圈位于同一个平面有限元计算

表 8.16 远场两线圈位于同一个平面有限元计算结果

参数	线圈 1	线圈 2
FX	−0.001154	0.001126
FY	-6.700×10^{-5}	-1.027×10^{-5}
FZ	0.0001669	3.883×10^{-5}
MAGF	0.001168	0.001123
TZ	-1.546×10^{-5}	-1.928×10^{-5}

解析法计算结果如图 8.50、表 8.17 所示。

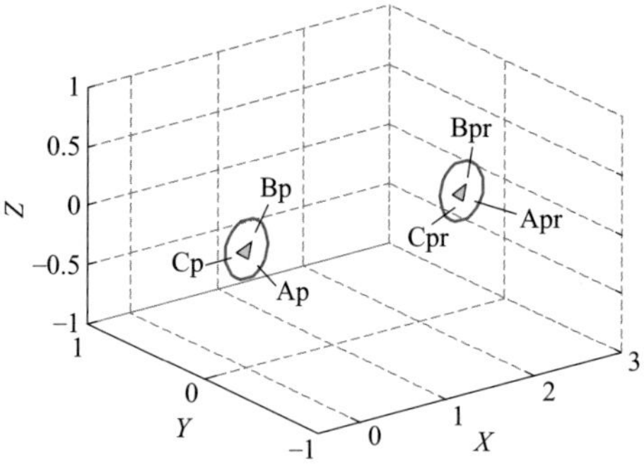

图 8.50 远场两线圈位于同一个平面解析法计算

表 8.17 远场两线圈位于同一个平面解析法计算结果

参数	线圈 1	线圈 2
FX	0.0011844	−0.0011844
FY	0	0

续表

参数	线圈 1	线圈 2
FZ	0	0
MAGF	0.0011844	0.0011844
TZ	0	0

以有限元结果为基准，解析法计算出的结果要大 2.6%。

结论：通过近场、中场的三个典型状态的电磁力/力矩的比较可以看出，在近场条件下，解析法和有限元的误差达到 33%；在中场条件下，误差缩小到 9.2%，误差呈现随距离增加显著减小的趋势，在满足场距离显著大于源尺寸的近似条件时，误差将进一步减小。

(2)电磁场覆盖范围校核

电磁场模型的覆盖范围按照线圈半径与作用距离之比进行等效推算，可对多维度电磁场叠加耦合建模并计算。

如图 8.51 所示，通电线圈通入电流 I，线圈半径为 r，A 为空间任意一点，A 与线圈圆心 O 的距离为 d。

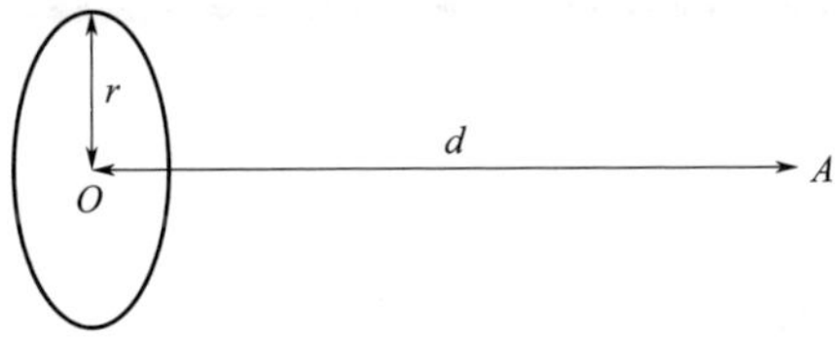

图 8.51　空间电磁场和电磁力示意图

假设 d 远大于 r，可忽略线圈尺寸，根据毕奥-萨伐尔定律，A 点的磁感应强度 $\boldsymbol{B}$ 为

$$\boldsymbol{B}=k\frac{I\times 2\pi r\times \boldsymbol{\alpha}_{\mathrm{r}}}{d^2} \tag{8.22}$$

式中，k 为比例常数；$\boldsymbol{\alpha}_{\mathrm{r}}$ 为单位向量。

A 点通入电流为 I 的通电线圈受到的电磁力 $\boldsymbol{f}$ 为

$$\boldsymbol{f}=\boldsymbol{B}I\times 2\pi r=k\times\frac{I\times 2\pi r\times \boldsymbol{\alpha}_{\mathrm{r}}}{d^2}\times I\times 2\pi r \tag{8.23}$$

被测两个一维超导线圈半径 r 为 0.25m，远场两个一维超导线圈距离 d 为 2.5m(d 为 r 的 10 倍)，有限元模型仿真计算时电磁场计算范围至少应为线圈距离的 4 倍，即边长为 10m(r 的 40 倍)的立方体。

在线圈半径 r 为 0.25m 的条件下，也可以计算距离线圈 200m 处的磁感应强度 B。但是 B 的值太小，不具有实际工程意义，工程应用主要在 10 倍 r 的距离(2.5m)处。

若线圈半径 r 放大 20 倍，取 5m，两线圈之间的远场距离 $d=10r=50\text{m}$，有限元仿真计算磁场范围为边长为 200m 的立方体。此时有限元模型类似于同比例放大，一个线圈通电，另一个线圈圆心处的磁感应强度 B 为之前的 1/20，线圈受电磁力 f 与之前相等。因此，线圈半径 $r=0.25\text{m}$、两线圈之间距离 $d=2.5\text{m}$、电磁场计算边界长度为 10m 的实例，可以缩比代表线圈半径 $r=5\text{m}$、两线圈之间距离 $d=50\text{m}$、电磁场计算边界长度为 200m 的实例。即电磁场模型的覆盖范围按照线圈半径与作用距离之比进行等效推算，电磁场模型可达 200m 范围。

8.2.4 可视化界面

多维超导线圈电磁计算程序为定制开发的电磁场计算程序，输入为线圈尺寸、位置、姿态和电流，输出为电磁力和电磁转矩。多维超导线圈磁控编队控制环路，除了电磁计算程序外，还需配合控制电路、控制算法、运动方程等构成。

在多维超导线圈电磁计算程序中输入线圈参数如图 8.52 左侧所示。

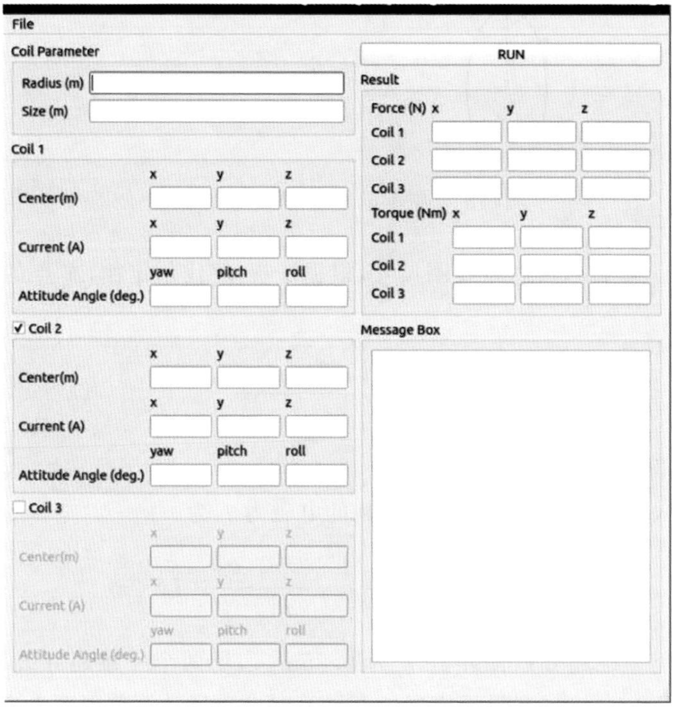

图 8.52 仿真模型参数输入界面

图 8.52 中，Coil Parameter 为线圈尺寸参数，Radius 为线圈半径，Size 为线圈横截面边长(线圈横截面为正方形)。

Coil 1～Coil 3 分别为三个线圈组位置、电流和姿态参数。Center 为线圈组中心点 x、y、z 坐标；Current 为线圈组中每个线圈通入电流，其中 x 电流为垂直于 x 轴的线圈通入电流；Attitude Angle 为线圈组 x 轴、y 轴、z 轴姿态角。

单击"RUN"按钮进行电磁场计算，计算后的结果如图 8.52 右侧所示。其中 Force 为每个线圈组在 x 轴、y 轴、z 轴的电磁力，Torque 为每个线圈组在 x 轴、y 轴、z 轴的电磁转矩。

计算完成之后，电磁场场图以 *.vtk 格式存出，在后处理器 ParaView 中可以查看电磁场计算场图，如图 8.53 所示。

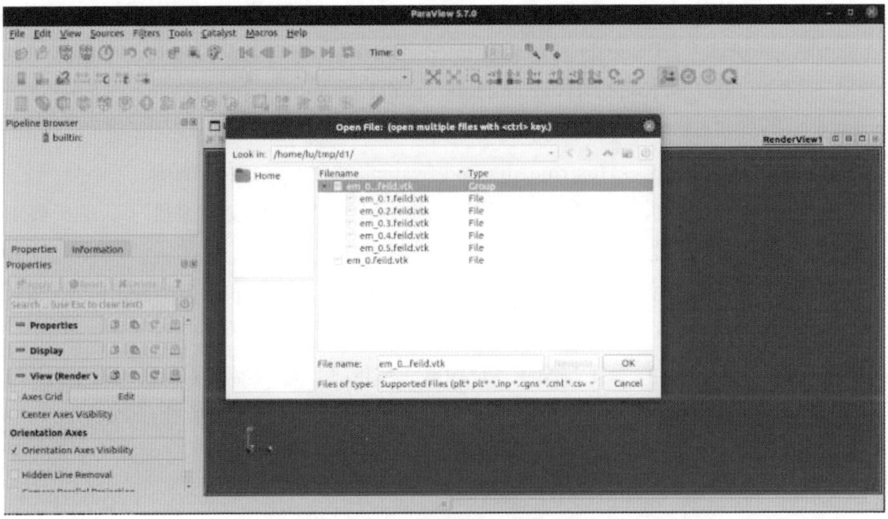

图 8.53　电磁场结果查看

该程序为定制开发，可被 C 语言、脚本语言等调用。

本 章 小 结

本章主要介绍了地面实验系统的软硬件设计方案以及多维超导电磁场仿真软件。对地面实验系统的卫星模拟器分系统、超导电磁线圈分系统、气浮平台分系统以及室内定位分系统进行了详细的介绍。对多维超导电磁场仿真软件的有限元和解析法两种建模及计算方法进行了介绍，对两种模型的差异进行了分析校核。

参考文献

[1] Alfriend K, Vadali S R, Gurfil P, et al. Spacecraft Formation Flying: Dynamics, Control and Navigation[M]. Oxford: Elsevier, 2009.

[2] 曹喜滨，张锦绣，王峰．航天器编队动力学与控制[M]. 北京：国防工业出版社，2013.

[3] 邵晓巍．分布式卫星编队设计与控制[M]. 北京：国防工业出版社，2021.

[4] Graziano M D, Renga A, Grasso M, et al. Error sources and sensitivity analysis in formation flying synthetic aperture radar[J]. Acta Astronautica, 2022, 192: 97-112.

[5] Kleinschrodta A, Mammadova I, Jägera E, et al. TOM/TIM realization-A satellite Earth Observation (EO) formation flying mission of three nano satellites for retrieving multi view stereoscopic data[C]. Proceedings of 73st International Astronautical Congress, Paris, 2022: 1-8.

[6] Matsuo T, Ikari S, Kondo H, et al. High spatial resolution spectral imaging method for space interferometers and its application to formation flying small satellites[J]. Journal of Astronomical Telescopes, Instruments, and Systems, 2022, 8(1): 015001.

[7] 尹建凤，张庆君，刘杰，等．国外编队飞行干涉 SAR 卫星系统发展综述[J]. 航天器工程，2018, 27(01): 116-122.

[8] Farr T G, Rosen P A, Caro E, et al. The shuttle radar topography mission[J]. Reviews of Geophysics, 2007, 45(2): 1-33.

[9] 林来兴，张小琳．星群、星座与编队飞行的概念辨析[J]. 航天器工程，2012, 21(5): 97-102.

[10] 张育林，范丽，张艳，等．卫星星座理论与设计[M]. 北京：科学出版社，2008.

[11] Capez G M, Henn S, Fraire J A, et al. Sparse satellite constellation design for global and regional direct-to-satellite LoT services [J]. IEEE Transactions on Aerospace and Electronic Systems, 2022, 58(5): 3786-3801.

[12] Li S, Ye D, Sun Z, et al. Collision-free flocking control for satellite cluster with constrained spanning tree topology and communication delay[J]. IEEE Transactions on Aerospace and Electronic Systems, 2023, 59(4): 4134-4146.

[13] 孙俊，黄静，张宪亮，等．地球轨道航天器编队飞行动力学与控制研究综述[J]. 力学与实践，2019, 41(02): 117-136.

[14] Di Mauro G, Lawn M, Bevilacqua R. Survey on guidance navigation and control requirements for spacecraft formation-flying missions[J]. Journal of Guidance, Control, and Dynamics, 2018, 41(3): 581-602.

[15] Kaptui Sipowa H, McMahon J. Fuel-optimal geometric path planning algorithm for spacecraft formation flying[J]. Journal of Guidance, Control, and Dynamics, 2022, 45(10): 1862-1872.

[16] Schaub H, Berryman J. Necessary conditions for circularly-restricted static coulomb structure [J]. Journal of the Astronautical Sciences, 2006, 54: 525-541.

[17] Peck M A, Streetman B, Saaj C M, et al. Spacecraft formation flying using Lorentz forces [J]. Journal of the British Interplanetary Society, 2007, 60(7): 263-267.

[18] Miller D W, Sedwick R J, Kong E M C, et al. Electromagnetic formation flight for sparse aperture telescopes[C]. Proceedings, IEEE Aerospace Conference, 2002, 2: 729-742.

[19] Sedwick R J, Schweighart S A. Propellantless spin-up of tethered or electromagnetically coupled sparse apertures[J]. Proceedings of SPIE-The International Society for Optical Engineering, 2002, 4849: 193-204.

[20] Kong E M C, Kwon D W, Schweighart S A, et al. Electromagnetic formation flight for multisatellite arrays[J]. Journal of Spacecraft and Rockets, 2004, 41(4): 659-666.

[21] Markley F L, Crassidis J L. Fundamentals of Spacecraft Attitude Determination and Control [M]. The Space Technology Library, 2014. DOI 10. 1007/978-1-4939-0802-8.

[22] Schweighart S A, Sedwick R J. Dynamics of an electromagnetically flown formation of spacecraft within the Earth's magnetic field[J]. Proceedings of SPIE, 2004, 5166: 86-97.

[23] Clohessy W H. Terminal guidance system for satellite rendezvous[J]. Journal of the Aerospace Sciences, 1960, 27(9): 653-658.

[24] Richard H V, Richard B S. Formation keeping for a pair of satellite in a circular orbit[J]. Journal of Guidance, Control, and Dynamics, 1985, 8(2): 235-242.

[25] Yan Q, Kapila V, Sparks A G. Pulse-based periodic control for spacecraft formation flying [C]. Proceeding of the American Control Conference, Chicago, IL, American Automatic Control Council, 2000: 374-378.

[26] Queiroz D, Kapila V, Qiguo Y. Adaptive nonlinear control of satellite formation flying[C]. AIAA Guidance, Navigation, and Control Conference and Exhibit, Portland, OR, American Institute of Aeronautics and Astronautics, 1999: 1596-1640.

[27] Queiroz D, Qiguo Y, Yang G, et al. Global output feedback tracking control of spacecraft formation flying with parametric uncertainty[C]. Proceedings of the 38th Conference on Decision and Control, Phoenix, Arizona USA, IEEE, 1999: 584-589.

[28] Alfriend K T, Schaub H, Gim D W. Gravitational perturbations nonlinearity and circular orbiton formation flying control strategies [C]. Proceedings of the Texas A&M University/AAS Richard H. Battin Astrodynamics Symposium, College Station Texas, AAS, 2000: 187-203.

[29] Schweighart S A, Sedwick R J. High fidelity linearized J2 model for satellite formation flight[J]. Journal of Guidance, Control and Dynamics, 2002, 32(4): 1330-1344.

[30] Lawden D F. Optimal Trajectories for Space Navigation [M]. London: Buttersworths, 1963.

[31] Tschauner J, Hempel P. Optimale Beschleunigungs programme fur des rendezvous-Manover [J]. Astronautica Acta, 1964, 10(5): 296-307.

[32] Carter T E. New form for the optimal rendezvous and control of spacecraft formations in eccentric orbits[J]. Journal of Guidance, Control and Dynamics, 2002, 25(1): 48-50.

[33] Inalhan G,Tillerson M,How J P. Relative dynamics and control of spacecraft formation in eccentric orbits[J]. Journal of Guidance,Control,and Dynamics. 2002,25(1):48-59.

[34] Gurfil P,Kasdin N J,Kolemen E. Hamilton-Jacobi modelling of stellar dynamics[J]. Advances in Space Research,2005,36(6):1143-1150.

[35] Xu G,Wang D. Nonlinear dynamic equations of satellite relative motion around an oblate Earth[J]. Journal of Guidance Control Dynamics,2008,31(5):1521-1524.

[36] Lee S,Park S Y. Approximate analytical solutions to optimal reconfiguration problems in perturbed satellite relative motion[J]. Journal of Guidance,Control,and Dynamcis,2011,34(4):1097-1111.

[37] Alfriend K T,Schaub H,Gim D W. Gravitational perturbations,nonlinearity and circular orbit assumption effects on formation flying control strategies[C]. AAS Guidance and Control Conference,Breckenridge,CO. ,2000.

[38] 杨维廉．椭圆轨迹编队飞行轨道分析[J]. 中国空间科学技术,2001(05):1-6.

[39] 肖业伦,张晓敏．编队飞行卫星群的轨道动力学特性与构形设计[J]. 宇航学报,2001,22(7):7-12.

[40] 高云峰,宝音贺西,李俊峰．卫星编队飞行的动力学特性与相对轨道构型仿真[J]. 清华大学学报(自然科学版),2002,42(4):458-461.

[41] 安雪滢．椭圆轨道航天器编队飞行动力学及应用研究[D]. 长沙:国防科技大学,2006.

[42] Golikov R A. Evolution of formation flying satellite relative motion:Analysis based on the THEONA satellite theory[C]. Proc. of the 17th Intern. Symp. On Space Flight Dynamics, Moscow,Russia,2003.

[43] Golikov R A. THEONA theory of Relative Satellite Motion Flying in the Formation. European Space Agency,(Special Publication) ESA SP. 2004,548:59-66. https://api. semanticscholar. org/CorpusID:46469804.

[44] Gurfil P,Kasdin N J. Nonlinear modeling of spacecraft relative motion in the configuration space [J]. Journal of Guidance,Control and Dynamics,2004,27(1):154-157.

[45] Lane C, Axelrad P. Formation design in eccentric orbits using linearized equations of relative motion[J]. Journal of Guidance,Control and Dynamics,2006,29(1):146-160.

[46] 张锦绣,曹喜滨,王继河．J2 摄动情况下的编队飞行卫星相对运动精确解析模型研究[J]. 应用基础与工程科学学报,2007,15(3):342-350.

[47] 潘立公,冯祖仁,刘建平,等．J2 摄动影响下椭圆参考轨道的相对运动模型研究[J]. 系统仿真学报,2011,23(4):648-651.

[48] 韩潮,尹建丰．基于相对轨道要素的椭圆轨道卫星相对运动研究[J]. 航空学报,2011,32(12):2244-2258.

[49] Kolemen K,Kasdin N J. Relative spacecraft motion:A hamiltonian approach to eccentricity perturbations[C]. Proceedings of the AAS/AIAA Space Flight Mechanics Meeting. Maui, HI,2004,AAS 04-294.

[50] 肖业伦．飞行器相对姿态运动的静力学、运动学和动力学方法[J]．中国空间科学技术，2003,5:10-15.

[51] 苏罗鹏，李俊峰，高云峰．卫星编队飞行相对姿态控制[J]．清华大学学报(自然科学版)，2003,43(5):683-685.

[52] Xing G Q, Parvez S A. Relative attitude kinematics & dynamics equations and its applications to the general spacecraft attitude state tracking control problem[J]. Frontier Science,2008,2(7):25-36.

[53] Murray R, Li Z, Sastry S. A mathematical introduction to robotic manipulation[M]. Florida:CRC Press,2000:30-110.

[54] 武元新．对偶四元数导航算法与非线性高斯滤波研究[D]．长沙:国防科学技术大学,2005.

[55] Wang J,Liang H,Sun Z,et al. Finite-time control for spacecraft formation with dual-number-based description[J]. Journal of Guidance,Control,and Dynamics,2012,35(3):950-962.

[56] Wang J, Sun Z. 6-DOF robust adaptive terminal sliding mode control for spacecraft formation flying[J]. Acta Astronautica,2012,73:76-87.

[57] 王剑颖，梁海朝，孙兆伟．基于对偶数的相对耦合动力学与控制[J]．宇航学报,2010,31(7):1711-1717.

[58] Huang X, Yan Y, Yang Y. Dual-quaternion based distributed coordination control of six-DOF spacecraft formation with collision avoidance[J]. Aerospace Science and Technology,2017,67:443-455.

[59] Bras S,Izadi M,Silvestre C,et al. Nonlinear observer for 3Drigid body motion estimation using doppler measurements[J]. IEEE Transactions on Automatic Control,2016,61(11):3580-3585.

[60] 刘幸川，陈丹鹤，徐根，等．卫星编队脉冲机动维持控制与策略[J]．系统工程与电子技术,2023,45(8):2533-2545.

[61] 徐根，刘幸川，陈丹鹤，等．一种立方星编队重构多脉冲机动规划方法[J]．宇航学报，2022,43(11):1533-1543.

[62] Miller D W,Sedwick R J,Kong E M C,et al. Electromagnetic Formation light for Sparse Aperture Telescopes[C]. Proceedings of IEEE Aerospace Conference,2002:729-742.

[63] Takahashi Y,Sakamoto H,Sakai S. Kinematics control of electromagnetic formation flight using angular-momentum conservation constraint[J]. Journal of Guidance,Control,and Dynamics,2022,45(2):280-295.

[64] Chung S J, Slotine J J, Miller D W. New control strategies for underactuated tethered formation flight spacecraft[C]. Proceedings of AIAA Guidance,Navigation and Control Conference and Exhibit,AIAA,2007:1-25.

[65] Peck M A,Streetman B,Saaj C M,et al. Spacecraft formation flying using lorentz forces [J]. Journal of the British Interplanetary Society,2007,60(7):263-267.

[66] Massari M, Zamaro M. Application of SDRE technique to orbital and attitude control of spacecraft formation flying[J]. Acta Astronautica, 2014, 94(1): 409-420.

[67] Lawton J, Beard R W, Hadaegh F Y. Elementary attitude formation maneuvers via leader-following and behavior based control[J]. AIAA Guidance, Navigation, and Control Conference and Exhibit, 2000: 1-11.

[68] Ren W, Beard R. Decentralized scheme for spacecraft formation flying via the virtual structure approach[J]. Journal of Guidance, Control, and Dynamics, 2004, 27(1): 73-82.

[69] Xu Y, Luo D, Li D, et al. Target-enclosing affine formation control of two-layer networked spacecraft with collision avoidance[J]. Chinese Journal of Aeronautics, 2019, 32(12): 2679-2693.

[70] Ren W. Consensus strategies for cooperative control of vehicle formations[J]. IET Control Theory and Applications, 2007, 1(2): 505-512.

[71] Zhang J, Ye D, Liu M, et al. Adaptive fuzzy finite-time control for spacecraft formation with communication delays and changing topologies[J]. Journal of the Franklin Institute, 2017, 354(11): 4377-4403.

[72] Godard, Kumar K D, Zou A. Robust station keeping and reconfiguration of underactuated spacecraft formations. [J] Acta Astronautica, 2014, 105: 495-510.

[73] Huang X, Yan Y, Zhou Y. Nonlinear control of underactuated spacecraft hovering[J]. Journal of Guidance, Control, and Dynamics, 2015, 39 (3): 1-10.

[74] Shao J, Zhou Q, Ye D, et al. Feasibility analysis and synchronization control for underactuated spacecraft formation hovering[J]. IEEE Transactions on Control Systems Technology, 2024, 32(1): 241-249.

[75] Shao J, Zhou Q, Ye D, et al. Finite-time synchronization control scheme for underactuated satellite formation reconfiguration[J]. Advances in Space Research, 2023, 72(4): 1010-1026.

[76] Alfriend K T, Vadali S R, Gurfil P, et al. Spacecraft Formation Flying-Dynamics, Control and Navigation[M]. New York: Elsevier, 2010.

[77] 李中文，曾国强，姚红，等．近地轨道小卫星编队飞行的电磁控制研究[J]．科学技术与工程，2011，11(23)：5735-5739.

[78] Ahsun U, Miller D W. Dynamics and control of electromagnetic satellite formations[C]. American Control Conference, IEEE, 2006.

[79] Ahsun U, Miller D W, Ramirez J L. Control of electromagnetic satellite formations in near-earth orbits[J]. Journal of Guidance, Control, and Dynamics. 2010, 33(6): 1883-1891.

[80] Elias L M, Kong E M, Miller D W. An investigation of electromagnetic control for formation flight applications[J]. Proceedings of SPIE, 2002, 4849: 166-180.

[81] Huang H, Cai W W, Yang L P. 6-DOF formation keeping control for an invariant three-craft triangular electromagnetic formation[J]. Advances in Space Research. 2020, 65: 312-325.

[82] Zhang Y W, Yang L P, Zhu Y W, et al. Nonlinear 6-DOF control of spacecraft docking with inter-satellite electromagnetic force[J]. Acta Astronautica. 2012, 77: 97-108.

[83] Nurge M A, Youngquist R C, Starr S O. A satellite formation flying approach providing both positioning and tracking[J]. Acta Astronautica, 2016, DOI: http://dx.doi.org/10.1016/j.actaastro.2016.01.010.

[84] Youngquist R C, Nurge M A, Starr S O. Alternating magnetic field forces for satellite formation flying[J]. Acta Astronautica, 2013, 84: 197-205.

[85] Takahashi Y, Sakamoto H, Sakai S I. Simultaneous control of relative position and absolute attitude for electromagnetic spacecraft swarm[C]. AIAA SciTech Forum, 2021. DOI: 10.2514/6.2021-1104.

[86] Ahsun U. Dynamics and control of electromagnetic satellite formations in low earth orbits [J]. AIAA Guidance, Navigation, and Control Conference and Exhibit. AIAA 2006-6590.

[87] Elias L M, Kwon D W, Sedwick R J, et al. Electromagnetic formation flight dynamics including reaction wheel gyroscopic stiffening effects[J]. Journal of Guidance, Control, and Dynamics, 2007, 30(2): 499-511.

[88] Riberos J L. New decentralized algorithms for spacecraft formation control based on a cyclic approach[D]. Massachusetts Institute of Technology, 2010, MIT-668110255.

[89] Abbasi Z, Hoagg J B, Seigler T M. Decentralized position and attitude control for electromagnetic formation flight[J]. AIAA 2019, DOI: 10.2514/6.2019-0908.

[90] Abbasi Z, Hoagg J B, Seigler T M. Decentralized position and attitude based formation control for satellite systems with electromagnetic actuation[J]. AIAA, 2020. DOI: 10.2514/6.2020-0617.

[91] 张保群，宋申民，陈兴林．考虑控制饱和的编队飞行卫星姿态协同控制[J]. 航空学报，2011，32(5)：1060-1069.

[92] Huang X L, Zhang C, Lu H Q, et al. An LMI-based decoupling control for electromagnetic formation flight[J]. Chinese Journal of Aeronautics, 2015, http://dx.doi.org/10.1016/j.cja.2015.01.003.

[93] Qi D W, Yang L P, Zhang Y W, et al. Indirect robust suboptimal control of two-satellite electromagnetic formation reconfiguration with geomagnetic effect[J]. Advances in Space Research, 2019, https://doi.org/10.1016/j.asr.2019.08.011.

[94] Eslinger G J. Dynamic programming applied to electromagnetic satellite actuation[D]. Massachusetts Institute of Technology, 2011, MIT-862228047.

[95] Cai W W, Yang L P, Zhu Y W, et al. Optimal satellite formation reconfiguration actuated by inter-satellite electromagnetic forces[J]. Acta Astronautica, 2013, 89: 154-165.

[96] Xu Z, Shi P, Zhao Y. Optimal Reconfiguration Control of Electromagnetic Spacecraft Formation Using Gauss Pseudospectral Method[C]. 2015 2nd International Conference on Information Science and Control Engineering, Shanghai, China, 2015: 862-866.

[97] Wawrzaszek R, Banaszkiewicz M. Control and reconfiguration of satellite formations by electromagnetic forces[J]. Joural of Telecommunications and Information Technology, 2007,1(2007):54-58.

[98] Qi D W, Yang L P, Zhu Y W, et al. Optimal reconfigurations between equilibria of two-craft electromagnetic formations along manifolds[J]. Aerospace Science and Technology, 2018. DOI:https://doi. org/10. 1016/j. ast. 2018. 06. 003.

[99] Zhu Y W, Cai W W, Yang L P, et al. Flatness-based trajectory planning for electromagnetic spacecraft proximity operations in elliptical orbits[J]. Acta Astronautica, 2017. DOI: 10. 1016/j. actaastro. 2018. 08. 031.

[100] Alexander J. Path planning and position control and of an underactued electromagnetic formation flight satellite system in the near field[D]. Massachusetts Institute of Technology, 2013.

[101] 苏建敏,董云. 利用人工势函数法的卫星电磁编队控制[J]. 北京航空航天大学学报, 2012,38(2):213-217.

[102] 吕振铎,雷拥军. 卫星姿态测量与确定[M]. 北京:国防工业出版社,2013.

[103] Wertz J. Spacecraft Attitude Determination and Control[M]. Springer, 1978.

[104] Shuster M D, Oh S D. Three-axis attitude determination from vector observations[J]. Guidance Control Dynam, 1981, 4(1):70-77.

[105] Chuang S, Qile Z, Min L I, et al. Precise orbit determination of Beidou satellites with precise positioning[J]. Science China Earth Sciences, 2012, 55(7):1079-1086.

[106] Andrea M, Giovanni F G. Theory of Orbit Determination[M]. Cambridge University Press, 2009.

[107] Fehse W. Automated Rendezvous and Docking of Spacecraft[M]. Cambridge University Press, 2003.

[108] Chen T, Xu S. Double line-of-sight measuring relative navigation for spacecraft autonomous rendezvous[J]. Acta Astronautica, 2010, 67(1-2):122-134.

[109] Fraser C T, Ulrich S. Adaptive extended Kalman filtering strategies for spacecraft formation relative navigation[J]. Acta Astronautica, 2021, 178:700-721.

[110] Rouzegar H, Khosravi A, Sarhadi P. Spacecraft formation flying control around L2 Sun-Earth libration point using on-off SDRE approach[J]. Advances in Space Research, 2021, 67(7):2172-2184.

[111] Beard R W, Lawton J, Hadaegh F Y. A coordination architecture for spacecraft formation control[J]. IEEE Transactions on Control Systems Technology, 2001, 9(6):777-790.

[112] Ren W, Beard R W. Decentralized scheme for spacecraft formation flying via the virtual structure approach[J]. Journal of Guidance, Control, and Dynamics, 2004, 27(1):73-82.

[113] Lafontaine D J. Autonomous spacecraft navigation and control for comet landing[J]. Journal of Guidance Control & Dynamics, 2012, 15(3):567-576.

[114] Spiridonov A, Saechnikov V, Ushakov D, et al. Small satellite orbit determination using the university ground station[C]. 2020 IEEE 7th International Workshop on Metrology for AeroSpace (MetroAeroSpace). IEEE, 2020.

[115] Ning X L, Fang J C. An autonomous celestial navigation method for LEO satellite based on unscented Kalman filter and information fusion[J]. Aerospace Science & Technology, 2007, 11(2-3): 222-228.

[116] Long A, Leung D, Folta D, et al. Autonomous navigation of high-earth satellites using celestial objects and doppler measurements[C]. Astrodynamics Specialist Conference, 2000.

[117] Fang J C, Ning X L. New autonomous celestial navigation method for lunar satellite[J]. Journal of Harbin Institute of Technology (New Series), 2003, 10(3): 308-310.

[118] Ivashkin V V, Zadykhina L N. Analysis of autonomous satellite optical navigation with sighting of stars and unknown ground reference points[J]. Cosmic Research, 1989: 26.

[119] Meng F, Wu X, Ou G. Autonomous orbit determination of navigation constellation based on inter-satellite ranging and ranging rate[J]. Journal of Spacecraft Technology, 2010, 29(4): 89-94.

[120] Li S, Cui P Y, Cui H T. Vision-aided inertial navigation for pinpoint planetary landing [J]. Aerospace Science & Technology, 2007, 11(6): 499-506.

[121] Khoder W, Jida B. A quaternion scaled unscented Kalman estimator for inertial navigation states determination using INS/GPS/Magnetometer fusion[J]. Journal of Sensor Technology, 2014, 04(2): 101-117.

[122] 秦永元．惯性导航[M]. 北京：科学出版社，2014.

[123] Xu N, Sheng L Z, Zhang D P, et al. Development and performance test of dynamic simulation system for X-Ray pulsar navigation[J]. Acta Physica Sinica, 2017, 66(5): 059701.

[124] 帅平，李明，陈绍龙，等．X 射线脉冲星导航系统原理与方法[M]. 北京：中国宇航出版社，2009.

[125] Sheikh S I, Pines D J, Ray P S, et al. Spacecraft navigation using X-Ray pulsars[J]. Journal of Guidance, Control, and Dynamics, 2006, 29(1): 49-63.

[126] Wu S, Kuang D. Positioning with autonomous formation flyer (AFF) on space-technology 3 [C]. Proceedings of the Institute of Navigation ION GPS-99 Conference, 1999.

[127] Purcell G, Kuang D, Lichten S, et al. Autonomous formation flyer (AFF) sensor technology development[J]. 21st Annual AAS Guidance and Control Conference, 1998, 45(4): 1-21.

[128] Ferguson P, How J. Decentralized estimation algorithms for formation flying spacecraft [C]. AIAA Guidance, Navigation, and Control Conference, 2003.

[129] 刘林．航天器轨道理论[M]. 北京：国防工业出版社．2000.

[130] 乔栋．深空探测转移轨道设计方法研究及在小天体探测中的应用[D]. 哈尔滨：哈尔滨工业大学，2006.

[131] Kulkarni J E, Campbell M E, Dullerud G E. Stabilization of Spacecraft Flight in Halo Orbits: An H_{∞} Approach[J]. IEEE Transactions on Control Systems Technology, 2006, 14(3): 572-578.

[132] 章仁为. 卫星轨道姿态动力学与控制[M]. 北京:北京航空航天大学出版社,1998.

[133] Ben K. Dual-Quaternions From Classical Mechanics to Computer Graphics and Beyond. Computer Science, Engineering, 2013. https://api. semanticscholar. org/CorpusID: 505052.

[134] Wang X, Yu C. Unit dual quaternion-based feedback linearization tracking problem for attitude and position dynamics[J]. Syst. Control. Lett., 2013, 62: 225-233.

[135] 叶子鹏,周庆瑞,王辉. 日地 L2 点航天器编队的分布式自主相对导航[J]. 航空学报, 2021, 42(2): 11.

[136] 张元文. 空间电磁对接/分离动力学与控制研究[D]. 长沙:国防科学技术大学,2013.

[137] Richard B. An introduction to the mathematics and methods of astrodynamics[M]. Houston: AIAA Education Series, 1999.

[138] 郗晓宁,王威,高玉东. 近地航天器轨道基础[M]. 长沙:国防科技大学出版社,2003.

[139] 杨乐平,张元文,朱彦伟,等. 航天器电磁对接/编队飞行动力学与控制[M]. 北京:科学出版社,2015.

[140] Ahsun U. Dynamics and control of electromagnetic satellite formations[D]. Massachusetts Institute of Technology, 2007.

[141] Song Y, Zhou Q, Chen Q et al. Optimal reconfiguration control of electromagnetic satellite formation[C]. 2022 41st Chinese Control Conference (CCC), Hefei, China, 2022: 1809-1814.

[142] Filipe N, Valverde A, Tsiotras P. Pose tracking without linearand angular-velocity feedback using dual quaternions [J]. IEEE Transactions on Aerospace and Electronic Systems, 2016, 52: 411-422.

[143] Schweighart S A. Electromagnetic formation flight dipole solution planning[D]. Massachusetts Institute of Technology, 2005.

[144] Yang X, Huang Y. Capabilities of extended state observer for estimating uncertainties [C]. Proceedings of the American Control Conference, St. Louis, MO, USA, 2009: 700-3705.

[145] Han J. From PID to active disturbance rejection control[J]. IEEE Transactions on Industrial Electronics 2009, 56, 900-906.

[146] Gao Z. Scaling and bandwidth-parameterization based controller tuning[C]. Proceedings of the 2003 American Control Conference, Denver, CO, USA, 2003. DOI: 10. 1109/ACC. 2003. 1242516.

[147] Xue W, Huang Y. The active disturbance rejection control for a class of MIMO block lower-triangular system [C]. Proceedings of the 30th Chinese Control Conference, Yantai, China, 2011.

[148] Xue W, Huang Y. On performance analysis of ADRC for a class of MIMO lower-triangular nonlinear uncertain systems[J]. ISA Transactions, 2014, 53, 955-962.

[149] Lohmiller W, Slotine J. On Contraction Analysis for Non-linear Systems[J]. Automatica, 1998,34:683-696.

[150] Olivares A, Staffetti E. Hybrid switched time-optimal control of underactuated spacecraft [J]. Acta Astronautica, 2018, 145:456-470.

[151] Godard, Kumar K D, Zou A M. Robust stationkeeping and reconfiguration of underactuated spacecraft formations[J]. Acta Astronautica, 2014, 105(2):495-510.

[152] 赖旭芝,佘锦华,吴敏．欠驱动机械系统控制[M]. 北京:科学出版社,2013.

[153] Abbasi Z, Sunny A, Hoagg J, et al. Relative-position formation control of satellites using electromagnetic actuation with piecewise-sinusoidal controls[C]. Proceedings of the American Control Conference, Denver, USA, 2020:4951-4956.

[154] Song Y Y, Shao J, Zhou Q R, et al. Capability analysis and magnetic dipole assignment of electromagnetic formation[J]. Advances in Astronautics Science and Technology, 2021, 4 (2):143-156.

[155] Huang X, Yan Y, Zhou Y. Underactuated spacecraft formation reconfiguration with collision avoidance[J]. Acta Astronautica, 2016, 131:166-181.

[156] Sabol C, Burns R, Mclaughlin C A. Satellite formation flying design and evolution[J]. Journal of Spacecraft and Rockets, 2001, 38(2):270-278.

[157] Kumar B S, Ng A, Yoshihara K. Differential drag as a means of spacecraft formation control [J]. IEEE Transactions on Aerospace and Electronic Systems, 2011, 47(2):1125-1135.

[158] Huang X, Yan Y. Output feedback control of underactuated spacecraft hovering in circular orbit with radial or in-track controller failure[J]. IEEE Transactions on Industrial Electronics, 2016, 63(9):5569-5581.

[159] Huang X , Yan Y. Saturated backstepping control of underactuated spacecraft hovering for formation flights[J]. IEEE Transactions on Aerospace and Electronic Systems, 2017, 53(4):1988-2000.

[160] Ye D, Zou A M, Sun Z. Predefined-time predefined-bounded attitude tracking control for rigid spacecraft[J]. IEEE Transactions on Aerospace Electronic Systems, 2022, 58(1): 464-472.

[161] Xiao Y, Ruiter A H J D, Ye D, et al. Attitude tracking control for rigid-flexible coupled spacecraft with guaranteed performance bounds[J]. Journal of Guidance, Control, and Dynamics, 2019, 43(11):1-11.

[162] Liu X, Meng Z, Zheng Y. Adaptive collision-free formation control for under-actuated spacecraft[J]. Aerospace Science and Technology, 2018, 79:223-232.

[163] Shao J, Zhou Q, Ye D, et al. Hovering position analysis and controller design for underactuated spacecraft[C]. 2022 41st Chinese Control Conference (CCC), Heifei, China, IEEE, 2022:2854-2859.

[164] Zhao D J, Yang D G . Model-free control of quad-rotor vehicle via finite-time convergent

extended state observer[J]. International Journal of Control Automation and Systems, 2016,14(1):242-254.

[165] Yoram K. Cross-coupled biaxial computer control for manufacturing systems[J]. Journal of Guidance Control and Dynamics,1980,102(4):265-272.

[166] Gurfil P, Mishne D. Cyclic spacecraft formations: Relative motion control using line-of-sight measurements only[J]. Journal of Guidance Control and Dynamics, 2015, 30(1): 214-226.

[167] Li S Y, Liu C, Sun Z. Finite-time distributed hierarchical control for satellite cluster with collision avoidance[J]. Aerospace Science and Technology,2021,114(2):106750.

[168] Chen C, Wen C, Liu Z, et al. Adaptive consensus of nonlinear multi-agent systems with non-identical partially unknown control directions and bounded modeling errors [J]. IEEE Transaction Automatic Control,2017,62(9):4654-4659.

[169] Sun Z, Zhang G, Lu Y. Leader-follower formation control of underactuated surface vehicles based on sliding mode control and parameter estimation[J]. ISA Transactions, 2018, 72: 15-28.

[170] Duindam V, Macchelli A, Stramigioli S, et al. Port-based modeling of dynamic systems [J]. Modeling and Control of Complex Physical Systems: The Port-Hamiltonian Approach,2009:1-52.

[171] Golo A, van der Schaft, Breedveld P C, et al. Hamiltonian formulation of bond graphs. Nonlinear and Hybrid Systems in Automotive Control[M]. London: Springer,2003:351-372.

[172] Bullo F, Lewis A D. Geometric control of mechanical systems: Modeling, analysis, and design for simple mechanical control systems[M]. Springer,2019.

[173] Olver P J. Applications of Lie Groups to Differential Equations, volume 107 of Graduate Texts in Mathematics[M]. 2ed. New-York: Springer, 1993.

[174] Weinstein A. The local structure of Poisson manifolds[J]. Journal of Differential Geometry, 1983,18(3):523-557.

[175] Maschke B M, van der Schaft A J. Port-controlled Hamiltonian systems: Modelling origins and systemtheoretic properties. Nonlinear Control Systems Design 1992 [M]. Pergamon, 1993: 359-365.

[176] Weinstein A. The local structure of poisson manifolds[J]. Journal of Differential Geometry, 1983,18(3):523-557.

[177] Courant T J. Dirac manifolds[J]. Transactions of the American Mathematical Society, 1990,319(2):631-661.

[178] Dorfman I. Dirac structures and integrability of nonlinear evolution equations[M]. Wiley,1993.

[179] van der Schaft A, Maschke B M. The Hamiltonian formulation of energy conserving physical systems with external ports[J]. AEÜ International Journal of Electronics and

Communications,1995,49(5/6):362-371.

[180] van der Schaft A J, Maschke B M. Hamiltonian formulation of distributed-parameter systems with boundary energy flow[J]. Journal of Geometry and Physics, 2002, 42(1-2):166-194.

[181] Wang J, Zheng W, Zhou Q et al. PID passive-based control of spacecraft formation flying in the port-Hamiltonian framework[C]. 42nd Chinese Control Conference, TianJin, 2023.

[182] Yaghmaei A, Yazdanpanah M J. Trajectory tracking for a class of contractive port Hamiltonian systems[J]. Automatica, 2017, 83:331-336.